高 等 院 校 信 息 技 术 规 划 教 材

基于项目驱动的嵌入式
Linux应用设计开发

刘志强　主　编

王晓强　庄旭菲　李文静　副主编

清华大学出版社

北京

内 容 简 介

本书围绕一个典型的嵌入式系统项目——农业信息采集控制系统的设计过程展开介绍,首先进行系统整体的软硬件设计,然后分嵌入式 Linux 系统移植和嵌入式 Linux 的应用开发两大部分对系统进行详细设计。嵌入式 Linux 系统移植讲述了嵌入式 Linux 开发环境、开发工具的使用、嵌入式 Linux 系统移植及驱动程序开发等。嵌入式 Linux 的应用开发部分讲述了文件编程、进程控制、进程间通信、多线程技术、网络应用及基于 Qt 的图形界面的开发等内容。

本书完整地介绍了嵌入式系统的设计开发过程,并且结合了丰富的项目案例程序与课后实践,使读者能够边学边用,更好更快地掌握嵌入式系统开发的主要知识点。

本书既可作为高等院校计算机类、电子类、电气类、控制类等专业本科生、研究生学习嵌入式 Linux 系统开发的教材,也适合广大嵌入式 Linux 系统开发人员以及嵌入式 Linux 系统开发爱好者作为自学参考图书。

图书在版编目(CIP)数据

基于项目驱动的嵌入式 Linux 应用设计开发/刘志强主编. --北京:清华大学出版社,2016
(2021.2 重印)

高等院校信息技术规划教材

ISBN 978-7-302-43562-4

Ⅰ. ①基… Ⅱ. ①刘… Ⅲ. ①Linux 操作系统－程序设计－高等学校－教材 Ⅳ. ①TP316.89

中国版本图书馆 CIP 数据核字(2016)第 081944 号

责任编辑:张 玥 战晓雷
封面设计:常雪影
责任校对:时翠兰
责任印制:吴佳雯

出版发行:清华大学出版社
    网 址:http://www.tup.com.cn,http://www.wqbook.com
    地 址:北京清华大学学研大厦 A 座   邮 编:100084
    社 总 机:010-62770175   邮 购:010-83470235
    投稿与读者服务:010-62776969,c-service@tup.tsinghua.edu.cn
    质量反馈:010-62772015,zhiliang@tup.tsinghua.edu.cn
    课件下载:http://www.tup.com.cn,010-83470236
印 装 者:三河市龙大印装有限公司
经 销:全国新华书店
开 本:185mm×260mm 印 张:28.5   字 数:656 千字
版 次:2016 年 7 月第 1 版   印 次:2021 年 2 月第 6 次印刷
定 价:79.80 元

产品编号:067344-02

前言 *foreword*

嵌入式系统是计算机应用领域最重要的发展方向之一,其应用领域相当广阔,包括消费类电子、家用电器、安全系统、汽车工业、计算机外围设备、医疗保健、仪器与仪表、军事国防等,嵌入式系统的产品可以说无处不在。

伴随着巨大的产业需求,我国嵌入式系统产业人才需求量也一路高涨,嵌入式开发将成为未来几年最受欢迎的职业之一。

本书写作的目的

同嵌入式技术的快速发展相比,我国教育机构技术和培养则相对滞后,一方面有些学生毕业就面临失业;另一方面一些嵌入式企业却有项目没人做。造成这一现象的原因主要是一些学校的高等教育和产业发展相脱节;目前,国内的高等教育中不是偏向硬件,就是偏向软件,硬件设计人员通常比较缺乏系统全面整合设计能力,而软件开发人员则相对缺乏硬件观念。这样的学生到企业后都不能较快地满足企业的需求。因此,我们专门为那些有了一定的计算机或电子知识,而又希望从事嵌入式 Linux 相关行业应用开发的人编写了此书,希望能帮助读者快速跨入嵌入式开发的门槛。

本书的中心内容

本书围绕一个典型的嵌入式系统项目——农业信息采集控制系统的设计展开。该系统的设计主要分为两个部分:农业信息采集控制系统软硬件平台的搭建和农业信息采集控制系统软件的设计。

第1~4章主要介绍农业信息采集控制系统硬件与软件平台的搭建。

第1章主要介绍核心板的主要资源及农业信息采集接口电路的设计。第2章介绍嵌入式 Linux 开发环境,主要包括 Linux 系统常用命令、Linux 文本编辑器 vi、Shell 脚本编程、嵌入式 Linux 开发工具、嵌入式 Linux 开发环境搭建。第3章介绍嵌入式 Linux 系统移植,主要包括 Bootloader 移植、嵌入式 Linux 内核移植和嵌入式 Linux 文件系统移植。第4章介绍嵌入式 Linux 驱动开发,主要包括 Linux 设备驱动程序概述、模块的构造与运行、内核调试技术、字符设备驱动、项目驱动开发实例等。

第 5~11 章主要介绍农业信息采集控制系统软件开发用到的相关技术。

第 5 章介绍文件编程，主要包括文件编程概念、文件读写操作、嵌入式 Linux 串口应用编程、GPS 位置信息的获取等。第 6 章介绍时间编程。第 7、8 章介绍进程控制及进程间通信技术，主要包括进程控制编程、Linux 守护进程设计、农业信息采集控制系统主程序设计、管道通信、信号通信、信号量通信、共享内存、消息队列、农业信息采集控制系统中进程间通信的应用等。第 9 章介绍多线程编程，主要包括 Linux 多线程编程、线程的并发访问、农业信息采集控制系统多线程应用等。第 10 章介绍嵌入式 Linux 网络编程，主要包括 Linux 网络编程概述、TCP Socket 编程、UDP Socket 编程、农业信息采集控制系统数据上传的实现等。第 11 章介绍嵌入式 GUI 程序开发，主要包括 Qt 编程基础、QT/Embedded 环境配置、QT Designer 介绍、基于 GUI 的农业信息采集控制终端软件设计等。

本书的特点

本书以农业信息采集控制系统设计开发过程为主线，对项目开发中不同阶段所需要的相关技术进行详细讲解。首先设定了项目的开发目标，按照项目设计的步骤展开讲解，把嵌入式开发的主要知识点贯穿于设计步骤中，通过一步一步设计开发，使读者掌握嵌入式 Linux 开发中的关键技术。另外，农业信息采集控制系统是一个软硬件相结合的系统，通过本书的学习，读者可以对软硬件的嵌入式系统设计有深入的理解。

读者对象

本书可作为高等院校计算机类、电子类、电气类、控制类等专业本科生、研究生学习嵌入式 Linux 系统开发的教材。也适合广大嵌入式 Linux 系统开发人员以及嵌入式 Linux 系统开发爱好者自学参考。

作者分工

全书由内蒙古工业大学刘志强主编并编写第 1、3、5 章，内蒙古工业大学庄旭菲编写第 2、4 章，内蒙古工业大学王晓强编写第 6~9 章，内蒙古工业大学李文静编写第 10、11 章。研究生王瑞、沈茜桐也参与了本书的编写与校稿。

由于嵌入式系统发展迅速，加上作者水平有限与时间仓促，书中难免有疏漏和错误之处，希望读者不吝赐教，以便我们在改版或再版的时候及时修正与补充。

作　者

2016 年 4 月

目录

第1章

嵌入式系统概述及项目分析

1.1 嵌入式 Linux 系统概述

1.1.1 嵌入式 Linux 简介

什么是嵌入式系统呢？不同的人会有不同的答案。简单来说，嵌入式系统（Embedded Systems）是指"嵌入到对象体系中的、用于执行独立功能的专用计算机系统"。根据 IEEE（国际电气和电子工程师协会）的定义：嵌入式系统是"用于控制、监视或者辅助操作机器或设备的装置"（原文为 devices used to control, monitor, or assist the operation of equipment, machinery or plants）。而更为通用的定义为"以应用为中心，以计算机技术为基础，软件和硬件可裁剪，功能、可靠性、成本、体积、功耗有严格要求的专用计算机系统"。嵌入式系统的主要特点是嵌入、专用。

嵌入式 Linux 是将 Linux 操作系统进行裁剪修改，使之能在嵌入式计算机系统上运行的一种操作系统。嵌入式 Linux 既继承了 Internet 上无限的开放源代码资源，又具有嵌入式操作系统的特性，Linux 正在嵌入式开发领域迅速发展。嵌入式 Linux 版权免费，全世界的自由软件开发者为其提供技术支持，而且它性能优异，软件移植容易，代码开放，有许多应用软件支持，应用产品开发周期短，新产品上市迅速。Linux 使用 GPL，所有对嵌入式 Linux 感兴趣的人都可以从因特网上免费下载其内核和应用程序，并开始移植和开发。许多 Linux 改良品种迎合了嵌入式市场，它们包括 RTLinux、μCLinux、Montavista Linux、ARM-Linux 等。

数年来，Linux 标准库组织一直在从事对在服务器上运行的 Linux 进行标准化的工作，现在，嵌入式计算领域也开始了这一工作。嵌入式 Linux 标准吸收了 Linux 标准库以及 UNIX 组织中有益的元素。

1.1.2 嵌入式系统中使用 Linux 的优势

Linux 是开放源代码的，不存在黑箱技术，遍布全球的众多 Linux 爱好者又是 Linux 开发者的强大技术支持。

Linux 的内核小、效率高，内核的更新速度很快，Linux 是可以定制的，一个功能完备的 Linux 内核要求大约 1MB 内存,而 Linux 微内核只占用其中很小一部分内存,包括虚拟内存和所有核心的操作系统功能在内,只需占用系统约 100KB 内存。只要有 500KB 的内存,一个有网络栈和基本实用程序的 Linux 系统就可以在一台 8 位总线的 Intel 386 微处理器上运行得很好了。

Linux 是免费的操作系统,在价格上极具竞争力。

Linux 还有着嵌入式操作系统所需要的很多特色,最突出的就是 Linux 适用于多种 CPU 和多种硬件平台,是一个跨平台的系统。到目前为止,它可以支持二三十种 CPU。而且性能稳定,裁剪性很好,开发和使用都很容易。很多 CPU 包括家电业芯片,都开始做 Linux 的平台移植工作。同时,Linux 内核的结构在网络方面是非常完整的,Linux 对网络中最常用的 TCP/IP 协议有最完备的支持。

核心 Linux 操作系统本身的微内核体系结构相当简单。网络和文件系统以模块形式置于微内核的上层。驱动程序和其他部件可在运行时作为可加载模块编译到或者添加到内核。这为构造定制的可嵌入系统提供了高度模块化的构件方法。

Linux 的大小适合嵌入式操作系统,Linux 固有的模块性、适应性和可配置性使得这很容易做到。另外,Linux 源码的实用性,以及成千上万的程序员热切期望它用于无数的嵌入式应用软件中,导致很多嵌入式 Linux 的出现,包括 Embedix、ETLinux、LEM、Linux Router Project、LOAF、μCLinux、muLinux、ThinLinux、FirePlug、Linux 和 PizzaBox Linux。

嵌入式系统也常常要求通用的功能,为了避免重复劳动,这些功能的实现运用了许多现成的程序和驱动程序,它们可以用于公共外设和应用。Linux 可以在外设范围广泛的多数微处理器上运行,并早已经有了现成的应用库。Linux 用于嵌入式的因特网设备也是很合适的,原因是它支持多处理器系统,该特性使 Linux 具有了伸缩性。因而设计人员可以选择在双处理器系统上运行实时应用,提高整体的处理能力。

1.2 农业信息采集控制系统总体分析设计

本书的撰写是基于项目驱动方式展开的,以农业信息采集控制系统作为项目开发目标,按照项目设计的步骤展开叙述,通过项目开发过程讲解嵌入式 Linux 应用设计开发中的知识点,从而使读者掌握嵌入式 Linux 开发中的关键技术。

1.2.1 农业信息采集控制系统介绍

农业信息采集控制系统如图 1-1 所示,在 ARM 的硬件平台上,移植 Linux 嵌入式操作系统,利用 QT 开发采集控制器的图形界面;用空气温湿度传感器模块、土壤温湿度模块、光照传感器模块、GPS 模块、大气压强模块等来采集农田的空气温湿度、土壤温湿度、光照强度、位置信息、大气压强等相关信息;用直流电机、继电器等来控制农田大棚卷帘的升降、水管的灌溉、风扇等;通过网络来实现农田信息上传;通过 LCD、触摸屏、LED、键盘、手机等实现人机交互。系统最终实现农田信息的控制和采集。

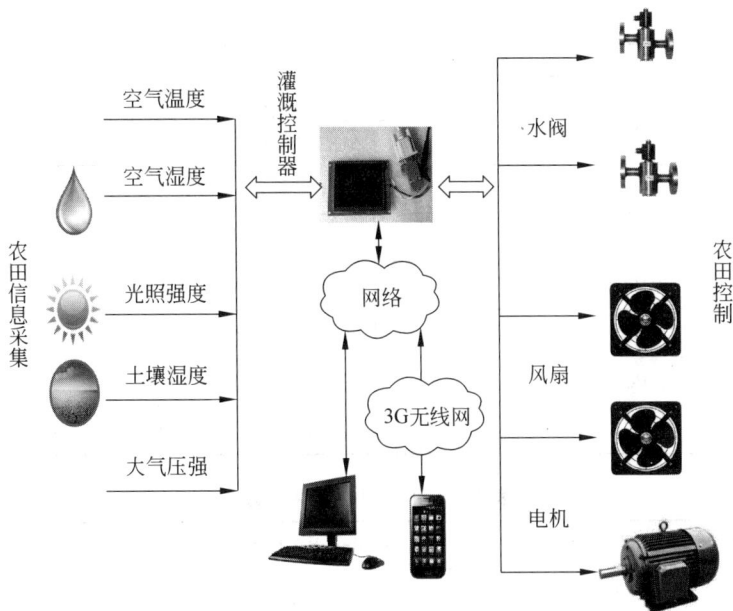

图 1-1　农业信息采集控制系统总体框图

1.2.2　农业信息采集控制系统硬件设计

　　农业信息采集控制系统由采集传感器、灌溉控制器、控制端与上位机组成。由于采集与控制端的设备较多,而对这些采集与控制端设备的访问方法相似,因此在下面的硬件与软件设计中只抽取了部分典型设备进行设计。

　　1. 采集控制终端开发板选择

　　1）开发板简介

　　采用基于 Samsung 公司最新的 S5PV210 嵌入式微处理器为核心的开发板。开发板硬件资源如表 1-1 所示,软件资源如表 1-2 所示。

表 1-1　开发板的硬件资源

配置名称	型　号	说　明
CPU	S5PV210	Cortex-A8 Core 800/1000MHz UFP/SIMD
DRAM	Mobile DDR	128MB,32 位存取,时钟速度 266MHz
NAND Flash	HXB18T2G160AF(L)-25D	DDR2 内存,1GB
图像	2D、3D、MJPEG/H.264	OpenGL 2D/3D 图形加速器、编解码器
USB 接口	1＋1 Port	主 USB 2.0 OTG(Host,Client) 1 个 USB Host 1.1(Hub 扩展)
UART	4 Port	UART0:Debug 口由 MiniUSB 口转出 UART1:由底板 RS232 引出

续表

配置名称	型　号	说　明
Audio CODEC	WM9713	支持 WM9713 解码,立体声 400mW 语音输出 MIC IN,耳机
Video(TV-out)	1 Port	复合视频信号和 S-Video
LCD	3.5 英寸夏普屏	320×240 16b
Video(TV-in)	2 Port	复合视频信号和 S-Video
以太网	DM9000	支持 100BASE-T
SD/MMC 卡接口	1 Port	高速主 SD 卡、MMC 卡接口
按键和 LED		4 个 LED 和 1 个中断按键 Joystick

表 1-2　开发板的软件资源

操 作 系 统	Embedded Linux 2.6.35.7
Boot loader	U-boot.1.3.4
文件系统	Cramfs＋Yaffs2(NAND Flash)
Image Download	USB 2.0 OTG(主/从)或 DM9000(10/100Mb/s 以太网)
驱动程序	TFT 320×240/800×480 LCD 液晶 四线电阻式触摸屏 AC97 音频接口(音频输入/输出) USB 2.0(主) USB 集线器,USB 存储/鼠标/键盘/摄像头/蓝牙/WiFi Debug UART 串口 1 IRDA 红外 RS485 串口通信 Can 总线 I^2C 总线 SPI 总线 Nandflash MMC/SD 存储卡 数字视频输入 CMOS 摄像头 模拟视频输入(选配) TV-out 输出 1 路中断按键 LED1～LED5

2) S5PV210 芯片介绍

S5PV210 芯片集成了大量的功能单元,包括:

- 采用 Cortex-A8 的核,包含 32KB/32KB I/D Cache 和 512KB 的 L2 Cache,ARM Core 电压为 1.1V 的时候,可以运行到 800MHz;在 1.2V 的情况下,可以运行到 1GHz。

- 内置外部存储器控制器（SDRAM 控制和芯片选择逻辑）。
- LCD 控制器（最高 4K 色 STN 和 256K 彩色 TFT），一个 LCD 专用 DMA。
- 24 通道 DMA 控制。
- 3 个通用异步串行端口、3 个多主 I²C 总线、3 个 IIS 总线控制器。
- SD 主接口版本 1.0 和多媒体卡协议版本 2.11 兼容。
- 1 个 USB Host 2.0，4 个 USB Device(ver 2.0)。
- 4 个 PWM 定时器。
- 看门狗定时器。
- 237 个通用 I/O。
- 支持 4×4 矩阵键盘。
- 可支持使用 93 个中断源。
- 电源控制模式：标准、慢速、休眠、掉电。
- 10 通道 10 位/12 位 ADC 和触摸屏接口。
- 带日历功能的实时时钟。
- 芯片内置 PLL。
- 32 位 RISC 体系结构，使用 Cortex-A8 CPU 核的强大指令集。
- ARM 带 MMU 的先进的体系结构支持 WinCE、EPOC32、Linux。
- 指令缓存（cache）、数据缓存、写缓冲和物理地址 TAG RAM，减小了对主存储器带宽和性能的影响。
- Cortex-A8 CPU 核支持 ARM 调试的体系结构。
- 内部先进的位控制器总线（AMBA 3.0，AHB/APB）。
- 存储器子系统，两个独立的端口（SROM 端口和 DRAM 端口）。

2. 温湿度传感器的选择及使用

1）温湿度传感器选择

本系统的温湿度传感器选择 SHT11，它是一款高度集成的温湿度传感器芯片，采用专利的 CMOSens 技术，提供全量程标定的数字输出，且由于采用了优化的集成电路形式，使其具有极高的可靠性与卓越的长期稳定性。传感器包括一个电容性聚合体湿度敏感元件和一个用能隙材料制成的温度敏感元件，并在同一芯片上与 14 位的 A/D 转换器以及串行接口电路实现无缝连接，芯片与外围电路采用两线制连接；而且每个传感器芯片都在极为精确的恒温室中以镜面冷凝式湿度计为参照进行标定，校准系数以程序形式存储在 OTP 内存中，在校正的过程中使用。

SHT11 的结构特点和制造工艺使其具有以下优点：①防浸泡，即使被浸湿了，只要让其自然晾干后即可恢复正常性能，不会因为曾经被浸泡而失灵或出现超出允许范围的误差；②高可靠性，采用优化的集成电路，大大降低了元件失效的风险并减少受外界电子信号的干扰，且由于传感器输入的模拟信号及时转化为数字信号输出，从而比靠外围模拟电路处理后输出的模拟信号精确度高得多；③测量精度高，采用片内稳压电路使得测量精度不受电压不稳定影响，温度测量精度为±0.5℃，湿度在 0%～100%RH 测量范围内都能保持±5%的测量误差；④可任意互换同系列芯片且不需进行互换后的重新校正，方便测量系统运行维护；⑤体积仅为 7.5mm×5mm×2.5mm，功耗低(2.4～5.5V 宽电压供电,电流消耗：测量时为 $550\mu A$,平均为 $28\mu A$,休眠时为 $3\mu A$),利用电池供电,可让其长时间稳定运行；⑥反应迅速,小于 4s。

SHT11 的众多优点使其成为各类高标准温湿度测量系统设计应用的首选。

2) 电路设计

SHT11 通过两线串行接口电路与微控制器连接,具体电路如图 1-1 所示。其中,串行时钟输入线 SCK 用于微控制器与 SHT11 之间的通信同步,而且由于 SHT11 接口包含了完全静态逻辑,所以并不存在最小 SCK 频率限制,即微控制器可以以任意低的速度与 SHT11 通信。串行数据线 DATA 引脚是三态门结构,用于内部数据的输出和外部数据的输入。DATA 在 SCK 时钟下降沿之后改变状态,并仅在 SCK 时钟上升沿后有效,所以微控制器可以在 SCK 高电平时读取数据,而当其向 SHT11 发送数据时则必须保证 DATA 线上的电平状态在 SCK 高电平段稳定；为了避免信号冲突,微控制器仅驱动 DATA 在低电平,在需要输出高电平的时候,微控制器将引脚置为高阻态,由外部的上拉电阻将信号拉至高电平,从而实现高电平输出。电路设计如图 1-2 所示。

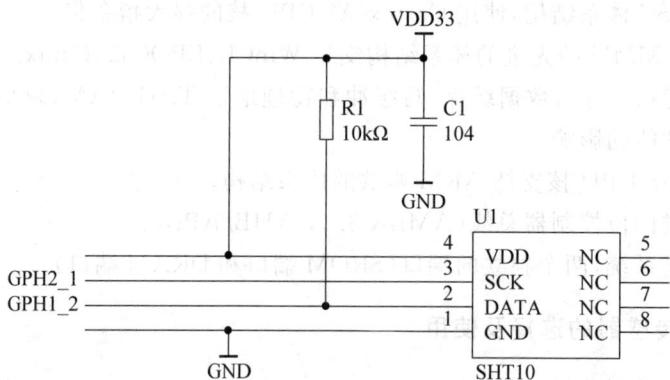

图 1-2 温湿度传感器电路设计

系统可以采用 I^2C 总线来访问 SHT11 芯片,也可采取 GPIO 静态驱动方式,模拟电路时序来访问 STH11 芯片(本系统采用的是后者),关于芯片编程,可以参考芯片手册。

3. 大气压强传感器的选择及使用

1) 大气压强传感器选择

大气压强传感器用于气压监测,同时也可以用于测定高度等。本系统选择的大气压强传感器是 Bosch 的数字式气压传感芯片 BMP085,BMP085 是一款高精度、超低能耗的大气压强传感模块,广泛应用在移动设备中。它性能卓越,绝对精度最低可以达到 0.03hPa,并且耗电极低,只有 $3\mu A$。BMP085 采用强大的 8-pin 陶瓷无引线芯片承载(LCC)超薄封装,可以通过 I^2C 总线直接与移动设备的微处理器连接。它的封装尺寸仅有 5mm×5mm,厚度仅有 1.2mm,该芯片通过 I^2C 接口与主机通信。同时该芯片还具有两个辅助功能引脚：EOC 和 XCLR。其中 XCLR 为主机清零输入，EOC 为转换完成状态指示，可将该管脚连接到处理器的中断管脚，从而实现对数据的中断处理。

2）电路设计

大气压强传感器设计如图 1-3 所示。该气压传感器采用气压模块 BMP085 与微处理器通过 I^2C 总线通信，直接互连，按照指定的通信协议通信，微处理器将从 BMP085 读回的气压数据进行计算处理。

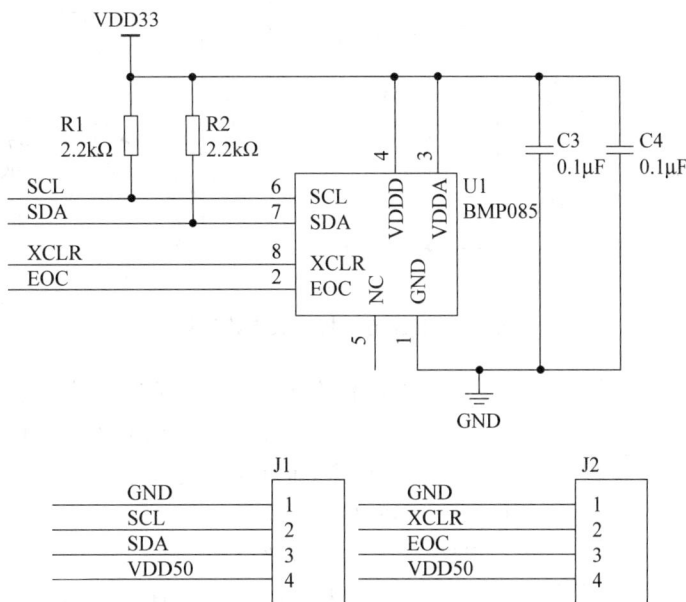

图 1-3　大气压强传感器电路设计

4. 直流电机模块的选择及使用

1）直流电机模块选择

直流电机用来控制农业大棚卷帘，本系统使用 PWM 驱动方式，驱动电路使用大功率达林顿结构，构成互补输出形式，有效增强了电路的驱动能力。另外，电路包含了电机感应电压保护电路，可以安全使用在电机控制系统中。

2）电路设计

电路设计如图 1-4 所示，电机驱动电路的输入信号 TOUT0 和 TOUT1 取自 CPU，TOUT0 和 TOUT1 为 3.3V PWM 驱动信号，在软件配置死区长度的情况下可以有效控制电机正转、反转、加速、减速等。此直流电机桥模块使用 CPU 的 PWM 作为输入，连接到主板 P6 端口，输出 CON2 连接到电机上。

5. 继电器模块的选择及使用

1）继电器模块选择

继电器用来控制电磁阀灌溉，本系统选择继电器型号为 G5LA-14，G5LA-14 继电器

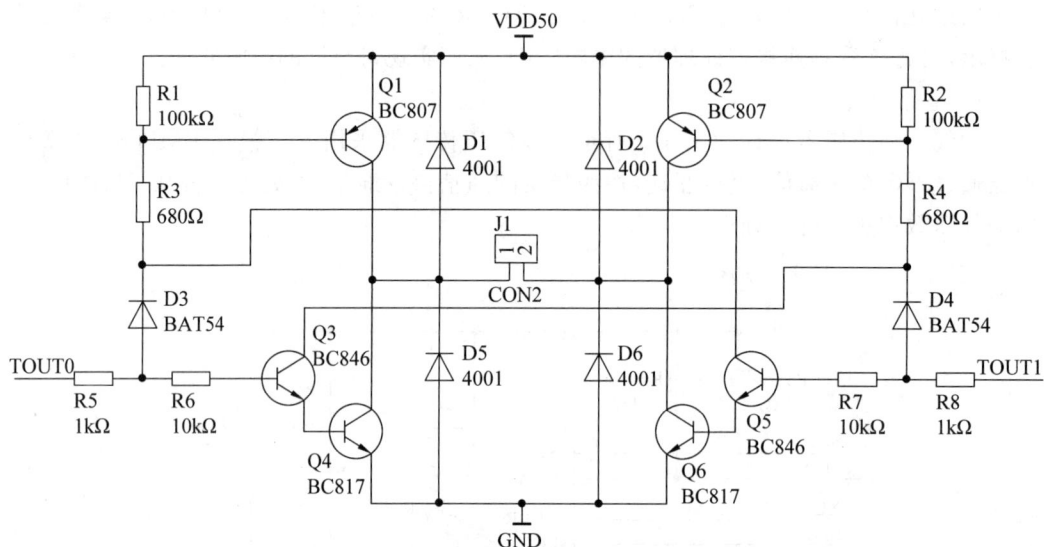

图 1-4   直流电机桥模块电路设计

外围电路如图 1-5 所示，当管脚 2 和 5 之间没有电流，即压降为 0 时，管脚 1 和 4 连接导通；当管脚 2 和 5 之间有电流，即产生压降时(这里注意，压降至少要大于等于 3V)，管脚 1 和 4 断开，1 和 3 导通。

2) 电路设计

继电器电路设计如图 1-6 所示，系统通过 CPU 上的 GPA0_7 引脚来控制继电器的通断，当 GPA0_7 为高电平时，三极管 Q1 的集电极与发射极导通，工作在饱和状态，集电极与发射极导通，电阻值趋于 0Ω，继电器的常开引脚连通，常闭引脚断开；当 GPA0_7 为低电平时，三极管 Q1 的集电极与发射极无法导通，工作在截止状态，集电极与发射级高阻，电阻值趋于无穷大，继电器的常开引脚断开，常闭引脚连通。

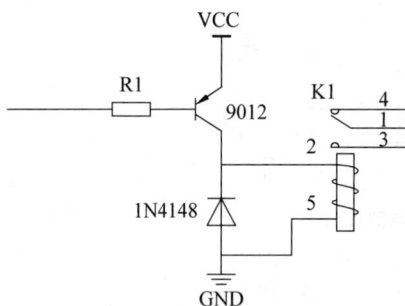

图 1-5   G5LA-14 继电器外围电路

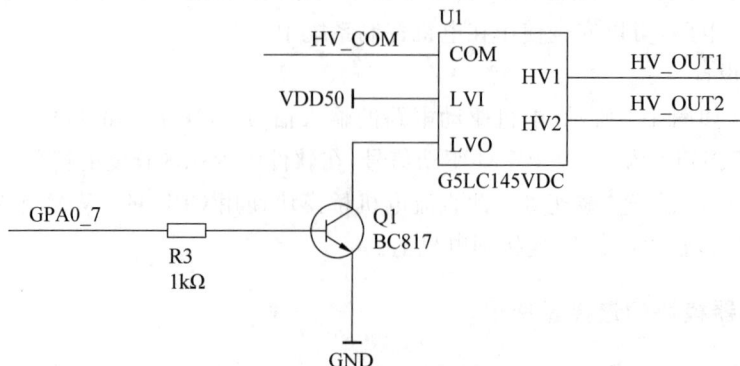

图 1-6   G5LA-14 继电器电路设计

6. 矩阵键盘模块选择及使用

1）矩阵键盘模块选择

为了使系统控制方便,本系统设计了键盘,采用行列扫描方式,使用 4 行 4 列,共计 16 个轻触按键,可以作为控制按键使用。

2）电路设计

矩阵键盘电路设计如图 1-7 所示,键盘的识别采用扫描法。CPU 中 GPC1_0_K～ GPC1_3_K 这 4 个引脚接键盘的行线,GPC1_4_K、GPH0_2_K、GPH2_0_K 和 GPH1_4_K 这 4 个引脚接键盘的列线,在没有按键按下的情况下,由于列线通过电阻接高电平,所以列线为高电平;当有键按下时,为了识别是哪个键按下,需要行线顺序输出低电平,对应哪个列线也被拉为低电平,就说明低电平的行线与低电平的列线的交叉处即为按下的键。GPS 模块选择串行接口,连接方便。LCD、触摸屏、网络接口等都是通用接口,按照说明书连接即可,在此不再赘述。

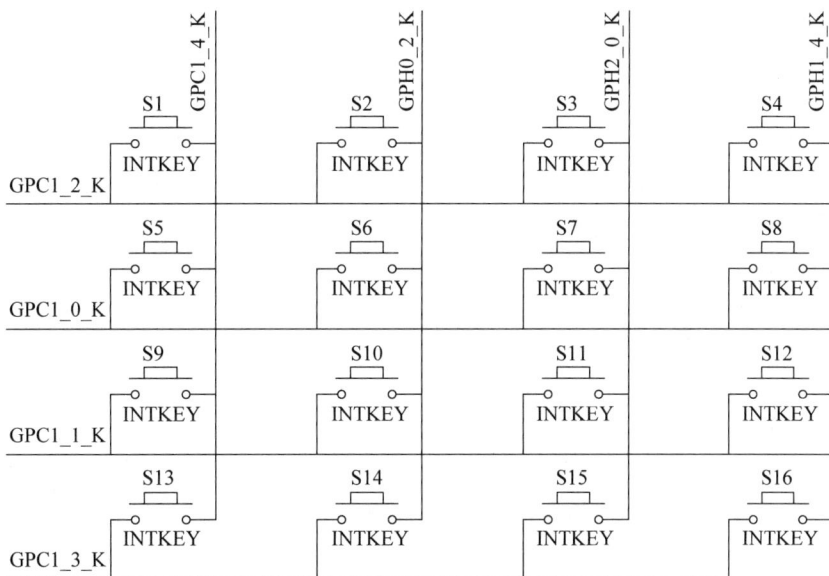

图 1-7　键盘电路设计

1.2.3　农业信息采集控制系统软件设计

农业信息采集控制系统硬件设计结束后,软件设计就开始了。软件设计大体分两部分,第一部分是嵌入式软件平台的搭建,第二部分是农业信息采集应用软件的开发。

1. 嵌入式软件平台搭建

嵌入式软件平台搭建的主要工作为 Bootloader 移植、嵌入式 Linux 内核移植、嵌入式 Linux 文件系统移植等,这些移植工作都是在 Linux 下完成的,因此,Linux 开发环境也是必须熟练掌握的。具体工作如下。

1）嵌入式 Linux 开发环境

嵌入式 Linux 开发环境主要掌握如下内容：Linux Shell 与常用命令，Linux 文本编辑器 vi，Shell 脚本编程，嵌入式 Linux 开发工具，包括编译工具 gcc、工程管理 Makefile、调试工具 gdb 和交叉编译工具链等，嵌入式开发环境搭建等。

2）嵌入式 Linux 系统移植

系统移植为平台搭建工作的主要内容，主要包括 Bootloader 移植、嵌入式 Linux 内核移植和嵌入式 Linux 文件系统移植等。Bootloader 是移植的重要组成部分，主要作用为初始化硬件设备，建立内存空间的映射图，从而将系统的软件和硬件环境带到一个合适的状态，为最终调用操作系统内核准备好正确的环境。同时，Bootloader 也为用户提供下载、移植等各种软件工具。

3）嵌入式 Linux 驱动移植与开发

嵌入式系统是以应用为中心，为特定的对象服务的，不同嵌入式系统的硬件是不尽相同的，因此，嵌入式 Linux 驱动的开发与移植也是搭建平台的重要内容。它主要包括模块的构造与运行、内核调试技术与字符设备驱动等。

2. 农业信息采集应用软件开发

在前面讲解的硬件和软件平台上，针对农业信息采集控制系统这一项目，展开软件的设计与开发工作。项目的设计开发工作涉及嵌入式应用开发领域的主要知识点。

1）嵌入式 Linux 文件编程

在 Linux 系统中，设备也可看成文件，对设备的访问与对文件的访问是一致的，因此，本章要完成对设备的访问，包括农田信息、位置信息的采集和继电器、电机的控制等。

主要学习内容包括文件描述符的概念，Linux 下基于文件描述符的 I/O 函数的使用，Linux 下设备文件的读写方法，Linux 中对串口的操作及 GPS 设备的操作等。

2）进程线程编程

农田信息采集控制系统内容较多，而且也较为复杂，既有农田的多个信息采集，也要控制卷帘、灌溉等多个对象，而同时要在液晶屏显示，并且最终要把数据通过网络上传到服务器上。在这种情况下，单进程单线程很难完成任务，因此系统要设计成多个任务并发工作的结构。

主要学习内容包括进程控制、Linux 进程控制编程、进程间通信、多线程编程和线程的并发访问等。

3）嵌入式 Linux 网络编程

大量农田信息的获取为农田分析及智能灌溉奠定基础，但大量的数据在控制终端上是无法存储的。通常都要发给服务器，在服务器上存储和分析，最终做出决策。而网络是目前最有效的传输途径，因此网络编程在嵌入式编程中至关重要。

主要学习内容包括 TCP/IP 概述、Linux 网络编程、TCP Socket 编程、UDP Socket 编程等。最后，利用这部分内容完成农业采集控制终端数据的上传。

4）嵌入式 GUI 程序开发

农业信息采集控制系统到现在已经基本完成，但美中不足的是没有一个好的图形界面和用户进行交互,这里主要介绍在 Linux 环境下农业信息采集系统的图形界面程序设计。

主要学习内容包括 Qt 编程基础、QT/Embedded 环境配置、QT Designer 介绍等。最后利用这部分内容完成农业信息采集控制终端的界面设计。

习　题　1

1. 什么是嵌入式系统?
2. 简述嵌入式 Linux 系统的优点。
3. 简述嵌入式系统开发的流程。
4. 简述农业信息采集控制系统的组成。

第 2 章

嵌入式 Linux 开发环境

chapter 2

2.1 项目目标

由于嵌入式系统是专用的计算机系统,它的资源有限,其功能和使用环境都与普通的计算机大不相同,不能在它上面安装开发软件和运行开发工具。所以,在开发嵌入式系统时,通常要采取交叉开发模式进行开发。交叉开发模式需要用 PC(在嵌入式开发中称为宿主机)环境来构建对应嵌入式处理器的编译环境来开发下位机,即在宿主机中编写代码,生成能够运行在目标平台(目标板)的程序,然后再下载到目标平台上运行,进行调试开发。

在开发基于嵌入式 Linux 的项目前,首先要熟悉 Linux 操作系统的基本使用,掌握各种常用的嵌入式 Linux 开发工具的使用方法,之后再去搭建嵌入式 Linux 开发环境。

本章知识点包括 Linux 常用命令与使用、Linux 文本编辑器 vi、Shell 脚本编程、常用的嵌入式 Linux 开发工具以及嵌入式 Linux 开发环境搭建。

2.2 Linux Shell 与常用命令

2.2.1 Linux Shell 简介

Linux 下的 Shell 是内核的一个外层保护工具,可以通过 Shell 来控制内核工作。Shell 是一个命令语言解释器(command-language interpreter),是 Linux 提供的一个控制台终端接口,类似于 MS-DOS 下的 command 和 Windows 下的 cmd. exe,它接收用户命令,然后调用相应的应用程序。Shell 主要有 bash、tcsh、zsh、csh 等几种,目前 Linux 上最流行的 Shell 是 bash(bourne again shell)。

1. Shell 命令格式

1) 命令提示符

Shell 的命令提示符格式如下:

[用户名@主机名 当前目录]$

比如在图 2-1 中，root 表示当前登录用户名，localhost 表示主机名，usr 表示当前目录。

图 2-1　Shell 中的命令提示符

一般意义上所说的命令提示符是光标前的一个字符，默认情况下普通用户显示的命令提示符都是 $ ，超级用户(root)的命令提示符是 ♯ 。

2）命令格式

Shell 的一条命令一般情况下包含 3 个要素，即命令名称、选项和参数，格式如下：

命令名称　[选项]　[参数]

其中，命令选项可以指定命令执行动作的类型，由"-"引导，可以带有多个选项；命令参数表明命令作用的对象或目标，一些命令允许带有多个参数，比如在图 2-1 的 ls -dl /home 命令中，ls 是命令，-dl 是命令选项，/home 是命令参数。

需要注意，Shell 命令严格区分大小写，命令名称、选项和参数之间需要使用空格分隔。

2. 命令补全功能

在 Linux 的 bash 中，可以在输入命令时按下 Tab 键实现命令补全，这是 Linux 操作中最常用的技巧之一。若 Shell 没有给予完全补全，说明存在近似的命令需要选择，比如在图 2-2 中，输入命令 ta 之后按下 Tab 键，Shell 没有给予命令补全，再次按下 Tab 键，Shell 会给出近似的命令提示。

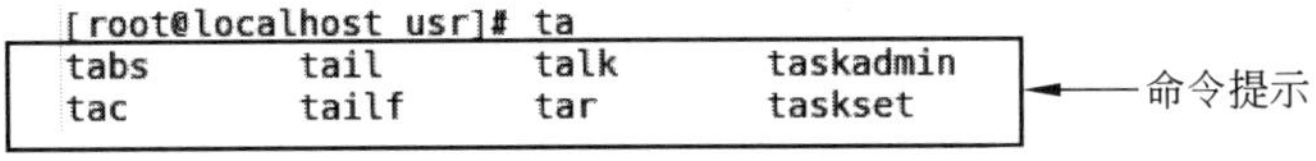

图 2-2　命令补全时的命令提示

3. 历史表文件.bash_history 和命令回溯

在 Linux 的每个用户的主目录下都有一个名为.bash_history 的文本文件，该文件记载了用户操作的历史记录，即用户曾经执行的命令序列。通常在 bash Shell 下可直接用上光标键回溯操作历史，将原来执行的命令再次显示在 bash 中。

4. 获取联机帮助

联机帮助文档可以随时帮助用户了解 Shell 命令的语法和参数，主要使用 man 命令来获取帮助文档。man 命令格式如下：

```
man [命令名称]
```

比如,要获取 ls 命令的帮助,需输入命令 man ls。如图 2-3 所示就是 ls 命令的帮助文档。在进入帮助文档之后,可以通过按如下按键来操作帮助文档:

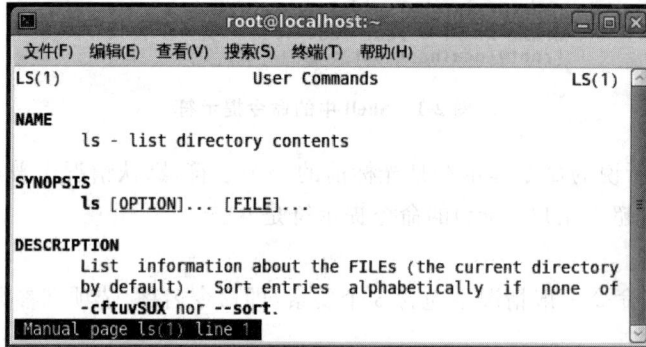

图 2-3 联机帮助文档

- Space(空格键): 向下翻一屏显示。
- b: 向上翻一屏显示。
- q: 退出帮助文档页面。

2.2.2 Linux 常用命令与使用

1. 基本文件操作命令

1) mkdir 命令

使用 mkdir 命令创建目录。

命令格式:

```
mkdir [选项] [目录名称]
```

命令选项:

-p: 若所要建立目录的上层目录目前尚未建立,则会同时建立上层目录。

-v: 执行时显示详细的信息。

【例 2-1】 利用 mkdir 命令创建目录。

在当前目录下创建 m5 子目录:

```
[root@localhost ~]#mkdir m5
```

在/home 目录下创建名为 t1 的子目录:

```
[root@localhost ~]#mkdir /home/t1
```

如果 aa 或 bb 目录不存在,则建立;最后建立 cc 目录,在建立目录时显示详细信息:

```
[root@localhost ~]#mkdir -pv aa/bb/cc
mkdir: 已创建目录 "aa"
mkdir: 已创建目录 "aa/bb"
mkdir: 已创建目录 "aa/bb/cc"
```

注意：Linux 的文件路径分隔符是"/"而不是"\"。

2）cd 命令

使用 cd 命令进入指定目录。

命令格式：

cd [路径]

【例 2-2】　利用 cd 命令切换目录。

进入/home/t1 目录：

```
[root@localhost ~]#cd /home/t1
```

进入当前目录下的 myc 目录：

```
[root@localhost ~]#cd myc
```

进入父目录：

```
[root@localhost ~]#cd ..
```

进入根目录：

```
[root@localhost ~]#cd /
```

进入操作者的主目录：

```
[root@localhost ~]#cd
```

说明：

（1）cd 命令与 cd ～命令相同，～表示操作者的主目录。

（2）在 Linux 中，根目录"/"是整个文件系统的最顶层目录，从根目录开始的路径是绝对路径，相对于当前目录开始的路径是相对路径。

3）pwd 命令

使用 pwd 命令显示当前工作目录（print working directory）。

【例 2-3】　显示当前目录。

```
[root@localhost ~]#pwd
/root
```

4）cp 命令

使用 cp 命令复制文件。

命令格式：

cp [选项] [源文件或目录] [目标文件或目录]

命令选项：

-i：覆盖已有文件之前先询问用户。

-r：递归处理，将指定目录下的文件与子目录一并处理，适用于整个目录复制。

【例 2-4】 文件复制。

将/etc 下的 passwd 文件复制到当前目录并改名为 a.txt：

```
[root@localhost ~]#cp /etc/passwd a.txt
```

将/etc 下的 passwd 文件复制到当前目录：

```
[root@localhost ~]#cp /etc/passwd .
```

将/home/z3 目录复制到根目录下：

```
[root@localhost ~]#cp -r /home/z3 /
```

将当前目录下的 a1.txt 复制到当前目录下的 aa 目录下的 bb 目录，覆盖已有文件之前先询问用户：

```
[root@localhost ~]#cp -i a1.txt aa/bb
cp: 是否覆盖"aa/bb/a1.txt"? y
```

5）rm 命令

使用 rm 命令删除文件或目录。

命令格式：

rm [选项] [文件或目录]

命令选项：

-f：强制删除文件或目录，使用此选项可以不确认进行删除操作。

-r：递归处理，将指定目录下的所有文件及子目录一并处理，适用于删除整个非空目录。

【例 2-5】 删除文件和目录。

删除当前目录中的 a.txt 文件：

```
[root@localhost ~]#rm a1.txt
rm: 是否删除普通文件 "a1.txt"?y
```

强制删除当前目录下的 aa 目录及其中文件：

```
[root@localhost ~]#rm -rf aa
```

6）mv 命令

使用 mv 命令进行文件的搬移或更名。

命令格式：

mv [源文件或目录] [目标文件或目录]

【例 2-6】　文件移动。

将当前目录下的文件 pwd 更名为 passwd1：

```
[root@localhost ~]#mv pwd passwd1
```

将根目录下的 home 目录下的 t2 目录搬移到根目录下的 root 目录中：

```
[root@localhost ~]#mv /home/t2/root
```

7）touch 命令

使用 touch 命令创建空文件。

命令格式：

touch [文件名称]

【例 2-7】　建立空文件。

在根目录下的 root 目录中创建空文件 a1.txt：

```
[root@localhost ~]#touch /root/a1.txt
```

8）ls 命令

使用 ls 命令列出目录内容（list directory content），即显示某一目录中的文件清单。

命令格式：

ls [选项] [路径]

命令选项：

-a：列出全部文件名，包括以“.”字符作为文件名前缀的文件（隐藏文件）。

-l：以长格式列出文件详细信息。

-R：递归（Recursive）列出所有子目录层。

-d：只显示目录名称，不显示其中内容。

【例 2-8】　列出目录文件清单。

列出当前目录中的文件清单：

```
[z3@localhost ~]$ls
a1.txt aa
```

列出当前目录中的文件清单，包括隐藏文件：

```
[z3@localhost ~]$ls -a
. .. a1.txt aa .bash_logout .bash_profile .bashrc .gnome2 .mozilla
```

列出当前目录中的文件详细信息：

```
[z3@localhost ~]$ls -l
总用量 4
-rw-rw-r-- 1 z3 z3    0 8月 24 04:56 a1.txt
drwxrwxr-x 2 z3 z3 4096 8月 24 04:56 aa
```

说明：每列分别表示文件属性、连接个数、所有者、从属组、文件长度、文件的最后更改时间、文件名称。

其中文件属性的第一个字符标识文件的类型，如表 2-1 所示。

表 2-1　文件类型

字　符	文 件 类 型	字　符	文 件 类 型
d	目录	s	套接字
-	普通文件	p	命名管道
b	块设备	l	符号连接
c	字符设备		

文件属性除了第一个字符之外，其他 9 个字符分成 3 组，分别表示所有者、从属组、其他用户对此文件的读、写、执行权限，其中 r 表示读权限，w 表示写权限，x 表示执行权限，"-"表示无相应权限。

2. Linux 文件系统

1）Linux 文件系统类型

Linux 操作系统的兼容性很强，支持的磁盘文件系统很多。目前 Linux 磁盘文件系统中普遍采用的文件格式是 EXT4。虽然 FAT16、FAT32、NTFS 是 Windows 操作系统的文件格式，但是 Linux 系统同样可以很好地支持这些文件格式。

2）Linux 文件系统目录结构

Linux 的文件系统采用分层标准 FHS(Filesystem Hierarchy Standard)，其文件系统是一棵倒置的树，树的根即"/"根目录，系统中所有的存储设备都作为这棵树的一个子目录存在，如图 2-4 所示。在 Linux 系统中，不同的文件存放在不同的基本目录中，了解这些基本目录，有助于对 Linux 系统的整体了解。

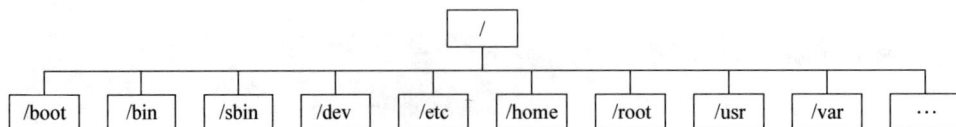

图 2-4　Linux 文件系统目录结构

Linux 的文件系统基本目录结构如下：

/boot：包括内核和其他系统启动期间有关的文件。

/bin：系统程序，存放在系统中的最常用的可执行文件（二进制）。基础系统所需要的命令位于此目录，也是最小系统所需要的命令，比如 ls、cp、mkdir 等命令。其功能和 /usr/bin 类似，这个目录中的文件都是可执行的，普通用户都可以使用的命令。

/sbin：管理员系统程序，比如 shutdown。目录/usr/sbin 中也包括了许多系统程序。

/dev：存储设备文件（注意，设备文件不是驱动程序）。

/etc：包含许多系统配置文件和大部分应用程序的全局配置文件。

/etc/rc.d：启动的配置文件和脚本。

/home：普通用户主目录的默认位置。比如对于普通用户 z3，其默认用户主目录位置是/home/z3。

/root：超级用户（root）的主目录。

/lost＋found：磁盘修复文件，被 fsck 用来放置零散文件（没有名称的文件）。当系统意外崩溃或机器意外关机时产生的一些文件碎片放在这里。

/lib：包含许多被/bin/和/sbin/中的程序使用的库文件。目录/usr/lib/中含有更多用于用户程序的库文件。

/mnt：该目录中通常包括系统引导后被挂载的文件系统的挂载点，也可用于用户的临时挂载。

/opt：可用来存放准备安装的文件，作为可选文件和程序的存放目录。有些软件包也会被安装在这里，也就是自定义软件包。有些用户编译的软件包就可以安装在这个目录中。

/proc：内核与进程镜像，是一个虚拟的文件系统（不是实际存储在磁盘上的，而是在内存里），它包括被某些程序使用的系统信息。这个目录是一个虚拟的目录，它是系统内存的映射，可以通过直接访问这个目录来获取系统信息。

/tmp：用户和程序的临时目录。所有系统用户均可读写。

/usr：包括与系统用户直接有关的文件和目录，例如应用程序及支持它们的库文件。在/usr 下还有很多目录，存放的内容如下：

- bin/：应用程序。
- sbin/：管理员应用程序。
- lib/：应用程序库文件。
- share/：应用程序资源文件。
- src/：Linux 开放的源代码。
- include/：Linux 下开发和编译应用程序需要的头文件。

/var：用于存储不断改变的文件，比如日志文件和打印机假脱机文件，系统的日志文件就在/var/log 目录中。为了保持/usr 的相对稳定，那些经常被修改的目录可以放在/var 目录下。

/media：挂载媒体设备的目录。

/sys：该目录用于将系统中的设备组织成层次结构，并向用户提供详细的内核数据信息。

/srv：存放系统所提供的服务数据。

3）文件连接

Linux 采用索引节点（inode）记录文件属性信息，每个文件或目录都唯一地对应 inode 数组中的一个元素，但一个元素可以与多个文件或目录名对应。如图 2-5 所示，"文件二"和"文件六"对应于 inode 数组的同一元素 302。在 inode 数组的每一个元素中记录了文件大小、创建时间、文件所属、文件权限等文件属性信息。

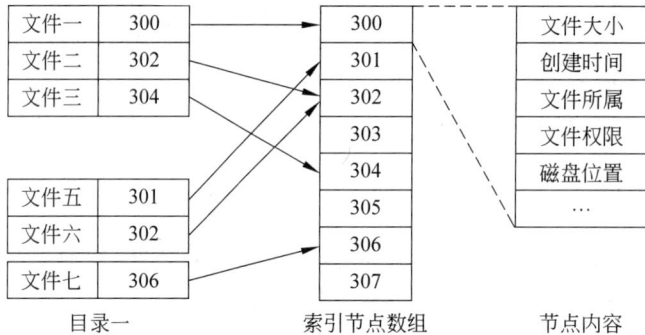

图 2-5 文件的连接

Linux 的文件连接有两种，硬连接和软连接。

通过相同 inode 节点共享同一个物理文件的方法称之为硬连接，如图 2-5 中的"文件二"和"文件六"。硬连接的优点是可在不同目录通过不同路径访问同一个文件，节省磁盘空间又便于数据一致性；缺点是不能连接目录，不能跨越不同文件系统（如分区、驱动器）。

软连接又叫符号连接，类似于 Windows 的快捷方式，连接文件中包含了另一个文件的路径名，可以是任意文件或目录，可以连接不同文件系统的文件。

可以使用 ln 命令对一个已经存在的文件建立连接。

命令格式：

ln [选项] [文件名] [文件名]

命令选项：

-s：建立软连接。

【例 2-9】 建立文件连接。

```
[root@localhost ~]#ls -il p1
818975 -rw-r--r--1 root root 6 8月 25 03:25 p1
[root@localhost ~]#ln p1 p2
[root@localhost ~]#ls -il p1
818975 -rw-r--r--2 root root 6 8月 25 03:25 p1
[root@localhost ~]#ls -il p2
818975 -rw-r--r--2 root root 6 8月 25 03:25 p2
[root@localhost ~]#ln -s p1 p3
[root@localhost ~]#ls -il p1
```

```
818975 - rw - r - - r - - 2 root root 6 8 月 25 03:25 p1
[root@ localhost ~]#ls -il p3
786928 lrwxrwxrwx 1 root root 2 8 月 25 03:26 p3 ->p1
```

说明：ls -i p1 命令可以显示文件 p1 的索引节点号；在利用 ln p1 p2 命令为文件 p1 建立硬连接文件 p2 之后，再执行 ls -il p1 命令，可以看到文件 p1 的连接个数改变为 2，而通过 ls -il p2 命令可以看到 p1 与 p2 的索引节点号一致；ln -s p1 p3 命令为 p1 建立了一个软连接文件 p3，执行 ls -il p3 命令可以看到 p1 与 p3 的 inode 索引节点号不同。

3. 磁盘命令

1）Linux 磁盘分区

Linux 应该使用多少个分区的问题一直存在争论。曾经流行的一种观点是使用 9 个分区，而从 Redhat Linux 8.0 开始将分区数目减少为 3 个，分别为：

（1）\：根分区。

（2）\boot：引导分区，一般容量为 100MB 即可。引导分区中存放启动 Linux 时使用的一些核心文件。

（3）swap：交换分区，用来支持虚拟内存，容量应为内存的两倍。

和 Windows 不一样，Linux 是通过字母与数字的组合来标识磁盘及分区的，例如 sda 表示系统中的第一块 SCSI 接口类型的硬盘，而 sda1 则表示系统中的第一块 SCSI 接口类型硬盘上的第一个主分区。Linux 的磁盘及分区命名规则如下：

（1）前两个字母表示磁盘类型，例如：

- hd 表示 IDE 硬盘。
- sd 表示 SCSI 硬盘。
- fd 表示软盘。

（2）第三个字母表示是第几块磁盘，a 表示第一块，b 表示第二块，以此类推。

（3）接下来的数字表示分区类型：

- 1～4：主分区或扩展分区的总标识。
- 5 以上表示逻辑分区。

Linux 采用目录树方式管理文件，上述的磁盘标识一般仅用在设备配置（如对磁盘进行分区操作等）及挂载场合。

2）mount 命令

使用 mount 命令可以挂载不同文件系统类型的分区。

Linux 与 Windows 使用磁盘设备的方法不同，Linux 采用单根目录树管理全部文件系统，磁盘设备必须挂载到系统目录树上才能使用。所谓挂载，就是将该设备的文件系统作为一个分枝嫁接到主文件系统的过程。嫁接的位置称为挂载点，挂载点必须是一个已经存在的目录。mount 命令需要超级用户（root）权限才能执行。

命令格式：

mount [-t 文件系统类型] [-o 选项] [被挂载的设备文件] [挂载点]

命令选项:

-t:指定文件系统类型,常用的文件系统类型如下:

- ext4:Linux 的 EXT4 文件系统。
- msdos:MS-DOS 的 FAT16 文件系统。
- vfat:Windows FAT32 文件系统。
- nfs:UNIX(Linux)网络文件系统。
- iso9660:CD-ROM 光盘的标准文件系统。
- ntfs:Windows NTFS 文件系统。
- auto:自动检测文件系统的类型。

-o:描述设备的挂载方式,常用的参数如下:

- loop:把一个文件当成硬盘分区挂载。
- ro:采用只读方式挂载。
- rw:采用读写方式挂载。
- nolock:禁用文件锁。
- rsize=*n*:一次读操作文件系统能读取的最大数据块大小。
- wsize=*m*:一次写操作文件系统能写入的最大数据块大小。
- iocharset:指定访问文件系统所用字符集。

【例 2-10】 磁盘分区和镜像文件挂载。

使用 USB 盘:

```
[root@localhost ~]#mount -t vfat /dev/sda1 /mnt/usb
```

访问硬盘上的 Windows 分区:

```
[root@localhost ~]#mount -t ntfs /dev/hda5 /mnt/d
```

使用 ISO9660 镜像文件:

```
[root@localhost ~]#mount -t iso9660 -o loop /opt/a.iso /mnt/iso
```

说明:

(1) 挂载点(挂目录载)要存在,如不存在,要事先利用 mkdir 命令建立。

(2) 对于磁盘分区挂载,挂载前可以使用 fdisk -l 命令来查看确定磁盘分区标识。

(3) 被挂载的设备使用完毕之后,如需卸载,可以使用 umount 命令,命令格式为

umount [挂载点或被挂载的设备文件]

3) fdisk 命令

使用 fdisk 命令可以进行磁盘分区操作,类似于 MS-DOS 中的 fdisk 命令,但是使用方式区别很大。在 Linux 中通常使用 fdisk 命令加-l 选项列出系统中的磁盘分区

信息。

【例 2-11】　显示磁盘分区情况。

```
[root@localhost ~]#fdisk -l
Disk /dev/sda: 21.5 GB, 21474836480 bytes
255 heads, 63 sectors/track, 2610 cylinders, total 41943040 sectors
Units=sectors of 1 * 512=512 bytes
Sector size (logical/physical): 512 bytes / 512 bytes
I/O size (minimum/optimal): 512 bytes / 512 bytes
Disk identifier: 0x000b7401


Device Boot     Start       End     Blocks    Id   System
/dev/sda1 *      2048     616447     307200   83   Linux
/dev/sda2      616448   37814271   18598912   83   Linux
/dev/sda3    37814272   41943039    2064384   82   Linux swap/Solaris
```

4) df 命令

使用 df 命令检查磁盘空间及利用状况。

【例 2-12】　显示磁盘分区空间使用情况。

```
[root@localhost ~]#df
文件系统          1K-块       已用       可用      已用%    挂载点
/dev/sda2      18306828   15679408   1697476    91%    /
tmpfs            256408        260    256148     1%    /dev/shm
/dev/sda1        297485      27731    254394    10%    /boot
```

5) du 命令

使用 du 命令显示磁盘中目录或文件的大小。

命令格式：

du [选项] [文件名或目录名]

命令选项：

-h：以可读性较高的方式显示，如以 KB、MB、GB 为单位。

-b：指定单位为字节显示目录或文件大小。

【例 2-13】　显示/boot 目录大小。

```
[root@localhost ~]#du -h /boot
13K    /boot/lost+found
234K   /boot/efi/EFI/redhat
236K   /boot/efi/EFI
238K   /boot/efi
335K   /boot/grub
18M    /boot
```

4. 用户管理命令

1）useradd 命令

使用 useradd 命令可以在系统中添加新用户。

命令格式：

```
useradd [选项] [用户名]
```

命令选项：

-d：指定用户的主目录。

-s：指定用户的登录 Shell，默认为/bin/bash。

-u：设置用户的 UID。

-g：设置用户的 GID。

-G：使该用户成为其他组的成员。

命令说明：

（1）Linux 中有两大类用户类型，即超级用户 root 和普通用户，root 在安装好 Linux 时就已有，普通用户可以通过 useradd 命令创建，但是需要以 root 身份才能执行此命令。

（2）用户的 UID 作为用户标识，GID 作为用户属于的用户组标识。和 Windows 一样，Linux 的用户也分组进行管理，每一个用户必定属于某一用户组。

（3）添加新用户操作实际上是修改了/etc/passwd、/etc/shadow 等配置文件，useradd 命令在执行时如不指定新用户的主目录，则默认在/home 下为新用户创建主目录，修改主目录的权限，并将/etc/skel 目录内容复制进来，/etc/skel 目录中是用户的一些默认配置文件。

/etc/passwd 文件中记录了用户的账户信息，例如：

```
root:x:0:0:root:/root:/bin/bash
l4:x:501:501:LiSi:/home/l4:/bin/bash
m6:x:503:503:MaLiu:/home/m6:/bin/bash
```

该文件每行由 7 个域组成，域之间由冒号分隔，分别是用户名、登录密码、UID、GID、用户备注信息、用户主目录和默认 Shell。在登录密码域中并不存储用户登录密码，登录密码实际上被加密存储到/etc/shadow 文件中。

【例 2-14】 建立新用户。

添加用户名为 z3 的用户：

```
[root@localhost ~]#useradd z3
```

添加用户名为 l4 的用户并指定该用户的主目录为/home/l4：

```
[root@localhost ~]#useradd -d /home/l4 l4
```

2）su 命令

使用 su 命令切换用户。

命令格式：

```
su [-] [用户名]
```

命令说明：

su 命令加"-"选项表示同时切换 Shell 环境配置，su 命令不加用户名参数时，即执行 su 或 su -表示默认切换到 root。

【**例 2-15**】　用户切换，从 root 用户切换到 z3 用户：

```
[root@ localhost home]#su - z3
[z3@ localhost ~]$
```

5. 查看文件内容命令

1) cat 命令

使用 cat 命令可以显示文本文件内容或连接多个文件并输出到标准输出设备。

命令格式：

```
cat [选项] [文件 1　文件 2　…]
```

命令选项：

-n：显示文本文件时在行首添加行号。

【**例 2-16**】　显示文本文件。

显示文件 exp.sh 同时显示行号。

```
[root@localhost home]#cat - n exp.sh
1  echo "hello world"
2  pwd
3  echo "this is a test"
```

将 a1.txt 和 a2.txt 连接并显示。

```
[root@ localhost home]#cat a1.txt a2.txt
```

2) more 命令

使用 more 命令分屏显示文件内容。查看文本文件时，若一屏显示不下，就需要用到 more 命令分屏显示。

命令格式：

```
more [文件名]
```

【**例 2-17**】　分屏显示文件.bash_history：

```
[root@ localhost ~]#more .bash_history
```

在 more 命令分屏显示文件时，如果一屏显示不下，会在终端底部显示当前已显示到

百分之几,如图 2-6 所示,这时可以通过按下如下按键来操作:

图 2-6　more 命令

- Space(空格键):向下翻一屏显示。
- b:向上翻一屏显示。
- q:退出 more 命令。

注意,在显示到最后一屏内容时 more 命令会自动退出。

6. 查找文件命令

1) grep 命令

使用 grep 命令在指定文件中查找符合模式(匹配字符串)的内容。grep 命令会在终端中输出显示匹配模式所在的那一行内容,可以在多个文件中查找。

命令格式:

grep [选项] [查找模式] [文件 1,文件 2,…]

命令选项:

-i:匹配比较时不区分大小写。

-r:以递归方式查询目录下所有子目录中的文件。

-n:输出显示时在行首加上行号。

【例 2-18】　在文件中查找匹配模式。

在.bashrc 中查找字符串 bash:

```
[root@localhost ~]#grep -n "bash" .bashrc
1:#.bashrc
10:if [ -f /etc/bashrc ]; then
11:  . /etc/bashrc
```

在当前目录及其子目录下的所有文件中查找字符串 vnc,输出时加行号:

```
[root@localhost ~]#grep -rn "vnc" .
./install.log:298:Installing gvnc-0.4.1-6.fc14.i686
./install.log:824:Installing gtk-vnc-0.4.1-6.fc14.i686
```

2）find 命令

使用 find 命令可以在指定路径搜索符合条件的文件。

命令格式：

```
find [路径] [选项]
```

命令选项：

-name［文件名］：以文件名进行查找。

-mtime -n ＋n：按文件更改时间查找文件,-n 指 n 天以内,＋n 指 n 天以前。

-type b/d/c/p/l/f：按文件类型查找（块设备、目录、字符设备、管道、符号链接、普通文件）。

-size 文件大小：按文件大小查找文件。

【例 2-19】　在磁盘中查找文件。

在/boot 目录中查找文件名前缀为 grub 的文件：

```
[root@localhost ~]#find /boot -name grub*
/boot/efi/EFI/redhat/grub.efi
/boot/grub
/boot/grub/grub.conf
```

在当前登录用户的主目录中查找两天以内更改过的文件：

```
[root@localhost ~]#find ~-ctime -2
/root
/root/p1
/root/a1.txt
```

在/dev 目录中查找文件类型是块设备的文件：

```
[root@localhost ~]#find /dev -type b
/dev/sda3
/dev/sda2
/dev/sda1
/dev/sda
```

3）locate 命令

locate 命令也可用来定位查找文件,执行速度要比 find 命令快,原因是 locate 命令在一个索引数据库中查找,但有时需要执行 updatedb 命令更新数据库。

【例 2-20】　在索引数据库中查找文件。

更新索引数据库：

```
[root@localhost ~]#updatedb
```

在系统中查找文件名包含 ssh 的文件：

```
[root@localhost ~]#locate ssh
/etc/ssh
/etc/avahi/services/ssh.service
/etc/pam.d/sshd
```

4）whereis 命令

使用 whereis 命令可以查找命令相关文件所在的位置。

【例 2-21】 找出与 ls 命令相关文件的位置。

```
[root@localhost ~]#whereis ls
ls: /bin/ls /usr/share/man/man1/ls.1.gz /usr/share/man/man1p/ls.1p.gz
```

5）file 命令

使用 file 命令可以查看文件类型。

命令格式：

```
file [文件名]
```

【例 2-22】 识别文件类型。

查看 a.sh 文件类型，类型为文本文件：

```
[root@localhost ~]#file a.sh
a.sh: ASCII text
```

查看 a.out 文件类型，类型为可执行文件：

```
[root@localhost ~]#file a.out
a.out: ELF 32 - bit LSB executable, Intel 80386, version 1 (SYSV),
dynamically linked
(uses shared libs), for GNU/Linux 2.6.32, not stripped
```

7. 文件权限命令

1）chmod 命令

使用 chmod 命令可以修改文件或目录的访问权限。

命令格式：

```
chmod [选项] [权限表达式]   [文件名或目录名]
```

命令选项：

-R：将指定目录下的所有文件及子目录一并处理。

命令说明：

权限表达式有两种表示方式：字符方式和数字方式。

（1）字符方式。

字符方式的权限表达式格式如下：

[用户类型]　[操作类型]　[访问权限]

用户类型：用字符 u、g、o、a 分别表示文件所有者、所属组、除了文件所有者和所属组以外的其他用户、所有用户。

操作类型：字符"+"表示增加权限，字符"－"表示去除权限。

访问权限：字符 r、w、x 分别表示读、写、执行权限。

例如，权限表达式 u+r 表示为文件所有者增加读权限；+x 表示对所有用户增加可执行权限，等同于 a+x，a 可以省略。

（2）数字方式。

ls -l 命令显示的结果中第 1 列的第 2～10 个字符分别表示 3 类用户对此文件（或目录）的 3 种访问权限，"-"表示无此权限，例如：

```
-rwxr-x---  2 z3  g1    737 oct   7 18:42 a.sh
```

将上面显示中的第 1 列的第 2～10 个字符提取出来就是 rwxr-x- - -，按照用户类型分为 3 组，然后进行转换，规则是：有相应的权限的位用二进制 1 表示，无相应的权限的位用二进制 0 表示，接着将 3 组二进制数转化成八进制描述，连接在一起得到的数字就是这个文件的数字方式的权限表达式，上面的文件 a.sh 的权限表达式转换后就是 750，如图 2-7 所示。

文件与目录的访问权限都分为读、写和执行，但作用不同，如表 2-2 所示。

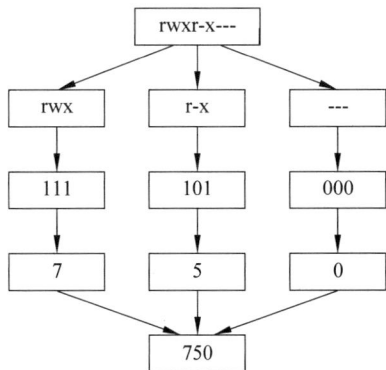

图 2-7　数字方式权限表达式转换

表 2-2　文件权限与目录权限

文件/目录	读权限	写权限	执行权限
文件	读取文件内容	修改该文件	执行
目录	列出其中的文件名	在其中创建或删除文件	进入目录

需注意，在 Linux 中一个文件是否是可执行文件与其扩展名无关，只与可执行权限有关。

【例 2-23】　改变文件的访问权限。

为当前目录下的文件 a.sh 的所有用户添加可读和可执行权限：

```
[root@ localhost ~]#chmod a+rx a.sh
```

将目录/home/l4 及其下的所有目录和文件的权限修改成 751：

```
[root@ localhost ~]#chmod -R 751 /home/l4
```

2) chown 命令

使用 chown 命令可以改变文件的所有者，默认情况下文件的所有者即是文件的创建者。只有 root 用户才能执行 chown 命令。

命令格式：

chown [选项] [用户名] [文件名或目录名]

命令选项：

-R：将指定目录下的所有文件及子目录一并处理。

【例 2-24】　改变文件所属用户。

将 mydir 目录及其下的所有目录和文件全部归 l4 所有：

```
[root@localhost ~]#chown -R l4 mydir
```

8．输入和输出命令

1) echo 命令

使用 echo 命令可以在屏幕上输出字符或变量的值。

命令格式：

echo [字符串或$变量名]

命令说明：

在变量名前加 $ 表示引用变量值。

【例 2-25】　输出显示。

输出字符串 hello：

```
[root@localhost ~]#echo "hello"
hello
```

输出环境变量 $HOME 的值：

```
[root@localhost ~]#echo $HOME
/root
```

2) read 命令

可以通过 read 命令读取用户输入，保存到多个变量中，输入顺序和 read 命令后变量的顺序一致。

命令格式：

read [变量 1　变量 2　…]

【例 2-26】　接收用户输入。

读取用户输入到变量 c1、c2、c3 中：

```
[root@localhost ~]#read c1 c2 c3
abc 123 vnc
[root@localhost ~]#echo c1 c2 c3
c1 c2 c3
```

输出变量 c1、c2、c3 的值：

```
[root@localhost ~]#echo $c1 $c2 $c3
abc 123 vnc
```

3) clear 命令

clear 命令功能是清除屏幕上的信息，清屏后，命令提示符移动到屏幕左上角。

9. 命令管道

使用管道操作符"|"将一个以上的命令或程序连接起来，前一个命令的输出作为后一个命令的输入，如此形成一个管道。管道操作符"|"可以连接多个命令。

命令格式：

命令 1 | 命令 2 | …

【例 2-27】　管道连接命令。

将/dev 目录下的文件详细清单分页显示：

```
[root@localhost ~]#ls -l /dev | more
```

在/dev 目录下查找文件名包含 ttyUSB0 的文件：

```
[root@localhost ~]#ls /dev | grep "ttyUSB0"
```

10. 归档命令 tar

使用 tar 命令可以对多个文件或目录进行归档（打包）操作。归档后的文件可以进行压缩，也可以将归档文件进行还原（抽取）。

命令格式：

tar [选项] [归档文件名] [需要归档的文件名或目录名]

命令选项：

-c：创建归档文件。

-t：列出归档文件的内容。

-x：从归档文件中还原文件。

-f：使用归档文件，通常是必选的。

-v：详细列出 tar 的操作信息，如没有此选项，tar 不会列出具体的操作信息。

-z：使用 gzip 程序进行文件的压缩或解压，加上此选项后可将归档后的文件进行压缩,但还原时也一定要使用此选项解压。

-j：使用 bzip2 程序进行文件的压缩或解压。

-C：转到指定的目录处理归档文件,如在还原归档文件时不加此选项,会将归档文件还原到当前目录下。

【例 2-28】 文件归档、还原及归档文件列表显示。

将当前目录下的 mydir 目录归档并压缩成 gzip 格式,生成归档文件 mydir.tar.gz：

```
[root@localhost ~]#tar -czvf mydir.tar.gz mydir
mydir/
mydir/a.out
mydir/a.sh
mydir/test.c
```

将当前目录下的归档文件 mydir.tar.gz 文件还原到目录/home/l4 中：

```
[root@localhost ~]#tar -xzvf mydir.tar.gz -C /home/l4
mydir/
mydir/a.out
mydir/a.sh
mydir/test.c
```

列出归档文件 mydir.tar.gz 的内容：

```
[root@localhost ~]#tar -tf mydir.tar.gz
mydir/
mydir/a.out
mydir/a.sh
mydir/test.c
```

11. 进程管理命令

1）ps 命令

使用 ps 命令可以查看系统中的进程信息。

命令格式：

ps [选项]

命令选项：

a：显示所有用户的进程信息。

u：显示用户名和进程的开启时间。

x：显示没有控制终端的进程。

【例 2-29】 显示系统中的所有进程信息,包括用户名和进程的开启时间：

```
[root@localhost ~]#ps aux
USER    PID  %CPU   %MEM   VSZ    RSS   TTY   STAT   START   TIME   COMMAND
root    1    0.0    0.2    2932   1412  ?     S      Aug26   0:01   /sbin/init
root    2    0.0    0.0    0      0     ?     S      Aug26   0:00   [kthreadd]
root    3    0.0    0.0    0      0     ?     S      Aug26   0:00   [ksoftirqd/0]
root    4    0.0    0.0    0      0     ?     S      Aug26   0:00   [migration/0]
root    5    0.0    0.0    0      0     ?     S      Aug26   0:00   [watchdog/0]
root    6    0.0    0.0    0      0     ?     S      Aug26   0:00   [events/0]
root    7    0.0    0.0    0      0     ?     S      Aug26   0:00   [cpuset]
root    8    0.0    0.0    0      0     ?     S      Aug26   0:00   [khelper]
root    9    0.0    0.0    0      0     ?     S      Aug26   0:00   [netns]
```

ps 命令输出域的含义如表 2-3 所示。

表 2-3　ps 输出域的含义

输出域名称	输出域含义
USER	进程所有者的名字
PID	进程 ID
%CPU	进程的 CPU 利用率,计算结果有可能超过 100%
%MEM	进程使用内存的百分比
VSZ	进程所使用的虚拟内存量,以 KB 为单位
RSS	进程使用的驻留内存量或实际内存量
TTY	与进程相关的终端
STAT	进程的状态。R:正在运行或准备运行;S:休眠状态;I:空闲状态;Z:僵尸进程;D:磁盘等待;P:分页等待;W:交换到磁盘;T:终止;N:由 nice 降低优先级;<:由 root 提高执行优先级
START	进程启动的时间或日期
TIME	进程使用的总 CPU 时间
COMMAND	正在执行的命令行

2）kill 命令

使用 kill 命令可以终止进程。

命令格式:

```
kill [信号值] [进程 PID]
```

命令说明:

Linux 的信号是一种机制,进程在任何时候都能接收到信号。信号通常用来要求进程中断常规运行而做某种操作,最常用的信号是-9,表示杀死进程。

【例 2-30】 杀死进程 PID 为 3699 的进程:

```
[root@localhost ~]#kill  -9  3699
```

12. 软件包管理命令

1）rpm 命令

rpm 命令是一个 RPM 软件包管理工具（RPM Package Manager），可以对 RPM 格式的软件包进行安装、查询、卸载等管理。

命令格式：

rpm [选项] [RPM 软件包文件名或 RPM 软件包名]

命令选项：

-i：安装 RPM 包。

-e：卸载 RPM 包。

-q：查询已安装的软件信息。

-h：显示安装进度。

-l：列出软件包中的文件。

-v：显示详细的处理信息。

【例 2-31】 RPM 安装、查询及卸载操作。

安装软件包 minicom-2.4-2.fc14.i686.rpm，并显示安装进度：

```
[root@localhost soft]#rpm-ivh minicom-2.4-2.fc14.i686.rpm
Preparing... #####################################[100%]
1:minicom #####################################[100%]
```

查询软件包 gcc：

```
[root@localhost ~]#rpm-q gcc
gcc-4.5.1-4.fc14.i686
```

卸载软件包 minicom：

```
[root@localhost soft]#rpm-e minicom
```

2）yum 命令

yum（Yellow dog Updater，Modified）是 Fedora 和 RedHat 及 CentOS 中的软件包管理工具。yum 基于 RPM 包管理，能从指定服务器自动下载 RPM 包并安装，可自动处理依赖性关系，一次安装所有依赖软件包。

命令格式：

yum [选项] [软件包文件名或软件包名]

命令选项：

install：安装软件。

remove：删除软件。

upgrade：升级软件。

info：查询信息。

search：搜索软件。

deplist：显示软件包依赖关系。

【例 2-32】　联网安装 minicom 软件包：

```
[root@ localhost ~]# yum install minicom
```

13. 查看系统版本信息命令

使用 uname 命令可以查看当前的操作系统信息，如版本信息。

命令格式：

```
uname [选项]
```

命令选项：

-r：显示操作系统的发行版本号。

-a：显示操作系统名称、主机名、系统的内核版本号、发行版本号等。

【例 2-33】　查看系统版本信息：

```
[root@ localhost ~]# uname - a
Linux localhost 2.6.35.6- 45.fc14.i686 #1 SMP Mon Oct 18 23:56:17 UTC 2010 i686
i686
i386 GNU/Linux
[root@ localhost ~]# uname - r
2.6.35.6- 45.fc14.i686
```

说明：从上面的 uname 命令显示结果可以看出，当前操作系统的内核版本为 2.6.35；操作系统的发行版本为 fc14.i686，即 Fedora 14。Linux 的版本一般分为内核版本和发行版本。Linux 的内核版本格式为

```
主版本号. 次版本号. 修订版本号
```

一般次版本号为偶数表示稳定版。

14. 网络相关命令

1）ifconfig 命令

使用 ifconfig 命令可以显示或配置网络接口。

命令格式：

```
ifconfig [网络接口]：查看网络接口信息
ifconfig [网络接口] [IP 地址] netmask [子网掩码]：配置网络接口 IP 地址
```

【例 2-34】 显示以太网网卡 eth0 的信息,如网卡 MAC 地址、IP 地址、子网掩码等:

```
[root@ localhost ~]#ifconfig eth0
eth0    Link encap:Ethernet HWaddr 00:0C:29:22:73:EA
        inet addr:192.168.1.104 Bcast:192.168.1.255 Mask:255.255.255.0
        inet6 addr: fe80::20c:29ff:fe22:73ea/64 Scope:Link
        UP BROADCAST RUNNING MULTICAST MTU:1500 Metric:1
        RX packets:527 errors:0 dropped:0 overruns:0 frame:0
        TX packets:24 errors:0 dropped:0 overruns:0 carrier:0
        collisions:0 txqueuelen:1000
        RX bytes:167417 (163.4 KiB) TX bytes:4903 (4.7 KiB)
        Interrupt:19 Base address:0x2024
```

配置以太网网卡 eth0 的 IP 地址为 192.168.1.105,子网掩码为 255.255.255.0:

```
[root@ localhost ~]#ifconfig eth8 192.168.1.105 netmask 255.255.255.0
```

2) ping 命令

使用 ping 命令可以通过发送 ICMP 报文回送请求消息,来验证与另一台计算机的 IP 级连接。通常可以利用此命令来测试网络的连通性。

【例 2-35】 测试与 IP 为 192.168.1.1 的设备网络是否连通:

```
[root@ localhost ~]#ping 192.168.1.1
PING 192.168.1.1 (192.168.1.1) 56(84) bytes of data.
64 bytes from 192.168.1.1: icmp_req=1 ttl=64 time=3.85 ms
64 bytes from 192.168.1.1: icmp_req=2 ttl=64 time=2.45 ms
64 bytes from 192.168.1.1: icmp_req=3 ttl=64 time=2.27 ms
64 bytes from 192.168.1.1: icmp_req=4 ttl=64 time=2.32 ms
```

15. 关机命令

1) init 命令

使用 init 命令可以切换操作系统的运行级别。运行级别就是操作系统当前正在运行的功能级别。各个级别具有不同的功能,定义如下:

0—停机。

1—单用户模式。

2—多用户模式,不支持 NFS。

3—完全多用户模式,也支持 NFS。

4—保留。

5—有图形用户界面的完全多用户模式。

6—重新启动。

【例 2-36】 切换运行模式。

关机：

```
[root@localhost ~]#init 0
```

重启系统：

```
[root@localhost ~]#init 6
```

2) shutdown 命令

使用 shutdown 命令可以关闭系统或重启系统。

命令格式：

shutdown [选项] [时间]

命令选项：

-h：关闭系统。

-r：重启系统。

时间：now 表示立即，＋n 表示 n 分钟之后。

【例 2-37】 关闭或重启系统。

立即关闭系统：

```
[root@localhost ~]#shutdown  -h now
```

系统在 10 分钟后关闭：

```
[root@localhost ~]#shutdown  +10
```

系统在 10 分钟后重启：

```
[root@localhost ~]#shutdown  -r +10
```

立即重启系统：

```
[root@localhost ~]#shutdown  -r now
```

2.3 Linux 文本编辑器 vi

2.3.1 vi 编辑器简介

vi 原义是 visual interface，是一个运行在文本用户界面（Text User Interface，TUI）下的全屏幕编辑器，存在于所有的 UNIX 中。在 Linux 中所用到的 vi 实际叫作 vim，由布莱姆·米勒（Bram Moolenaar）在 1991 年发布，最初的简称是 Vi Imitation（Imitation，仿制品），随着功能不断增加，名称改成了 Vi IMproved，即 vim。vi 的通用性强，在所有的 UNIX 和 Linux 系统中都有 vi 编辑器；vi 的功能更强，可实现各种编辑功能。有关 vim 可以访问 http://www.vim.org 网站。在 Linux 图形用户界面（Graphical User Interface，GUI）下的文本编辑器常用的是 gedit。

2.3.2 vi 的操作模式

可以通过如下方式进入 vi 编辑器：

vi ［文件名］ 或 vim ［文件名］
vi 或 vim

例如输入

vi a.txt

表示进入 vi 并打开文件 a.txt，如果 a.txt 不存在则新建该文件。进入 vi 后的界面如图 2-8 所示。

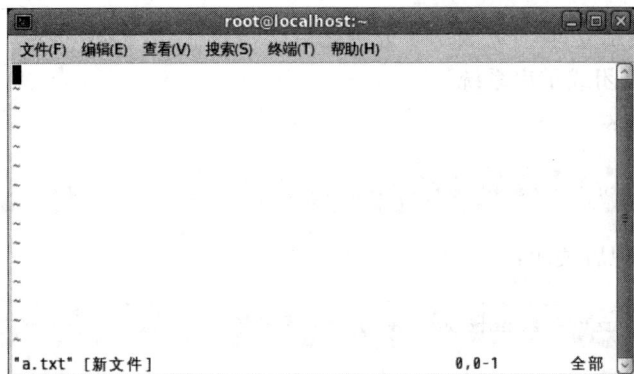

图 2-8 进入 vi

由于 vi 运行在文本用户界面，为了区分用户输入的字符是命令还是编辑字符，vi 设置了 3 种操作模式：

- 命令模式（command mode）：输入各种命令控制光标的移动、删除字符、区段复制等。
- 编辑模式（insert mode）：文字数据的输入。
- 底行模式（last line mode）：保存文件、离开 vi 及其他设置，如寻找或取代字符串等。

各个操作模式之间可以切换，如图 2-9 所示。在刚开始进入 vi 时，是在命令模式下，通过 a、i 和 o 等命令可以切换到编辑模式，按下 Esc 键可以回到命令模式。在命令模式输入冒号"："进入底行模式，则可以输入底行模式的命令，如保存文件，底行模式命令执行完毕则会退回到命令模式。

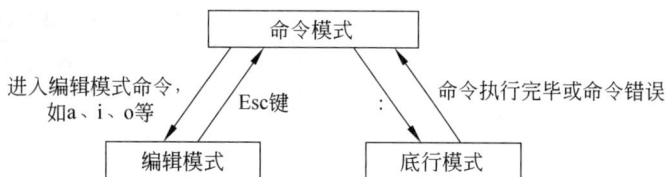

图 2-9   vi 操作模式切换

2.3.3   命令模式命令

进入编辑模式命令如表 2-4 所示,表中的命令都可以切换到编辑模式,这些命令的主要区别在于光标(即插入点)在执行命令之后所处的位置不同。

表 2-4   进入编辑模式命令

命令格式	命 令 操 作
i	进入编辑状态,在光标前插入字符
a	进入编辑状态,在光标后追加字符
I	进入编辑状态,在行首插入字符
A	进入编辑状态,在行尾追加字符
o	进入编辑状态,在光标位置的下面为文本条目创建一个新行
O	进入编辑状态,在光标位置的上面为文本条目创建一个新行

一般在文本用户界面下移动光标可以使用键盘上的方向键或 PgDn/PgUp 键,但是 vi 却不是这样,移动光标命令如表 2-5 所示。在表 2-5 的命令中需要特别说明的是 G 命令,前面不加数字(大于 0 的整数值),表示移动光标到文件尾那一行;前面加数字 n,表示移动到第 n 行。

表 2-5   移动光标命令

命令格式	命 令 操 作	命令格式	命 令 操 作
j	光标下移一行	Ctrl+D	向下翻半屏
k	光标上移一行	Ctrl+U	向上翻半屏
h	光标左移一格	[n]G	把光标移到第 n 行,不带 n 则移到文件尾
l	光标右移一格	$	光标移到行尾
Ctrl+F	向下翻一屏	数字 0	光标移到行首
Ctrl+B	向上翻一屏		

删除文字命令如表 2-6 所示,其中 dd 命令前加数字 n,表示删除从光标开始的 n 行文字。

在编辑文本过程中,经常会用到复制及粘贴命令,如表 2-7 所示。

表 2-6　删除文字命令

命令格式	命令操作
x	删除光标处的字符
X	删除光标前的字符
D	删除同一行中光标所在位置之后的所有字符
[n]dd	删除从光标开始的 n 行
r	替换当前光标处的字符
R	替换从光标处开始的一串字符,并进入编辑状态

表 2-7　复制及粘贴命令

命令格式	命令操作
yy	复制光标所在的当前行到内存缓冲区
yw	复制光标所在字到内存缓冲区
[n]yy	复制光标所在的当前行及其后 n−1 行到内存缓冲区
[n]yw	复制光标所在的字及其后 n−1 个字到内存缓冲区
p	将缓冲区的内容粘贴到光标的后面
P	将缓冲区的内容粘贴到光标的前面

　　vi 命令模式中的其他命令如表 2-8 所示,其中 Ctrl+G 命令可以显示 vi 当前编辑的文件名、更改状态、总行数和当前光标所在的行数等信息;u 命令相当于 Microsoft Word 中的 Ctrl+Z;%命令可以找到匹配的括号;ZZ 命令相当于 vi 底行模式中的 wq 命令,即保存当前编辑的文档并退出。

表 2-8　其他命令

命令格式	命令操作
Ctrl+G	在窗口的最后一行显示总行数和当前行数
u	复原功能
%	查找匹配的括号
ZZ	保存并退出

2.3.4　底行模式命令

　　常用的底行模式命令如表 2-9 所示,包括了文件的新建、打开、保存及退出操作,行号设置操作及查找操作。

表 2-9　底行模式命令

命令格式	命令操作	命令格式	命令操作
e[文件名]	新建文件	wq	保存并退出
n[文件名]	打开文件	set nu	显示行号
w[文件名]	保存文件	set nonu	取消行号显示
q	退出	set noic	查找时忽略大小写
q!	强制退出,不保存文件	? 字符串或/字符串	查找字符串

2.4 Shell **脚本编程**

2.4.1 Shell 脚本的建立与执行

Linux 下的 Shell 脚本是命令序列的集合,将各类命令预先存入一个文本文件中,生成方便用户一次性执行的一个程序文件,类似于 Windows/MS-DOS 下的批处理文件。Shell 脚本中可以定义各种变量和参数、逻辑判断及流程控制语句,如循环和分支语句。

Shell 脚本本身是一个文本文件,所以可以利用任意的文本编辑器来创建。

Shell 脚本在通过文本编辑器创建之后,一般不能够执行,需要为其添加可执行权限才能执行,例如:

chmod +x Shell 脚本文件名

执行时直接给出 Shell 脚本文件的相对或绝对路径,并加 Shell 脚本文件名即可。

【例 2-38】 Shell 脚本执行。

有如下脚本文件 ex2-1.sh:

```
#ex2-1.sh
#!/bin/bash
echo "Welcome Linux"
cd
mkdir mydir
echo "Your directory is"
pwd
```

为 ex2-1.sh 添加可执行权限:

```
[root@localhost src2]#chmod +x ex2-1.sh
```

执行 ex2-1.sh:

```
[root@localhost src2]#./ ex2-1.sh
Welcome Linux
Your directory is
/root
```

说明:在 Shell 脚本中♯表示注释;语句♯!/bin/bash 表示该脚本采用哪个 Shell 解释执行,必须放在脚本除注释之外的第一行,如果没有此语句,表示采用当前默认的 Shell 执行脚本。

2.4.2 变量

Linux Shell 支持变量使用,共有 3 种类型:用户自定义变量、环境变量和内部变量。

1. 用户自定义变量

用户可以使用自己的变量,且变量使用前无须声明,但一般需要在使用前赋初值。

1)变量命名

变量名是以字母、下划线打头的字母、数字、下划线序列,区分大小写。

2)变量赋值

变量赋值采用=操作符,即:

变量名=字符串

例如:

```
mufile=/usr/me/fi.c
```

需注意=两边不能有空格,如字符串中有空格,需用引号括起。

3)引用变量

要引用变量的值,需在变量前加$,引用格式如下:

$变量名　或　${变量名}

【例 2-39】　为变量 dir 赋值并用 echo 命令输出其值:

```
[root@localhost ~]#dir=/usr/me
[root@localhost ~]#echo $dir
/usr/me
[root@localhost ~]#echo ${dir}pc/m1.c
/usr/mepc/m1.c
```

2. 环境变量

在用户注册过程中,系统需要建立用户的 Shell 环境,包括所用的 Shell、主目录及终端类型等多方面的内容,Shell 环境由这些变量和变量的值组成。

常用的环境变量如表 2-10 所示。

表 2-10　常用的环境变量

变量名	变量含义	变量名	变量含义
$ LOGNAME	用户的登录名	$ LANG	语言设置
$ HOME	用户自己的主目录	$ PS1	Shell 命令行的提示符
$ HOSTNAME	主机名	$ PS2	命令未完成输入时,再输入的提示符
$ SHELL	Shell 路径	$ MANPATH	man 命令的搜索路径
$ PATH	命令执行时的搜索路径		

1）设置环境变量

语法格式：

变量名=值；export 变量名　或　export 变量名=值

【例 2-40】　设置环境变量 ＄PATH：

```
[root@localhost ~]#export PATH=＄PATH:/home/bin
[root@localhost ~]#echo ＄PATH
/usr/lib/qt-3.3/bin:/usr/lib/ccache:/usr/local/sbin:/usr/sbin:/sbin:/usr/
local/bin:/usr/bin:/bin:/root/bin:/home/bin
```

export 表示让设置后的环境变量立刻生效，清除环境变量可以使用以下命令：

unset［变量名］

2）显示环境变量

显示单独的环境变量可以利用 echo 命令输出其值，例如：

echo ＄变量名

env 命令可以显示当前用户的所有环境变量，例如：

```
[root@localhost ~]#env
ORBIT_SOCKETDIR=/tmp/orbit-root
HOSTNAME=localhost
IMSETTINGS_INTEGRATE_DESKTOP=yes
GPG_AGENT_INFO=/tmp/keyring-urmJyc/gpg:0:1
TERM=xterm
SHELL=/bin/bash
XDG_SESSION_COOKIE=769d3bd033fb8e6443dc98d000000015-1440833902.605715-650424259
HISTSIZE=1000
WINDOWID=67108867
GNOME_KEYRING_CONTROL=/tmp/keyring-urmJyc
QTDIR=/usr/lib/qt-3.3
QTINC=/usr/lib/qt-3.3/include
IMSETTINGS_MODULE=IBus
USER=root
……
```

3. 内部变量

内部变量是预定义的特殊变量，由系统提供，不可修改，在程序中可用于判定。常用的内部变量有以下几个：

　　＄♯：传递到脚本的参数个数。

　　＄*：以一个单字符串显示所有向脚本传递的参数。

$ $：脚本运行的当前进程 ID 号。

$!：后台运行的最后一个进程的进程 ID 号。

$@：使用时加引号，并在引号中返回每个参数。

$?：显示最后执行命令的退出状态。0 表示没有错误，其他任何值都表明有错误。

【例 2-41】 脚本 ex2-2.sh 利用进程号 $ $ 为临时文件生成一个唯一的文件名。

```
#ex2-2.sh
tt=/usr/tmp/$$            #将字符串/usr/tmp/$$赋值给变量 tt,运行时$$被进程号替换
ls -l /opt>$tt           #将/dev 目录下的文件清单重定向输出到临时文件中
echo $tt
cat $tt                  #显示临时文件
rm -f $tt                #删除临时文件
```

执行结果：

```
[root@localhost src2]#./ex2-2.sh
/usr/tmp/2586
总用量 4
drwxr-xr-x. 7 root root 4096 2 月 26 2013 vmware-tools-distrib
```

2.4.3 命令的执行顺序

1. 在一行上顺序执行多个命令

在一行上书写多个命令需要用分号将命令分隔开，例如：

```
mkdir mydir; cd mydir
```

注意：

(1) 用分号串联的命令个数没有限制。

(2) 各命令依顺序执行，并非同时运行。

(3) 无论前一个命令是否成功，都将执行下一个命令。

2. 命令控制 &&

在执行某个命令的时候，有时需要依赖于前一个命令是否执行成功。例如，假设希望将一个目录中的文件全部归档之后，再删除源目录中的全部文件。在删除之前，希望能够确信归档成功，否则就有可能丢失所有的文件，这时就需要用到命令 &&。

使用 && 的一般形式为

```
命令 1 && 命令 2
```

&& 左边的命令（命令 1）成功被执行后，&& 右边的命令（命令 2）才能够被执行。

【例 2-42】 归档成功后删除文件：

```
[root@localhost ~]#tar -czvf apps.tar.gz /opt/apps && rm -r /opt/apps
```

3. 命令控制 ||

命令控制 || 与 && 的作用些不同。如果 || 左边的命令（命令 1）未执行成功，那么就执行 || 右边的命令（命令 2）；或者说，如果左边的命令执行失败了，那么就执行右边的命令。

使用 || 的一般形式为

命令 1 || 命令 2

【例 2-43】　复制文件失败输出警告信息：

```
[root@localhost ~]#cp a.c b.c || echo "if you are seeing this copy failed!"
```

2.4.4　命令替换

命令替换是指将命令作为命令替换位置的文本，命令本身能够执行，其输出也将在替换的位置输出。

语法格式：

'命令列表' 或 $(命令列表)

【例 2-44】　命令替换。

```
[root@localhost ~]#dir1='pwd'        #将命令替换作为变量 dir1 的值
[root@localhost ~]#echo $dir1        #执行命令替换中的命令
[root@localhost ~]#/root
```

2.4.5　算术运算

命令格式：

((算术表达式))

利用"(("和"))"作为定界符可以计算算术表达式的值。算术表达式使用 C 语言中表达式的语法、优先级和结合性，除 ++、−− 和逗号运算符之外，C 语言的所有运算符都得到支持。其中有一个运算符进行了扩展，** 在 Shell 的运算符中表示乘方，即 m ** n 表示 m^n。

【例 2-45】　算术运算。

```
[root@localhost ~]#((j=6 * 3+2))      #计算算术表达式 6 * 3+2 的值并赋值给变量 j
[root@localhost ~]#echo $ j           #输出显示变量 j 的值
20
[root@localhost ~]#echo $ ((4 * * 3)) #计算 4³ 的值并输出显示
64
```

2.4.6　Shell 特殊字符

1．通配符

Shell 中的通配符可用来在命令中限定列表条件,相当于模式匹配。通配符有:"＊"、"?"、"[ ]"和"[！]"。具体含义如表 2-11。

表 2-11　通配符含义

通配符	含　　义	举　　例	
＊	与任何字符匹配	hd＊	匹配以 hd 开头的字符串
?	与任意一个字符匹配	ls t?	匹配以 t 开头的所有两字符的字符串
[…]	与括号中任一个字符匹配	a[136]	只与 a1、a3、a6 匹配
[.－.]	与括号中的字符范围匹配	a[b-e]	只与 ab、ac、ad、ae 匹配
[！…]或[^…]	对括号中的字符集或范围取反匹配	hda[^b-d]	只与非 hdab、hdac、hdad 匹配
{…,…}	只与括号中的字符串匹配	a{a1,b2,c3}	只与 aa1、ab2、ac3 匹配

【例 2-46】　利用通配符过滤文件清单。

```
[root@localhost ~]#ls vnc??[！0-9]＊
```

列出当前目录所有以 vnc 开头、中间可以是任何两个字符,后面跟随一个非数字字符、然后是任意字符串的文件名。

2．转义字符

在 Shell 中转义字符"\"可以屏蔽某些字符的特殊意义,取特殊字符的文字意义。下述字符包含有特殊意义:

```
& ＊ + ^ $ ' " | ? ! \
```

例如,$ 用来表示引用变量值。如果需要 $ 的本来文字意义,应在 $ 前添加"\",即 \$;"＊"、"?"表示通配符,如文件名 a?＊,如果不希望按通配符解释,也需要使用转义字符"\",即 a\? \＊。

【例 2-47】　创建 a?＊目录并显示其中的内容。

```
[root@localhost ~]#mkdir a\?\＊
[root@localhost ~]#ls -ld a\?\＊
drwxr-xr-x 2 root root 4096 8 月 29 18:33 a?＊
```

3. 引号

Shell 中的单引号和双引号一般作为字符串的定界符使用,但两者有区别:

(1) 单引号定界的字符或字符串只具文字意义,可以屏蔽特殊字符的含义。

(2) 双引号定界的字符或字符串允许特殊字符保持其特殊意义。

【例 2-48】　双引号与单引号的区别。

```
[root@localhost ~]#echo $PATH        #显示出当前用户命令的搜索路径
/usr/local/sbin:/usr/sbin:/sbin:/usr/local/bin:/usr/bin:/bin
[root@localhost ~]#echo "$PATH"      #同样显示出当前用户命令的搜索路径
/usr/local/sbin:/usr/sbin:/sbin:/usr/local/bin:/usr/bin:/bin
[root@localhost ~]#echo '$PATH'      #显示出$PATH
$PATH
[root@localhost ~]#echo \$PATH       #同样显示出$PATH
$PATH
```

2.4.7　位置参数

1. 位置参数及其引用

如果要向一个 Shell 脚本传递信息,可以使用位置参数完成此功能。在执行脚本时,在脚本名后可以输入多个参数,参数一般采用空格作为分隔符。在 Shell 脚本内部,如要访问参数,前加 $ 符号。例如第一个参数为 $0,表示预留的保存实际脚本的文件名;第二个参数为 $1,以此类推。访问 10 以后的参数,需用{}括起,如 ${10}。

如果向脚本传送 Did You See The Fall Moon 信息,对应的位置参数如下。

$0　　　$1　$2　$3　$4　$5　　　$6

脚本名　Did　You　See　The　Full　Moon

【例 2-49】　脚本 ex2-3.sh,合并文件并计算行数。

```
#ex2-3.sh
cat $1 $2 $3 $4 $5 $6 $7 $8 $9 | wc -1
```

执行结果:

```
[root@localhost src2]#./ex2-3.sh a.txt b.txt c.c
25
```

2. 移动位置参数命令

移动位置参数可用 shift 命令,每执行一次 shift 命令就将命令行上的实参向左移 1 位,即相当于位置参数向右移动 1 个位置。shift 命令不能将 $0 移走。

命令格式:

```
shift [n]
```

【例 2-50】　脚本 ex2-4.sh,位置参数移动。

```
#ex2-4.sh
echo $0 $1 $2 $3 $4 $5 $6 $7 $8 $9
shift        #位置参数向右移动 1 个位置
echo $0 $1 $2 $3 $4 $5 $6 $7 $8 $9
shift   4    #位置参数向右移动 4 个位置
echo $0 $1 $2 $3 $4 $5 $6 $7 $8 $9
```

执行结果:

```
[root@ localhost src2]#./ex2-4.sh  A B C D E F G H I J K
./ex4.sh  A B C D E F G H I
./ex4.sh  B C D E F G H I J
./ex4.sh  F G H I J K
```

2.4.8　条件测试

编写脚本时,有时要判断字符串是否相等,可能还要检查文件状态,基于这些测试才能做进一步动作。

test 命令用于字符串测试、文件状态测试和数字测试。可以使用最后执行命令的退出状态 $?,可测知 test 命令的测试结果。测试结果以 0 表示真值,1 表示假值。

test 一般有两种格式:

test [测试选项] [测试参数] 或 [[测试选项] [测试参数]]

其中方括号"["和"]"等同于 test。使用方括号时,要注意在方括号内侧加上空格,测试选项和测试命令、测试参数之间也要有空格分隔。

【例 2-51】　测试文件状态。

```
[root@ localhost ~]#test -f a1.txt
[root@ localhost ~]#echo $?
0
```

在 test 命令中,-f 命令选项表示测试文件 a1.txt 是否存在,是否是正规文件。

$? 表示最后一次执行命令的退出状态,利用 echo 命令输出其值为 0,表示测试结果为真。

1. 文件状态测试

文件状态测试选项如表 2-12 所示。

表 2-12　文件状态测试选项

选项	含　义
- d	测试目录是否存在
- s	测试文件是否存在且文件长度大于 0,是非空文件
- f	测试文件是否存在且文件是正规文件
- L	测试文件是否存在且文件是软连接文件
- w	测试文件是否存在且文件可写
- r	测试文件是否存在且文件可读
- x	测试文件是否存在且文件可执行

【例 2-52】　测试目录是否存在。

```
[root@localhost ~]#[ -d mydir ]
[root@localhost ~]#echo $?
1
```

2. 字符串测试

字符串测试用来测试两个字符串是否相等,单个字符串是否为空串。需注意,如果字符串中有空格,要用引号将字符串括起来。字符串测试选项如表 2-13 所示。

【例 2-53】　字符串测试。

```
[root@localhost ~]#editor="vi"
[root@localhost ~]# [ $editor="vi" ]
[root@localhost ~]#echo $?
0
```

3. 数值测试

数值测试可以测试两个数值之间的关系,如相等、不等、大于或小于等,其测试选项如表 2-14 所示。

表 2-13　字符串测试选项

选　项	含　义
=	两个字符串相等
! =	两个字符串不等
-z	空串
-n	非空串

表 2-14　数值测试选项

选　项	含　义
-eq	数值相等
-ne	数值不相等
-gta	第一个数大于第二个数
-lta	第一个数小于第二个数
-le	第一个数小于等于第二个数
-ge	第一个数大于等于第二个数

【**例 2-54**】 数值测试。

```
[root@localhost ~]#[ 5 -eq 7 ]
[root@localhost ~]#echo $?
1
```

4. 逻辑操作符

在条件测试中可以利用逻辑操作符来组合多个测试条件,逻辑操作符选项如表 2-15 所示。

表 2-15   逻辑操作符

选项	含 义
-a	逻辑与,操作符两边均为真,结果为真,否则为假
-o	逻辑或,操作符两边一边为真,结果为真,否则为假
!	逻辑否,条件为假,结果为真

【**例 2-55**】 逻辑操作符的使用。

```
[root@localhost ~]#[ -f a1.txt -o -d mydir ]
[root@localhost ~]#echo $?
0
```

2.4.9   控制流结构

1. if 语句

if 语句是单分支语句,其语法格式如下:

```
if      条件1
then    命令1
[elif   条件2
then    命令2
else    命令3]
fi
```

if 语句首先判断条件 1 是否为真,为真执行 then 后的命令 1,为假判断条件 2;如果条件 2 为真,执行命令 2,为假执行命令 3。"[ ]"中的语句可以省略。

【**例 2-56**】 脚本 ex2-5.sh,利用 if 语句输出显示文件或目录中文件的内容。

```
#ex2-5.sh
if    test -f $1
then cat $1
elif test -d $1
```

```
then    (cd $1; cat * )
else    echo "$1 is neither a file nor a directory."
fi
```

执行结果:

```
[root@localhost src2]#./ex2-5.sh /var/log/boot.log
Welcome to Fedora
Starting udev:                                              [ OK ]
Setting hostname localhost.localdomain:                     [ OK ]
Setting up Logical Volume Management: No volume groups found [ OK ]
......
```

条件测试还可以利用一般的命令执行成功与否做判断,即命令执行成功返回真(0),执行失败返回假(非 0),格式如下:

```
if      命令表 1
then    命令表 2
else    命令表 3
fi
```

【例 2-57】　脚本 ex2-6.sh,判断用户是否已登录到系统中或者是否是系统已注册用户。

```
#ex2-6.sh
echo "input username"
read user
if
who | grep $user
then
echo "$user has logged in the system."
elif grep $user /etc/passwd
then
echo "$user has not logged in the system."
else
echo "$user is not valid user."
fi
```

执行结果:

```
[root@localhost src2]#./ ex2-6.sh
input username
root
root    tty1    2015-09-06 19:48 (:0)
root    pts/0   2015-09-06 22:39 (:0.0)
root    pts/1   2015-09-07 10:48 (:0.0)
root has logged in the system.
```

脚本开始利用 echo 命令输出提示信息,然后利用 read 命令读取用户输入的用户名存储到变量 user 中;接着利用 who 命令(who 命令可以显示当前系统中已登录用户信息,包括用户名、终端名和登录时间)和 grep 命令查找用户 $user 是否登录到系统中,如果找到,即命令执行成功,输出" $user has logged in the system.";没有找到则在/etc/passwd 账户信息文件中查找用户名,查找到则证明该用户是系统中已注册用户,给出提示信息" $user has not logged in the system.",没有找到,则输出" $user is not valid user."。

2. case 语句

case 语句允许进行多重条件选择,可以用 case 语句匹配一个值与一个模式,如果匹配成功,执行相匹配的命令。每个模式字符串后面可有一条或多条命令,其最后一条命令必须以";;"结束。模式字符串中可以使用通配符;如果一个模式字符串包含多个模式,可用"|"隔开,即"或"的关系;而" * "则表示匹配所有模式。

语法形式:

```
case 值 in
模式 1) 命令 1
…
;;
模式 2) 命令 2
…
;;
esac
```

【例 2-58】 脚本 ex2-7.sh,利用 case 判断用户输入,相应地执行显示或删除文件的操作。

```
#ex2-7.sh
echo "please chose either 1,2 or 3 and input filename"
echo '(1)display file'
echo '(2)delete file'
echo '(3)quit'
read response myfile
case $response in
1)echo "------$myfile------"
cat $myfile
;;
2)rm $myfile
;;
* )echo "over"
;;
esac
```

执行结果：

```
[root@localhost src2]#./ex2-7.sh
please chose either 1,2 or 3 and input filename
(1) display file
(2) delete file
(3) quit
1 a.txt
------a.txt------
This is a test!
```

3. while 循环语句

while 循环用于不断地重复执行一系列命令,也用于从输入文件中读取数据。

语法格式：

```
while 命令 1 或 测试条件
do
    命令表
done
```

while 首先判断命令 1 的退出状态,为真时,do 和 done 之间的命令才被执行。每执行一次循环,控制返回循环顶部,都要判断命令 1 的退出状态,如果退出状态为假,则终止循环。在 do 和 done 之间可以书写多个命令。

【例 2-59】　脚本 ex2-8.sh,利用 while 输出数字 1~5。

```
#ex2-8.sh
counter=0
while [ $counter -lt 5 ]
do
  ((counter=$counter+1))
  echo $counter
done
```

执行结果：

```
[root@localhost src2]#./ex2-8.sh
1
2
3
4
5
```

4. for 循环语句

for 语句也用于循环,类似于其他编程语言中的 for,但又有些不同。

语法格式：

```
for 变量名 [ in 列表 ]
do
    命令表
done
```

for 使用变量名从列表中取值，当变量值在列表里，for 循环即执行一次所有命令。命令可为任何有效的 shell 命令和语句。in 列表用法是可选的，如果不使用，for 循环使用命令行的位置参数作为列表。in 列表可以包含命令替换、字符串和文件名。

【例 2-60】 脚本 ex2-9.sh，利用 for 循环测试服务器的网络连通性。

```
#ex2-9.sh
HOSTS="SEVER1 SEVER2 SEVER3"
for loop in $HOSTS
do
  ping -c 2 $loop
done
```

执行结果：

```
[root@localhost src2]#./ex2-9.sh
PING SEVER1.localdomain (211.98.71.195) 56(84) bytes of data.
64 bytes from 211.98.71.195: icmp_req=1 ttl=248 time=31.5 ms
64 bytes from 211.98.71.195: icmp_req=2 ttl=248 time=32.3 ms

---SEVER1.localdomain ping statistics ---
2 packets transmitted, 2 received, 0%packet loss, time 1011ms
rtt min/avg/max/mdev=31.529/31.953/32.378/0.460 ms
PING SEVER2.localdomain (211.98.71.195) 56(84) bytes of data.
64 bytes from 211.98.71.195: icmp_req=1 ttl=248 time=31.6 ms
64 bytes from 211.98.71.195: icmp_req=2 ttl=248 time=31.7 ms

---SEVER2.localdomain ping statistics ---
2 packets transmitted, 2 received, 0%packet loss, time 1008ms
rtt min/avg/max/mdev=31.622/31.665/31.709/0.183 ms
PING SEVER3.localdomain (211.98.71.195) 56(84) bytes of data.
64 bytes from 211.98.71.195: icmp_req=1 ttl=248 time=32.9 ms
64 bytes from 211.98.71.195: icmp_req=2 ttl=248 time=31.1 ms

---SEVER3.localdomain ping statistics ---
2 packets transmitted, 2 received, 0%packet loss, time 1011ms
rtt min/avg/max/mdev=31.184/32.069/32.954/0.885 ms
```

5．使用 break 和 continue 控制循环

break 命令允许跳出循环。break 通常在进行一些处理后退出循环或 case 语句。如果是在一个嵌套循环里，可以指定跳出的循环个数。如果在两层循环内，用 break 2 跳出整个循环。continue 命令类似于 break 命令，差别是它不会跳出循环，只是跳过这次循环。

6．函数

Shell 脚本支持函数的使用。函数是一个语句块，利用函数功能可以使脚本的代码模块化。在脚本中调用函数时，可以附加参数，在函数中使用位置参数就可以引用所传递来的参数。

语法格式：

```
函数名()
{ 命令表 }
```

函数调用格式：

```
函数名 [参数 1 参数 2 … 参数 n]
```

【例 2-61】 脚本 ex2-10.sh，向函数传递参数。

```
#ex2-10.sh
func()
{
echo "Function begin"
echo $a $b $c
echo $1 $2 $3
echo "The end"
}
a="Working directory"
b="is"
c='pwd'
func Welcome to Linux
echo "Today is 'date'"
```

执行结果：

```
[root@localhost src2]#./ex2-10.sh
Function begin
Working directory "is" /root/linux_proj/src2
Welcome to Linux
The end
Today is 2015 年 09 月 07 日 星期一 17:35:51 CST
```

2.5 嵌入式 Linux 开发工具

2.5.1 编译工具 gcc

基于 Linux 的应用开发,在很多情况下使用的都是 C 语言,每位 Linux 程序员都需要熟练、灵活地运用 C 语言编译器。Linux 下常用的 C 语言编译器是 gcc(GNU Compiler Collection),它是 GNU(GNU's Not Unix)项目的代表作品,符合 ANSI C 标准。gcc 功能强大,结构灵活,能够编译用 C、C++、Object C 和 Java 等多种语言编写的程序。

Linux 程序员可以使用 gcc 控制整个编译过程,gcc 编译过程细分为 4 个阶段:

- 预处理(pre-processing)。
- 编译(compiling)。
- 汇编(assembling)。
- 链接(linking)。

gcc 可以在编译的任何阶段停止,以便让程序员检查或使用编译器在该阶段的输出信息,或者对最后生成的二进制文件进行控制。gcc 可以通过加入不同数量和种类的调试代码为以后的调试做好准备,提供了灵活、强大的代码优化功能,可以生成执行效率更高的代码。

gcc 在编译程序时提供了 30 多条警告信息和 3 个警告级别,对标准的 C 和 C++ 语言进行了大量的扩展。gcc 是基于命令行的,没有图形用户界面,这一点使得 gcc 更加灵活,具有更好的可移植性。

1. gcc 语法格式

gcc 基本的语法格式是

gcc [编译选项] [源程序文件名]

最常用的编译选项是-o,用来指定生成的目标文件名称,其格式如下:

gcc -o [目标文件名] [源程序文件名]

如果不用-o 选项,则 gcc 默认生成的可执行文件名为 a.out。

【例 2-62】 利用 gcc 编译程序 ex2-1.c。

```
/* ex2-1.c */
#include <stdio.h>
int main(void)
{
    printf ("Hello world, Welcome to Embedded Linux! \n");
    return 0;
}
```

执行下面的命令编译和运行这段程序：

```
[root@localhost src2]#gcc ex2-1.c -o ex2-1
[root@localhost src2]#./ex2-1
Hello world, Welcome to Embedded Linux!
```

在上面的 gcc 命令中,要编译的 C 语言源文件是 ex2-1.c,-o ex2-1 选项及参数表示生成的可执行程序名为 ex2-1。

gcc 编译选项有 100 多个,很多编译选项用不到,本书只介绍其中最基本、最常用的选项。

2. 编译过程控制

gcc 的编译过程是一系列非常繁杂的工作。首先,gcc 要调用预处理程序 cpp,展开源文件中的宏,并向其中插入 include 语句所包含的内容;接着,gcc 会调用 ccl 和 as 将 cpp 处理后的源代码编译成目标代码;最后,gcc 调用链接程序 ld,将目标代码链接成一个可执行程序。

程序员可以通过编译选项来控制编译过程,相关的编译选项如下：

-E：预处理结束后停止编译过程。

-S：要求编译程序生成源代码的汇编程序输出。

-c：取消链接步骤,即编译源码并在最后生成目标文件。

【例 2-63】　利用 gcc 命令选项控制编译过程。

```
[root@localhost src2]#gcc -E ex2-1.c -o ex2-1.i
```

hello.i 是预处理后的 C 语言源代码,此时查看 ex2-1.i 文件中的内容,会发现 stdio.h 的内容都插入到文件里了,而被预处理的宏定义也都做了相应的处理。

```
[root@localhost src2]#gcc -S ex2-1.c -o ex2-1.s
[root@localhost src2]#cat ex2-1.s
    .file    "ex2-1.c"
    .section    .rodata
.LC0:
    .string"\n ex2-1"
    .text
.globl main
    .type    main, @function
main:
    pushl    %ebp
    movl     %esp, %ebp
    andl     $-16, %esp
    subl     $16, %esp
    movl     $.LC0, (%esp)
```

```
    call    puts
    leave
    ret
    .size   main, .-main
    .ident  "GCC: (GNU) 4.5.1 20100924 (Red Hat 4.5.1-4)"
    .section    .note.GNU-stack,"",@progbits
```

从上面可以看出 ex2-1.s 是编译程序生成的源代码的汇编程序。

```
[root@localhost src2]#gcc -c ex2-1.i -o ex2-1.o
```

gcc 默认将.i 文件看成是预处理后的 C 语言源代码,上述命令将自动跳过预处理步骤而开始执行编译过程生成目标文件,生成的目标文件链接之后就是可执行文件。

```
[root@localhost src2]#gcc ex2-1.o -o ex2-1
```

在采用模块化设计思想进行软件开发时,整个程序通常是由多个源文件组成的,相应地也就形成了多个编译单元,使用 gcc 能够很好地管理这些编译单元。假设有一个由 tt1.c 和 tt2.c 两个源文件组成的程序,为了对它们进行编译,并最终生成可执行程序 tt,可以使用下面这条命令进行程序链接生成可执行文件:

```
[root@localhost src2]#gcc tt.c tt2.c -o tt
```

3. 警告提示

gcc 包含完整的出错检查和警告提示功能,可以帮助程序员进一步完善代码。相关的编译选项如下:

-Wall:显示所有的警告信息。

-Werror:在发生警告时取消编译操作,将所有的警告当成错误进行处理。

-w:禁止所有的警告提示。

先来读一下例 2-64 所示的程序,仔细看这个程序就会发现问题。

【例 2-64】 gcc 的警告功能。

```c
/* ex2-2.c */
#include <stdio.h>
main()
{
    int v=0;
    printf("It is a test code! \n");
}
```

上面程序中,main 函数没有返回值,实际上应该是 int;main 函数在终止前没有调用 return 语句。下面利用 gcc 的出错检查和警告提示功能来编译上面的程序。

```
[root@localhost src2]#gcc -Wall ex2-2.c
ex2-2.c:2:1: 警告：返回类型默认为'int'
ex2-2.c: 在函数'main'中：
ex2-2.c:4:7: 警告：未使用的变量'v'
ex2-2.c:6:1: 警告：在有返回值的函数中，控制流程到达函数尾
[root@localhost src2]#gcc -Wall -Werror ex2-2.c
cc1: warnings being treated as errors
ex2-2.c:2:1: 错误：返回类型默认为'int'
ex2-2.c: 在函数'main'中：
ex2-2.c:4:7: 错误：未使用的变量'v'
ex2-2.c:6:1: 错误：在有返回值的函数中，控制流程到达函数尾
```

4. 函数库依赖

在 Linux 下进行软件开发时，有时需要使用第三方函数库。函数库实际上就是一些头文件(.h)和库文件(.so 或者.a)的集合。通常 Linux 下的大多数函数都默认将头文件放到 /usr/include/ 目录下，库文件则放到/usr/lib/ 目录下，但有时需要添加自定义的头文件和库文件。有关函数库依赖的编译选项如下：

-I［目录名］：将指定的目录添加到程序头文件搜索目录列表中。

-L［目录名］：向 gcc 的库文件搜索路径中添加新的目录。

-l［库名］：提示链接程序在创建最终可执行文件时包含指定的库。

【例 2-65】　将目录/home/embeded/include 添加到头文件搜索目录列表中并指定库文件。

```
[root@localhost src2]#gcc tt.c -I /home/embeded/include -o tt
```

向 gcc 的库文件搜索路径中添加目录/home/embeded/lib，在/home/embeded/lib 目录下有链接时所需要的库文件 libtt.so。

```
[root@localhost src2]#gcc tt.c -L/home/embeded/lib -l tt -o tt
```

Linux 下的库文件命名约定以 lib 开头，由于所有的库文件都遵循了同样的约定，因此在用-l 选项指定链接的库文件名时可以省去 lib 三个字母，也就是说 gcc 在对-tt 进行处理时，会自动链接名为 libtt.so 的文件。

Linux 下的库文件分为动态链接库（通常以.so 结尾）和静态链接库（通常以.a 结尾），两者的差别仅在于程序执行时所需的代码是在运行时动态加载的还是在编译时静态加载的。默认情况下，gcc 在链接时优先使用动态链接库，只有当动态链接库不存在时才考虑使用静态链接库，如果需要的话可以在编译时加上-static 选项，强制使用静态链接库。

```
[root@localhost src2]#gcc tt.c -L /home/embeded/lib -static -l tt -o tt
```

5. 代码优化

代码优化指的是编译器通过分析源代码，找出其中尚未达到最优的部分，然后对其进行等价变换，以此来改善程序的执行性能，使程序的运行时间更短，占用空间更小。gcc 通过编译选项 -O[n] 来控制优化代码的生成，其中 n 代表优化级别，是一个整数，其取值范围是 0、1、2、3，-O 等价于 -O1。数字越大，优化的级别也越高，下面通过一个例子程序来对比代码优化前后的执行效率。

【例 2-66】 gcc 代码优化选项。

```
/* ex2-3.c */
#include <stdio.h>
int main(void)
{
    double t1;
    double t2;
    double tmp;
    for (t1=0; t1<2000.0 * 2000.0 * 2000.0 / 20.0 +2000.0; \
        t1+=(3-1) / 2)
    {
        tmp=t1 / 1900; t2=t1;
    }
    printf("Result=%lf\n", t2); return 0;
}
```

不加任何优化选项进行编译：

```
[root@localhost src2]#gcc ex2-3.c -o ex2-3
```

借助 time 命令（可以测量一个命令的运行时间），可以大致统计出该程序在运行时所需要的时间：

```
[root@localhost src2]#time ./ex2-3
Result=400001999.000000
real    0m4.009s
user    0m3.976s
sys     0m0.000s
```

下面使用优化选项对代码进行优化：

```
[root@localhost src2]#gcc -O ex2-3.c -o ex2-3
```

再次测试一下运行时间：

```
[root@localhost src2]#time ./ex2-3
Result=400001999.000000
```

```
real    0m0.873s
user    0m0.847s
sys     0m0.003s
```

对比两次执行的输出结果可以看出,程序的性能得到了一定程度的改善。

代码优化虽然能提高程序的执行性能,但在有些情况下应避免优化代码,比如在程序开发过程中,资源受限的时候(如一些实时嵌入式设备),跟踪调试的时候。

6. 调试选项

默认情况下,gcc 在编译时不会将调试符号插入到生成的二进制代码中。如果需要在编译时生成调试符号信息,可以使用 gcc 的-g[n]选项,n 可以取值 1、2 或 3,来指定在代码中加入调试信息的多少。默认的级别是 2(-g2)。

需要注意,使用任何一个调试选项都会使最终生成的二进制文件的大小急剧增加,同时增加程序在执行时的开销,因此调试选项通常仅在软件的开发和调试阶段使用。通过下面的例子可以看出在增加调试选项时最终生成的可执行文件大小在增加。

【例 2-67】 gcc 调试选项。

```
[root@localhost src2]#gcc ex2-3.c -o ex2-3
[root@localhost src2]#du -b ex2-3
4764    ex2-3
[root@localhost src2]#gcc -g ex2-3.c -o ex2-3
[root@localhost src2]#du -b ex2-3
5952    ex2-3
```

从上面可以看出,在没有采用-g 选项之前,生成的可执行文件大小为 4764B,采用-g 选项后,可执行文件大小为 5952B。

7. gcc 识别的文件类型

gcc 通过文件扩展名来区别输入文件的类别,程序员应当熟悉这些文件扩展名。在使用 gcc 的过程中,常见的文件扩展名如表 2-16 所示。

表 2-16 文件扩展名对应的文件类型

文件扩展名	文 件 类 型	文件扩展名	文 件 类 型
.c	C 语言源代码文件	.i	已预处理过的 C 源代码文件
.C、.cc 或.cxx	C++源代码文件	.ii	已预处理过的 C++源代码文件
.h	头文件	.o	编译后的目标文件
.a	由目标文件构成的库文件	.S 或.s	经过预编译的汇编语言源代码文件

2.5.2 工程管理 Makefile

在采用模块化编程思想进行软件开发时,一个工程要包含许多源文件,若只用 gcc 来完成编译工作,将耗费很多时间,这时就需要用到 make 工具。make 是一款 Linux 下的程序自动维护工具,配合 Makefile 的使用,就能够根据程序中模块的修改情况,自动判断应该对哪些模块重新编译,从而保证软件是由最新的模块构成。

1. make 的命令选项和参数

make 工具要依赖于 Makefile 文件来决定如何构建软件,make 可以在 Makefile 中进行配置,还可以利用 make 程序的命令选项对它进行即时配置。

make 的命令格式:

```
make [-f makefile 文件名] [选项] [宏定义] [目标]
```

make 的命令选项如下。

-k: 使用该选项,即使 make 遇到错误也会继续向下执行;如果没有该选项,在遇到第一个错误时 make 就会停止运行,后面的错误信息也无法看到了。可以利用这个选项来查出所有有编译问题的源文件。

-n: 该选项使 make 程序进入非执行模式,也就是说将原来应该执行的命令输出,而不是执行。利用此选项可以检查 Makefile 文件中的命令。

-f: 指定作为 Makefile 的文件的名称。如果不用该选项,那么 make 程序首先在当前目录查找名为 Makefile 或 makefile 的文件。

make 的"目标"选项是指最后生成的文件名称,一般是一个可执行文件。

2. Makefile 中的规则

Makefile 文件用于描述一个软件项目中各个模块之间的相互依赖关系,以及产生目标文件所要执行的命令,它用来告诉 make 命令要做什么以及怎么做。一般情况下,Makefile 会和项目的源代码文件放在同一个目录中。此外,如果项目很大,项目中也可以有多个 Makefile,如 Linux 内核源代码。

Makefile 文件由依赖关系和规则两部分内容组成,依赖关系由一个目标和一组该目标所依赖的源文件组成。目标就是将要创建或更新的文件,通常是最终生成的可执行文件。规则用来说明怎样使用所依赖的文件来建立目标文件,或者说使用哪些命令来根据依赖模块产生目标。

Makefile 以行为基本单位来描述目标、依赖模块及规则(即命令)三者之间的关系。行格式如下:

目标:[依赖模块][;命令]

习惯上写成多行形式,如下:

目标:[依赖模块]

命令

命令

需要注意，如果写成多行，后续的命令必须以 Tab 字符开始，不是空格键。

【例 2-68】 Makefile 文件编写规则。测试程序包含 main.c、t1.c 和 t2.c，d1.h、d2.h 和 d3.h 是空文件，没有内容。

main.c 内容：

```
/******** main.c ********/
#include <stdio.h>
#include "d1.h"
extern void s1();
extern void s2();
int main(void)
{
    printf("This is main.\n");
    s1();
    s2();
    return 0;
}
```

t1.c 内容：

```
/******** t1.c ********/
#include<stdio.h>
#include "d1.h"
#include "d2.h"
void s1(void)
{
    printf("This is s1.\n");
}
```

t2.c 内容：

```
/******** t2.c ********/
#include<stdio.h>
#include "d2.h"
#include "d3.h"
void s2(void)
{
    printf("This is s2.\n");
}
```

上述程序的 Makefile 文件如下：

```
main: main.o t1.o t2.o
    gcc -o main main.o t1.o t2.o
main.o: main.c d1.h
    gcc -c main.c
t1.o: t1.c d1.h d2.h
    gcc -c t1.c
t2.o: t2.c d2.h d3.h
    gcc -c t2.c
.PHONY:clean
clean:
    rm -f main main.o t1.o t2.o
```

上面的 Makefile 中,第一行是程序的最终目标和依赖关系,最终目标是生成可执行程序 main,它依赖于文件 main.o、t1.o 和 t2.o,为了生成目标需要的规则,即执行命令 gcc -o main main.o t1.o t2.o;与此同时,main.o 依赖于 main.c 和 d1.h,t1.o 依赖于 t1.c、d1.h 和 d2.h,而 t2.o 则依赖于 t2.c、d2.h 和 d3.h。

在 Makefile 文件后面,定义了一个伪目标 clean,.PHONY 将 clean 声明成伪目标。没有任何依赖只有执行动作的目标称为伪目标,伪目标执行的动作是 rm -f main main.o t1.o t2.o,即清除编译过程中的目标文件和最终的可执行文件。

下面执行 make 命令并运行程序具体如下:

```
[root@ localhost src2]#make
gcc -c main.c -o main.o
gcc -c t1.c
gcc -c t2.c
gcc -o main main.o t1.o t2.o
[root@ localhost src2]#./main
This is main.
This is s1.
This is s2.
```

默认时,make 只更新 Makefile 中的第一个目标,如果希望更新多个目标文件,可以使用一个特殊的目标 all,假如想在一个 Makefile 中更新 main 和 test 这两个程序文件,可以加入如下语句:

```
all: main test
```

当 make 命令运行时,会读取 Makefile 来确定要建立的目标文件或其他文件,然后对源文件的日期和时间进行比较,从而决定使用哪些规则来创建目标文件。

make 自动生成和维护通常是 Makefile 中的目标,目标的状态取决于它所依赖的那些模块的状态。当 make 命令运行时,会根据时间标记和依赖关系来决定哪些文件需要更新。一旦依赖模块的状态改变了,make 就会根据时间标记的新旧执行预先定义的一组命令来生成新的目标。

下面对 d1.h 加以变动,来看看 makefile 能否对此作出相应的回应:

```
[root@localhost src2]#touch d1.h
[root@localhost src2]#make
gcc -c main.c -o main.o
gcc -c t1.c -o t1.o
gcc -o main main.o t1.o t2.o
```

从上面可以看到,当 make 命令读取 Makefile 后,只对受 d1.h 的变化影响的模块进行了必要的更新。

3. Makefile 中的宏

在 Makefile 中可以使用类似于 Shell 变量的标识符,这些标识符在 Makefile 中称为 "宏",利用宏可以代表某些多处使用而又可能发生变化的内容,可以节省重复修改的工作。

Make 的宏分为两类:用户自定义的宏和内部宏。用户定义的宏必须在 Makefile 或命令行中明确定义,内部宏由系统定义。

1) 用户自定义的宏

在 Makefile 中定义宏的基本语法如下:

宏标识符=值列表

下面是一个包含宏的 Makefile 文件。

【例 2-69】　包含宏的 Makefile 文件。

```
all: main
#使用的编译器
CC=gcc
#包含文件所在目录
INCLUDE=.
#在开发过程中使用的选项
CFLAGS=-g -Wall
#在开发完成发布软件时使用的选项
#CFLAGS=-O -Wall
main: main.o t1.o t2.o
$(CC) -o main main.o t1.o t2.o
main.o: main.c d1.h
$(CC) -I$(INCLUDE) $(CFLAGS) -c main.c
t1.o: t1.c d1.h d2.h
$(CC) -I$(INCLUDE) $(CFLAGS) -c t1.c
t2.o: t2.c d2.h d3.h
$(CC) -I$(INCLUDE) $(CFLAGS) -c t2.c
.PHONY:clean
clean:
    rm -f main main.o t1.o t2.o
```

说明：在 Makefile 中,注释以 ♯ 为开头,至行尾结束。宏经常用作编译器的选项,很多情况下,处于开发阶段的程序在编译时是不用优化的,但需要调试信息,比如上面 Makefile 中的 CFLAGS=-g -Wall;而正式版本的程序却应当没有调试信息,且进行代码优化。

当 make 命令行中的宏定义与 Makefile 中的定义有冲突时,以命令行中的定义为准。现在将前面的编译结果删掉,来测试一下上述 Makefile 的工作情况。

```
[root@ localhost src2]#make
gcc -I. -g -Wall -c main.c
gcc -I. -g -Wall -c t1.c
gcc -I. -g -Wall -c t2.c
gcc -o main main.o t1.o t2.o
```

可以看到,make 会用相应的定义来替换宏引用 $(CC)、$(CFLAGS)和 $(INCLUDE)。

2) 内部宏

常用的内部宏如下：

$?：比目标的修改时间更晚的那些依赖模块表。

$@：当前目标的全路径名,可用于用户定义的目标名的相关行中。

$<：比给定的目标文件时间标记更新的依赖文件名。

$*：去掉后缀的当前目标名。若当前目标是 main.o,则 $* 表示 main。

$^：代表所有的依赖文件。

比如可以将上面 Makefile 中的

```
$(CC) -o main main.o t1.o t2.o
```

改写成

```
$(CC) -o $@ $^
```

其中,$@表示目标 main,$^而表示依赖模块 main.o t1.o t2.o。

2.5.3　调试工具 gdb

gdb(GNU project debugger)是 GNU 开源组织发布的一个强大的调试程序工具。和 gcc 一样,gdb 也是基于命令行的。

一般来说,gdb 主要完成下面 4 个方面的功能：

- 启动被调试程序。
- 可以让被调试程序在指定位置的断点处停止。
- 当被调试程序停止时,可以检查程序状态,如变量值、堆栈等。
- 可以动态地改变被调试程序的执行环境。

1. 启动 gdb

命令格式：

gdb［被调试程序名］或 gdb

2. gdb 调试命令

gdb 调试命令如表 2-17 所示。

表 2-17　gdb 命令

命令及命令格式	操 作 含 义
file 被调试程序名	加载被调试的可执行程序文件
list［n］ list［函数名］ list［m］,［n］	显示第 n 行的前后源代码 显示函数 function 的源代码行 显示从 m 到 n 的源代码行
break 行	设置断点,指定在源程序第几行处
break［函数名］	设置断点,在函数入口处
info break	查看断点信息
delete［断点号］	删除指定的断点,如果不指定断点号,则表示删除所有的断点
run	运行程序
next	单条语句执行
step	单条语句执行(进入子函数)
continue	继续运行程序
watch 变量名	对指定变量进行监控
print 变量名	打印变量值
backtrace	查看函数堆栈信息
frame［n］	查看某一层的栈信息
finish	运行程序,直到当前函数完成返回
kill	停止当前被调试程序
quit	退出 gdb

3. gdb 调试实例

下面通过一个简单的 C 语言程序 ex2-4.c 说明 gdb 调试命令的使用方法。

【例 2-70】　gdb 调试演示。

```
/* ex2-4.c */
#include <stdio.h>
int fc(int n)
{
    int sum=0,i;
    for(i=0; i<n; i++)
    {
```

```
            sum+=i;
        }
        return sum;
}
int main(void)
{
        int i;
        long result;
        for(i=1; i<=50; i++)
        {
            result +=i;
        }
        printf("result[1-50]=%ld \n", result);
        printf("result[1-100]=%ld \n", fc(100));
        return 0;
}
```

编译程序 ex2-4.c：

```
[root@localhost src2]#gcc -g ex2-4.c -o ex2-4
```

进入 gdb 开始程序调试：

```
[root@localhost src2]#gdb                          #启动 gdb
GNU gdb (GDB) Fedora (7.2-16.fc14)
Copyright (C) 2010 Free Software Foundation, Inc.
License GPLv3+: GNU GPL version 3 or later <http://gnu.org/licenses/gpl.html>
This is free software: you are free to change and redistribute it.
There is NO WARRANTY, to the extent permitted by law. Type "show copying"
and "show warranty" for details.
This GDB was configured as "i686-redhat-linux-gnu".
For bug reporting instructions, please see:
<http://www.gnu.org/software/gdb/bugs/>.
(gdb) file ex2-4                          #装入被调试程序 ex2-4
Reading symbols from /root/linux_proj/ ex2-4...done.
#从第 1 行开始显示源程序，l 表示 list 命令，在不引起歧义情况下，命令可以缩写
(gdb) l 1
1    #include <stdio.h>   ·
2
3    int fc(int n)
4    {
5        int sum=0,i;
6        for(i=0; i<n; i++)
```

```
7        {
8            sum+=i;
9        }
10       return sum;
(gdb)                        #此处直接输入回车,表示再次执行上一个命令,即 list 命令
11   }
12
13   int main(void)
14   {
15       int i;
16       long result;
17       for(i=1; i<=50; i++)
18       {
19           result +=i;
20       }
(gdb) break 19               #在程序的第 19 行添加断点
Breakpoint 1 at 0x8048404: file ex2-4.c, line 19.
(gdb) break fc               #在程序的 fc 函数入口处添加断点
Breakpoint 2 at 0x80483ca: file ex2-4.c, line 5.
(gdb) info break             #显示断点信息,Num 表示断点号
Num  Type       Disp Enb Address What
1    breakpoint   keep y 0x08048404 in main at ex2-4.c:19
2    breakpoint   keep y 0x080483ca in fc at ex2-4.c:5
(gdb) r                      #运行程序
Starting program: /root/linux_proj/src2/ex2-4
Breakpoint 1, main () at ex2-4.c:19
19           result +=i;     #程序遇到断点,停止
(gdb) print i                #打印变量 i 的值
$1=1
#添加监视,监视 result 变量的值,如 result 的值改变则程序停止,输出 result 的值
(gdb) watch result
Hardware watchpoint 3: result
(gdb) c
Continuing.
Hardware watchpoint 3: result
Old value=134513771
New value=134513772
main () at ex2-4.c:17
17       for(i=1; i<=50; i++)
(gdb) info break
Num  Type        Disp Enb Address What
1    breakpoint    keep y 0x08048404 in main at ex2-4.c:19
    breakpoint already hit 1 time
```

```
2          breakpoint      keep y 0x080483ca in fc at ex2-4.c:5
3          hw watchpoint keep y               result
    breakpoint already hit 1 time
(gdb) delete 1                      #删除断点号为 1 的断点
(gdb) delete 3                      #删除断点号为 3 的断点
(gdb) info break
Num    Type          Disp Enb Address   What
2          breakpoint      keep y  0x080483ca in fc at ex2-4.c:5
(gdb) c                            #继续运行程序
Continuing.
result[1-50]=134515046

Breakpoint 2, fc (n=100) at ex2-4.c:5
5          int sum=0,i;
(gdb) backtrace                     #显示堆栈信息
#0  fc (n=100) at ex2-4.c:5
#1  0x08048439 in main () at ex2-4.c:22
(gdb) frame 1                       #显示第一层堆栈信息
#1  0x08048439 in main () at ex2-4.c:22
22      printf("result[1-100]=%ld \n", fc(100));
(gdb) n                             #单步运行程序,不进入子函数
6          for(i=0; i<n; i++)
(gdb) print sum                     #打印变量 sum 的值
$1=0
(gdb) finish                        #结束当前函数运行
Run till exit from #0 fc (n=100) at ex2-4.c:6
0x08048439 in main () at ex2-4.c:22
22          printf("result[1-100]=%ld \n", fc(100));
Value returned is $2=4950
(gdb) frame 1                       #显示第一层堆栈信息,由于函数 fc 已退出,所以为空
#0  0x00000000 in ?? ()
(gdb) n
result[1-100]=4950
23          return 0;
(gdb) kill                          #结束当前程序调试
Kill the program being debugged? (y or n) y
(gdb) quit                          #退出 gdb
```

2.5.4   交叉编译工具链

对于嵌入式 Linux 开发,由于嵌入式设备的资源限制,不能在嵌入式设备上完成整

个软件的开发,所以需要用到交叉开发模式,即在计算机上完成程序的编写及编译操作,然后下载到嵌入式设备中运行、验证程序。计算机和嵌入式设备的硬件架构不同,所以在计算机上能运行的程序一般不能在嵌入式设备上运行,需要用到交叉编译工具链。交叉编译工具链可以在一个平台上生成另一个平台上的可执行代码,比如在计算机上利用交叉编译工具链可以生成能够运行在嵌入式 Linux 平台上的可执行程序。

Linux 下的交叉编译工具链如图 2-10 所示,主要包括以下几部分:

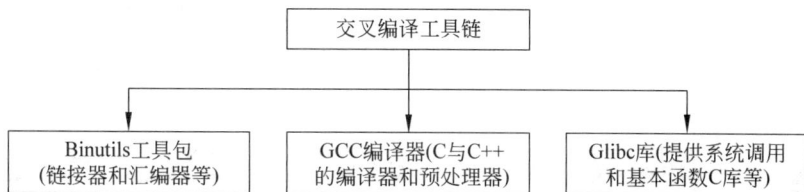

图 2-10 Linux 的交叉编译工具链

- 针对目标系统的编译器 gcc。
- 针对目标系统的二进制工具包 Binutils,包括连接器、汇编器等目标程序处理的工具。
- 目标系统的标准 C 库 Glibc,它是应用程序编程的函数库软件包,可以编译生成静态库和共享库。

交叉编译工具链通常可以通过 3 种方法进行构建。

1. 从头编译

分别编译并安装交叉编译工具链所需的各种库和源代码,最后生成交叉编译工具链。这种方式最难,因为在编译过程中,有许多依赖关系和配置选项,以及版本之间的匹配关系,往往会出现许多编译错误。

2. 脚本编译

通过 crosstool 脚本工具来一次性生成交叉编译工具链,这种方法相对简单。

3. 从网上下载

如果只是想使用交叉编译工具链,可以从 ftp://ftp. arm. linux. org. uk/pub/armlinux/toolchain/或 https://sourcery. mentor. com 网站下载使用。

2.6 嵌入式 Linux 开发环境搭建

2.6.1 安装 Linux 操作系统

为了方便嵌入式开发环境的迁移,避免在两个操作系统(Windows 和 Linux)之间切换,将 Linux 操作系统安装在虚拟机中。虚拟机软件选择 VMware Workstation 9.0(以下简称 VMware),安装好之后开始安装 Linux,建立 Linux 的虚拟机镜像。Linux 选择 Red Hat 公司的 Fedora 14,安装镜像可以从 http://archives.fedoraproject.org/pub/archive/fedora/linux 网站下载,文件名称为 Fedora-14-i386-DVD.iso。

1. 建立新的 Linux 虚拟机镜像

(1) 安装好 VMware 之后,双击桌面上的 VMware Workstation 图标,打开虚拟机软件。如图 2-11 所示,选择 File 菜单中的 New Virtual Machine 菜单项,出现 New Virtual Machine Wizard 对话框,即新建虚拟机向导对话框,在此对话框中完成新建虚拟机的设置。

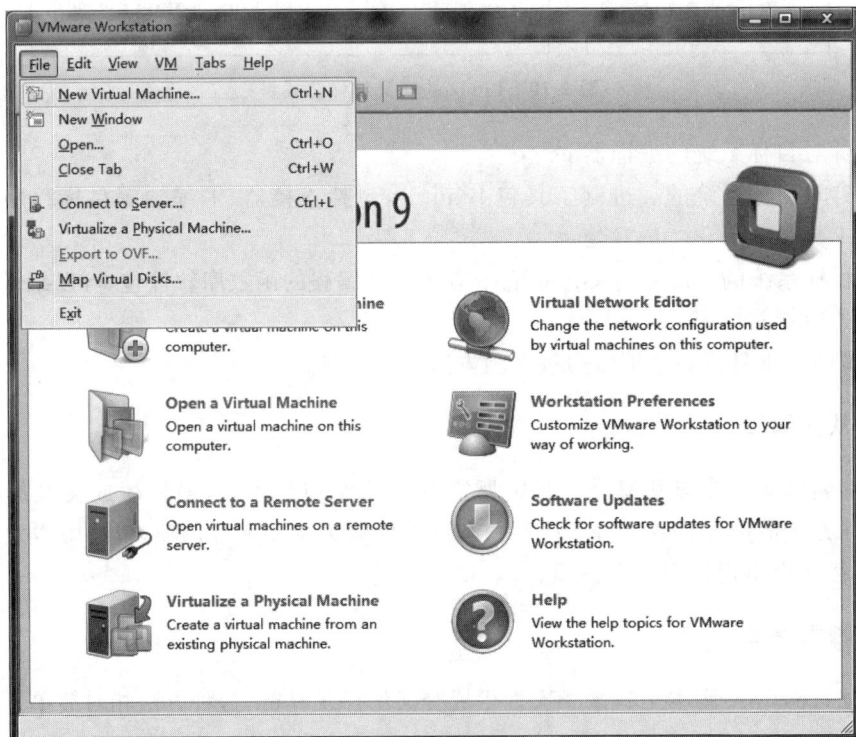

图 2-11 打开新建虚拟机向导对话框

(2) 如图 2-12 所示,在 New Virtual Machine Wizard 对话框中,选择 Typical 选项,单击 Next 按钮。

(3) 选择 I will install the operating system later 选项,单击 Next 按钮,如图 2-13 所示。

(4) 如图 2-14 所示,在 Guest operating system 中选择 Linux,Version 中选择 Fedora,单击 Next 按钮。

(5) 如图 2-15 所示,在 Virtual machine name 下的文本框中输入新建的虚拟机名称,在 Location 中输入新建的虚拟机镜像文件存储路径,单击 Next 按钮。

图 2-12 虚拟机类型配置

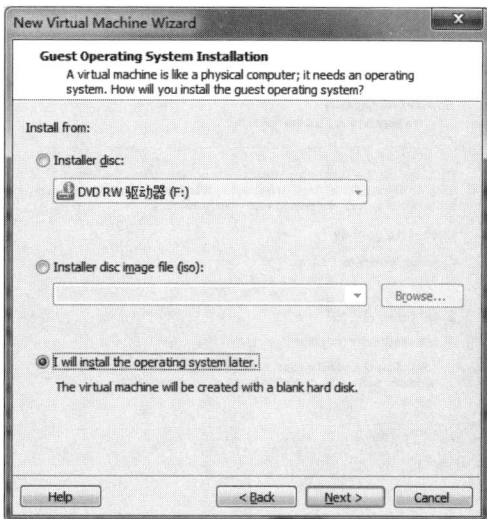

图 2-13 客户机操作系统安装选项

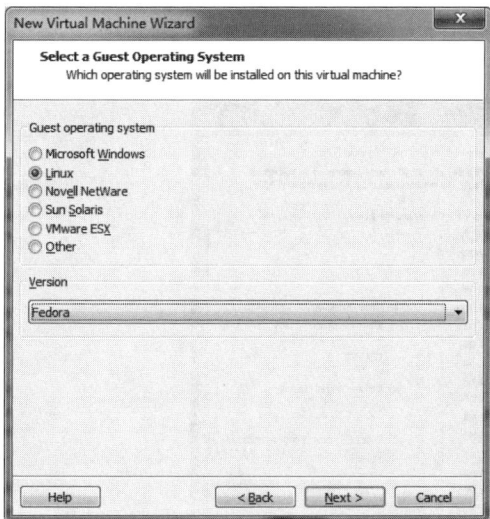

图 2-14 客户机操作系统类型选择

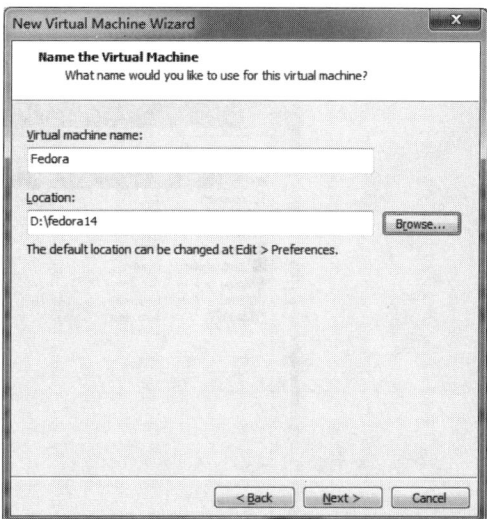

图 2-15 客户机操作系统镜像文件位置

（6）如图 2-16 所示，在 Maximum disk size 中输入磁盘最大值为 20GB，其他选项默认，单击 Next 按钮。

（7）如图 2-17 所示，在下一步的对话框中显示客户机操作系统安装配置清单，单击 Customize Hardware 按钮，打开硬件配置对话框。

（8）在硬件配置对话框中，选择 Memory，将内存配置为 512MB，如图 2-18 所示。

（9）接着单击 Network Adapter 列表项，在 Network connection 中，选择 Bridged，如图 2-19 所示。

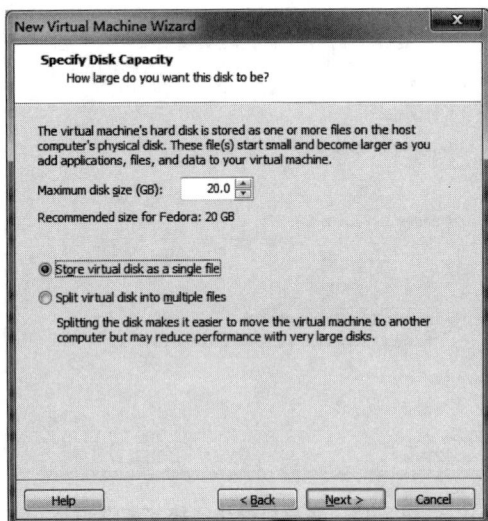

图 2-16　客户机操作系统镜像文件大小配置

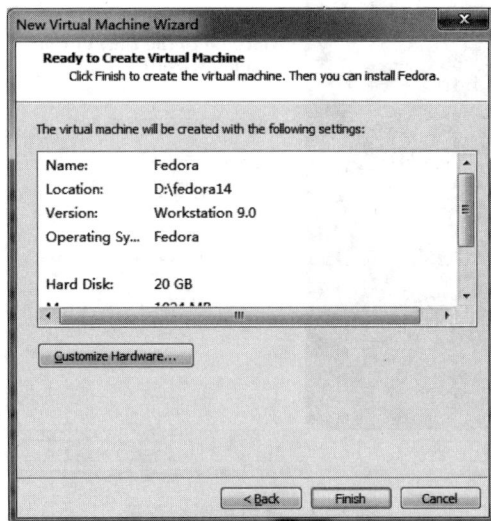

图 2-17　客户机操作系统安装配置清单

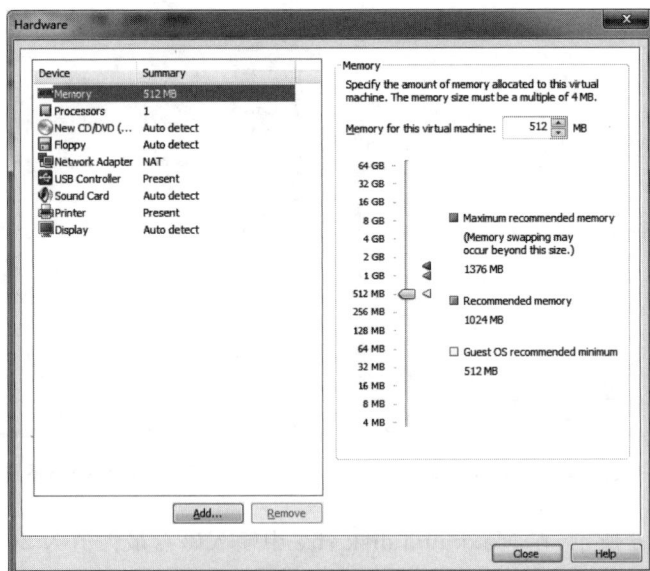

图 2-18　虚拟机内存配置

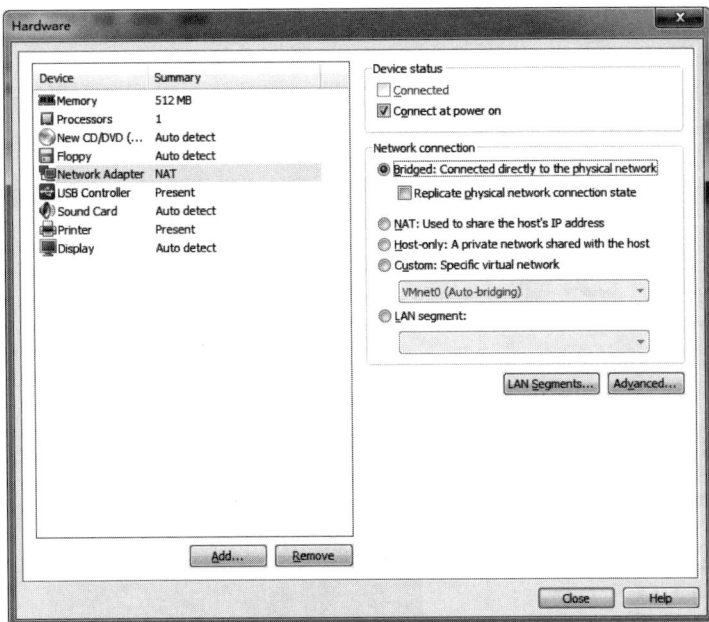

图 2-19　虚拟机网络配置

（10）单击 New CD/DVD 列表项，在 Connection 中，选择 Use ISO image file，然后单击 Browse 按钮，如图 2-20 所示，在弹出的文件选择对框中选择 Fedora Linux 安装镜像文件 Fedora-14-i386-DVD.iso，接着单击 Close 按钮关闭对话框。至此新建虚拟机完毕，下一步开始安装 Linux 操作系统。

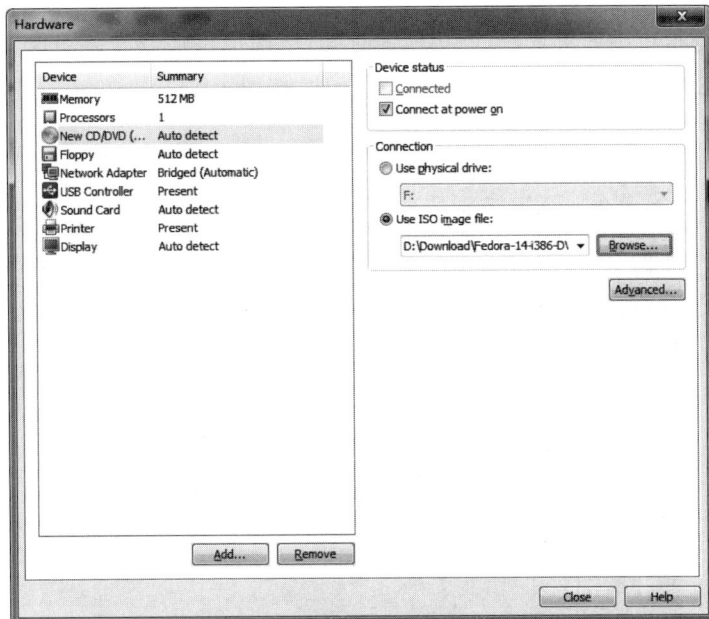

图 2-20　安装镜像选择

2. 安装 Linux 操作系统

（1）在如图 2-21 所示的界面中，单击 Power on this virtual machine，启动虚拟机中的系统，开始安装 Linux。

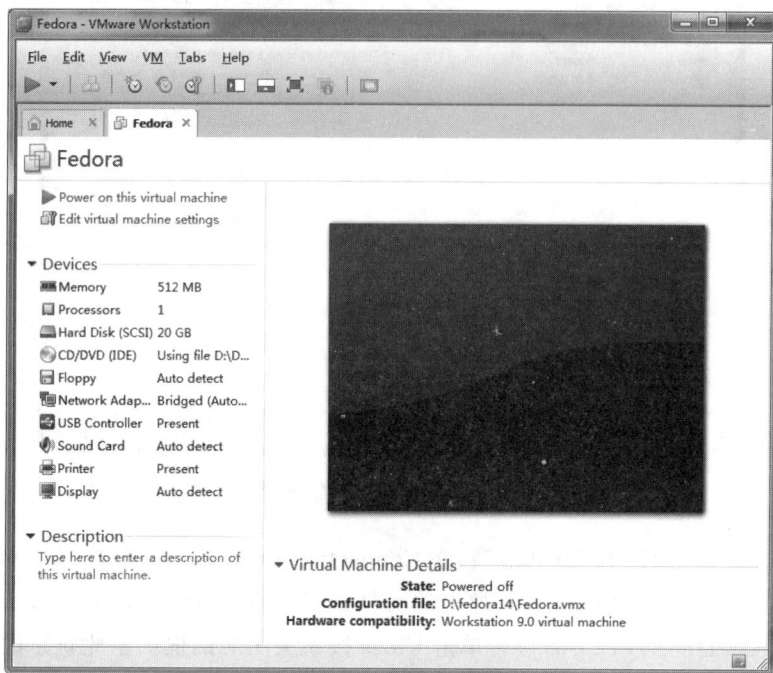

图 2-21　新建的虚拟机界面

（2）启动虚拟机中的系统，等待几秒钟时间，待虚拟机加载安装镜像并初始化之后，可以看到如图 2-22 所示的界面，默认选择第一项，按回车键。

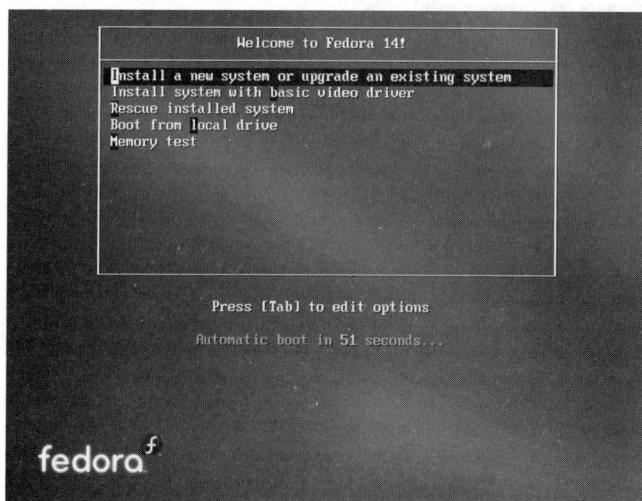

图 2-22　Linux 安装类型选择

（3）在如图 2-23 所示的界面中，按 Tab 键，焦点切换到 Skip 按钮，按回车键。此界面是检查光盘安装镜像，此处选择不检查。

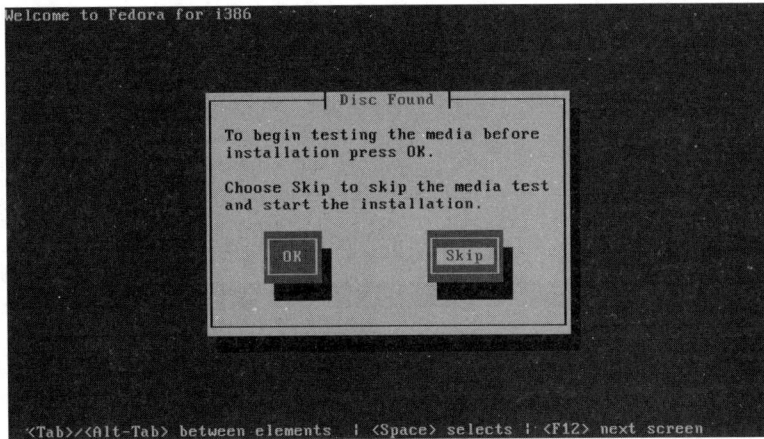

图 2-23　安装光盘检测

（4）如图 2-24 所示的界面是设置安装时显示的语言，选择 Chinese 并单击 Next 按钮。

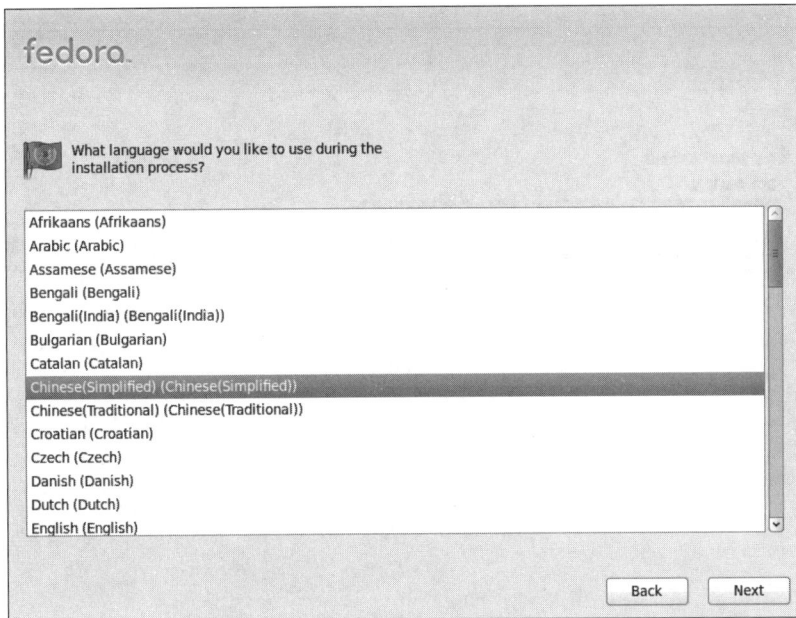

图 2-24　安装语言选择

（5）下一步是选择键盘布局，不选择，用默认设置，单击"下一步"按钮，如图 2-25 所示。

（6）在如图 2-26 所示的界面中，默认选项为"基本存储设备"，单击"下一步"按钮。

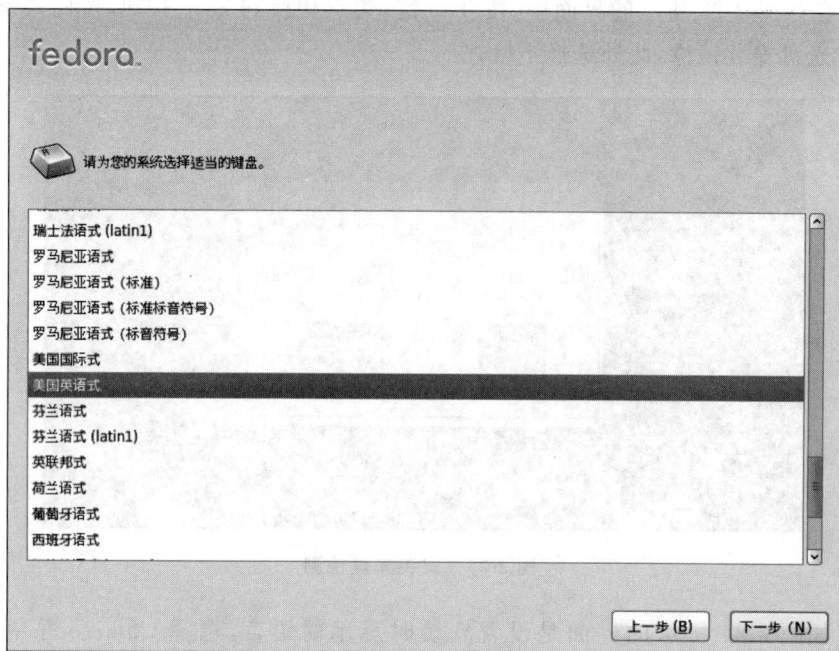

图 2-25　键盘布局选择

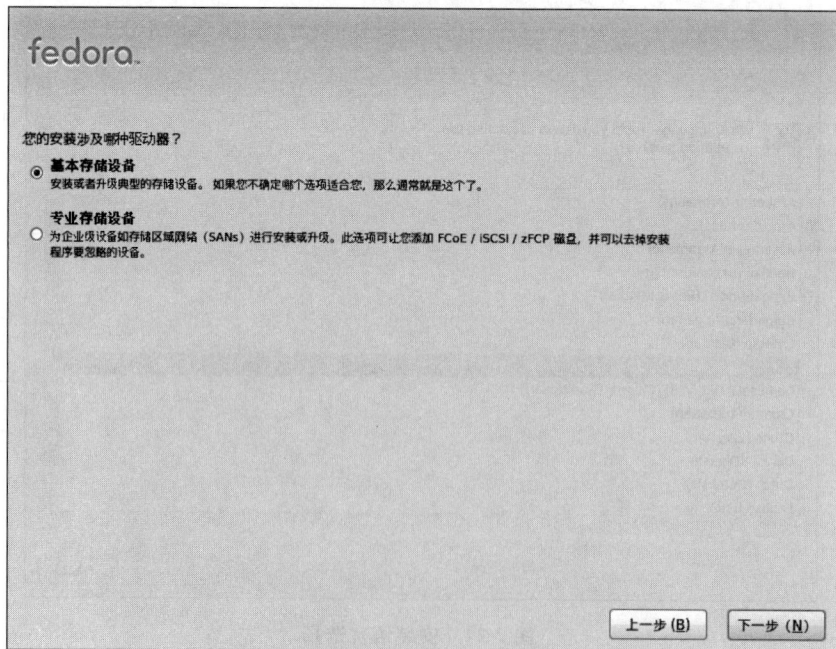

图 2-26　驱动器类型选择

（7）接下来提示"处理以下驱动器时出错"，原因是虚拟机中的虚拟磁盘没有被初始化，所以应单击"全部重新初始化"按钮，如图 2-27 所示。

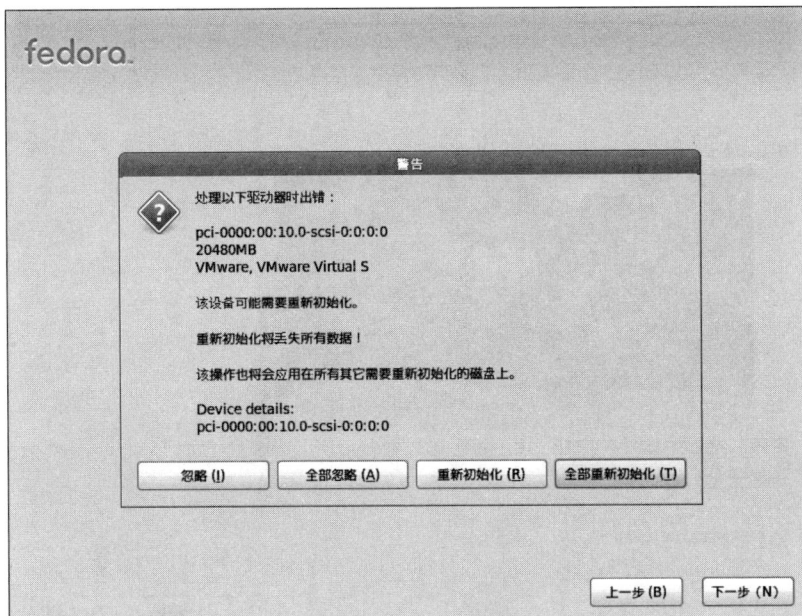

图 2-27　驱动器初始化

（8）如图 2-28 所示的界面是定义主机名，可以输入一个主机名或忽略，单击"下一步"按钮。

图 2-28　主机名定义

（9）下一步界面如图 2-29 所示，时区选择，采用默认的"亚洲/上海"，单击"下一步"按钮。

图 2-29　时区选择

（10）如图 2-30 所示的界面是初始化 root 的登录密码，在两个文本框中输入同样的密码，然后单击"下一步"按钮。

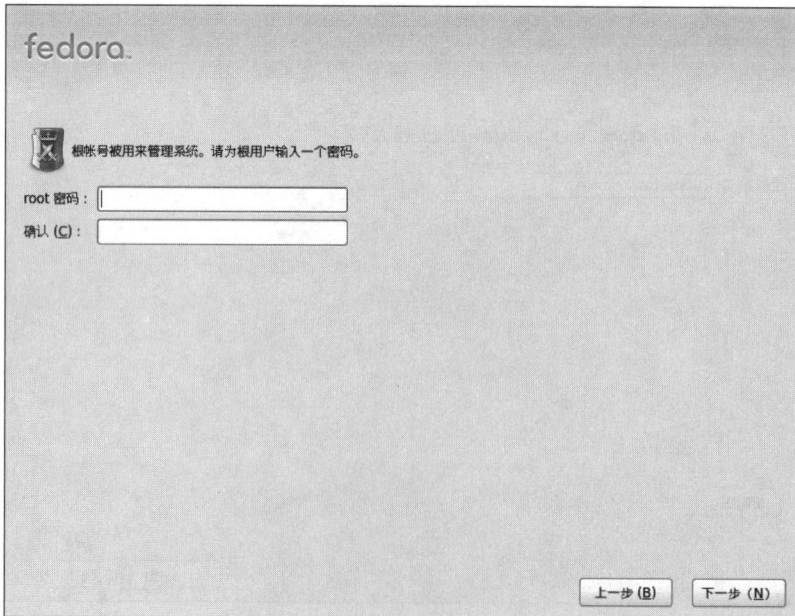

图 2-30　root 登录密码设定

（11）如图 2-31 所示，进行安装类型选择，选择最后一项"建立自定义分区结构"。

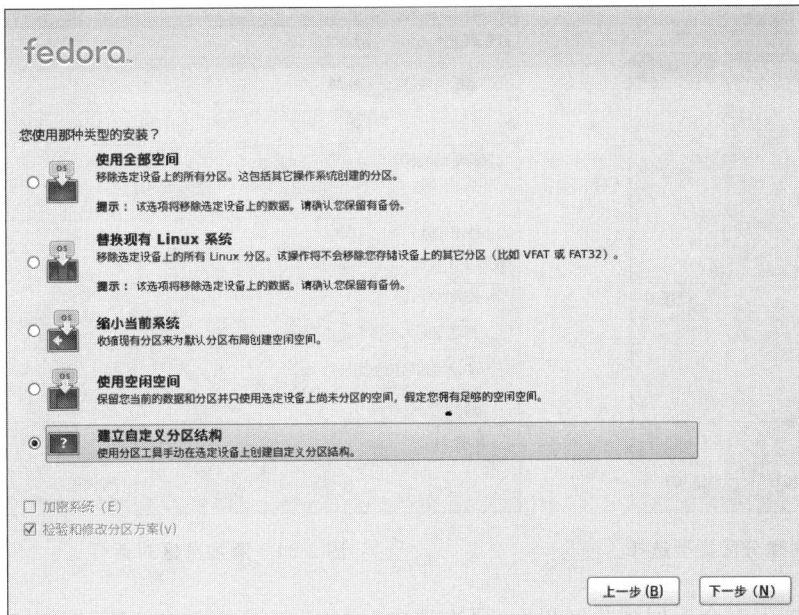

图 2-31　安装类型选择

（12）在如图 2-32 所示的界面中可以自定义 Linux 分区。选中"硬盘驱动器"下的
"空闲"空间，然后单击"创建"按钮，会弹出如图 2-33 所示的对话框，选择"标准分区"，单
击"创建"按钮；在如图 2-34 所示的对话框中，挂载点选择/boot，文件系统类型选择 ext4，
大小输入 200，选中"强制为主分区"复选框，单击"确定"按钮，创建/boot 引导分区。

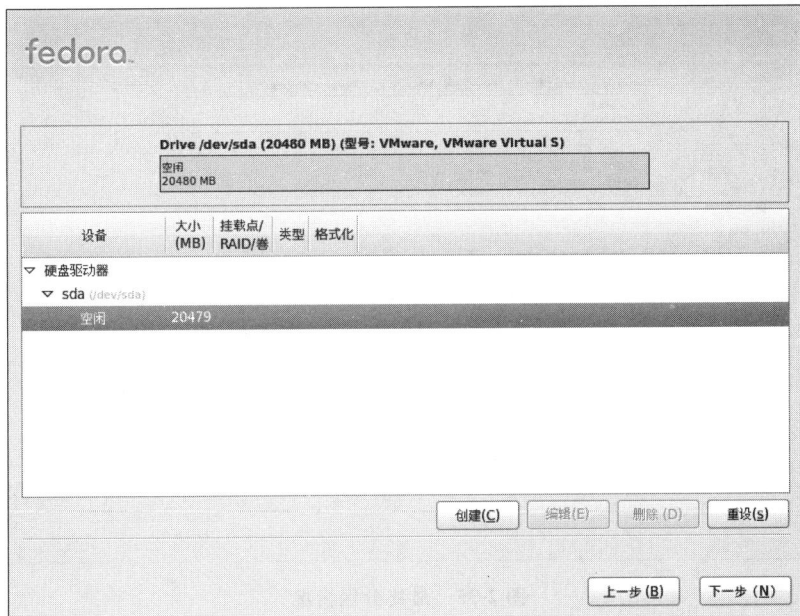

图 2-32　Linux 分区界面

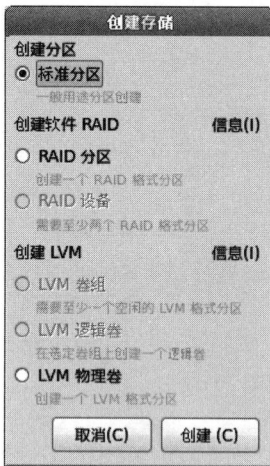

图 2-33　创建分区类型选择

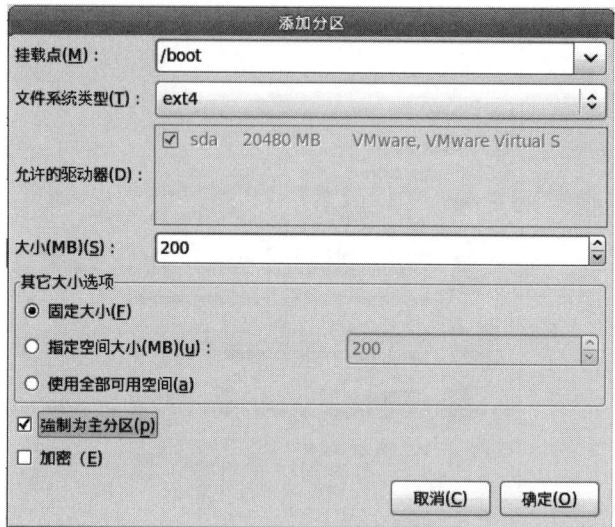

图 2-34　添加分区对话框

　　（13）接下来会返回到分区界面,再次选中"空闲"空间,单击"创建"按钮,在"创建存储"对话框中同样选择"标准分区",在"添加分区"对话框中文件系统类型选择 swap,大小输入 1024(swap 分区一般是内存的 2 倍),创建 swap 分区。接下来参照步骤(12)的操作再创建根分区,挂载点选择"/",其他大小选项选择"使用全部可用空间"。创建好的分区如图 2-35 所示,一共是 3 个分区。

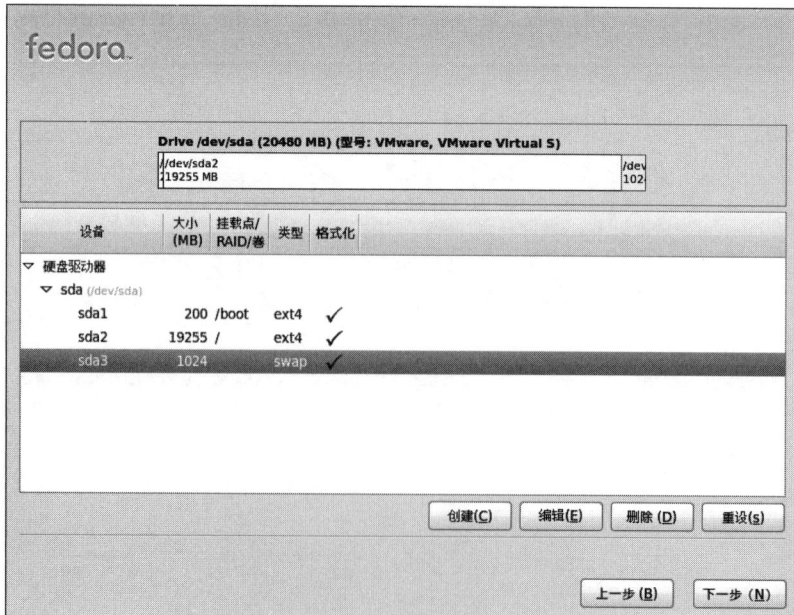

图 2-35　最终分区情况

　　（14）分区创建完毕之后,单击图 2-35 中的"下一步"按钮,会出现"格式化警告",单

击"格式化"按钮,会出现确认对话框,再单击"将修改写入磁盘"。完成以上操作之后
Linux 安装进程会格式化磁盘分区。

（15）格式化完毕之后会进入如图 2-36 所示的界面,采用默认选择,单击"下一步"按钮。

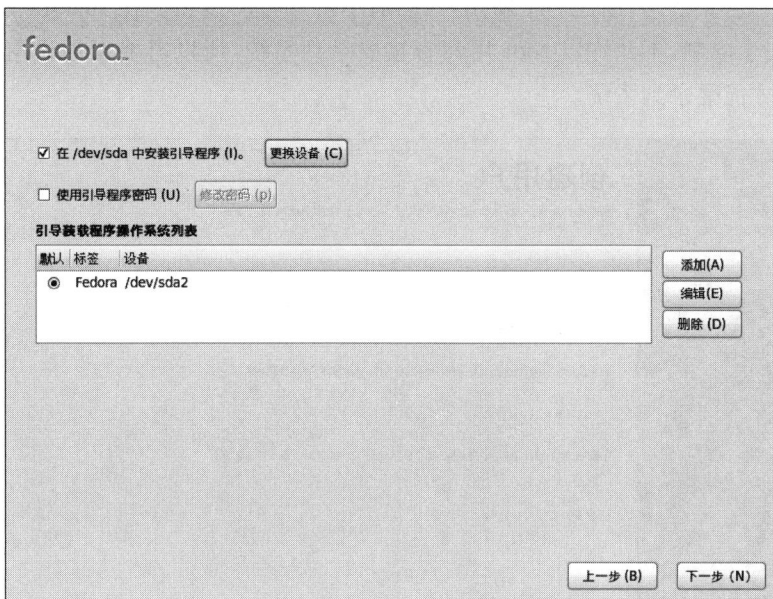

图 2-36　引导程序安装设定

（16）接下来是软件包选择,如图 2-37 所示,选择"软件开发"选项,其他采用默认,单
击"下一步"按钮,开启安装进程,安装完毕之后会提示"重新引导",系统重启,安装完成。

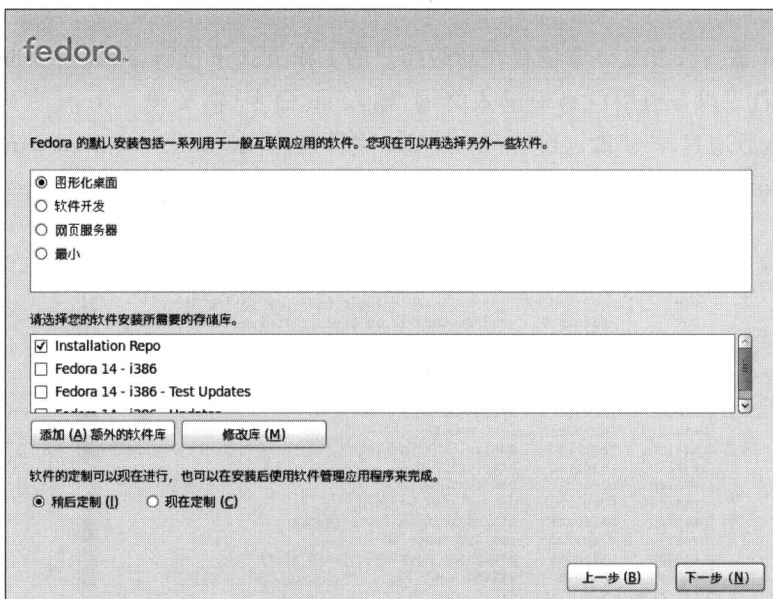

图 2-37　软件包安装选择

3. Linux 系统初始化设置

（1）Linux 安装完成后，系统第一次启动时会出现创建用户界面，如图 2-38 所示，需要输入新用户名和密码，创建一个新用户，然后单击"前进"按钮。在 Fedora Linux 14 版本中，由于安全限制，不允许以 root 用户直接登录到系统，所以需要新创建用户，以这个新用户身份才能登录到系统。

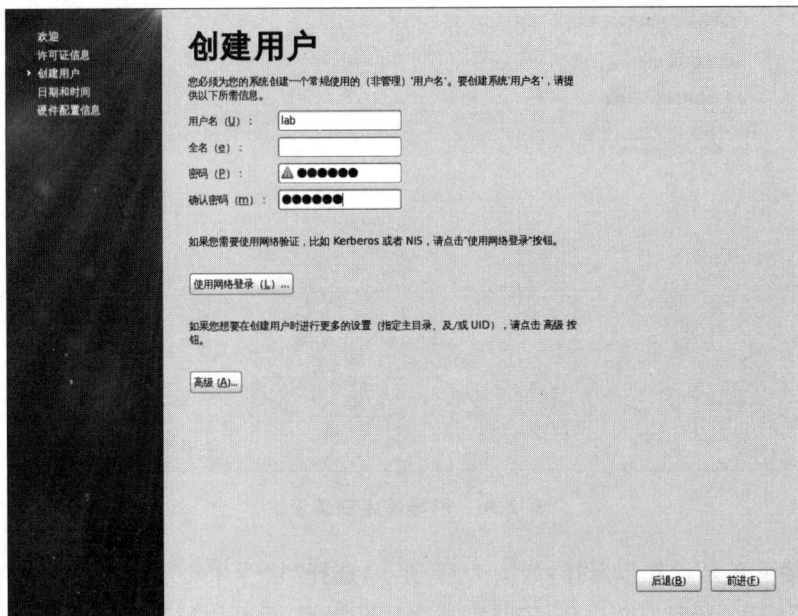

图 2-38　创建新用户

（2）由于嵌入式开发经常需要在超级用户的工作方式下进行，所以需要取消 root 登录的限制。首先以普通用户身份进入终端，输入 su 命令（需要输入 root 密码），转换为 root 权限；然后通过 vi 修改/etc/pam. d/gdm 文件，注释掉 auth required pam_succeed_if. so user !＝root quiet 一行，如图 2-39 所示，保存退出；再修改/etc/pam. d/gdm-

图 2-39　修改/etc/pam. d/gdm

password 文件，注释掉 auth required pam_succeed_if. so user ！＝root quiet，如图 2-40 所示，保存并退出；最后重启系统即可以以 root 身份登录。

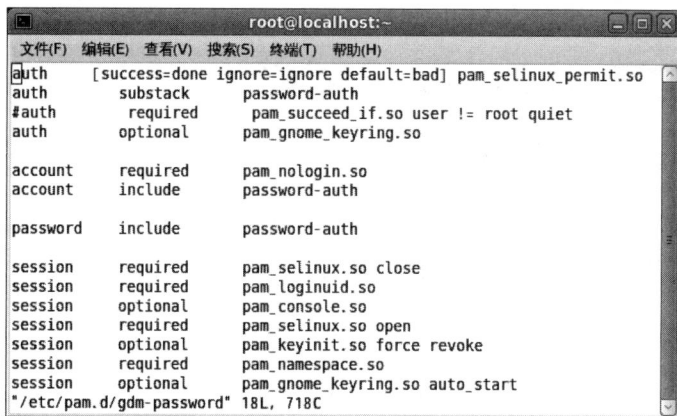

图 2-40　修改/etc/pam. d/gdm-password

（3）关闭防火墙。如图 2-41 所示，选择菜单"系统"→"管理"→"服务"命令，在如图 2-42 所示的服务配置界面中，分别选择 ip6tables 及 iptables 两项服务，单击工具栏上的"禁用"按钮，关闭防火墙。

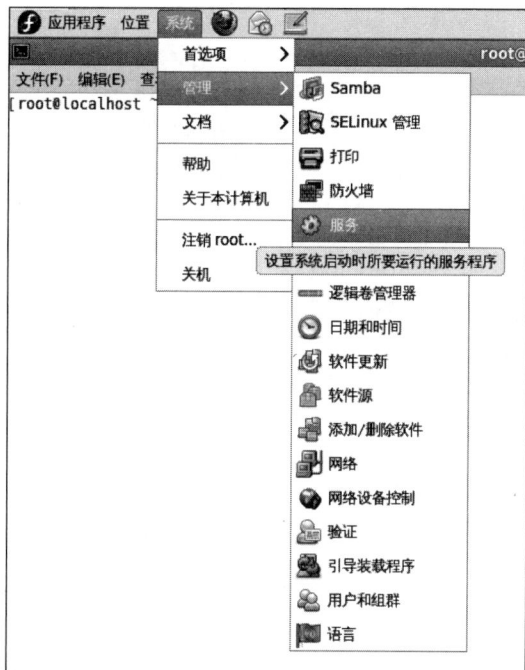

图 2-41　打开"服务"命令

（4）由于 SELinux 是一个加强 Linux 安全的子系统，对很多网络服务进行了限制，所以须关闭 SELinux 服务。更改/etc/selinux/config 文件，注释掉 SELINUX ＝

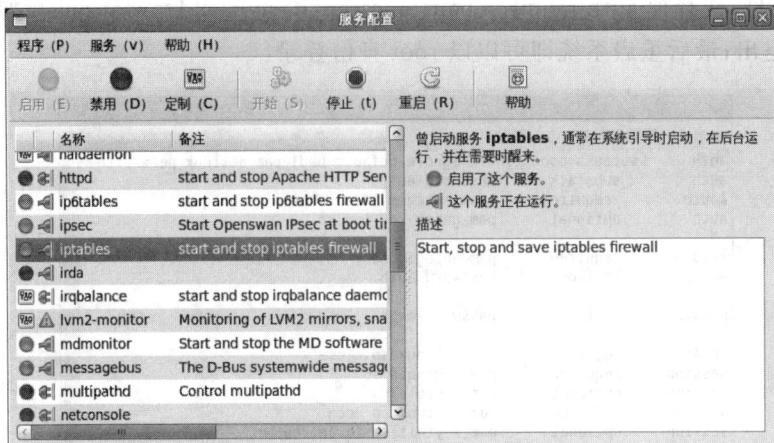

图 2-42　关闭 ip6tables 及 iptables 服务

enforcing，加入 SELINUX＝disabled。

（5）配置网络。通过选择菜单"系统"→"首选项"→"网络连接"命令设置网络，如图 2-43 所示；单击"编辑"按钮，出现如图 2-44 所示的对话框，选择"方法"下拉列表框中的"手动"一项，在"IPv4 设置"选项卡中单击"添加"按钮，输入虚拟机 Linux 的 IP 地址、子网掩码、网关和 DNS，最后单击"应用"按钮。

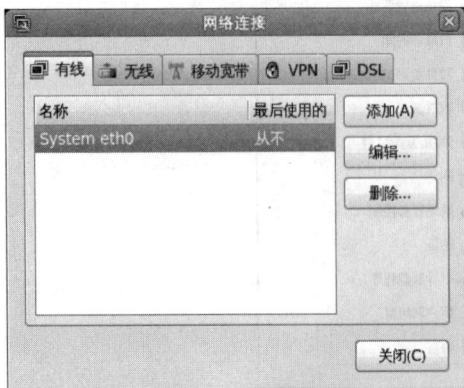

图 2-43　打开"服务"命令

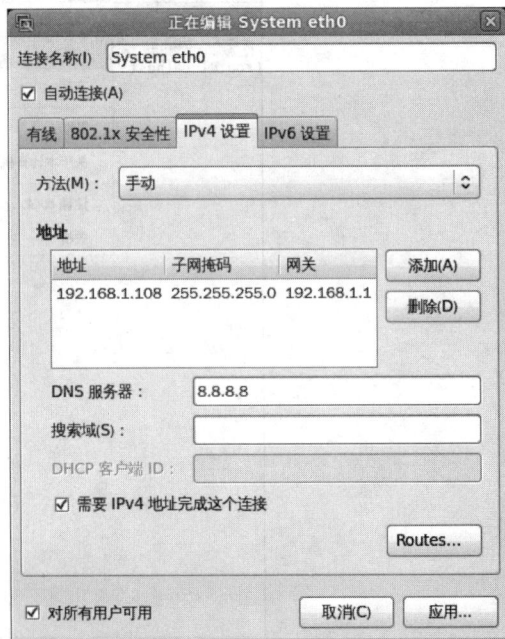

图 2-44　关闭 ip6tables 及 iptables 服务

（6）安装 VMware Tools。

VMware Tools 是 VMware 虚拟机中自带的一种增强工具，只有在 VMware 虚拟机中安装好了 VMware Tools,才能实现主机与虚拟机之间的文件共享,同时实现主机与虚拟机系统之间的文件复制功能。打开虚拟机菜单 VM→Install VMware Tools 命令,此时虚拟机会将 VMware Tools 安装镜像加载到虚拟机的 Linux 操作系统中,如图 2-45 所示。打开 Linux 终端,运行如下命令安装 VMware Tools:

```
[root@localhost ~]#cd /media/VMware\ Tools/
[root@localhost VMware Tools]#tar -xzvf VMwareTools-9.2.3-1031360.tar.gz -C
/opt
[root@localhost VMware Tools]#cd /opt/vmware-tools-distrib/
[root@localhost vmware-tools-distrib]#./vmware-install.pl
Creating a new VMware Tools installer database using the tar4 format.
Installing VMware Tools.
In which directory do you want to install the binary files?
[/usr/bin]
……
```

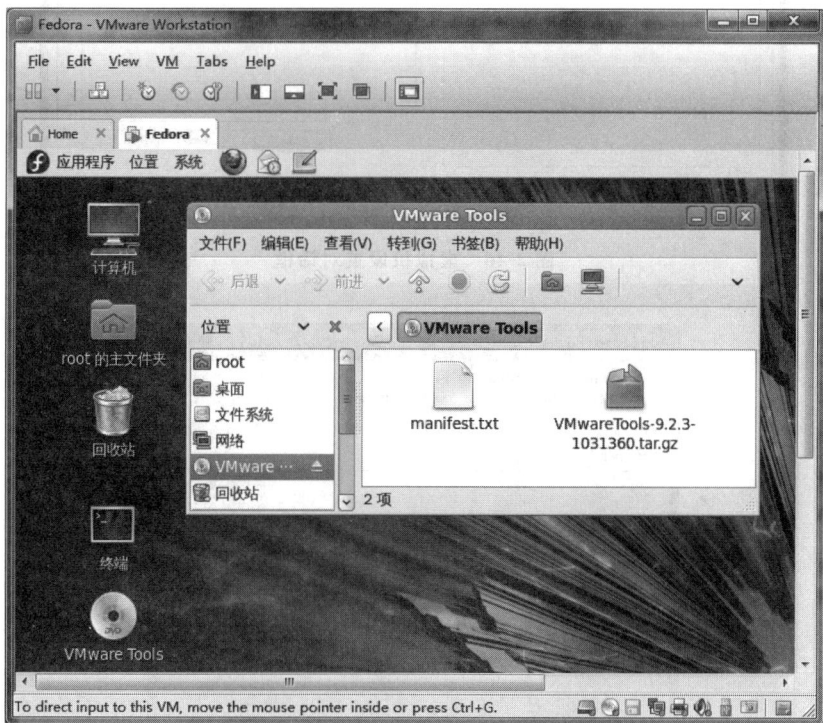

图 2-45　VMware Tools 安装镜像加载

在安装 VMware Tools 过程中,遇到安装选项可以按回车键,即选择默认选项。

(7) 设置虚拟机中 Linux 与主机之间的共享文件夹。选择虚拟机菜单 VM→Settings 命令,出现如图 2-46 所示的对话框;在 Options 选项卡中,选择 Shared Folders 一项,在右面的单选按钮中选择 Always enabled;单击 Add 按钮,然后在如图 2-47 所示的对话框中设置 Host path，即共享文件夹路径，单击 Next 按钮，出现如图 2-48 所示的界面，选中 Enable this share 复选框，再单击 Finish 按钮，回到如图 2-46 所示的对话框，单击 OK 按钮，完成共享文件夹设置。在 Linux 中访问共享文件夹的路径是/mnt/hgfs/共享文件夹名称。完成以上(1)～(7)步操作之后需重启系统。

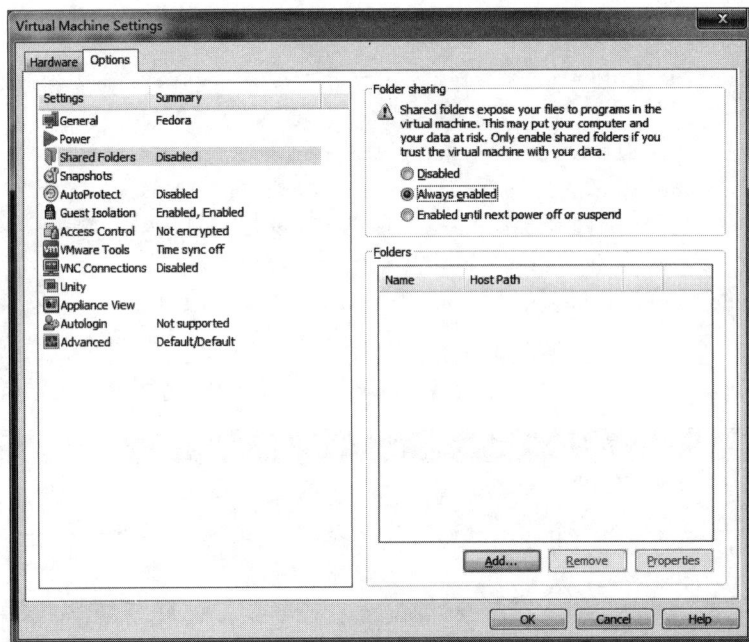

图 2-46　虚拟机设置对话框

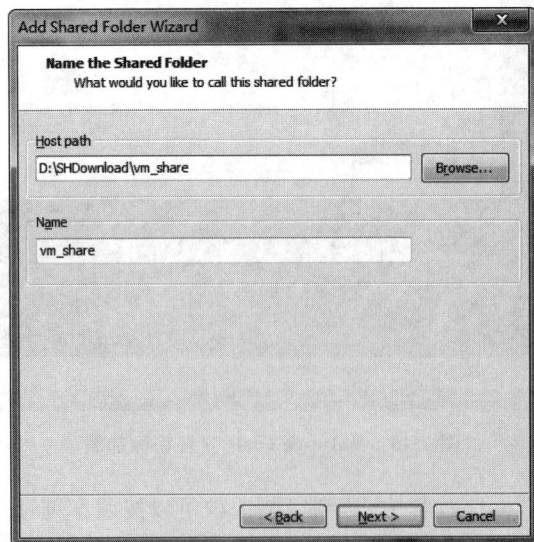

图 2-47　共享文件夹路径设置

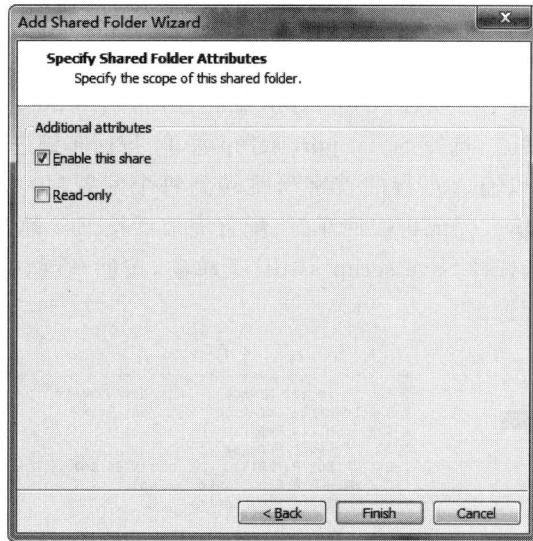

图 2-48　共享文件夹权限设置

2.6.2　超级终端 minicom

minicom 是一个串口通信工具,就像 Windows 下的超级终端一样,可用来与串口设备通信。在嵌入式开发中,通常采用 minicom 来连接目标板,在目标板上执行命令。

1. 安装 minicom

minicom 软件包在 Fedora 的安装光盘的 Packages 目录中,文件名为 minicom-2.4-2.fc14.i686.rpm,安装 minicom 之前需要先安装 lrzsz 软件包,它也在 Packages 目录中,文件名为 lrzsz-0.12.20-27.fc12.i686.rpm。

提取软件包 minicom-2.4-2.fc14.i686.rpm 和 lrzsz-0.12.20-27.fc12.i686.rpm,复制到/root 目录中,安装过程如下:

```
[root@localhost ~]#rpm -ivh lrzsz-0.12.20-27.fc12.i686.rpm
warning: lrzsz-0.12.20-27.fc12.i686.rpm: Header V3 RSA/SHA256 Signature, key
ID 97a1071f: NOKEY
Preparing...        ##########################################
[100%]
    1:lrzsz          ##########################################
[100%]
[root@localhost ~]#rpm -ivh minicom-2.4-2.fc14.i686.rpm
warning: minicom-2.4-2.fc14.i686.rpm: Header V3 RSA/SHA256 Signature, key ID
97a1071f: NOKEY
Preparing...        ##########################################
[100%]
1:minicom           ##########################################
[100%]
```

2. minicom 配置

采用 minicom -s 命令可以进入 minicom 配置界面,如图 2-49 所示。利用上下光标键可以上下移动选择焦点,选择 Serial port setup 菜单,按回车键进入如图 2-50 所示的界面中。在此界面中可以输入每行的首字母跳转到每个配置项,如输入 A,即可跳转到 Serial Device 配置项,输入完成再按回车键;配置完成后按 Esc 键退出此配置界面,回到如图 2-49 所示的界面,选择 Save setup as dfl 菜单项,按回车键,保存配置文件;最后按 Esc 键退出 minicom 配置。

```
+-----[configuration]------+
| Filenames and paths      |
| File transfer protocols  |
| Serial port setup        |
| Modem and dialing        |
| Screen and keyboard      |
| Save setup as dfl        |
| Save setup as..          |
| Exit                     |
| Exit from Minicom        |
+--------------------------+
```

图 2-49　minicom 配置界面

```
| A -   Serial Device      : /dev/USB0tty   |
| B - Lockfile Location    : /var/lock      |
| C -   Callin Program     :                |
| D -   Callout Program    :                |
| E -     Bps/Par/Bits     : 115200 8N1     |
| F - Hardware Flow Control : No            |
| G - Software Flow Control : No            |
|                                           |
|   Change which setting? []                |
```

图 2-50　minicom 串口配置界面

本书项目中的开发板采用 UART0(Debug 口由 MiniUSB 口转出)与宿主机相连作为串口调试接口,在宿主机上对应串口设备为/dev/USB0tty,读者可以根据自己的设备情况进行配置,可以利用 ls -l /dev 命令查看对应的串口设备。minicom 配置完成后,输入 minicom 命令,即可启动 minicom。

2.6.3　网络文件系统 NFS

NFS(Network File System,网络文件系统)是由 Sun 公司于 1984 年开发的,其功能是可以让不同类型的类 UNIX 操作系统之间通过网络进行文件共享。在嵌入式 Linux 开发中,需要宿主机与目标开发板之间建立文件共享,所以需要配置宿主机的 NFS 服务。

1. 启用 NFS 服务

选择菜单"系统"→"管理"→"服务"命令,在如图 2-51 所示的服务配置界面中,选择 nfs,

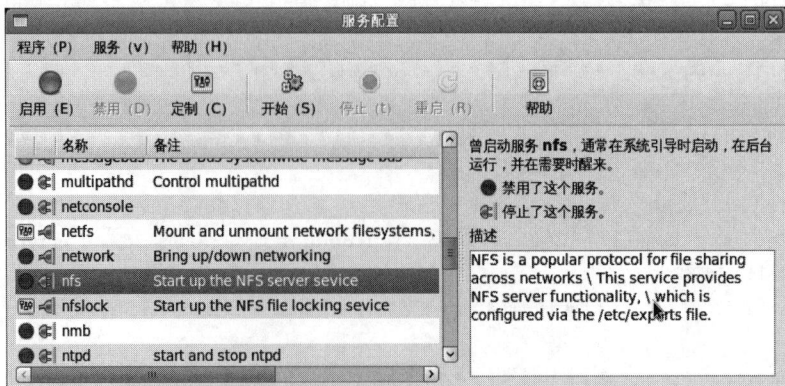

图 2-51　启用 NFS 服务

单击工具栏上的"启用"按钮,然后再单击工具栏上的"开始"按钮,启动 NFS 服务。

2. NFS 配置

NFS 挂载目录及权限由/etc/exports 文件定义,exports 以行为单位,每一行表示一个共享文件夹配置,格式如下:

[共享目录]　[客户端 1(访问权限选项,用户映射选项,其他选项)]

(1) 共享目录是指系统中需要共享给客户机使用的目录。

(2) 客户端是指网络中可以访问共享目录的计算机。

客户端常用的指定方式如下:

- 指定 IP 地址的主机: 192.168.0.200。
- 指定子网中的所有主机: 192.168.0.*。
- 指定域名的主机: cstd.imut.edu.cn。
- 指定域中的所有主机: *.imut.edu.cn。
- 所有主机: *。

(3) 访问权限选项。

- 设置输出目录只读: ro。
- 设置输出目录读写: rw。

(4) 用户映射选项。

- all_squash: 将远程访问的所有普通用户及所属组都映射为匿名用户或用户组。
- no_all_squash: 与 all_squash 相反(默认设置)。
- root_squash: 将 root 用户及所属组都映射为匿名用户或用户组(默认设置)。
- no_root_squash: 与 root_squash 相反。

(5) 其他选项。

- sync: 将数据同步写入内存缓冲区与磁盘中。
- subtree: 检查其父目录的权限(默认设置)。
- no_subtree: 不检查其父目录的权限,可以提高效率。

例如,要将 home 目录中的/home/zp/share 目录让 192.168.2.* 的 IP 共享,则在该文件末尾添加下列语句:

```
/home/zp/share    192.168.2.* (rw, sync, no_root_squash)
```

3. NFS 启动及停止命令

启动 NFS:

```
[root@localhost ~]#/etc/init.d/nfs start
```

停止 NFS:

```
[root@localhost ~]#/etc/init.d/nfs stop
```

重启 NFS：

```
[root@localhost ~]#/etc/init.d/nfs restart
```

4. NFS 实例

（1）在"服务配置"中启用 NFS 服务。

（2）假设宿主机 IP 地址为 192.168.12.201，NFS 共享目录为/root/linux_proj，/etc/exports 文件配置如下：

```
/root/linux_proj    192.168.12.* (rw, sync, no_root_squash)
```

（3）重启 NFS，使配置生效：

```
[root@localhost ~]#/etc/init.d/nfs restart
关闭 NFS mountd：                                [确定]
关闭 NFS 守护进程：                              [确定]
关闭 NFS quotas：                                [确定]
关闭 NFS 服务：                                  [确定]
启动 NFS 服务：                                  [确定]
关掉 NFS 配额：                                  [确定]
启动 NFS 守护进程：                              [确定]
启动 NFS mountd：                                [确定]
```

（4）在目标板上挂载 NFS 共享文件夹，挂载点为/mnt/nfs：

```
[root@SMDKV210-DEMO yaffs]#mount -t nfs -o nolock, rsize=4096, wsize=4096
192.168.12.201:/root/linux_proj /mnt/nfs
[root@SMDKV210-DEMO yaffs]#ls /mnt/nfs
SRC02  SRC03  SRC04
```

2.6.4 简单文件传输协议 TFTP

TFTP(Trivial File Transfer Protocol,简单文件传输协议)是 TCP/IP 协议族中的一个用来在客户机与服务器之间进行简单文件传输的协议,它基于 UDP 协议而实现,端口号为 69。TFTP 服务在嵌入式开发中主要用来将交叉编译好的程序下载到开发板上。

1. 安装 TFTP 服务

安装 TFTP 服务器需要安装 xinetd、tftp 和 tftp-server 3 个软件包。

（1）如果能上网,通过 yum 命令安装：

```
[root@localhost ~]#sudo yum install xinetd
[root@localhost ~]#sudo yum install tftp
[root@localhost ~]#sudo yum install tftp-server
```

（2）如果不能上网，可以下载安装提供的 rpm 包：

```
[root@localhost tftp]#rpm -ivh xinetd-2.3.14-32.fc14.i686.rpm
warning: xinetd-2.3.14-32.fc14.i686.rpm: Header V3 RSA/SHA256 Signature, key
ID 97a1071f: NOKEY
Preparing...          ########################################
[100%]
   1: xinetd           ########################################
[100%]
[root@localhost tftp]#rpm -ivh tftp-0.49-6.fc13.i686.rpm
warning: tftp-0.49-6.fc13.i686.rpm: Header V3 RSA/SHA256 Signature, key ID
e8e40fde: NOKEY
Preparing...          ########################################
[100%]
   1: tftp             ########################################
[100%]
[root@localhost tftp]#rpm -ivh tftp-server-0.49-6.fc14.i686.rpm
warning: tftp-server-0.49-6.fc14.i686.rpm: Header V3 RSA/SHA256 Signature,
key ID 97a1071f: NOKEY
Preparing...          ########################################
[100%]
   1: tftp-server      ########################################
[100%]
```

2. 配置 TFTP 服务器

修改/etc/xinetd.d/tftp 文件，主要是设置 TFTP 服务器的根目录，开启服务。修改后的文件如下：

```
service tftp
{
        socket_type       =dgram
        protocol          =udp
        wait              =yes
        user              =root
        server            =/usr/sbin/in.tftpd
        server_args       =-s /tftpboot -c
        disable           =no
        per_source        =11
        cps               =100 2
        flags             =IPv4
}
```

即将原来默认的 disable＝yes 改为 disable＝no，开启 TFTP 服务；修改 server_args 项，/tftpboot 为 TFTP 服务器的根目录，参数-s 指定新的根目录，-c 指定了可以创建文件。

修改完毕，重启 xinetd 服务：

```
[root@localhost ~]#/etc/init.d/xinetd restart
停止 xinetd:                                          [确定]
正在启动 xinetd:                                      [确定]
```

注：xinted(extended internet daemon)是网络守护进程，可以把它看作一个管理启动服务的管理服务器，它能够同时监听多个指定的端口，在接受用户请求时，它能够根据用户请求的端口的不同，启动不同的网络服务进程来处理这些用户请求。

3. 测试 TFTP 服务

一般在嵌入式 Linux 中采用 Busybox 下的 tftp 命令来进行单文件传输，其命令格式如下：

tftp -g/-p -l　客户端文件名　-r　服务器端文件名　服务器地址

tftp 命令中的命令选项说明如表 2-18 所示。

表 2-18　tftp 命令中的命令选项说明

命令选项	含　义
-g	下载
-p	上传
-l　客户端文件名	-l 是 local 的缩写，后跟存在于客户端的文件名，或下载客户端后重命名的文件名
-r　服务器端文件名	-r 是 remote 的缩写，后跟服务器根目录中的文件名，或上传服务器后重命名的文件名

```
[root@ SMDKV210-DEMO yaffs]#tftp -g -l inittab -r inittab 192.168.12.201
inittab            100% |*****************************| 884 0:00:00 ETA
[root@ SMDKV210-DEMO yaffs]#ls -l inittab
-rw-r--r--    1 root      root          884 Jan 1 00:10 inittab
```

2.6.5　安装交叉编译工具

将交叉编译工具链（arm-2009q3-67-arm-none-linux-gnueabi-i686-pc-linux-gnu.tar.bz2)解压到/usr/local/arm 目录，如下所示：

```
[root@localhost opt]#mkdir /usr/local/arm
[root@localhost opt]#tar -xjvf arm-2009q3-67-arm-none-linux-gnueabi-i686-
pc-linux-gnu.tar.bz2 -C /usr/local/arm
```

解压以后会在/usr/local/arm/arm-2009q3/bin 目录下看到交叉编译工具，如下所示：

```
[root@localhost opt]#ls /usr/local/arm/arm-2009q3/bin
arm-none-linux-gnueabi-addr2line    arm-none-linux-gnueabi-gprof
arm-none-linux-gnueabi-ar           arm-none-linux-gnueabi-ld
arm-none-linux-gnueabi-as           arm-none-linux-gnueabi-nm
arm-none-linux-gnueabi-c++          arm-none-linux-gnueabi-objcopy
arm-none-linux-gnueabi-c++filt      arm-none-linux-gnueabi-objdump
arm-none-linux-gnueabi-cpp          arm-none-linux-gnueabi-ranlib
arm-none-linux-gnueabi-g++          arm-none-linux-gnueabi-readelf
arm-none-linux-gnueabi-gcc          arm-none-linux-gnueabi-size
arm-none-linux-gnueabi-gcc-4.4.1    arm-none-linux-gnueabi-sprite
arm-none-linux-gnueabi-gcov         arm-none-linux-gnueabi-strings
arm-none-linux-gnueabi-gdb          arm-none-linux-gnueabi-strip
arm-none-linux-gnueabi-gdbtui
```

利用 vi 编辑~/.bashrc 文件，将 arm-none-linux-gnueabi-gcc 的路径加入到系统环境变量中，保存并退出，如图 2-52 所示。

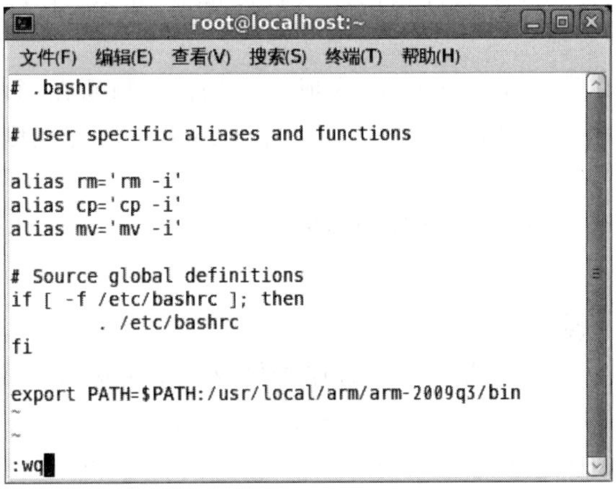

图 2-52　利用 vi 编辑~/.bashrc 文件

然后通过 source~/.bashrc 命令，使设置的环境变量生效。当执行 arm-none-linux-gnueabi-gcc -v 命令时，显示 arm-none-linux-gnueabi-gcc 的版本信息，则表示交叉编译工具链设置成功，如图 2-53 所示。

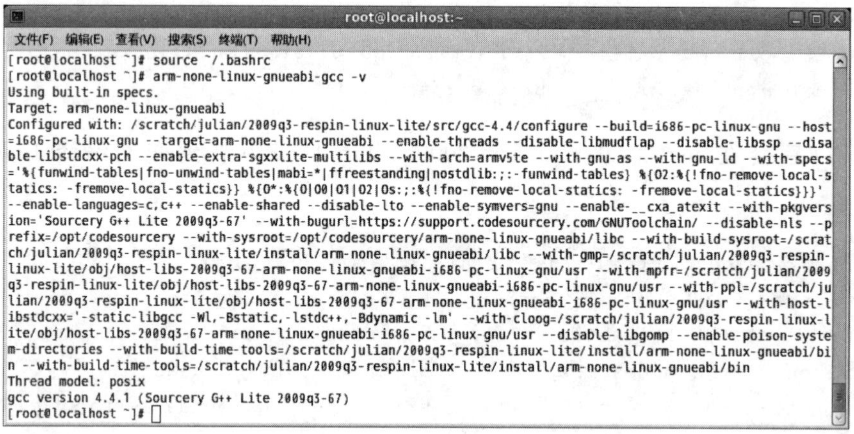

图 2-53　arm-none-linux-gnueabi-gcc 的版本信息

习　题　2

1. 在 Linux Shell 中用 ls -l 命令查看不同类型的文件分别显示什么内容？

2. Linux 的文件连接有哪几种类型？各用什么命令来建立？如何识别一个已有的连接是属于何种类型？

3. vi 的操作模式有哪几种？简要说明其功能。

4. 将当前目录下的 myfile 文件归档并压缩成 bzip2 格式，生成归档文件 mydir.tar.bz，应当通过什么命令实现？

5. 编写一个 Shell 脚本程序 log.sh，完成如下功能：判断在当前登录用户的主目录下是否存在目录文件 logdir，如不存在则建立目录 logdir；如存在则给出提示，在终端上打印 logdir exist。

（1）写出 log.sh 的 shell 脚本文件的内容。

（2）如何赋予 log.sh 可执行属性？

（3）如何运行这个脚本？

6. 简要说明利用 gcc 工具将 C 语言程序编译成一个可执行程序文件的 4 个步骤。

7. 解释 gcc 工具的 5 个编译选项 o、c、I、L、l 的功能作用。

8. 假设宿主机的 IP 地址为 192.168.1.2，想将其目录/home/share 设置为 NFS 共享目录，该如何配置宿主机的/etc/exports 文件？配置完之后，如何重启 NFS 服务并将宿主机的 NFS 共享目录挂载到开发板上的/mnt/nfs 下？

9. Linux 下的交叉编译工具链主要包括哪几部分？请简要说明。

第 3 章

chapter 3

嵌入式 Linux 系统移植

3.1 项 目 目 标

嵌入式系统是依赖于硬件而实现的,对于硬件结构不同的目标板,其软件组成也不完全相同,所以不能像安装 PC 的操作系统一样,将嵌入式系统的软件部分简单地安装到目标板上,而需要通过特殊的方法,将嵌入式系统的软件部分进行裁剪、配置和定制,进而移植到目标板上。本章的主要任务是将嵌入式 Linux 系统的软件部分移植到本书项目中的开发板上,为下一步的应用程序开发构建开发板的目标系统。

本章知识点包括 Bootloader 移植、嵌入式 Linux 内核移植和嵌入式 Linux 文件系统移植。

3.2 Bootloader 移植

3.2.1 Bootloader 简介

Bootloader(引导加载程序)是在操作系统内核运行之前运行的一段小程序。通过 Bootloader 可以初始化硬件设备,建立内存空间的映射图,从而将系统的软件和硬件环境带到一个合适的状态,为最终调用操作系统内核准备好正确的环境。

对于嵌入式系统来说,Bootloader 非常重要,整个系统的加载启动任务全由 Bootloader 来完成,它是系统加电后运行的第一段代码,一般运行的时间非常短。通常来说,嵌入式系统加电或复位后,所有的 CPU 通常都会从某个由 CPU 制造商预先设定的地址上取指令。例如在 ARM 中,复位时是从地址 0x00000000 读取第一条指令。大部分基于 CPU 构建的嵌入式系统通常都将某种类型的固态存储设备(比如 ROM、EEPROM 或 Flash 等)映射到这个预先安排的第一条指令的地址上。对于大部分的含有 CPU 的嵌入式系统,固态存储设备的空间分布都与图 3-1 类似。在系统加电后,CPU 将首先执行 Bootloader 程序。

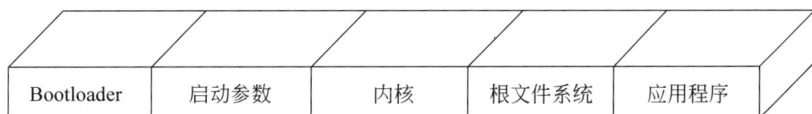

Bootloader	启动参数	内核	根文件系统	应用程序

图 3-1 固态存储设备空间分布图

3.2.2　Bootloader 启动流程

在嵌入式系统中,Bootloader 是严重地依赖于硬件而实现的,因此建立一个通用的 Bootloader 几乎是不可能的。尽管如此,仍然可以对 Bootloader 归纳出一些通用的概念来,以指导用户对特定的 Bootloader 进行设计与实现。

Bootloader 的启动流程大多数分为两个阶段。

第一个阶段主要是包含依赖于 CPU 的体系结构的硬件初始化代码,通常都是用汇编语言来实现的。这个阶段的任务如下:

- 基本的硬件设备初始化,如屏蔽所有中断,设置 CPU 的速度和时钟频率,关闭处理器内部指令/数据 Cache 等。
- 为第二阶段准备 RAM 空间。
- 如果是从某个固态存储媒质中启动,则复制 Bootloader 的第二阶段代码到 RAM 空间。
- 设置堆栈。
- 跳转到第二阶段的 C 程序入口点。

第二阶段通常是由 C 语言实现的,以便程序有更好的可移植性。这个阶段的主要任务如下:

- 初始化本阶段所要用到的硬件设备。
- 检测系统的内存映射。
- 将内核映像和根文件系统映像从 Flash 读到 RAM 空间。
- 为内核设置启动参数。
- 调用内核。

Bootloader 调用 Linux 内核的方法是直接跳转到内核的第一条指令处,即跳转到 MEM_START+0x8000 地址处,在跳转的时候必须满足下面的条件:

- CPU 寄存器:R0 为 0,R1 为机器类型 ID,R2 为启动参数,标记列表在 RAM 中的起始基地址。
- CPU 模式:必须禁止中断,CPU 设置为 SVC 模式。
- Cache 和 MMU 设置:MMU 必须关闭,指令 Cache 可以打开也可以关闭,数据 Cache 必须关闭。

3.2.3　Bootloader 的工作模式

Bootloader 一般有两种工作模式:启动加载模式和下载模式。

1. 下载模式

在下载模式下,目标板上的 Bootloader 将通过串口连接或网络连接等通信手段从宿主机上下载文件。比如,下载内核映像和根文件系统映像等。从主机下载的文件通常首先被 Bootloader 保存到目标板的 RAM 中,然后再被 Bootloader 写到目标板上的 Flash

类固态存储设备中,Bootloader 的这种模式通常在系统更新时使用。工作于这种模式下的 Bootloader 通常都会向它的终端用户提供一个简单的命令行接口。

Bootloader 在启动时处于正常的启动加载模式,但是它会延时一段时间(通常是几秒),等待用户按下任意键而将 Bootloader 切换到下载模式。如果在这段时间内用户没有按键,Bootloader 就开始自动引导内核。

对开发人员来说,Bootloader 一般需要工作在这种模式下。

2. 启动加载模式

在启动加载模式中,Bootloader 需完成硬件的自检、配置,并从 Flash 中将操作系统内核复制到 RAM 空间中,并跳转到内核入口,实现自启动,而不需要人为地干预。这种模式是 Bootloader 的正常工作模式,因此在嵌入式产品发布的时候 Bootloader 必须工作在这种模式下。

3.2.4　常用 Bootloader 介绍

1. Redboot

Redboot 是 Redhat 公司随 eCos 系统发布的一个 Bootloader 方案,是一个开源项目,其官方发布网址为 http://sources.redhat.com/redboot/。

Redboot 支持的处理器架构有 ARM、MIPS、MN10300、PowerPC、Renesas SHx、v850、x86 等,是一个完善的嵌入式系统 Bootloader。

Redboot 当前支持的单板机移植版特性如下:
- 支持 eCos,Linux 操作系统引导。
- 可以在线读写 Flash。
- 支持串行口 kermit,S-record 下载代码。
- 监控(minitor)命令集:读写 I/O、内存、寄存器以及内存、外设测试功能等。

Redboot 是标准的嵌入式调试和引导解决方案,支持几乎所有的处理器构架以及大量的外围硬件接口,并且还在不断完善过程中。

2. ARMboot

ARMboot 是一个 ARM 平台的开源固件项目,基于 PPCBoot(为 PowerPC 平台上的系统提供类似功能的姊妹项目)。鉴于 ARMboot 对 PPCBoot 的严重依赖性,它已经与 PPCBoot 项目合并,新的项目为 U-Boot。ARMboot 发布的最后版本为 ARMboot-1.1.0,2002 年 ARMboot 终止了维护。ARMboot 支持的处理器架构有 StrongARM、ARM720T、PXA250 等,是为基于 ARM 或者 StrongARM CPU 的嵌入式系统所设计的。

3. Blob

Blob(Boot loader object)是由 Jan-Derk Bakker 和 Erik Mouw 发布的,是专门为 StrongARM 架构下的 LART 设计的 Bootloader。Blob 的最后版本是 blob-2.0.5。Blob

支持 SA1100 的 LART 主板,但用户也可以自行修改移植。Blob 功能比较齐全,代码较少,比较适合做修改移植,用来引导 Linux。目前大部分 S3C44B0 板都用 Blob 修改移植后加载 μCLinux。

4. Bios-lt

Bios-lt 是专门支持三星(Samsung)公司 ARM 架构处理器 S3C4510B 的 Bootloader,可以设置 CPU/ROM/SDRAM/EXTIO,管理并烧写 Flash,装载引导 μCLinux 内核。Bios-lt 的最新版本是 Bios-lt-0.74,另外还提供了 S3C4510B 的一些外围驱动。

5. Bootldr

Bootldr 是康柏(Compaq)公司发布的,类似于 Compaq iPAQ Pocket PC,支持 SA1100 芯片。它被推荐用来引导 Linux,支持串口 Y-modem 协议以及 JFFS 文件系统。

6. vivi

vivi 是由韩国 Mizi 公司开发的一种 Bootloader,适合于 ARM9 处理器,其源代码可以在 http://www.mizi.com 网站下载。vivi 有两种工作模式,即启动加载模式和下载模式。当 vivi 处于下载模式时,为用户提供一个命令行接口,通过该接口能使用 vivi 提供的一些命令集。

vivi 作为一种 Bootloader,其运行过程分成两个阶段。第一阶段在代码 vivi/arch/s3c2410/head.s 中定义,大小不超过 10 KB,它包括从系统上电后在 0x00000000 地址开始执行的部分。这部分代码运行在 Flash 中,它包括对 S3C2410 的一些寄存器、时钟等的初始化并跳转到第二阶段执行。第二阶段的代码在 vivi\init\main.c 中,主要进行一些开发板初始化、内存映射和内存管理单元初始化等工作,最后会跳转到 boot_or_vivi() 函数中,接收命令并进行处理。需要注意的是,在 Flash 中执行完内存映射后,会将 vivi 代码复制到 SDRAM 中执行。

3.2.5 U-Boot 工程简介

DENX 软件工程中心的 Wolfgang Denk 最早基于 8xxrom 的源码创建了 PPCBoot 工程,后来,Sysgo Gmbh 把 PPCBoot 移植到 ARM 平台上,创建了 ARMBoot 工程,然后以 PPCBoot 工程和 ARMBoot 工程为基础,创建了 U-Boot 工程。U-Boot(Universal Bootloader)是遵循 GPL 条款的开放源码项目,被认为是功能最多的 Bootloader,目前由 Wolfgang Denk 维护。U-Boot 支持很多嵌入式处理器和嵌入式操作系统。U-Boot 源码包及最新版本可以从 ftp://ftp.denx.de/pub/u-boot/下载。

3.2.6 U-Boot 源码结构

U-Boot 在顶层目录下有 18 个子目录,分别存放和管理不同的源程序。这些目录中所要存放的文件有其规则,可以分为 3 类:

- 第一类目录与处理器体系结构或者开发板硬件直接相关配置。
- 第二类目录存放通用的函数或者驱动程序。
- 第三类目录存放 U-Boot 的应用程序、工具或者文档。

表 3-1 列出了 U-Boot 顶层目录下 18 个子目录的存放原则。

表 3-1 U-Boot 的源码顶层目录的 18 个子目录说明

目　录	特　性	说　明
board	平台依赖	存放电路板相关的目录文件,例如 RPXlite(mpc8xx)、smdk2410(arm920t)、sc520_cdp(x86) 等目录
cpu	平台依赖	存放 CPU 相关的目录文件,例如 mpc8xx、ppc4xx、arm720t、arm920t、xscale、i386 等目录
lib_ppc	平台依赖	存放对 PowerPC 体系结构通用的文件,主要用于实现 PowerPC 平台通用的函数
lib_arm	平台依赖	存放对 ARM 体系结构通用的文件,主要用于实现 ARM 平台通用的函数
lib_i386	平台依赖	存放对 X86 体系结构通用的文件,主要用于实现 X86 平台通用的函数
include	通用	头文件和开发板配置文件,所有开发板的配置文件都在 configs 目录下
common	通用	通用的多功能函数实现
lib_generic	通用	通用库函数的实现
net	通用	存放网络的程序
fs	通用	存放文件系统的程序
post	通用	存放上电自检程序
drivers	通用	通用的设备驱动程序,主要有以太网接口的驱动
disk	通用	硬盘接口程序
rtc	通用	RTC 的驱动程序
dtt	通用	数字温度测量器或者传感器的驱动
examples	应用例程	一些独立运行的应用程序的例子,例如 helloworld
tools	工具	存放制作 S-Record 或者 U-Boot 格式的映像等工具,例如 mkimage
doc	文档	开发使用文档

U-Boot 的源代码包含对几十种处理器、数百种开发板的支持。但对于特定的开发板,配置编译过程只需要其中的部分程序。

3.2.7 U-Boot 的编译

U-Boot 的源码是通过 gcc 和 Makefile 组织编译的。顶层目录下的 Makefile 首先可以设置开发板的定义,然后递归地调用各级子目录下的 Makefile,最后把编译过的程序链接成 U-Boot 映像。

1. 顶层目录下的 Makefile

顶层目录下的 Makefile 负责 U-Boot 的整体配置编译。按照配置的顺序阅读其中关键的几行。每一种开发板在 Makefile 中都需要有开发板配置定义。例如 smdkv210 开发板的定义如下：

```
smdkv210single_config : unconfig
    @$(MKCONFIG) $(@:_config=) arm s5pc11x smdkc110 samsung s5pc110
```

上述程序中，执行配置 U-Boot 命令 make smdkv210single_config，通过./mkconfig 脚本生成 include/config.mk 配置文件，文件内容根据 Makefile 对开发板的配置生成。

```
ARCH    =arm
CPU     =s5pc11x
BOARD   =smdkc110
VENDOR  =samsung
SOC     =s5pc110
```

回到顶层目录的 Makefile 文件的开始，下列程序包含了这些变量定义：

```
#load ARCH, BOARD, and CPU configuration
include $(obj)include/config.mk
export    ARCH CPU BOARD VENDOR SOC
```

Makefile 的编译选项和规则在顶层目录的 config.mk 文件中定义，各种体系结构通用的规则直接在这个文件中定义，并通过 ARCH、CPU、BOARD、SOC 等变量为不同硬件平台定义不同的选项。不同体系结构的规则分别包含在 ppc_config.mk、arm_config.mk、mips_config.mk 等文件中。

顶层目录的 Makefile 中还定义交叉编译器，以及编译 U-Boot 所依赖的目标文件，具体如下：

```
ifeq ($(ARCH),arm)
CROSS_COMPILE=arm-linux-          /*交叉编译器的前缀*/
endif
export    CROSS_COMPILE
    ……
    #U-Boot objects...order is important (i.e. start must be first)
    OBJS  =cpu/$(CPU)/start.o    /*处理器相关的目标文件*/
……
/*定义依赖的目录,每个目录下先把目标文件连接成*.a文件*/
LIBS  =lib_generic/libgeneric.a
LIBS+=$(shell if [ -f board/$(VENDOR)/common/Makefile ]; then echo \
    "board/$(VENDOR)/common/lib$(VENDOR).a"; fi)
```

```
LIBS+=cpu/$(CPU)/lib$(CPU).a
ifdef SOC
LIBS+=cpu/$(CPU)/$(SOC)/lib$(SOC).a
endif
LIBS+=lib_$(ARCH)/lib$(ARCH).a
……
```

U-Boot 映像编译的依赖关系定义如下：

```
ALL+=$(obj)u-boot.srec $(obj)u-boot.bin $(obj)System.map $(U_BOOT_NAND) $
(U_BOOT_ONENAND) $(obj)u-boot.dis
ifeq ($(ARCH),blackfin)
ALL+=$(obj)u-boot.ldr
endif
all:   $(ALL)
$(obj)u-boot.hex:      $(obj)u-boot
       $(OBJCOPY)      ${OBJCFLAGS} -O ihex $< $@
$(obj)u-boot.srec:     $(obj)u-boot
       $(OBJCOPY)      ${OBJCFLAGS} -O srec $< $@
$(obj)u-boot.bin:      $(obj)u-boot
       $(OBJCOPY)      ${OBJCFLAGS} -O binary $< $@
……
$(obj)u-boot:  depend $(SUBDIRS) $(OBJS) $(LIBBOARD) $(LIBS) $(LDSCRIPT)
   UNDEF_SYM='$(OBJDUMP) -x $(LIBBOARD) $(LIBS) | \
   sed -n -e 's/.*\($(SYM_PREFIX)__u_boot_cmd_.*\)/-u\1/p'|sort|uniq';\
   cd $(LNDIR) && $(LD) $(LDFLAGS) $$UNDEF_SYM $(__OBJS) \
       --start-group $(__LIBS) --end-group $(PLATFORM_LIBS) \
       -Map u-boot.map -o u-boot
```

Makefile 默认编译目标为 all，包括 U-Boot. srec、U-Boot. bin、System. map。U-Boot. srec 和 U-Boot. bin 又依赖于 U-Boot。U-Boot 就是通过 ld 命令按照 U-Boot. map 地址表把目标文件组装成 U-Boot 的。

其他 Makefile 内容不再详细分析，上述代码分析可以为阅读代码提供参考。

2. 开发板配置头文件

在程序中为开发板定义配置选项或者参数，即配置头文件为 include/configs/ <board_name>. h。<board_name>用相应的 BOARD 定义来代替。

开发板配置头文件中主要定义了如下两类变量：

（1）选项：前缀为 CONFIG_，用来选择处理器、设备接口、命令、属性等。例如：

```
#define CONFIG_SMDKC110      1
#define CONFIG_DRIVER_DM9000 1
```

（2）参数：前缀为 CFG_，用来定义总线频率、串口波特率、Flash 地址等参数。例如：

```
#define CFG_FLASH_BASE      0x80000000
#define CFG_PROMPT          "SMDKV210 #"   /* Monitor Command Prompt */
```

3. 编译结果

根据对 Makefile 的分析，编译过程分为两步。
第一步为配置，例如：

```
make  smdkv210_config
```

第二步为编译，执行 make 命令即可，将生成 u-boot.bin 二进制文件。
编译完成后，可以得到 U-Boot 各种格式的映像文件和符号表，如表 3-2 所示。

表 3-2　U-Boot 编译生成的映像文件

文件名称	说　明	文件名称	说　明
System.map	U-Boot 映像的符号表	U-Boot.bin	U-Boot 映像原始的二进制格式
U-Boot	U-Boot 映像的 ELF 格式	U-Boot.srec	U-Boot 映像的 S-Record 格式

U-Boot 的 3 种映像格式都可以烧写到 Flash 中，但需要了解加载器能否识别这些格式。一般 U-Boot.bin 格式最为常用，直接按照二进制格式下载，并且按照绝对地址烧写到 Flash 中即可。U-Boot 和 U-Boot.srec 格式映像都自带定位信息。

4. U-Boot 工具

在 tools 目录下还有一些 U-Boot 的工具，这些工具有的也经常用到。表 3-3 说明了几种工具的用途。

表 3-3　U-Boot 工具

工具名称	说　明	工具名称	说　明
bmp_logo	制作标记的位图结构体	img2srec	转换 SREC 格式映像
envcrc	校验 U-Boot 内部嵌入的环境变量	mkimage	转换 U-Boot 格式映像
gen_eth_addr	生成以太网接口 MAC 地址	updater	U-Boot 自动更新升级工具

以上这些工具都有源代码，可以参考它们来改写其他工具。其中 mkimage 是比较常用的工具，Linux 内核映像和 ramdisk 文件系统映像都可以转换成 U-Boot 的格式。

3.2.8　U-Boot 的移植

U-Boot 能够支持多种体系结构的处理器，支持的开发板也越来越多。因为 Bootloader 是完全依赖硬件平台的，所以在新电路板上需要移植 U-Boot 程序。

开始移植 U-Boot 之前,先要熟悉欲移植平台硬件电路板和处理器,确认 U-Boot 是否已经支持新开发板的处理器和 I/O 设备。假如 U-Boot 已经支持一块相似的电路板,那么移植的过程将非常简单。

移植 U-Boot 工作就是添加开发板硬件相关的文件、配置选项,然后配置编译。

开始移植之前,需要先分析 U-Boot 已经支持的开发板,通过比较选出硬件配置最接近的开发板。选择的原则首先是处理器相同,然后是以太网接口等外围接口。

移植 U-Boot 的基本步骤如下:

- 在顶层 Makefile 中为开发板添加新的配置选项。
- 创建新目录以存放开发板相关代码,并且添加相关文件。
- 为开发板添加新的配置文件,先复制参考开发板的配置文件再进行修改;如果移植新 CPU,还要创建新的目录存放 CPU 相关代码。
- 配置开发板。
- 编译 U-Boot。
- 添加驱动或者功能选项,在编译通过的基础上,实现 U-Boot 的以太网接口、Flash 擦写等功能。如果新开发板和参考开发板的驱动完全相同,可直接使用。对于 Flash 的选择比较复杂,则会受到 Flash 芯片价格或者采购方面因素的影响。因为多数开发板的大小、型号不尽相同,所以还需要移植 Flash 的驱动。每种开发板目录下一般都有 flash.c 文件,需要根据具体的 Flash 类型修改。
- 调试 U-Boot 源代码,直到 U-Boot 在开发板上能够正常启动。

下面将以本书项目中所涉及的开发板为例,详细说明 U-Boot 的移植过程。

1. 获取 U-Boot 源码

所需 U-Boot 源码从网站 http://crztech.iptime.org:8080/Release/mango210/(三星服务器)下载,源码包文件名为 u-boot-1.3.4.tar.bz2,U-Boot 版本为 u-boot-1.3.4。

1)创建工作目录

在/opt 目录下创建工作目录 u-boot。

```
[root@localhost opt]#mkdir u-boot
```

2)复制源码到工作目录

将下载的 U-Boot 源码包 u-boot-1.3.4.tar.bz2 复制到虚拟机 Linux 系统/opt/u-boot 目录。

3)解压源码

```
[root@localhost u-boot]#tar jxvf u-boot-1.3.4.tar.bz2
```

2. 开发板基本配置

本次移植主要在开发板模板资源上添加和修改,因此相关代码和配置参考了该平台的资源。

首先添加开发板配置选项:

```
[root@localhost u-boot]#cd u-boot-1.3.4
[root@localhost u-boot-1.3.4]#vi Makefile
```

按照 smdkv210 开发板配置,修改自己硬件的开发板配置,将如下 3 行注释掉,在第 2579 行左右。

```
smdkv210single_config : unconfig
    @$(MKCONFIG) $(@:_config=) arm s5pc11x smdkc110 samsung s5pc110
    @echo "TEXT_BASE=0x2fe00000">$(obj)board/samsung/smdkc110/config.mk
```

替换为如下内容:

```
smdkv210single_config : unconfig
    @$(MKCONFIG) $(@:_config=) arm s5pc11x smdkc110 samsung s5pc110
    @echo "TEXT_BASE=0xc3e00000">$(obj)board/samsung/smdkc110/config.mk
```

删除如下两行,大约位于 303 行及 304 行:

```
#  cp - f u-boot.bin /share/image/mango210_uboot.bin
#  cp - f u-boot.bin ../crz_mango210_ginger_dev/image/mango210_uboot.bin
```

3. 修改 U-Boot 源码

1) 修改头文件 s5pc110.h

修改处理器 NAND 配置的宏,主要设置外设(NADDFLASH)行列地址、寻址周期等。

```
[root@localhost u-boot-1.3.4]#vi include/s5pc110.h
```

修改 NFCONF_VAL 宏定义为

```
//#define NFCONF_VAL      (7<<12)|(7<<8)|(7<<4)|(0<<3)|(1<<2)|(1<<1)|(0
<<0)
#define NFCONF_VAL      (7<<12)|(7<<8)|(7<<4)|(0<<3)|(0<<2)|(0<<1)|(0<<0)
```

2) 修改文件 cpu_init.S

修改处理器 BANK 内存设置,主要设置总线宽度、行列地址、大小、起始地址。

```
[root@localhost u-boot-1.3.4]#vi cpu/s5pc11x/s5pc110/cpu_init.S
```

修改 DMC0、DMC1 驱动控制寄存器:将 24~83 行之间的 ldr　r1,＝0x0000FFFF 均替换为 ldr　r1,＝0x0000AAAA,将 24~83 行之间的 ldr　r1,＝0x00003FFF 均替换为 ldr　r1,＝0x00002AAA。

注释 ldr　r1,＝DMC0_MEMCONTROL 行,取消@;ldr　r1,＝0x00212400 行的行注释,修改后内容如下,大约位于 122 行及 123 行。

```
@ldr       r1,=DMC0_MEMCONTROL
ldr        r1,=0x00212400
```

注释 ldr　r1,＝DMC1_MEMCONTROL 行,取消;ldr　r1,＝0x00202400 行的行注释,修改后内容如下,大约位于 225 行及 226 行。

```
@ldr       r1,=DMC1_MEMCONTROL
ldr        r1,=0x00202400
```

3) 修改文件 lowlevel_init.S

```
[root@localhost u-boot-1.3.4]#vi board/samsung/smdkc110/lowlevel_init.S
```

注释掉使能电源管理芯片:

```
/* PS_HOLD pin(GPH0_0) set to high */
/* ldr    r0,=(ELFIN_CLOCK_POWER_BASE+PS_HOLD_CONTROL_OFFSET)
ldr        r1, [r0]
orr        r1, r1, #0x300
orr        r1, r1, #0x1
str        r1, [r0] */
```

注释掉电源管理芯片初始化:

```
/*    bl PMIC_InitIp */
```

修改系统时钟初始化代码,将如下 3 行注释掉,大约位于 303~305 行。

```
/* CLK_DIV6 */
   ldr     r1, [r0, #CLK_DIV6_OFFSET]
   bic     r1, r1, #(0x7<<12)        @; ONENAND_RATIO: 0
   str     r1, [r0, #CLK_DIV6_OFFSET]
```

替换为如下内容:

```
/* CLK_SRC6[25:24] ->OneDRAM clock sel=00:SCLKA2M, 01:SCLKMPLL */
ldr     r1, [r0, #CLK_SRC6_OFFSET]
bic     r1, r1, #(0x3<<24)
orr     r1, r1, #0x01000000
str     r1, [r0, #CLK_SRC6_OFFSET]
/* CLK_DIV6[31:28] ->4=1/5, 3=1/4(166MHZ@667MHz), 2=1/3 */
ldr     r1, [r0, #CLK_DIV6_OFFSET]
```

```
bic     r1, r1, #(0xF<<28)
bic     r1, r1, #(0x7<<12)        @; ONENAND_RATIO: 0
orr     r1, r1, #0x30000000
str     r1, [r0, #CLK_DIV6_OFFSET]
```

4）修改 smdkc110.c 文件

修改 DM9000 初始化函数，主要设置外设（DM9000A 等）带宽。

```
[root@localhost u-boot-1.3.4]#vi board/samsung/smdkc110/smdkc110.c
```

将 static void dm9000_pre_init(void)原函数注释掉，替换为如下内容：

```
static void dm9000_pre_init(void)
{
    unsigned int tmp;
#if defined(DM9000_16BIT_DATA)
        SROM_BW_REG &=~ (0xf<<4);
        SROM_BW_REG |= (1<<7) | (1<<6) | (1<<5) | (1<<4);
#else
        SROM_BW_REG &=~ (0xf<<4);
        SROM_BW_REG |= (1<<7) | (1<<6) | (0<<5) | (0<<4);
#endif
        SROM_BC1_REG= ((DM9000_Tacs<<28)|(DM9000_Tcos<<24)|(DM9000_Tacc<<
        16)|(DM9000_Tcoh<<12)|(DM9000_Tah<<8)|(DM9000_Tacp<<4)|(DM9000_
        PMC));

        tmp=MP01CON_REG;
        tmp &=~ (0xf<<4);
        tmp |= (2<<4);
        MP01CON_REG=tmp;
}
```

5）修改 fastboot.c 文件

```
[root@localhost u-boot-1.3.4]#vi cpu/s5pc11x/fastboot.c
```

修改 U-Boot 分区表，将 fastboot ptable_default[]原数组注释掉，替换为如下内容：

```
fastboot_ptentry ptable_default[]=
{
    {
        .name       ="bootloader",
        .start      =0x0,
        .length     =0x100000,
        .flags      =0
    },{
```

```
        .name    ="kernel",
        .start   =0x100000,
        .length  =0x400000,
        .flags   =0
},{
        .name    ="system",
        .start   =0x500000,
        .length  =0xf00000,
        .flags   =0
},{
        .name    ="userdata",
        .start   =0x1400000,
        .length  =0x8000000,
        .flags   =FASTBOOT_PTENTRY_FLAGS_WRITE_YAFFS
},{
        .name    ="reserved",
        .start   =0x9400000,
        .length  =0,
        .flags   =FASTBOOT_PTENTRY_FLAGS_WRITE_YAFFS
    }
};
```

4. 配置 SMDKV210 开发板参数和命令

U-Boot 源码的 include/configs 目录下的开发板头文件 smdkv210single. h 中定义了大量宏，用来裁剪和配置 U-Boot 的功能，其中部分宏定义需要根据具体硬件更改。

```
[root@localhost u-boot-1.3.4]#vi include/configs/smdkv210single.h
```

1）修改 SOC、BOARD 的定义
修改 SOC、BOARD 的定义为 SMDKC110，在第 38 行。

```
#define CONFIG_S5PC110      1     /* in a SAMSUNG S5PC110 SoC */
#define CONFIG_S5PC11X      1     /* in a SAMSUNG S5PC11X Family */
#define CONFIG_SMDKC110     1     /* on a SAMSUNG SMDKC110 Board */
```

2）修改 MACH_TYPE
修改 U-Boot 引导内核传递参数 MACH_TYPE 为 SMDKC110 的 ID。

```
#define MACH_TYPE           2456
```

3）修改 DM9000A 网卡支持
原 SMDKV210 DEMO 板默认支持 DM9000 网卡，需要根据具体硬件更改 DM9000 的 DM9000A 网卡信息、物理地址、总线宽度。

```
#define CONFIG_DRIVER_DM9000        1
#define DM9000_16BIT_DATA

#ifdef CONFIG_DRIVER_DM9000
#define CONFIG_DM9000_BASE      (0x88002000)
#define DM9000_IO               (CONFIG_DM9000_BASE)
#if defined(DM9000_16BIT_DATA)
#define DM9000_DATA             (CONFIG_DM9000_BASE+2)
#else
#define DM9000_DATA             (CONFIG_DM9000_BASE+1)
#endif
#endif

#define CONFIG_ETHADDR          00:40:5c:26:0a:5b
#define CONFIG_NETMASK          255.255.255.0
#define CONFIG_IPADDR           192.168.12.20
#define CONFIG_SERVERIP         192.168.12.201
#define CONFIG_GATEWAYIP        192.168.12.254
```

4）修改 U-BOOT 终端提示符

```
#define CFG_PROMPT       "SMDKV210-DEMO #"
```

5）修改系统时钟

注释掉 CONFIG_CLK_800_200_166_133 定义，设置打开 CONFIG_CLK_1000_200_166_133 时钟定义。

```
//#define CONFIG_CLK_800_200_166_133
#define CONFIG_CLK_1000_200_166_133
```

修改 CLK_DIV0_VAL 宏定义为

```
#define CLK_DIV0_VAL ((0<<APLL_RATIO)|(7<<A2M_RATIO)|(7<<HCLK_MSYS_
RATIO)|(1<<PCLK_MSYS_RATIO)\ |(3<<HCLK_DSYS_RATIO)|(1<<PCLK_DSYS_RATIO)|
(4<<HCLK_PSYS_RATIO)|(1<<PCLK_PSYS_RATIO))
```

6）修改 UART 控制终端定义

默认 SMDKC110 使用 UART2 作为终端，需要更改为 UART0。

```
//#define CONFIG_SERIAL3    1    /* we use UART3 on SMDKC110 */
#define CONFIG_SERIAL1       1    /* we use UART1 on SMDKC110 */
```

7）修改 U-BOOT 启动信息提示字符串

```
//#define CONFIG_IDENT_STRING  " for SMDKV210"
#define CONFIG_IDENT_STRING     " for SMDKV210-DEMO"
```

8）修改 U-BOOT 启动命令参数

```
#define CONFIG_BOOTCOMMAND "nand read C0008000 100000 400000; bootm C0008000"
```

9）添加 U-BOOT 引导内核参数

```
#define CONFIG_BOOTARGS    "noinitrd root=/dev/mtdblock2 init=/linuxrc
console=ttySAC0,115200"
```

5．编译 U-Boot

1）配置 U-Boot

```
[root@localhost u-boot-1.3.4]#make smdkv210single_config
```

只有根据具体开发板正确配置后方可编译。

2）编译

```
[root@localhost u-boot-1.3.4]#make
```

最终会在当前目录下生成 u-boot.bin 二进制文件。

6．烧写 U-Boot

裸机情况下初次烧写，一般需要使用硬件仿真器或 JTAG 来烧写，烧写速度慢，比较费时间。一般的开发板会在出厂时烧写 U-Boot，本书利用开发板中默认 U-Boot 的网络 TFTP 功能烧写下载编译好的 U-Boot 镜像文件。

1）配置 U-Boot 网络 IP 地址

设置宿主机 SERVER IP 地址：

```
SMDKV210-DEMO #setenv serverip 192.168.12.201
```

设置 U-Boot 设备 IP 地址：

```
SMDKV210-DEMO #setenv ipaddr 192.168.12.199
```

保存设置参数：

```
SMDKV210-DEMO #saveenv
```

2）下载烧写

下载 u-boot.bin 文件至 SDRAM 中：

```
SMDKV210-DEMO #tftp 0xc0008000 u-boot.bin
```

擦除 NAND Flash：

```
SMDKV210-DEMO #nand erase 0 0x100000
```

写入 NAND Flash：

```
SMDKV210-DEMO #nand write 0xc0008000 0 0x100000
```

以上命令等同于

```
SMDKV210-DEMO #tftp 0xc0008000 u-boot.bin; nand erase 0 0x100000; nand write
0xc0008000 0 0x100000;
```

烧写完毕重新启动开发板之后，启动信息如下：

```
U-Boot 1.3.4 (Jul 4 2015 - 09:08:30) for SMDKV210-DEMO

CPU:     S5PV210@1000MHz(OK)
         APLL=1000MHz, HclkMsys=125MHz, PclkMsys=62MHz
         MPLL=667MHz, EPLL=80MHz
                     HclkDsys=166MHz, PclkDsys=83MHz
                     HclkPsys=133MHz, PclkPsys=66MHz
                     SCLKA2M   =125MHz
         Serial=CLKUART
Board:   SMDKV210
DRAM:    1GB
Flash:   8MB
SD/MMC: Card init fail!
0MB
NAND:    1024MB
*** Warning -using default environment

In:      serial
Out:     serial
Err:     serial
checking mode for fastboot ...
Hit any key to stop autoboot:  0
SMDKV210-DEMO #
```

3.2.9　U-Boot 的使用

1. printenv 命令

打印 U-Boot 的环境变量，包括串口波特率、IP 地址、MAC 地址、内核启动参数、服务器 IP 地址等。

2. setenv 命令

对环境变量的值进行设置,保存在 SDRAM 中,但不写入 Flash。这样系统掉电以后设置的环境变量就不存在了。

3. saveenv 命令

将环境变量写入 Flash,永久保存。掉电以后不消失。

4. ping 命令

ping 命令用于测试目标板的网络是否通畅。
命令格式:

```
ping  [IP 地址]
```

5. tftp 命令

将 TFTP 服务器上的文件下载到指定的地址,速度快。
命令格式:

```
tftp  [存放地址]  [文件名]
```

6. loadb 命令

在目标板不具备网络功能的时候,可以配合超级终端下载二进制文件至内存中。缺点是速度慢。
命令格式:

```
loadb  [存放地址]
```

7. bootm 命令

先将内核下载到 SDRAM 中(通过 tftp 命令或者 loadb 命令),然后执行 bootm 命令引导内核。
命令格式:

```
bootm  [内核地址]
```

8. help 或者? 命令

查看 U-Boot 支持的命令及其作用。

3.3 嵌入式 Linux 内核移植

3.3.1 Linux 内核结构

在计算机中,内核既是操作系统的心脏,也是它的大脑,因为内核控制着基本的硬件,是操作系统的核心,具有很多最基本的功能,直接控制底层硬件。

Linux 是一个一体化内核系统,采用子系统和分层的概念进行了组织;它的进程调度方式简单而有效,并支持内核线程(或称守护进程);它支持多种平台的虚拟内存管理。Linux 内核独具特色的部分是虚拟文件系统,可以支持多种逻辑文件系统。由于 Linux 内核采用模块化机制,使得内核本身既保持独立而又易于扩充。

下面介绍 Linux 内核的组成部分和源代码目录结构。

1. Linux 内核的组成

Linux 系统并没有采用微内核结构,而使用了单一内核结构。Linux 内核主要由 5 个子系统组成:进程调度、内存管理、虚拟文件系统、网络接口和进程间通信,如图 3-2 所示。

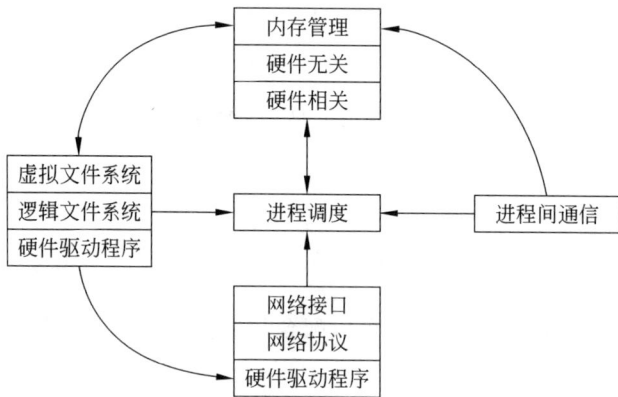

图 3-2　Linux 内核组成

进程调度负责控制进程访问 CPU,保证进程能够公平地访问 CPU,同时保证内核可以准时执行一些必需的硬件操作;内存管理使多个进程可以安全地共享机器的主存系统,并支持虚拟内存;虚拟文件系统通过提供一个所有设备的公共文件接口,抽象了不同硬件设备的细节,从而支持与其他操作系统兼容的不同的文件系统格式;网络接口提供对许多建网标准和网络硬件的访问;进程间通信为进程与进程之间的通信提供了一些机制。

这些子系统虽然实现的功能相对独立,但存在着较强的依赖性。

- 进程调度与内存管理之间的关系:这两个子系统互相依赖。在多道程序环境下,程序要运行,必须为之创建进程,而创建进程的第一件事情就是将程序和数据装入内存。
- 进程间通信与内存管理的关系:进程间通信子系统要依赖内存管理支持共享内存通信机制,这种机制允许两个进程除了拥有自己的私有空间,还可以存取共同的内存区域。
- 虚拟文件系统与网络接口之间的关系:虚拟文件系统利用网络接口支持网络文件系统,也利用内存管理支持 RAMDISK 设备。

- 内存管理与虚拟文件系统之间的关系：内存管理利用虚拟文件系统支持交换，交换进程定期由调度程序调度，这也是内存管理依赖于进程调度的唯一原因。当一个进程存取的内存映射被换出时，内存管理向文件系统发出请求，同时，挂起当前正在运行的进程。

2. Linux 内核源代码结构

Linux 的最大优点就是它的源码公开，可以从 ftp://ftp.kernel.org 等网站下载 Linux 内核源代码，展开后的目录下的文件和代码的功能如下。

（1）COPYING：GPL 版权声明。对具有 GPL 版权的源代码改动而形成的程序，或使用 GPL 工具产生的程序，具有使用 GPL 发表的义务，如公开源代码。

（2）CREDITS：光荣榜。对 Linux 做出过很大贡献的一些人的信息。

（3）MAINTAINERS：维护人员列表，说明当前版本的内核各部分都由谁负责。

（4）README：Linux 内核安装、编译、配置方法等的简单介绍。

（5）Makefile：第一个 Makefile 文件，用来组织内核的各模块，记录各模块相互之间的联系和依赖关系，编译时使用。仔细阅读各子目录下的 Makefile 文件对弄清各个文件之间的联系和依赖关系很有帮助。

（6）documentation 目录：文档目录，没有内核代码。documentation 目录下是一些非常有用的文档，是对每个目录作用的具体说明，起参考作用，非常详细。

（7）scripts 目录：该目录下没有"核心代码"，包含用于配置核心的脚本文件。当运行 make menuconfig 或 make xconfig 之类的命令配置内核时，用户就是和位于这个目录下的脚本进行交互的。

（8）arch 目录：Linux 系统的内核中将源程序代码分为体系结构相关部分和体系结构无关部分，这样方便支持多平台的硬件。arch 目录包含了体系结构相关部分的内核代码，它下面的每个子目录都代表一种 Linux 支持的体系结构，例如 x86 就是 Intel CPU 及与之相兼容体系结构的子目录，PC 一般都基于此目录。在本书中所涉及的是 arm 目录。arch 目录在系统移植过程中是需要重点修改的部分。对于任何平台，都包含下列目录。

① boot 目录：包含内核启动时所用到的和特定硬件平台有关的代码。

② kernel 目录：包含和体系结构特有的特征相关的内核代码。

③ lib 目录：存放和体系结构相关的库文件代码，如 strlen 和 memcpy。

④ mm 目录：存放体系结构特有的内存管理程序代码。

⑤ math-emu 目录：模拟 FPU 的代码，对于 ARM 处理器，此目录由 math-xxx 代替。

（9）include 目录：包括编译核心所需要的大部分头文件，例如与平台无关的头文件在 include/linux 子目录下。

（10）lib 目录：包含了核心的库代码，不过与处理器结构相关的库代码被放在 arch/lib/目录下。lib/inflate.c 中的函数能够在系统启动时展开经过压缩的内核。lib 目录下剩余的其他文件实现一个标准 C 函数库的有用子集，主要集中在字符串和内存操作的函数（strlen、memcpy 和其他类似的函数）及有关 sprintf 和 atoi 的系列函数上。

（11）fs 目录：该目录下列出了 Linux 支持的所有文件系统，包括所有的文件系统代码和各种类型的文件操作代码。该目录的每个子目录支持一个文件系统，如 FAT 和 EXT2。还有一些共同的源程序则用于 VFS（Virtual File System，虚拟文件系统）。目前 Linux 已经支持包括 JFFS2、YAFFS、EXT4 和 NFS 在内的多种文件系统，其中 JFFS2 常用于嵌入式系统 NOR Flash 中的文件系统，YAFFS 常用于 NAND Flash 中的文件系统，EXT4 常用于台式 PC 的 Linux 操作系统中的文件系统。还有一些伪文件系统，例如 proc 文件系统，可以以伪文件的形式提供其他信息，例如，在 proc 的情况下是提供内核的内部变量和数据结构。虽然在底层并没有实际的存储设备与这些文件系统相对应，但是进程可以像有实际存储设备一样处理。

（12）drivers 目录：放置系统所有的设备驱动程序，包括各种块设备和字符设备的驱动程序。每种驱动程序各占用一个子目录，如 char 目录下为字符设备驱动程序。其中有些驱动程序是与硬件平台相关的，有些是与硬件平台无关的，例如字符设备、块设备、串口、USB 以及 LCD 显示驱动等。

（13）kernel 目录：Kernel 内核管理的核心代码放在这里。这部分内容包括进程调度（kernel/sched.c）及创建和撤销进程的代码（kernel/fork.c 和 kernel/exit.c）。同时与处理器结构相关的代码都放在 arch/ kernel 目录下，其中 * 为特定的处理器体系结构名称。

（14）init 目录：包含核心的初始化代码（不是系统的引导代码），有 main.c 和 version.c 两个文件。这是研究核心如何工作的好起点。内核初始化入口函数 start_kernel 就是在该目录中的文件 main.c 内实现的。

（15）mm 目录：包括所有独立于 CPU 体系结构的内存管理代码，如页式存储管理内存的分配和释放等；与具体硬件体系结构相关的内存管理代码位于 arch/mm 目录下，如对应于 X86 的就是 arch/x86/mm/fault.c。

（16）ipc 目录：包含了 Linux 操作系统核心的进程间通信代码。

（17）net 目录：包含内核与网络相关的代码，包括各种不同网卡和网络规程的驱动程序。这个目录是核心的网络部分代码，其每个子目录对应于网络的一个方面，也包括 Linux 应用的网络协议代码，例如 TCP/IP、IPX 等。

（18）crypto 目录：常用加密和散列算法（如 AES、SHA 等），还有一些压缩和 CRC 校验算法。

（19）security 目录：主要是一个 SELinux 的模块。

（20）sound 目录：常用音频设备的驱动程序等。

3.3.2　Linux 内核配置

Linux 内核源代码支持很多种体系结构的处理器，还有各种各样的驱动程序等。因此，在内核编译之前必须要根据特定的平台配置内核源代码。Linux 内核有几千个配置选项，非常复杂，所以，Linux 内核源代码提供了一个配置系统。配置系统主要包含 Makefile、Kconfig 和配置工具，它可以生成内核配置菜单，便于内核配置。配置界面是通过工具来生成的，而工具通过 Makefile 编译执行；配置选项则是通过各级目录的 Kconfig

文件定义,Kconfig 文件是 Linux 2.6 内核引入的配置文件,是内核配置选项的源文件;顶层目录的 Makefile 是整个内核配置编译的核心文件,统一管理 Linux 内核的配置编译,负责组织目录树中子目录的编译管理,定义了配置和编译的规则。

在配置好内核之后,内核会产生.config 文件,这个文件包含了所有设定选项的全部细节。下面逐一介绍内核配置方法、配置选项、Makefile 和 Kconfig。

1. Linux 内核配置方法

Linux 内核配置主要有 4 种方法:
- config：基于内核设置的一个冗长的命令行界面。
- oldconfig：一个文本模式界面,对用户所发现的内核资源中的设置变量进行排序。
- menuconfig：一个基于光标控制库的终端导向编辑器,可提供文本模式的图形用户界面。
- xconfig：一个图形内核设置编辑器,需要安装 X-Window 系统。

在以上配置方法中,config 和 oldconfig 操作比较烦琐,而 xconfig 需要 QT 库的支持,所以本书中选用最为常用的 menuconfig。

在 Linux 内核源代码根目录中输入 make menuconfig 命令,其界面如图 3-3 所示。

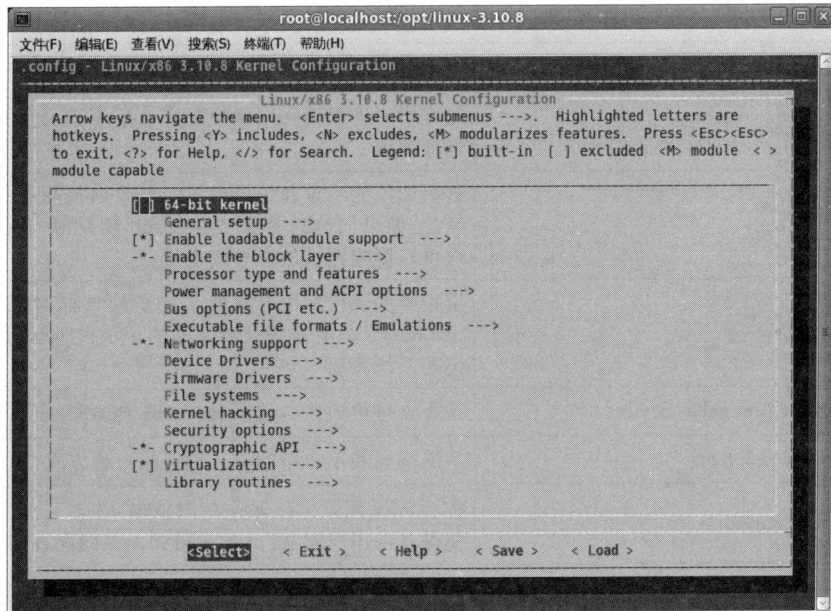

图 3-3　menuconfig 配置界面

在对 Linux 内核进行配置时,可以使用方向键移动光标,使用回车键选择菜单,使用空格键修改配置选项。在对各个选项进行配置时,有 3 种方式,它们分别代表的含义如下:
- Y：将该功能编译进内核。

- N：不将该功能编译进内核。
- M：将该功能编译成可以在需要时动态插入到内核中的模块。

内核配置完毕后，可以通过 Esc 键或选择 Exit 选项离开内核配置菜单。内核配置系统将会提示是否要保存新的配置。选择 Yes 离开内核配置系统的时候，会将新的配置保存到新的 .config 文件。

2. Linux 内核配置选项

1）通用配置选项

菜单选项 General setup 的子菜单中包含一些通用配置选项，如表 3-4 所示。

表 3-4 通用设置选项

选 项	说 明
Local version - append to kernel release	这里填入的是 64 字符以内的字符串，在这里填入的字符串可以用 uname -a 命令看到
Automatically append version information to the version string	自动在版本字符串后面添加版本信息，编译时需要有 Perl 以及 git 仓库支持。可以不选
Support for paging of anonymous memory (swap)	使用交换分区或者交换文件来作为虚拟内存。通常选择该项
System V IPC	用于程序之间同步和交换信息。通常选择该项
POSIX Message Queues	POSIX 的消息队列。通常选择该项
BSD Process Accounting	允许用户进程访问内核将账户信息写入文件中。通常选择该项
Sysctl support	这个选项能不重新编译内核而修改内核的某些参数和变量，如果同时选择了支持/proc，将能从/proc/sys 存取可以影响内核的参数或变量
Auditing support	审记支持，用于和内核的某些子模块同时工作，例如 SELinux。只有选择此项及它的子项，才能调用有关审记的系统调用
Support for hot-pluggable devices	是否支持热插拔的选项，如 USB、PCMCIA 等
Kernel Userspace Events	系统空间和用户空间进行通信的一种方式
Kernel .config support	将 .config 配置信息保存在内核中，选上它及它的子项使得其他用户能从/proc 中得到内核的配置信息
Configure standard kernel features (for small systems)	这是为了编译某些特殊的内核使用的，通常可以不选
Load all symbols for debugging/kksymoops	是否装载所有的调试符号表信息，如果不需要对内核调试，不需要选择此项
Enable futex support	如果不选此选项，内核不一定能正确地运行使用 glibc 的程序
Enable eventpoll support	支持事件轮循的系统调用

续表

选　项	说　明
Optimize for size	代码优化选项
Use full shmem filesystem	启用 shmem 支持,shmem 是基于共享内存的文件系统
(0) Function alignment (0) Label alignment (0) Loop alignment (0) Jump alignment	在编译时内存中的对齐方式,0 表示编译器的默认方式。使用内存对齐能提高程序的运行速度,但是会增加程序对内存的使用量

2) 可加载模块配置选项

菜单选项 Loadable module support 的子菜单中包含一些可加载模块配置选项,如表 3-5 所示。

表 3-5　可加载模块配置选项

选　项	说　明
Enable loadable module support	支持模块加载
Module unloading	不选这个功能,加载的模块就不能卸载
Forced module unloading	此选项能强行卸载模块,即使模块正在使用。如果不是内核开发人员,不要选择这个选项
Module versioning support (EXPERIMENTAL)	这个功能可以让用户使用其他版本的内核模块。一般可以不选
Source checksum for all modules	这个功能是为了防止更改了内核模块的代码但忘记更改版本号而造成版本冲突。一般可以不选
Automatic kernel module loading	这个选项能让内核自动加载部分模块,建议最好选上。例如模块 eth1394 依赖于模块 ieee1394,如果选择了这个选项,可以直接加载模块 eth1394;如果没有选择这个选项,必须先加载模块 ieee1394,再加载模块 eth1394,否则将出错

3) 支持的可执行文件格式

菜单选项(Userspace binary formats)的子菜单中包含一些支持的可执行文件格式配置选项,如表 3-6 所示。

表 3-6　支持的可执行文件格式配置选项

选　项	说　明
Kernel support for ELF binaries	ELF 是开放平台下最常用的二进制文件,它支持不同的硬件平台
Kernel support for a. out and ECOFF binaries	这是早期 UNIX 系统的可执行文件格式,目前已经被 ELF 格式取代
Kernel support for MISC binaries	此选项允许插入二进制的封装层到内核中,当使用 Java、.NET、Python、Lisp 等语言编写的程序时用到

4）文件系统

菜单选项 File systems 的子菜单中包含一些文件系统配置选项，如表 3-7 所示。

表 3-7　文件系统配置选项

选　项	说　明
Second extended fs support	EXT2 文件系统支持
Ext2 extended attributes	EXT2 文件系统的结点名称、属性的扩展支持
Ext2 POSIX Access Control Lists	EXT2 的 POSIX 访问权限列表支持，也就是 Owner/Group/Others 的 Read/Write/Execute 权限
Ext2 Security Labels	EXT2 的扩展的安全标签，例如 SELinux 之类的安全系统会使用到这样的扩展安全属性
Ext3 journalling file system support	EXT3 文件系统支持
Ext3 extended attributes	EXT3 文件系统的结点名称、属性的扩展支持
Ext3 POSIX Access Control Lists	EXT3 的 POSIX 访问权限列表支持
Ext3 Security Labels	EXT3 的扩展的安全标签支持
JBD（ext3）debugging support	EXT3 的调试选项。适合于文件系统的开发
Reiserfs support	Reiserfs 文件系统支持
Enable reiserfs debug mode	Reiserfs 的调试选项
Stats in /proc/fs/reiserfs	在/proc/fs/reiserfs 文件中显示 Reiserfs 文件系统的状态。一般不选
ReiserFS extended attributes	Reiserfs 文件系统的结点名称、属性的扩展支持
ReiserFS POSIX Access Control Lists	Reiserfs 的 POSIX 访问权限列表支持
ReiserFS Security Labels	Reiserfs 的扩展的安全标签支持
JFS filesystem support	JFS 文件系统支持。JFS 是 IBM 公司设计用于 AIX 系统上的文件系统。后来这一文件系统也能用于 Linux
JFS POSIX Access Control Lists	JFS 的 POSIX 访问权限列表支持
JFS debugging	JFS 的调试
XFS filesystem support	XFS 文件系统支持。XFS 是 SGI 公司为其图形工作站设计的一种文件系统，后来这一文件系统也能应用于 Linux
Minix fs support	Minix 文件系统支持
ROM file system support	内存文件系统的支持
CD-ROM/DVD filesystems	CD-ROM/DVD 文件系统支持
DOS/FAT/NT filesystems	DOS/Windows 的文件系统支持
Network file systems	网络文件系统支持

续表

选　　项	说　　明
Quota support	磁盘配额支持。可以限制某个用户或某组用户的磁盘占用空间
Old quota format support	旧版本的磁盘配额支持
Quota format v2 support	第二版的磁盘配额支持
Dnotify support	基于目录的文件变化的通知机制支持
Kernel automounter support	自动挂载远程文件系统的支持
Kernel automounter version 4 support (also supports v3)	自动挂载远程文件系统的支持,支持第 3 版和第 4 版

5)其他选项

网络协议支持选项(Networking)一般只需要在其子菜单中选择具体所需的网络协议,而设备驱动支持选项(Device Drivers)在需要支持该设备的驱动时再选择相关选项。

对于嵌入式系统,总线接口支持选项(Bus options)、电源管理选项(Power management options)、安全配置选项(Security options)、内核黑客配置选项(Kernel hacking)和内核加密算法配置选项(Cryptographic options)用得很少,一般不选。

3. Kconfig 和 Makefile

2.6 版本内核源代码的目录下都有两个文档 Kconfig 和 Makefile。分布到各目录的 Kconfig 构成了一个分布式的内核配置数据库,每个 Kconfig 分别描述了所属目录源文档相关的内核配置菜单。在内核配置 make menuconfig 时,从 Kconfig 中读出菜单,用户选择后保存到.config 的内核配置文档中。在内核编译时,主 Makefile 调用这个.config,就知道了用户的选择。假如要想添加新的驱动到内核的源码中,就需要修改 Kconfig,才能够选择这个驱动;假如想使这个驱动被编译进内核,就需要修改 Makefile。下面介绍 Kconfig 和 Makefile 的语法结构。

1)Kconfig

每个菜单都有一个关键字标识,最常见的就是 config,其语法结构如下:

```
config  [菜单项名称]
[菜单项的属性和选项]
```

(1)类型定义。

每个 config 菜单项都要有类型定义,有 bool(布尔类型)、tristate(三态,包括内建、模块、移除)、string(字符串)、hex(十六进制)和 integer(整型)。

例如,有如下菜单项定义:

```
config  TESTMENU_MODULE
bool  " test menu module"
```

bool 类型的只能选中或不选中，tristate 类型的菜单项多了一项编译成内核模块的选项，假如选择编译成内核模块，则会在.config 中生成一个 CONFIG_ TESTMENU_MODULE＝m 的配置，假如选择内建，就是直接编译成内核映像，就会在.config 中生成一个 CONFIG_HELLO_MODULE＝y 的配置。

（2）依赖型定义 depends on 或 requires，指此菜单的出现是否依赖于另一个定义。例如：

```
config  TESTMENU_MODULE
bool  "test menu module"
depends on ARCH_ARM
```

这个例子表明 TESTMENU_MODULE 这个菜单项只对 ARM 处理器有效。

（3）帮助性定义，增加帮助用关键字 help 或---help---，为用户提供帮助提示。

2）内核的 Makefile

在内核的 documentation/kbuild 目录下有详细的关于 Makefile 的知识。内核的 Makefile 分为 5 个组成部分：

- 最顶层的 Makefile。
- .config 是内核的当前配置文档，编译时成为顶层 Makefile 的一部分。
- arch/＄(ARCH)/Makefile 是和体系结构相关的 Makefile。
- s/ Makefile.＊是一些 Makefile 的通用规则。
- kbuild、Makefile 各级目录下的文档。

编译时根据上层 Makefile 传下来的宏定义和其他编译规则，将源代码编译成模块或编入内核。顶层的 Makefile 文档读取.config 文档的内容，总体上负责构建内核和模块。arch/＄(ARCH)/Makefile 则提供补充体系结构相关的信息。s/ Makefile.＊文档包含了任何用来根据 kbuild 和 Makefile 构建内核所需的定义和规则。其中.config 的内容是在 make menuconfig 的时候通过 Kconfig 文档配置的结果。

3）驱动程序编译到内核的方法

假设想把自己写的一个 LED 的驱动程序加载到工程中，而且能够通过 menuconfig 配置内核时选择该驱动，可以按照如下方法。

（1）将编写的 led.c 文档添加到/driver/char 目录下。

（2）在/driver/char 目录下的 kconfig 文档中添加以下内容：

```
config  LED_TEST
tristate  "led driver"
```

（3）修改该目录下的 Makefile 文档，添加以下内容：

```
obj-$(CONFIG_ LED_TEST)+=led.o
```

这样当通过 menuconfig 配置内核，将会在菜单 Device Drivers->Character devices 中出现 led driver 选项，假如选择了此项，该选择就会保存在.config 文档中。当运行 make 命令编译内核时，将会读取.config 文档，当发现 led driver 选项为 Y 时，系统调用

/driver/mtd/maps/下的 Makefile,将会把 led.o 编译到内核中。

3.3.3　嵌入式 Linux 内核移植

嵌入式 Linux 内核移植,就是把 Linux 内核源代码针对具体的目标平台做必要的配置和裁剪之后,固化到目标平台的固态存储设备中。嵌入式 Linux 内核移植的基本过程如下:

(1) 获取 Linux 内核源代码。

(2) 修改启动代码。

(3) 添加或修改外设驱动程序。

(4) 针对目标平台进行交叉编译,生成内核映像文件。

(5) 将映像文件烧写到目标平台中。

下面通过一个实例来详细说明嵌入式 Linux 内核移植方法,以本书项目中的开发板为例。

1. 获得源码

(1) 所需源源码。

Linux 内核源代码:

* 源码包:linux-3.10.8.tar.bz2。
* 下载网址:ftp://ftp.kernel.org/。
* 版本:Linux 3.10.8。

Yaffs2 补丁包:

* 源码包:yaffs2-d43e901[1].tar.gz。
* 下载网址:http://www.aleph1.co.uk/gitweb/。

NAND Flash 驱动:

* 源文件:s3c_nand.c。

Yaffs2 补丁包是移植的 Yaffs2 文件系统,s3_nand.c 是移植的 NAND Flash 驱动源文件。

(2) 创建工作目录。

在/opt 目录下创建工作目录 kernel:

```
[root@localhost opt]#ls
[root@localhostopt]#mkdir kernel
[root@localhost opt]#
```

(3) 复制源码到工作目录。

(4) 解压内核源码:

```
[root@localhost kernel]#tar xjvf linux-3.10.8.tar.bz2
```

2. 基本内核配置

(1) 修改交叉编译选项：

```
[root@localhost kernel]#cd linux-3.10.8
[root@localhost linux-3.10.8]#vi Makefile
ARCH           ? =arm
CROSS_COMPILE  ? =arm-none-linux-gnueabi-
```

(2) 复制参考配置文件：

```
[root@localhost linux-3.10.8]#cp arch/arm/configs/s5pv210_defconfig
.config
```

(3) 修改 MMU 初始化：

```
[root@localhost linux-3.10.8]#vi arch/arm/boot/compressed/head.S
#ifdef CONFIG_MMU
#ifdef CONFIG_CPU_ENDIAN_BE8
        orr     r0, r0, #1<<25        @big-endian page tables
#endif
        orrne   r0, r0, #1            @MMU enabled
        movne   r1, #-1
        mcrne   p15, 0, r3, c2, c0, 0  @load page table pointer
        mcrne   p15, 0, r1, c3, c0, 0  @load domain access control
#endif
```

(4) 配置内核选项：

```
[root@localhost linux-3.10.8]#make menuconfig
```

内容如下：

```
General setup  --->
    [ * ] System V IPC
System Type  --->
    (0) S3C UART to use for low-level messages
    S5PC110 Machines  --->
        [ ] Aquila
        [ ] GONI
        [ ] SMDKC110
    S5PV210 Machines  --->
      [ * ] SMDKV210
      [ ] Torbreck (NEW)
Boot options  --->
    (root=/dev/mtdblock2 rootfstype=cramfs init=/linuxrc console=
    ttySAC0,115200)
```

在 System Type 选项中，像 Aquila、SMDKC110 等其他的系统类型不要选中。

（5）保存设置并退出。

3. 添加 NAND Flash MTD 分区支持

（1）添加 platform_device 设备信息：

```
[root@localhost linux-3.10.8]#vi arch/arm/mach-s5pv210/mach-smdkv210.c
static struct resource s3c_nand_resource[]={
    [0]=DEFINE_RES_MEM(S5P_PA_NAND, SZ_1M),
};
struct platform_device s3c_device_nand={
    .name          ="s5pv210-nand",
    .id            =-1,
    .num_resources =ARRAY_SIZE(s3c_nand_resource),
    .resource      =s3c_nand_resource,
};
```

（2）添加设备信息到设备初始化数组 smdkv210_devices 中：

```
static struct platform_device * smdkv210_devices[] __initdata={
    ......
    &s3c_device_nand,
};
```

（3）添加 NAND Flash 物理地址：

```
[root@localhost linux-3.10.8]#vi arch/arm/mach-s5pv210/include/mach/
map.h
#define S5PV210_PA_NAND        0xB0E00000
#define S5P_PA_NAND            S5PV210_PA_NAND
```

（4）添加 NAND Flash 时钟信息：

```
[root@localhost linux-3.10.8]#vi arch/arm/mach-s5pv210/clock.c
static struct clk init_clocks_off[]={
    ......
    {
        .name      ="nand",
        .id        =-1,
        .parent    =&clk_hclk_psys.clk,
        .enable    =s5pv210_clk_ip1_ctrl,
        .ctrlbit   =((1<<28) | (1<<24)),
    },
};
```

添加之后,NAND Flash 驱动才能正确获取时钟。

(5) 复制 NAND Flash 驱动程序源码 s3c_nand.c 到内核源码目录 drivers/mtd/ nand/目录下(假设驱动源文件在内核源码目录的上一级目录下)。

```
[root@localhost linux-3.10.8]#cp ../s3c_nand.c drivers/mtd/nand/
```

(6) 修改 Kconfig 添加内核菜单选项支持:

```
[root@localhost linux-3.10.8]#vi drivers/mtd/nand/Kconfig
```

在 MTD_NAND_S3C2410_CLKSTOP 菜单下增加如下选项:

```
config MTD_NAND_S3C
    tristate "NAND Flash support for S3C SoC"
            depends on MTD_NAND && ARCH_S5PV210
    help
        This enables the NAND flash controller on the S3C.

        No board specfic support is done by this driver, each board
        must advertise a platform_device for the driver to attach.

config MTD_NAND_S3C_DEBUG
    bool "S3C NAND driver debug"
    depends on MTD_NAND_S3C
    help
        Enable debugging of the S3C NAND driver

config MTD_NAND_S3C_HWECC
    bool "S3C NAND Hardware ECC"
    depends on MTD_NAND_S3C
    help
        Enable the use of the S3C's internal ECC generator when
        using NAND. Early versions of the chip have had problems with
        incorrect ECC generation, and if using these, the default of
        software ECC is preferable.

        If you lay down a device with the hardware ECC, then you will
        currently not be able to switch to software, as there is no
        implementation for ECC method used by the S3C
```

插入文本时,注意 config 行后面的其他行都要以 Tab 键开头。

(7) 修改 Makefile 文件加入源码编译支持:

```
[root@localhost linux-3.10.8]#vi drivers/mtd/nand/Makefile
```

在 obj-$(CONFIG_MTD_NAND_S3C2410) += s3c2410.o 行下面添加一行：

```
obj-$(CONFIG_MTD_NAND_S3C)              +=s3c_nand.o
```

（8）配置 NAND Flash MTD 支持：

```
[root@localhost linux-3.10.8]#make menuconfig
```

内容如下：

```
Device Drivers  --->
    < * >Memory Technology Device (MTD) support  --->
        <>       RedBoot partition table parsing (NEW)
        - * -    Common interface to block layer for MTD 'translation layers'
        < * >    Caching block device access to MTD devices
        < * >    NAND Device Support  --->
            < * >    NAND Flash support for S3C SoC
            [ ]      S3C NAND driver debug
            [ ]      S3C NAND Hardware ECC
```

（9）保存配置并退出。

4. 添加 DM9000A 网卡驱动支持

（1）添加 DM9000A 物理地址：

```
[root@localhost linux-3.10.8]#vi arch/arm/mach-s5pv210/include/mach/
map.h
#define S5PV210_PA_DM9000      0x88002000
#define S5P_PA_DM9000          S5PV210_PA_DM9000
```

（2）修改 platform_device 设备信息：

默认 SMDKV210 中已经添加 DM9000 结构设备支持，只需修改 platform_device 设备信息。

```
[root@localhost linux-3.10.8]#vi arch/arm/mach-s5pv210/mach-smdkv210.c
static struct resource smdkv210_dm9000_resources[]={
    [0]=DEFINE_RES_MEM(S5P_PA_DM9000, 1),
    [1]=DEFINE_RES_MEM(S5P_PA_DM9000+2, 1),
    [2]=DEFINE_RES_NAMED(IRQ_EINT(14), 1, NULL, IORESOURCE_IRQ \
        | IORESOURCE_IRQ_HIGHLEVEL),
};
```

（3）修改 DM9000 初始化函数 smdkv210_dm9000_init：

```
static void _ _init smdkv210_dm9000_init(void)
{
    unsigned int tmp;

    gpio_request(S5PV210_MP01(1), "nCS1");
    s3c_gpio_cfgpin(S5PV210_MP01(1), S3C_GPIO_SFN(2));
    gpio_free(S5PV210_MP01(1));

    tmp=((0<<28)|(4<<24)|(14<<16)|(1<<12)|(4<<8)|(6<<4)|(0<<0));
    _ _raw_writel(tmp, S5P_SROM_BC1);

    tmp |=(0xf<<4); /* dm9000 16bit */
    _ _raw_writel(tmp, S5P_SROM_BW);
}
```

函数 smdkv210_dm9000_init 初始化 BANK1 和外部中断 XEIN14 如上,在本书项目的开发板上,DM9000 使用 BANK1 物理地址空间和外部中断 XEINT14。

(4) 配置 DM9000A 网卡设备驱动及网络协议支持:

```
[root@localhost linux-3.10.8]#make menuconfig
```

内容如下:

```
[*] Networking support  --->
---Networking support
Networking options  --->
    <*>Packet socket
        <>    Packet: sockets monitoring interface
        <*>Unix domain sockets
        <>    UNIX: socket monitoring interface
        <>Transformation user configuration interface
        [ ] Transformation sub policy support
        [ ] Transformation migrate database
        [ ] Transformation statistics
        <>PF_KEY sockets
        [*] TCP/IP networking
        [*]    IP: multicasting
Device Drivers  --->
    [*] Network device support  --->
        [*]    Ethernet driver support  --->
        <*>    DM9000 support
        [ ]        Force simple NSR based PHY polling
```

(5) 退出保存配置。

5. 添加 TFT LCD 显示支持

（1）添加头文件。

原内核已经支持 Framebuffer 设备，已经有相关头文件，无须额外添加。

（2）更改原 SMDKV210 显示设备数据结构信息。

原内核已经支持 800×480 分辨率显示设备，适当更改显示数据结构如下：

```
[root@localhost linux-3.10.8]#vi arch/arm/mach-s5pv210/mach-smdkv210.c
static struct s3c_fb_pd_win smdkv210_fb_win0={
    .max_bpp        =16,
    .default_bpp    =16,
    .xres           =800,
    .yres           =480,
};
static struct fb_videomode smdkv210_lcd_timing={
    .refresh        =60,
    .left_margin    =13,
    .right_margin   =120,
    .upper_margin   =7,
    .lower_margin   =5,
    .hsync_len      =3,
    .vsync_len      =1,
    .xres           =800,
    .yres           =480,
};
```

（3）去除控制台显示空白（开关）语句：

```
[root@localhost linux-3.10.8]#vi drivers/video/s3c-fb.c
static int s3c_fb_blank(int blank_mode, struct fb_info * info)
{   ……
    case FB_BLANK_NORMAL:
        /* disable the DMA and display 0x0 (black) */
        //shadow_protect_win(win, 1);
        //writel(WINxMAP_MAP | WINxMAP_MAP_COLOUR(0x0),
        //    sfb->regs+sfb->variant.winmap+(index * 4));
        //shadow_protect_win(win, 0);
……
};
```

（4）配置 LCD 支持，并添加启动 LOGO 支持：

```
[root@localhost linux-3.10.8]#make menuconfig
```

内容如下：

```
Device Drivers  --->
    Graphics support  --->
        < * > Support for frame buffer devices  --->
            < * >    Samsung S3C framebuffer support
        Console display driver support  --->
            < * > Framebuffer Console support
        [ * ] Bootup logo  --->
            [ ]    Standard black and white Linux logo
            [ ]    Standard 16-color Linux logo
            [ * ]    Standard 224-color Linux logo
```

（5）保存配置并退出。

6. 添加触摸屏输入设备支持

（1）默认 SMDKV210 中已经添加 TS 触摸屏结构设备支持及设备驱动程序，只需手动修改设备驱动程序即可。

（2）添加触摸屏状态报告：

```
[root@localhost linux-3.10.8]#vi drivers/input/touchscreen/s3c2410_ts.c
```

在 input_report_key(ts.input，BTN_TOUCH，1)行下面添加如下行：

```
input_report_abs(ts.input, ABS_PRESSURE, 1);
```

在 input_report_key(ts.input，BTN_TOUCH，0)行下面添加如下行：

```
input_report_abs(ts.input, ABS_PRESSURE, 0);
```

向输入子系统报告触摸屏的状态，0 表示触摸屏未被按下，1 表示触摸屏被按下。

（3）设置触摸屏事件类型。

将如下两行注释掉：

```
//ts.input->evbit[0]=BIT_MASK(EV_KEY) | BIT_MASK(EV_ABS);
//ts.input->keybit[BIT_WORD(BTN_TOUCH)]=BIT_MASK(BTN_TOUCH);
```

替换为如下内容：

```
ts.input->evbit[0]=BIT_MASK(EV_SYN)|BIT_MASK(EV_KEY)|BIT_MASK(EV_ABS);
ts.input->keybit[BIT_WORD(BTN_TOUCH)]=BIT_MASK(BTN_TOUCH);
input_set_abs_params(ts.input, ABS_PRESSURE, 0, 1, 0, 0);
```

（4）配置触摸屏设备驱动支持：

```
[root@localhost linux-3.10.8]#make menuconfig
```

内容如下：

```
Device Drivers  --->
   Input device support  --->
      < * >    Event interface
      [ * ]    Touchscreens  --->
         < * >    Samsung S3C2410/generic touchscreen input driver
```

（5）保存配置并退出。

7. 添加 yaffs2 文件系统支持

（1）给内核添加最新 yaffs2 补丁包。

新版 yaffs2 补丁包，主要在原有内容基础上支持更多结构的 NAND Flash，如 2KB 页大小。将 yaffs2 补丁包更新到内核（假设内核与 yaffs2 补丁在同一级目录下）。

```
[root@localhost linux-3.10.8]#cd ../
[root@localhost kernel]#tar zxvf yaffs2-d43e901\[1\].tar.gz
[root@localhost kernel]#cd yaffs2-d43e901/
[root@localhost yaffs2-d43e901]#./patch-ker.sh c m ../linux-3.10.8
[root@localhost yaffs2-d43e901]#cd ../linux-3.10.8
```

（2）配置内核支持 yaffs2 文件系统：

```
[root@localhost linux-3.10.8]#make menuconfig
```

内容如下：

```
File systems  --->
   [ * ] Miscellaneous filesystems  --->
      < * >  yaffs2 file system support
      - * -    512 byte/page devices
      [ ]    Use older-style on-NAND data format with pageStatus byte (NEW)
      [ ]    Lets yaffs do its own ECC (NEW)
      - * -    2048 byte (or larger)/page devices
      [ * ]    Autoselect yaffs2 format (NEW)
[ * ]    Enable yaffs2 xattr support
```

（3）保存配置并退出。

8. 添加其他文件系统支持

内核已经默认支持常用的文件系统，如 CRAMFS、DOS、JFFS 等。
（1）添加 DEVTMPFS 文件系统支持。

新版本内核(>linux2.6.32)支持 DEVTMPFS 文件系统,帮助内核构建基于内存的设备文件系统,这很重要,对于 CAMRFS 只读文件系统来说可以脱离其他第三方文件系统顺序的构建方法,在内核级先将/dev 目录挂载成 TMPFS。

```
[root@localhost linux-3.10.8]#make menuconfig
```

内容如下:

```
Device Drivers  --->
    Generic Driver Options  --->
        [*] Maintain a devtmpfs filesystem to mount at /dev
        [*] Automount devtmpfs at /dev, after the kernel mounted the rootfs
        [*]Select only drivers that don't need compile-time external firmware
```

(2)添加 NFS 网络文件系统客户端支持:

```
File systems  --->
    [*] Network File Systems  --->
        <*>   NFS client support
        <*>   NFS client support for NFS version 2 (NEW)
        <*>   NFS client support for NFS version 3 (NEW)
```

(3)保存配置并退出。

9. 16c550 驱动支持

(1)添加 16c550 物理地址:

```
[root@localhost linux-3.10.8]#vi arch/arm/mach-s5pv210/include/mach/
map.h
#define S5PV210_PA_8250      0x88004000
#define S5P_PA_8250          S5PV210_PA_8250
```

(2)添加 16c550 中断宏定义:

```
[root@localhost linux-3.10.8]# vi arch/arm/mach-s5pv210/include/mach/
irqs.h
#define IRQ_EINT13      S5P_IRQ_VIC0(13)
```

(3)添加头文件:

```
[root@localhost linux-3.10.8]#vi drivers/tty/serial/8250/8250_core.c
#include<mach/map.h>
```

说明:此头文件用于 SMDKV210 - Memory map definitions(S5P_PA_8250)。

(4)添加 platform_device 设备信息。

在引用头文件下方加入：

```
#define PORT(_base,_irq){ \
        .mapbase        =(unsigned long)_base, \
        .irq            =_irq, \
        .uartclk        =11059200, \
        .iotype         =UPIO_MEM, \
        .flags          =(UPF_BOOT_AUTOCONF | UPF_IOREMAP), \
        .regshift       =1, \
}
static void ser8250_release(struct device * dev)
{
    printk(KERN_INFO "8250_released...\n");
}

static struct plat_serial8250_port up210_16c550_8250_data[]={
        PORT(S5P_PA_8250, IRQ_EINT13),
        { },
};
static struct platform_device up210_device_16c550={
        .name               ="serial8250",
        .id                 =PLAT8250_DEV_LEGACY,
        .dev                ={
        .platform_data      =&up210_16c550_8250_data,
        .release            =&ser8250_release,
    },
};
```

说明：

mapbase 为串口被映射的起始地址（物理地址）。

irq 为实际连接的中断线。

uartclk 为晶振时钟频率 11059200。

iotype 设置为 UPIO_MEM，表示采用 readb 方式，一次读一个字节，具体根据开发板和串口芯片的数据线接法和数据长度确定是否使用 UPIO_MEM 或是 UPIO_MEM32。

flags 设置的 UPF_IOREMAP 指使用 IOREMAP 的方式，此时会自动设置 membase 的值，如果不设置 IOREMAP 方式，就要设置 membase，设置的值是 struct resource 指定的地址，并且相应地要加入虚拟地址的映射关系。

regshift 根据硬件连接的地址线确定，如果 A0 连到系统地址线的 A0 上，此时就需要设置为 0。

S5PV210_PA_SROM_BANK1 ＋ 0x4000 为 16c550 的地址 0x88004000。

IRQ_EINT13 为 16c550 连接的中断线。

ser8250_release()是为了解决 rmmod 8250.ko 卸载驱动时出现的"Device

'serial8250' does not have a release( ) function，it is broken and must be fixed."警告。

（5）更改初始化接口函数_ _init serial8250_init(void)。

将 static int _ _init serial8250_init(void)原函数注释掉，替换为如下内容：

```
static int __init serial8250_init(void)
{
    int ret;
    serial8250_isa_init_ports();
    printk(KERN_INFO "Serial: 8250/16550 driver, "
        "%d ports, IRQ sharing %sabled\n", nr_uarts,
        share_irqs ? "en" : "dis");
#ifdef CONFIG_SPARC
    ret=sunserial_register_minors(&serial8250_reg, UART_NR);
#else
    serial8250_reg.nr=UART_NR;
    ret=uart_register_driver(&serial8250_reg);
#endif
    if (ret)
        goto out;
    ret=serial8250_pnp_init();
    if (ret)
        goto unreg_uart_drv;
        platform_device_register(&up210_device_16c550);
        serial8250_isa_devs=&up210_device_16c550;
    if (!serial8250_isa_devs) {
        ret=-ENOMEM;
        goto unreg_pnp;
    }
    serial8250_register_ports(&serial8250_reg, &serial8250_isa_devs->
    dev);
    ret=platform_driver_register(&serial8250_isa_driver);
    if (ret==0)
        goto out;
put_dev:
    platform_device_put(serial8250_isa_devs);
unreg_pnp:
    serial8250_pnp_exit();
unreg_uart_drv:
#ifdef CONFIG_SPARC
    sunserial_unregister_minors(&serial8250_reg, UART_NR);
#else
    uart_unregister_driver(&serial18250_reg);
#endif
out:
    return ret;
}
```

（6）更改退出函数 serial8250_exit(void)。

注释掉 struct platform_device ＊isa_dev＝serial8250_isa_devs;。

将 platform_device_unregister(isa_dev);替换为

```
platform_device_unregister(&up210_device_16c550);
```

（7）设置中断类型为 IRQF_TRIGGER_HIGH，为高电平触发。

查找 static int serial_link_irq_chain(struct uart_8250_port ＊up)函数，将上面的代码 irq_flags |＝ up->port.irqflags;替换为 irq_flags |＝ IRQF_TRIGGER_HIGH;，如下所示：

```
static int serial_link_irq_chain(struct uart_8250_port * up){
……
spin_unlock_irq(&i->lock);
    irq_flags |=IRQF_TRIGGER_HIGH;
    ret=request_irq(up->port.irq, serial8250_interrupt,irq_flags,
        "serial", i);
……
}
```

（8）配置 16c550 驱动支持：

```
[root@localhost linux-3.10.8]#make menuconfig
```

内容如下：

```
Device Drivers  --->
    Character devices  --->
      Serial drivers  --->
          < * >8250/16550 and compatible serial support
          [ * ]    Support 8250_core. * kernel options (DEPRECATED)
          [ ]      Console on 8250/16550 and compatible serial port
          (4) Maximum number of 8250/16550 serial ports
          (4) Number of 8250/16550 serial ports to register at runtime
```

（9）保存配置并退出。

10. 编译内核

```
[root@localhost linux-3.10.8]#make
```

最终会在内核源码目录 arch/arm/boot/目录下生产 zImage 内核镜像文件。

```
[root@localhost linux-3.10.8]#
bootp compressed dts Image install.sh Makefile zImage
[root@localhost linux-3.10.8]#
```

11. 烧写内核

（1）复制内核到 TFTP 服务器目录。

在宿主机下复制镜像文件到系统 TFTP 服务器目录：

```
[root@localhost linux-3.10.8]#cp arch/arm/boot/zImage  /tftpboot/
```

（2）配置 U-Boot 网络 IP 地址。

在开发板下设置宿主机 server IP 地址：

```
SMDKV210-DEMO #setenv serverip 192.168.12.201
```

设置 U-Boot 设备 IP 地址：

```
SMDKV210-DEMO #setenv ipaddr 192.168.12.199
```

保存设置参数：

```
SMDKV210-DEMO #saveenv
```

（3）下载烧写。

下载 zImage 文件至 SDRAM 中：

```
SMDKV210-DEMO #tftp c0008000 zImage
```

擦除 NAND Flash：

```
SMDKV210-DEMO #nand erase 100000 400000
```

写入 NAND Flash：

```
SMDKV210-DEMO #nand write c0008000 100000 400000
```

以上命令等同于

```
SMDKV210- DEMO #tftp c0008000 zImage; nand erase 100000 400000; nand write
c0008000 100000 400000;
```

（4）启动内核：

```
SMDKV210-DEMO #boot
```

3.4　嵌入式 Linux 文件系统移植

3.4.1　Linux 文件系统介绍

文件系统是一个操作系统的重要组成部分，是操作系统在存储设备（如磁盘、固态存储设备)存储和检索数据的逻辑方法,负责管理和存储文件信息。Linux 通过 VFS 支持多种文件系统格式。Linux 支持的各种常用的文件系统如表 3-8 所示。

表 3-8　Linux 支持的文件系统

文 件 系 统	类型名称	说　　明
Second Extended filesystem	ext2	最常用的 Linux 文件系统
Three Extended filesystem	ext3	EXT2 的升级版,带日志功能
Minix filesystem	minix	Minix 文件系统,很少用
RAM filesystem	ramfs	内存文件系统,速度很快
Network File System(NFS)	NFS	网络文件系统,主要用于远程文件共享
DOS-FAT filesystem	msdos	MS-DOS 文件系统
VFAT filesystem	vfat	Windows 95/98 采用的文件系统
NT filesystem	ntfs	Windows NT 采用的文件系统
HPFS filesystem	hpfs	OS/2 采用的文件系统
/proc filesystem	proc	虚拟的进程文件系统
ISO 9660 filesystem	iso9660	大部分光盘所用的文件系统
UFS filesystem	ufs	Sun OS 所用的文件系统
Apple Mac filesystem	hfs	Macintosh 机采用的文件系统
Novell filesystem	ncpfs	Novell 服务器所采用的文件系统
SMB filesystem	smbfs	Samba 的共享文件系统
XFS filesystem	xfs	由 SGI 开发的日志文件系统,支持超大容量文件
JFS filesystem	jfs	IBM 的 AIX 使用的日志文件系统
ReiserFS filesystem	reiserfs	基于平衡树结构的文件系统

　　Linux 把系统支持的各种文件系统都链接到一个单独的树形层次结构中,无论什么类型的文件系统,都被挂载到某个目录上,挂载目录被称为挂载点。VFS 是底层文件系统的主要接口,记录着当前支持的文件系统以及当前挂装的文件系统。可以使用一组注册函数在 Linux 中动态地添加或删除文件系统。内核保存当前支持的文件系统的列表,可以通过/proc 文件系统在用户空间中查看这个列表。/proc 还可以显示当前与这些文件系统相关联的设备。

　　VFS 为各类文件系统提供了一个统一的操作界面和应用编程接口,它是一个异构文件系统之上的软件粘合层,可以无缝地使用多个不同类型的文件系统。VFS 定义了每个文件系统必须实现的函数集。该接口由一组操作集组成,涉及 3 类对象:文件系统、索引节点(inode)和打开文件。

　　VFS 使用在内核配置时定义的一张表来获取所支持的文件系统的类型,这张表中的每个条目描述了一个文件系统类型,包含文件系统类型的名称以及在加载操作时调用的函数的指针。当需要加载一个文件系统时,就会调用相应的加载函数。加载函数负责从磁盘上读取超级块(superblock),初始化内部变量,并且向 VFS 返回被加载文件系统的描述符。在文件系统已被加载以后,VFS 函数就可以使用这个描述符来访问物理文件系统的子程序。

3.4.2 常见的嵌入式文件系统

构建适用于嵌入式系统的 Linux 文件系统,会涉及两个关键点,一个是文件系统类型的选择,它关系到文件系统的读写性能及大小;另一个就是根文件系统内容的选择,它关系到根文件系统所能提供的功能及大小。下面介绍几种常见的嵌入式文件系统。

1. JFFS2 文件系统

JFFS(The Journalling Flash File System,日志闪存文件系统)最初由瑞典的 Axis Communications 研发,Red Hat 公司的 David Woodhouse 对它进行了改进,JFFS2(JFFS 的第二个版本)作为用于微型嵌入式设备的原始闪存芯片的文件系统而出现。JFFS2 文件系统是日志结构化的,这意味着其结构基本上是一长列节点。每个节点包含有关文件的部分信息,可能是文件的名称,也可能是一些数据。相对于 EXT2,JFFS2 有以下优点:

- JFFS2 在扇区级别上执行闪存擦除/写/读操作要比 EXT2 文件系统好。
- JFFS2 提供了比 EXT2 更好的崩溃/掉电安全保护。当需要更改少量数据时,EXT2 文件系统将整个扇区复制到内存(DRAM)中,在内存中合并新数据,并写回整个扇区。这意味着为了更改单个字,必须对整个扇区执行读/擦除/写,这样做的效率非常低。如果正在内存中合并数据时发生了电源故障或其他事故,那么将丢失整个数据集合,因为在将数据读入内存后就擦除了闪存扇区。JFFS2 附加文件而不是重写整个扇区,并且具有崩溃/掉电安全保护这一功能。
- JFFS2 是专门为像闪存芯片那样的嵌入式设备创建的,所以它的整个设计提供了更好的闪存管理。

2. YAFFS/YAFFS2 文件系统

YAFFS(Yet Another Flash File System),是一种类似于 JFFS/JFFS2 的专门为 Flash 设计的嵌入式文件系统。和 JFFS 相比,由于它减少了一些功能,因此速度更快,占用内存更少。此外,YAFFS 自带 NAND Flash 芯片驱动,并且为嵌入式系统提供了直接访问文件系统的 API,用户可以不使用 Linux 中的 MTD(Memory Technology Device)与 VFS,直接对文件系统操作。YAFFS2 支持大页面的 NAND Flash 设备,并且对大页面的 NAND 设备做了优化。JFFS2 在 NAND Flash 上表现并不稳定,更适合于 NOR Flash,所以相对大容量的 NAND Flash,YAFFS 是更好的选择。JFFS 支持文件压缩,适合存储容量较小的系统;YAFFS 不支持压缩,更适合存储容量大的系统。

3. EXT2/EXT3 文件系统

Linux EXT2/EXT3 文件系统使用索引节点来记录文件信息,作用像 Windows 的文件分配表。索引节点是一个结构,它包含了一个文件的长度、创建及修改时间、权限、所属关系、磁盘中的位置等信息。

一个文件系统维护了一个索引节点的数组,每个文件或目录都与索引节点数组中的唯一一个元素对应。系统给每个索引节点分配了一个号码,也就是该节点在数组中的索引号,称为索引节点号。

Linux 文件系统将文件索引节点号和文件名同时保存在目录中。所以,目录只是将文件的名称和它的索引节点号结合在一起的一张表,目录中每一对文件名称和索引节点号称为一个连接。对于一个文件来说有唯一的索引节点号与之对应,对于一个索引节点号,却可以有多个文件名与之对应。因此,在磁盘上的同一个文件可以通过不同的路径去访问它。

EXT3 文件系统是直接从 EXT2 文件系统发展而来的,目前 EXT3 文件系统已经非常稳定可靠。它完全兼容 EXT2 文件系统。用户可以平滑地过渡到一个日志功能健全的文件系统中来。

4. Ramdisk 文件系统

Ramdisk 就是将内存中的一块区域作为物理磁盘来使用的一种技术。对于用户来说,可以把 Ramdisk 与通常的硬盘分区同等对待来使用。Ramdisk 不适合作为长期保存文件的介质,掉电后 Ramdisk 的内容会随内存内容的消失而消失。Ramdisk 的一个优势是它的读写速度高,内存盘的存取速度要远快于目前的物理硬盘,可以被用作需要高速读写的文件。

5. Romfs 文件系统

Romfs 文件系统是最常使用的一种文件系统,它是一种简单、紧凑、只读的文件系统,不支持动态擦写保存;它按顺序存放所有的文件数据,所以这种文件系统格式支持应用程序以 XIP(eXecute In Place,芯片内执行)方式运行,可以获得可观的 RAM 来节省空间。μCLinux 系统通常采用 Romfs 文件系统。

6. Cramfs 文件系统

Cramfs 是 Linus Torvalds 开发的一种可压缩只读文件系统。在 Cramfs 文件系统中,每一页被单独压缩,可以随机页访问,其压缩比高达 2∶1,为嵌入式系统节省大量的 Flash 存储空间。Cramfs 文件系统以压缩方式存储,在运行时解压缩,所以不支持应用程序以 XIP 方式运行,所有的应用程序要求被复制到 RAM 里运行,但这并不代表比 Ramfs 需求的 RAM 空间要大一点,因为 Cramfs 是采用分页压缩的方式存放档案,在读取档案时,不会一下子就耗用过多的内存空间,只针对目前实际读取的部分分配内存,尚没有读取的部分不分配内存空间。当读取的档案不在内存时,Cramfs 文件系统自动计算压缩后的资料所存的位置,再即时解压缩到 RAM 中。Cramfs 的速度快,效率高,其只读的特点有利于保护文件系统免受破坏,提高了系统的可靠性;但是它的只读属性同时又是它的一大缺陷,使得用户无法对其内容对进扩充。Cramfs 映像通常放在 Flash 中,但是也能放在别的文件系统里。使用 mkcramfs 工具可以创建 Cramfs 映像。

7. Ramfs/Tmpfs 文件系统

Ramfs 也是 Linus Torvalds 开发的,Ramfs 文件系统把所有的文件都放在 RAM 里运行,通常是 Flash 系统用来存储一些临时性或经常要修改的数据,相对于 Ramdisk 来说,Ramfs 的大小可以随着所含文件内容大小变化,不像 Ramdisk 的大小是固定的。Tmpfs 是基于内存的文件系统,因为 Tmpfs 驻留在 RAM 中,所以写/读操作发生在 RAM 中。Tmpfs 文件系统大小可随所含文件内容大小变化,使得能够最理想地使用内存;Tmpfs 驻留在 RAM 中,所以读和写几乎都是瞬时的。Tmpfs 的一个缺点是当系统重新引导时会丢失所有数据。

8. NFS 文件系统

NFS 文件系统是指网络文件系统,它可以很方便地在局域网实现文件共享。NFS 文件系统访问速度快、稳定性高,已经得到了广泛的应用,尤其在嵌入式领域,使用 NFS 文件系统可以很方便地实现文件本地修改,而免去了一次次读写 Flash 的烦琐。

3.4.3 嵌入式系统存储设备及其管理机制

1. 嵌入式系统存储设备

嵌入式设备中使用的存储器是 Flash 闪存芯片、小型闪存卡等专为嵌入式系统设计的存储装置。Flash 是目前嵌入式系统中广泛采用的主流存储器,它的主要特点是按整体/扇区擦除和按字节编程,具有低功耗、高密度、小体积等优点。目前,Flash 分为 NOR 和 NAND 两种类型。

NOR Flash 的特点为相对电压低、随机读取快、功耗低、稳定性高。NOR Flash 芯片中,地址线与数据线分开,应用程序可以直接在 Flash 内运行,不必再把代码读到系统 RAM 中运行。NOR Flash 芯片可以以"字"为基本单位操作,因此传输效率很高,但写入和擦除速度较低。它与 SRAM 的最大不同在于写操作需要经过擦除和写入两个过程。

NAND Flash 的特点为容量大、回写速度快、芯片面积小。NAND Flash 芯片共用地址线与数据线,内部数据以块为单位进行存储,直接将 NAND Flash 做启动芯片比较难。NAND Flash 是连续存储介质,适合放大文件。

NAND 结构能提供极高的单元密度,并且写入和擦除的速度也很快,是高数据存储密度的最佳选择。这两种结构性能上的异同如下:

- NOR Flash 的读速度比 NAND Flash 稍快一些。
- NAND Flash 的写入速度比 NOR Flash 快很多。
- NAND Flash 的擦除速度远比 NOR Flash 快。
- NAND Flash 的擦除单元更小,相应的擦除电路也更加简单。
- NAND Flash 中每个块的最大擦写次数量是一万次,而 NOR Flash 的擦写次数是十万次。

此外,NAND Flash 的实际应用方式要比 NOR Flash 复杂得多。NOR Flash 可以直接使用,并在上面直接运行代码。而 NAND Flash 需要 I/O 接口,因此使用时需要驱动程序。Linux 内核对 NAND Flash 提供了很好的支持。由于以上 Flash 的特性决定了,在嵌入式设备中,一般会把只读属性的映像文件,如启动引导程序 Bootloader、内核、文件系统文件存放在 NOR Flash 中,而把一些读写类的文件,如用户应用程序等存放在 NAND Flash 中。而出于成本的考虑,很多厂家会选用低容量、昂贵的 NOR Flash 存储启动引导程序和内核,而把文件系统存放在 NAND Flash 中。

2. 嵌入式 Linux 中的 MTD 驱动层

要使用 Cramfs 或 YAFFS 文件系统,离不开 MTD 驱动程序层的支持。MTD 是 Linux 中的一个存储设备通用接口层,是专为基于 Flash 的设备而设计的。MTD 包含特定 Flash 芯片的驱动程序,并且越来越多的芯片驱动正被添加进来。

用户要使用 MTD,首先要选择适合自己系统的 Flash 芯片驱动。Flash 芯片驱动向上层提供读、写、擦除等基本的 Flash 操作方法。MTD 对这些操作进行封装后向用户层提供 MTD char(字符)和 MTD block(块)类型的设备。MTD char 类型的设备包括/dev/mtd0、/dev/mtd1 等,它们提供对 Flash 的原始字符访问;MTD block 类型的设备包括/dev/mtdblock0、/dev/mtdblockl 等,MTD block 设备是将 Flash 模拟成块设备。这样可以在这些模拟的块设备上创建 YAFFS 或 Cramfs 等格式的文件系统。

另外,MTD 支持 CFI(Common Flash Interface,公共闪存接口),利用它可以在一块 Flash 存储芯片上创建多个 Flash 分区。每个分区作为一个 MTD block 设备,可以把系统软件和数据等分配到不同的分区上,同时可以在不同的分区上采用不同的文件系统格式。这一点为嵌入式系统多文件系统的建立提供了灵活性。

3.4.4 Busybox

Busybox 是标准 Linux 工具的一个单个可执行实现。Busybox 包含了一些简单的工具,例如 ls、cat 和 echo 等,还包含了一些更复杂的工具,例如 grep、sed、mount 等,甚至还集成了一个 HTTP 服务器和 Telnet 服务器。有些人将 Busybox 称为 Linux 工具里的瑞士军刀,简单地说 Busybox 就好像是一个大工具箱,它将 Linux 的许多工具和命令集成压缩到一个单一的可执行文件中。使用 Busybox 可以有效地减小 bin 程序的体积,动态链接的 Busybox 工具一般为几百个千字节(KB),而用户可以根据自己的需要,定制 Busybox 中所需的应用程序,决定到底要在 Busybox 中编译进哪几个应用程序的功能。这样,Busybox 的体积就可以进一步缩小,这使得 Busybox 在嵌入式 Linux 系统中具有不言而喻的优势。同时,使用 Busybox 可以大大简化制作嵌入式系统的根文件系统的过程,所以 Busybox 工具在嵌入式开发中得到了广泛的应用。

最新版本的 Busybox 可以在官方网站 http://www.busybox.net/downloads 下载。Busybox 的具体配置和编译将在 3.4.5 节介绍。

3.4.5　嵌入式 Linux 文件系统移植

嵌入式 Linux 的文件系统移植一般有如下步骤：

（1）获取 Busybox 源代码。

（2）在 Linux 内核中添加文件系统类型支持（如 YAFFS2、Cramfs）。

（3）编译配置 Busybox，制作相应工具。

（4）建立根文件系统目录。

（5）将 Busybox 制作的工具复制到根文件系统的相应目录中。

（6）将 Busybox 源码目录中的 etc 目录中的模板内容复制到根文件系统目录的 etc 目录下并修改。

（7）根据需要复制动态库（交叉编译器下的）到根文件系统相应 lib 目录下。

（8）利用工具（如）制作根文件系统镜像。

（9）烧写根文件系统镜像。

下面通过实例详细说明本书项目中开发板的嵌入式 Linux 文件系统移植过程。

1. 嵌入式 Linux 文件系统构建方案

1）Cramfs 根文件系统

根文件系统是系统启动时挂载的第一个文件系统，其他的文件系统需要在根文件系统目录中建立节点后再挂载。本书项目中开发板有一个 1GB 大小的 NAND Flash，根文件系统和用户文件系统建立在该 Flash 的后大半部分。该 Flash 的前小半部分用来存放 Bootloader 和内核映像。根文件系统选用了 Cramfs 文件系统格式。

2）用户 YAFFS2 文件系统

由于 Cramfs 为只读文件系统，为了得到可读写的文件系统，用户文件系统采用 YAFFS2 格式。用户文件系统挂载于根文件系统下的/mnt/yaffs 目录。

3）临时文件系统

为了避免频繁的读写操作对 Flash 造成的伤害，系统对频繁的读写操作的文件夹采用了 Ramfs 文件系统。根目录下的/tmp 目录为 Ramfs 临时文件系统的挂载点。

2. 获取 Busybox 源代码

从 Busybox 官方网站 http://www.busybox.net/downloads 下载 Busybox 源代码，文件名为 busybox-1.19.3.tar.bz2。

（1）创建工作目录。在/opt 目录下创建工作目录 rootfs：

```
[root@localhost opt]#mkdir rootfs
```

（2）复制源码到工作目录 rootfs 并解压源代码：

```
[root@localhost rootfs]#tar -jxvf busybox-1.19.3.tar.bz2
```

3．制作根文件系统目录

使用脚本 mkdirectory. sh 创建文件系统基本目录结构，mkdirectory. sh 脚本内容如下。

```
#!/bin/sh
echo "makeing rootdir"
mkdir rootdir
cd rootdir
echo "makeing dir: bin dev etc lib proc sbin sys usr"
mkdir dev etc lib proc root sys #6 dirs

#Don't use mknod, unless you run this Script as
mknod dev/console c 5 1
mknod dev/full c 1 7
mknod dev/kmem c 1 2
mknod dev/mem c 1 1
mknod dev/null c 1 3
mknod dev/port c 1 4
mknod dev/random c 1 8
mknod dev/urandom c 1 9
mknod dev/zero c 1 5
ln -s /proc/kcore dev/core

echo "making dir: mnt tmp var"
mkdir mnt tmp var
chmod 1777 tmp
mkdir mnt/etc mnt/jiffs2 mnt/yaffs mnt/udisk mnt/sdcard mnt/nfs
mkdir var/lib var/lock var/log var/run var/tmp
chmod 1777 var/tmp

echo "done"
```

执行该脚本：

```
[root@localhost rootfs]#chmod+x mkdirectory.sh
[root@localhost rootfs]#./mkdirectory.sh
```

即可在当前目录下创建 rootdir 目录，如下：

```
[root@localhost rootfs]#ls rootdir/
dev  etc  lib  mnt  proc  root  sys  tmp  var
```

4. 利用 Busybox 工具集制作相应目录和工具

（1）配置 Busybox。进入 Busybox 源码目录进行配置：

```
[root@localhost rootfs]#cd busybox-1.19.3
```

利用 vi 修改 Makefile，修改编译选项如下：

```
ARCH            ?=arm
CROSS_COMPILE   ?=arm-none-linux-gnueabi-
```

配置 Busybox：

```
[root@localhost busybox-1.19.3]#make menuconfig
```

在 menuconfig 中的 Linux Module Utilities 菜单中，选中选项 modinfo（NEW）、insmod、rmmod、lsmod，如图 3-4 所示。

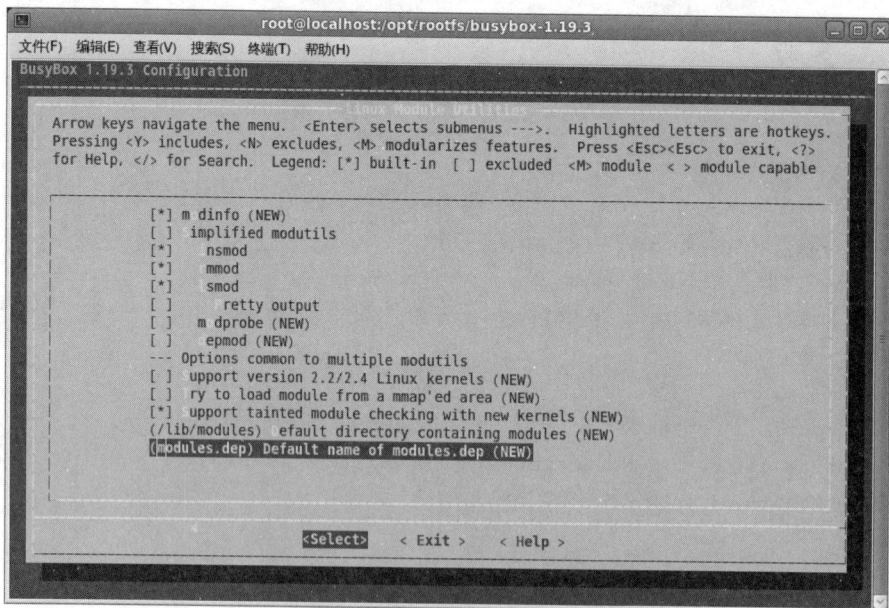

图 3-4 Linux Module Utilities 菜单选项配置

退回上一级菜单，在 Busybox Settings→Busybox Library Tuning 菜单中，选中 Fancy shell prompts，如图 3-5 所示。

在 Miscellaneous Utilities 菜单中，去除 inotifyd 选项，如图 3-6 所示。

最后退出并保存设置。

（2）编译 Busybox：

```
[root@localhost busybox-1.19.3]#make
```

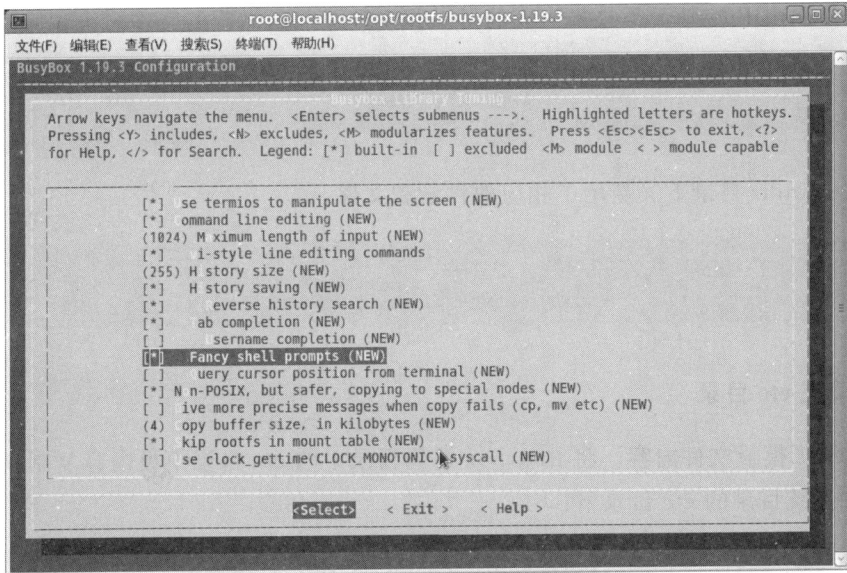

图 3-5　**Busybox Library Tuning 菜单选项配置**

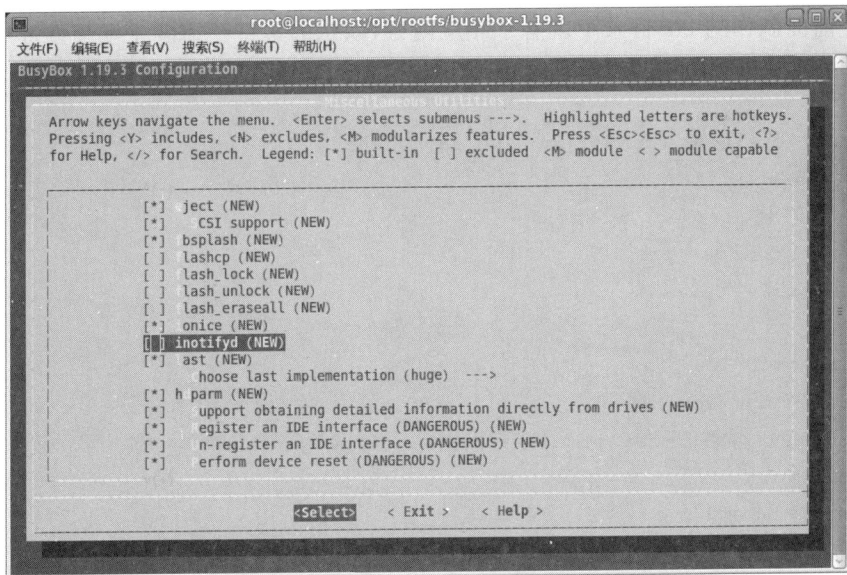

图 3-6　**Miscellaneous Utilities 菜单选项配置**

（3）安装 Busybox：

```
[root@localhost busybox-1.19.3]#make install
```

即可在当前目录下生成_install 安装目录：

```
[root@localhost busybox-1.19.3]#ls _install/
bin  linuxrc  sbin  usr
```

（4）复制由 Busybox 工具集生成的目录和文件至前面做好的文件系统相应目录中：

```
[root@localhost busybox-1.19.3]#cp ./_install/* ../rootdir/ -a
[root@localhost busybox-1.19.3]#cd ../
```

这样 rootdir 目录下又新增了相应的目录和文件：

```
[root@localhost rootfs]#ls rootdir
bin  dev  etc  lib  linuxrc  mnt  proc  root  sbin  sys  tmp  usr  var
```

5. 填充 etc 目录

（1）添加模板文件内容。将 Busybox 源码目录中的 etc 目录模板内容复制到前面制作的文件系统目录的 etc 目录下：

```
[root @ localhost rootfs] # cp busybox - 1. 19. 3/examples/bootfloppy/etc/*
rootdir/etc/ -a
```

这样前面制作的 etc 目录下就有了相应内容，默认的文件还需要手动修改才可。

（2）修改 rcS 文件，内容如下：

```
[root@localhost rootdir]#vi etc/init.d/rcS
#! /bin/sh
#for telnet service by sprife
/bin/mkdir /dev/pts
/bin/mkdir /dev/shm

/bin/mount -a
echo "Start mdev...."
/bin/echo /sbin/mdev>proc/sys/kernel/hotplug
mdev -s
#for rmmod cmd
#/bin/mkdir -p /lib/modules/$(uname -r)

echo -n "Setting hostname: "
if [ -f /etc/HOSTNAME ]
then
    hostname -F /etc/HOSTNAME
else
    hostname SMDKV210-DEMO
fi
```

（3）修改 fstab 文件，内容如下：

```
[root@localhost rootdir]#vi etc/fstab
proc            /proc       proc     defaults    0  0
#by sprife
none            /dev/pts    devpts   mode=0622   0  0
none            /tmp        ramfs    defaults    0  0
mdev            /dev        ramfs    defaults    0  0
sysfs           /sys        sysfs    defaults    0  0
/dev/mtdblock3 /mnt/yaffs   yaffs    defaults    1  1
```

（4）修改 profile 文件，内容如下：

```
[root@localhost rootdir]#vi etc/profile
#/etc/profile: system-wide .profile file for the Bourne shells

echo
echo "Processing /etc/profile... "

#no-op
#by sprife
#Set search library path

echo "Setting Network Ip."
/sbin/ifconfig eth0 192.168.12.199 netmask 255.255.255.0
/sbin/route add default gw 192.168.12.254 dev eth0

echo "Setting Interface Lo."
/sbin/ifconfig lo up 127.0.0.1

echo "Setting Search Library Path."
export LD_LIBRARY_PATH=/lib:/usr/lib

echo "Starting Telnet Service."
/usr/sbin/telnetd

echo "Exec User's Program."
if [ -f /mnt/yaffs/usrexec.sh ]
then
    /mnt/yaffs/usrexec.sh
fi

cd /mnt/yaffs/

echo "Done"
echo
```

（5）制作 hosts 主机静态域名文件。在 etc 目录下创建 hosts 文件，并填充内容如下：

```
[root@localhost rootdir]#vi etc/hosts
#by sprife for static ip
127.0.0.1   localhost
192.168.12.199   SMDKV210-DEMO
```

（6）制作 mdev. conf 文件。将 Busybox 源码目录下的 mdev. conf 文件复制到文件系统目录的 etc 目录下：

```
[root@localhost rootdir]#cp ../busybox-1.19.3/examples/mdev.conf etc/
```

6. 复制动态库到文件系统相应 lib 目录下

从交叉编译器安装目录中复制相应动态库至文件系统 lib 目录下：

```
[root@localhost  rootdir]#cp  -d /usr/local/arm/arm-2009q3/arm-none-
linux-gnueabi/
libc/lib/*so* ./lib
```

7. 制作 CRAMFS 只读根文件系统镜像

前面的目录构建出来并填充好相应内容后，就可以使用相应格式的文件系统制作工具制作镜像文件了。

利用工具 mkcramfs 制作 CRAMFS 文件系统，在当前目录下生成 rootfs. cramfs 文件系统映像。可以从网站 http://sourceforge. net/projects/cramfs/下载 mkcramfs 工具。

```
[root@localhost cramfs]#./mkcramfs rootfs rootfs.cramfs
```

8. 烧写根文件系统

（1）复制文件系统镜像到 TFTP 服务器目录。
（2）在 U-Boot 中设置环境变量。
设置宿主机 server IP 地址：

```
SMDKV210-DEMO #setenv serverip 192.168.12.201
```

设置 U-Boot 设备 IP 地址：

```
SMDKV210-DEMO #setenv ipaddr 192.168.12.199
```

保存设置参数：

```
SMDKV210-DEMO #saveenv
```

（3）烧写根文件系统。

在 U-Boot 下输入如下命令，开始烧写内核：

```
SMDKV210-DEMO #tftp c0008000 rootfs.cramfs;nand erase 500000 f00000;nand
write c0008000 500000 f00000;
```

（4）启动系统。

```
SMDKV210-DEMO #boot
```

启动信息如下：

```
......
VFS: Mounted root (cramfs filesystem) readonly on device 31:2.
devtmpfs: mounted
Freeing unused kernel memory: 136K (803c5000 -803e7000)
yaffs: dev is 32505859 name is "mtdblock3" rw
yaffs: passed flags ""
Start mdev....
Setting hostname:
Processing /etc/profile... Setting Network Ip.
dm9000 dm9000 eth0: link down
dm9000 dm9000 eth0: link down
Setting Interface Lo.
Setting Search Library Path.
Starting Telnet Service.
Exec User's Program.
Done
/mnt/yaffs #
```

习　题　3

1. Bootloader 一般有哪几种工作模式？简要说明其功能及特点。

2. Linux 内核由哪几部分组成？请简要叙述。

3. NOR Flash 和 NAND Flash 有什么区别？

4. 请简要写出移植 U-Boot 的基本步骤。

5. 假设想把自己写的一个键盘驱动程序（key.c）加载到 Linux 内核工程中，而且能够在配置内核时选择该驱动。

（1）请写出具体实现步骤。

（2）通过什么命令可以进行 Linux 内核配置？

（3）假设内核编译生成的内核映像文件名为 zImage，通过什么命令可以编译内核？

6. 简要叙述 YAFFS/YAFFS2 文件系统的特点。

7. 嵌入式 Linux 文件系统移植的一般步骤是什么？

第 4 章

嵌入式 Linux 驱动开发

4.1 项 目 目 标

在嵌入式 Linux 项目开发中,很多时候都需要自己编写特定的驱动程序,来实现对嵌入式开发板的硬件控制功能。本章的主要目标在于向读者介绍一些 Linux 设备驱动程序开发的基本知识和基本原理,字符设备驱动程序的开发方法,使读者能够深入了解本书项目中的驱动程序开发过程。

本章知识点包括 Linux 设备驱动程序概述、模块的构造与运行、内核调试技术、字符设备驱动和项目驱动开发。

4.2 Linux 设备驱动程序概述

4.2.1 驱动程序介绍

驱动程序占 Linux 内核源代码的一半以上,它将复杂的硬件抽象成一个特殊设备文件,并通过提供统一的程序接口为应用程序提供了所有的硬件功能,是应用程序和硬件设备之间的一个中间软件层。

驱动程序提供了各种使用设备的能力,使用设备的方法应该由应用程序决定,它的作用在于提供机制(驱动程序能实现什么功能),而不是提供策略(用户如何使用这些功能),编写访问硬件的内核代码时不要给用户强加任何策略。

Linux 下对外设的访问只能通过驱动程序,它与应用程序的区别如下:

- 应用程序以 main 函数开始,驱动程序则没用 main 函数,它以特殊的模块初始化函数为入口。
- 应用程序从头至尾执行一个统一的任务;驱动程序在完成初始化后,则等待系统调用。
- 应用程序可以使用 glibc 等标准 C 函数库,驱动程序则不能使用标准 C 函数库。

Linux 的驱动程序相关代码一般放在内核源代码的 drivers 目录下,常见驱动目录如下:

- block/：块设备驱动。
- char/：字符设备驱动。
- serial/：虚拟终端、串口设备驱动。
- net/：网络设备驱动。
- video/：VGA 和 framebuffer 设备驱动。
- ide/、scsi/：IDE 和 SCSI 设备驱动。
- sound/：声卡驱动，Linux 2.6 内核把此目录移到顶层目录下。

Linux 的驱动开发调试有两种方法，一是将驱动程序直接编译到内核，再运行新内核来测试；二是将驱动程序编译为内核模块，利用 insmod 工具将编译的模块直接插入内核，单独加载运行调试。所谓的内核模块，是内核提供的一种可以动态加载功能单元来扩展功能的机制，类似于软件中的插件机制。

4.2.2　内核态和用户态

Linux 把内核和运行在其上的应用程序分为两个层次管理，即用户态和内核态。内核态有较高的权限，可以控制处理器内存的映射和分配方式等，对应于 ARM 的 SVC 模式；而用户态只能运行系统上的应用程序，对应于 ARM 的 USR 模式。

驱动程序作为内核代码的一部分，其工作在内核态，它的地址空间是内核的地址空间；而应用程序工作在用户态，地址空间是用户态的地址空间。如果驱动程序需要在用户态和内核态之间传递数据，则不能直接通过指针把用户空间的数据地址传递给内核（MMU 映射地址不一样），需要经过转换，把用户态的访问空间转换成内核态可访问的地址。Linux 系统提供了一系列方便的函数实现这种转换，如 copy_from_user 和 copy_to_user 等。

4.2.3　设备文件

1. 设备类型

Linux 系统将设备分成 3 种类型：
- 字符设备：以字符为单位进行输入输出的设备，一般不需要使用缓冲区而直接对它进行读写，如各种串行接口、并行接口的设备等。
- 块设备：以一定大小的数据块为单位进行输入输出的设备，一般要使用缓冲区在设备与内存之间传送数据。块设备和字符设备的区别在于内核的内部管理数据方式上不同，以及在内核/驱动程序的软件接口上不同。
- 网络设备：通过通信网络传输的设备。

2. 设备文件

在 Linux 中，字符设备和块设备是通过文件节点访问的，设备文件是文件系统上的一个节点，是一种特殊的文件。每个设备文件在用户空间代表了一个设备。设备文件是用户应用程序和设备驱动的接口。应用程序一般只能通过设备文件来使用设备驱动的功能。字符和块设备驱动必须有相应的设备文件来对应。

通过 ls -l /dev 命令可以列出系统的设备文件,如图 4-1 所示。

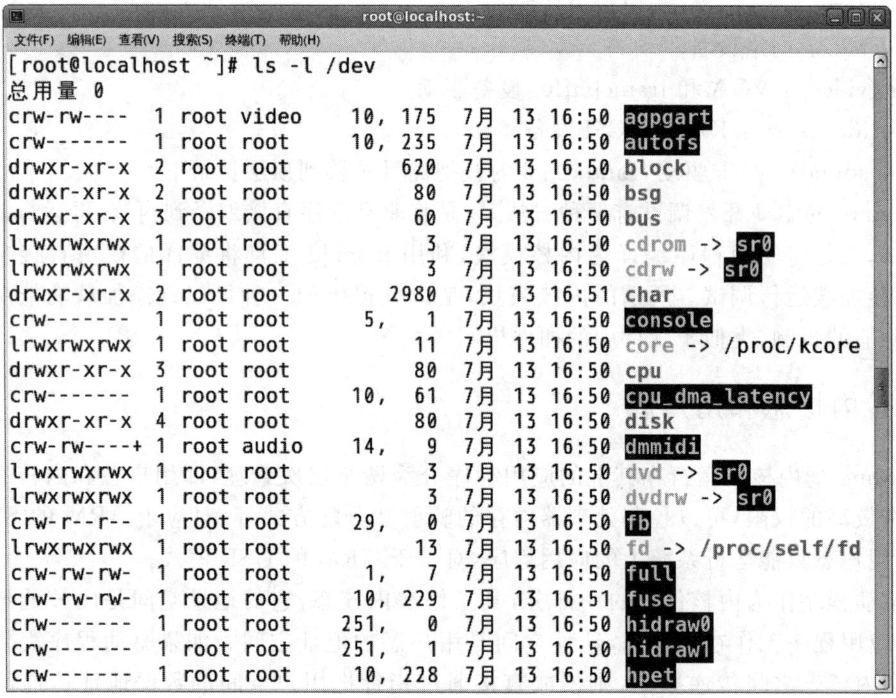

图 4-1　查看设备文件的详细信息

可以通过设备类型和设备号来识别设备。设备号分为主设备号和次设备号。

- 主设备号:与驱动程序一一对应,是一个整数,范围为 0~4095,但是一般使用 1~255。
- 次设备号:区分同一驱动程序的个体设备,是一个整数,范围为 0~1048575,但是一般使用 0~255。

主设备号标识设备对应的驱动程序,一个驱动程序可以控制若干个设备,次设备号提供了一种区分它们的方法。系统增加一个驱动程序就要赋予它一个主设备号。这一赋值过程在驱动程序的初始化过程中实现。

设备文件一般存储在/dev 目录下,可以在驱动程序中创建或用 mknod 命令创建。mknod 命令用来创建特殊文件,只能由 root 用户或系统组成员执行。

mknod 命令语法格式如下:

```
mknod  [设备文件名]  [设备类型]  [主设备号]  [次设备号]
```

参数中的设备类型用指定的字母表示,c 表示特殊文件是面向字符设备,b 表示特殊文件是面向块设备,p 表示创建命名管道。mknod 命令如果创建的是字符设备文件或块设备文件,则需要加主设备号和次设备号,创建命名管道则不用加设备号。

【例 4-1】　利用 mknod 命令创建字符设备。

```
[root@localhost ~]#mknod /dev/zero c 1 5
[root@localhost ~]#ls -l /dev/zero
crw-r--r--1 root root 1, 5   9月 01 09:10 /dev/zero
```

4.3　模块的构造与运行

4.3.1　Linux 的模块化机制

Linux 是一个单内核操作系统,其所有的内核功能构件均可访问任一个内部数据结构和例程。Linux 的单内核结构最大的优点是效率高,但其缺点是可扩展性和可维护性相对较差,为了弥补这一缺陷,Linux 提供了模块化机制,可针对用户的需要动态地载入和卸载模块。

Linux 模块是一个已编译但未连接的可执行文件,它不能独立运行,可以在系统启动以后动态链接到内核的任一部分,当不再需要这些模块时,又可随时断开链接并将其删除。

Linux 模块在运行时被链接到内核作为内核的一部分在内核空间运行,这与运行在用户空间的进程是不同的。模块通常由一组函数和数据结构组成,用来实现一种文件系统、一个驱动程序或其他内核上层的功能。

从内核的角度来看,模块一旦被链接到内核,它就是内核的一部分,所以它也被叫作内核模块;从用户的角度来看,模块是内核的一个外挂配件,需要时可将其挂接到内核上,以完成用户要求的任务,不需要时即可将其删除。它给用户提供了扩充内核功能的手段。

Linux 的内核模块通常是设备驱动程序、伪设备驱动程序(如网络驱动程序)或文件系统,可以用 insmod/rmmod 命令显式地载入/卸载,或是在需要时调用内核守护程序进行载入和卸载。

4.3.2　模块操作相关命令

1. insmod 命令

利用 insmod 命令可以加载模块,被加载的模块保存在/lib/modules/kernel-version 中。

语法格式:

```
insmod  [模块文件名]
```

【例 4-2】　利用 insmod 命令加载模块文件。

```
[root@localhost src4]#insmod hello.ko
```

2. rmmod 命令

利用 rmmod 命令可以卸载模块。

语法格式：

rmmod　［模块名称］

【例 4-3】　利用 rmmod 命令卸载模块。

```
[root@ localhost src4]#rmmod hello
```

3. lsmod 命令

利用 lsmod 命令可以列出当前内核使用的模块。或者通过查看/proc/modules 文件也可以得到当前内核使用的模块列表。

【例 4-4】　列出当前内核使用的模块。

```
[root@ localhost src4]#lsmod
Module            Size       Used by
hello             659        0
rfcomm            54439      4
deflate           1543       0
zlib_deflate      16199      1 deflate
...
```

4. modprobe 命令

modprobe 命令会根据给出的模块名称自动寻找适合的模块文件，并进行加载。

【例 4-5】　利用 modprobe 命令根据模块名称加载模块。

```
[root@ localhost src4]#modprobe hello
[root@ localhost src4]#lsmod | grep hello
hello                659  0
```

5. depmod 命令

depmod 命令可以生成内核模块的依赖文件/lib/modules/< kernel version >/modules.dep，其中< kernel version >是当前运行的内核的版本号。生成的依赖文件可以告诉 modprobe 命令要从哪里调入模块。

【例 4-6】　生成内核模块的依赖文件。

```
[root@localhost src4]#depmod /root/linux_proj/src4/hello.ko
[root@localhost src4]#cat /lib/modules/2.6.35.6-45.fc14.i686/modules.dep
/root/linux_proj/src4/hello.ko:
```

4.3.3　内核模块的程序结构

一个简单的 Linux 内核模块程序包括模块初始化函数、模块退出函数及模块许可证申明。下面通过一个简单的例子说明内核模块的程序结构。

【**例 4-7**】　简单的内核模块程序。

```
/* hello.c   简单的内核模块程序 */
#include<linux/module.h>
#include<linux/init.h>
MODULE_LICENSE("Dual BSD/GPL");
static int hello_init(void)
{
    printk("<1>Hello,Test\n");
    return 0;
}
static void hello_cleanup(void)
{
    printk("<1>Goodbye,Test\n");
}
module_init(hello_init);
module_exit(hello_cleanup);
```

程序说明：

(1) linux/module.h 是所有模块都需要的头文件，linux/init.h 是模块初始化相关的头文件。

(2) 宏 MODULE_LICENSE 是模块许可证申明，其值可以是 GPL、GPL v2、Dual BSDGPL、Dual MPI/GPL 等，这个宏必须有，否则编译时会出错。

(3) 宏 module_init 用来声明函数 hello_init()是模块初始化函数，当通过 insmod 命令加载模块，hello_init()函数自动被内核执行，完成初始化等工作；宏 hello_cleanup 声明函数 hello_cleanup()是模块退出函数，当通过 rmmod 卸载模块时，hello_cleanup()会自动被内核执行。

(4) printk 是一个内核调试函数，可以向内核的一个环形缓冲区中输出日志信息，在 printk 中，参数“<1>”用来指定消息日志的级别。可以利用 dmesg 命令查看 printk 的输出信息。

4.3.4　内核模块编译和运行

要编译和运行我们自己构造的模块，需要配置好 Linux 内核树，即在 Linux 内核源代码中对内核进行配置，然后至少编译一次内核。模块的编译必须在 Linux 内核树的上下文中被调用。

【**例 4-8**】　为内核模块创建 Makefile 文件。

Makefile 文件内容如下：

```
obj-m :=hello.o
KERNELDIR :=/opt/kernel/linux-2.6.35.7
modules:
    make  -C  KERNELDIR  M='pwd'  modules
```

上面的 Makefile 和传统的 Makefile 文件内容有些区别，它采用了内核建立系统处理 GNU make 提供的扩展语法。其中，obj-m ：= hello. o 表明有一个模块要从目标文件 hello. o 建立，从目标文件建立后结果模块命名为 hello. ko。宏 KERNELDIR 指定 Linux 内核源代码的目录。在语句 make -C KERNELDIR M='pwd' modules 中，-C 选项是改变它的目录到 KERNELDIR，make 命令在那里会发现内核的顶层 Makefile，M='pwd'选项使 Makefile 在试图建立模块目标前，回到模块的源程序所在目录，这个目标是指在宏 obj-m 中发现的模块列表 hello. o。

编译上面例子中的模块：

```
[root@localhost src4]#make
make -C /opt/kernel/linux-2.6.35.7 M=/root/linux_proj/src4 modules
make[1]: 进入目录"/opt/kernel/linux-2.6.35.7"
    CC [M]  /root/linux_proj/src4/hello.o
    Building modules, stage 2.
    MODPOST 1 modules
    CC       /root/linux_proj/src4/hello.mod.o
    LD [M]  /root/linux_proj/src4/hello.ko
make[1]: 离开目录"/opt/kernel/linux-2.6.35.7"
```

加载内核模块：

```
[root@localhost src4]#insmod hello.ko
```

查看消息日志：

```
[root@localhost src4]#dmesg | grep Test
[ 3900.382744] Hello,Test
```

查看内核中使用的模块：

```
[root@localhost src4]#lsmod | grep hello
hello                 655  0
```

卸载内核模块：

```
[root@localhost src4]#rmmod hello
```

查看消息日志：

```
[root@ localhost src4]#dmesg | grep Test
[3900.382744] Hello,Test
[3931.875509] Goodbye,Test
```

当模块与内核链接时,insmod 命令会检查模块和当前内核版本是否匹配,因为内核模块是紧密结合到一个特殊内核版本的数据结构和函数原型上的,如果改变当前模块针对的内核版本,需要重新编译驱动模块。另外,每个内核版本都需要特定版本的编译器的支持,高版本的编译器并不适合低版本的内核。

4.4　内核调试技术

内核编程难于调试,内核代码无法在调试器中执行,无法轻易地被跟踪;而要想重现内核代码错误,有可能会导致整个系统的崩溃,同时也破坏了错误现场。所以,内核代码调试不能采用一般的调试技术。本节介绍能够用以监视内核代码和跟踪错误的技术,主要以打印调试和查询调试为主。

4.4.1　打印调试

最简单的方法是使用 printk 函数进行打印调试,printk 函数可以使用附加不同的日志级别或消息优先级,比如:

```
printk(<1>"File is:%s:%i\n",__FILE,__LINE__);
printk(KERN_DEBUG"File is:%s:%i\n",__FILE,__LINE__);
```

上面 printk 语句中的宏 KERN_DEBUG 表示一个“< >”中的整数“<7>”,printk 语句中的每个宏都表示一个“< >”中的整数(0~7),即日志级别,其数值越小,优先级越高。在头文件 linux/kernel.h 中定义了 8 种可用的日志级别字符串,代表的含义及级别可以参考表 4-1。未指定日志级别在内核 2.6 版本中就是 KENR_WARNING。

表 4-1　日志级别宏代表的含义

宏　名	级别	含　义
KERN_EMERG	<0>	用于紧急事件消息,一般是系统崩溃前提示
KERN_ALERT	<1>	用于需要立即采取动作
KERN_CRIT	<2>	临界状态,通常涉及严重的硬件或软件操作失败
KERN_ERR	<3>	用于报告错误状态,设备驱动程序会经常使用这个宏报告来自硬件的问题
KERN_WARNING	<4>	用于对可能出现的问题进行警告
KERN_NOTICE	<5>	用于有必要进行提示的正常情况
KERN_INFO	<6>	提示性信息
KERN_DEBUG	<7>	用于调试信息

printk 语句中的宏和后面的输出内容之间没有逗号,因为宏实际是字符串,在编译时会由编译器将它和后面的文本连接在一起。

可以利用 dmesg 命令显示 printk 输出的日志消息,还可以使用 cat /proc/kmsg 命令来显示。另外,当 printk 指定的日志级别小于变量 console_loglevel 这个整数时,消息才能被显示到控制台,可以通过访问/proc/sys/kernel/printk 来读取和修改控制台级别,例如:

```
[root@localhost ~]#cat /proc/sys/kernel/printk
4    4    1    7
[root@localhost ~]#echo 8>/proc/sys/kernel/printk
[root@localhost ~]#cat /proc/sys/kernel/printk
8    4    1    7
```

上面命令将当前日志级别修改为 8,即在控制台上显示所有的消息。

如果系统运行了 klogd 和 syslogd(日志记录器的两个守护进程),则内核将把消息输出到/var/log/messages 中。

4.4.2　查询调试

/proc 文件系统是由程序创建的虚拟文件系统,内核利用它向外输出信息。/proc 目录下的每个文件都被绑定到一个内核函数,这个函数在此文件被读取时动态地生成文件的内容。比如 ps 命令就是通过读取/proc 下的文件来获取需要的信息。大多数情况下 proc 目录下的文件是只读的。可以利用查看/proc 文件系统下的相关文件来查询内核信息,进行查询调试。

4.4.3　使用 strace 命令进行调试

strace 命令是一个功能强大的工具,它可以显示用户空间的程序发出的全部系统调用,不仅可以显示调用,还可以显示调用的参数和用符号方式表示的返回值。strace 的命令选项如表 4-2 所示。

表 4-2　strace 的命令选项

命令选项	含　　义	命令选项	含　　义
-t	显示调用发生的时间	-e	限定被跟踪的系统调用的类型
-T	显示调用花费的时间	-o	将输出重定向到一个文件

strace 是从内核接收信息,所以它可以跟踪没有使用调试方式编译的程序。还可以跟踪一个正在运行的进程。可以使用它生成跟踪报告,对于内核开发人员同样有用。可以通过每次对驱动调用的输入输出数据的检查来发现驱动的工作是否正常。

【例 4-9】　利用 strace 命令跟踪 insmod hello.ko 命令。

```
[root@localhost book2]#strace -o strace-info insmod hello.ko
[root@localhost book2]#cat strace-info
execve("/sbin/insmod", ["insmod", "hello.ko"], [/ * 47 vars * /])=0
brk(0)                                    =0x8ce9000
mmap2(NULL, 4096, PROT_READ|PROT_WRITE, MAP_PRIVATE|MAP_ANONYMOUS, -1, 0)=
0xb78a9000
access("/etc/ld.so.preload", R_OK)        =-1 ENOENT (No such file or directory)
open("/etc/ld.so.cache", O_RDONLY)        =3
fstat64(3, {st_mode=S_IFREG|0644, st_size=90862, ...})=0
mmap2(NULL, 90862, PROT_READ, MAP_PRIVATE, 3, 0)=0xb7892000
close(3)                                  =0
open("/lib/libc.so.6", O_RDONLY)          =3
read(3, "\177ELF\1\1\1\3\0\0\0\0\0\0\0\0\3\0\3\0\1\0\0\0p\37H\0004\0\0\0"...,
512)=512
fstat64(3, {st_mode=S_IFREG|0755, st_size=1889628, ...})=0
mmap2(0x46b000, 1649160, PROT_READ|PROT_EXEC, MAP_PRIVATE|MAP_DENYWRITE,
3, 0)=0x46b000
mmap2(0x5f8000, 12288, PROT_READ|PROT_WRITE, MAP_PRIVATE|MAP_FIXED|MAP_
DENYWRITE, 3, 0x18c)=0x5f8000
mmap2(0x5fb000, 10760, PROT_READ|PROT_WRITE, MAP_PRIVATE|MAP_FIXED|MAP_
ANONYMOUS, -1, 0)=0x5fb000
close(3)                                  =0
mmap2(NULL, 4096, PROT_READ|PROT_WRITE, MAP_PRIVATE|MAP_ANONYMOUS, -1, 0)=
0xb7891000
set_thread_area({entry_number: -1 -> 6, base_addr:0xb78916c0, limit:
1048575, seg_32bit:1, contents:0, read_exec_only:0, limit_in_pages:1, seg_
not_present:0, useable:1})=0
mprotect(0x5f8000, 8192, PROT_READ)       =0
mprotect(0x467000, 4096, PROT_READ)       =0
munmap(0xb7892000, 90862)                 =0
brk(0)                                    =0x8ce9000
brk(0x8d0a000)                            =0x8d0a000
brk(0)                                    =0x8d0a000
open("hello.ko", O_RDONLY)                =3
read(3, "\177ELF\1\1\1\0\0\0\0\0\0\0\0\0\1\0\3\0\1\0\0\0\0\0\0\0\0\0\0\0"...,
16384)=16384
read(3, "\0\10/u\241<\0\0\r\206\2\0\0/v\273<\0\0\0\r8'\0\0/w\340<\0\0\4"...,
16384)=16384
read(3, "=\1\0055\0\0\334\0\37\240H\0\0'D\1R5\0\0\340\0\37\3533\0\0'F\
1h5"..., 32768)=32768
read(3, "info\0? \26\0\0arch_spinlock\0 * &\0\0arch_"..., 65536)=24048
read(3, "", 41488)                        =0
close(3)                                  =0
init_module(0x8ce9018, 89584, "")         =0
exit_group(0)                             =?
```

4.5 字符设备驱动

字符设备驱动是嵌入式 Linux 最基本、最常用的驱动程序，它的功能非常强大，几乎可以描述不涉及挂载文件系统的所有设备。图 4-2 所示为驱动程序在应用程序和硬件设备之间的接口功能。

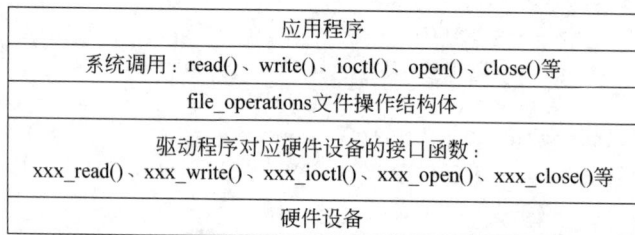

应用程序
系统调用：read()、write()、ioctl()、open()、close()等
file_operations文件操作结构体
驱动程序对应硬件设备的接口函数： xxx_read()、xxx_write()、xxx_ioctl()、xxx_open()、xxx_close()等
硬件设备

图 4-2　驱动程序在应用程序和硬件设备之间的接口功能

字符设备驱动的一般实现步骤如下：

（1）确定主设备号和次设备号。

（2）确定设备文件名称。

（3）创建设备文件。

（4）实现字符设备驱动程序。

① 实现 file_operations 结构体及其中的接口函数，如 xxx_open()、xxx_read()等。

② 实现驱动模块初始化函数，注册字符设备。

③ 实现驱动模块退出函数，注销字符设备。

4.5.1　确定设备号

设备号的类型为 dev_t，在头文件 linux/types.h 中定义。在 Linux 2.6 版本的内核中，dev_t 是一个 32 位数，其中高 12 位用来表示主设备号，低 20 位用来表示次设备号。

根据 dev_t 类型的设备号获得主设备号的宏表示：

```
MAJOR(dev_t dev);
```

获得次设备号的宏表示：

```
MINOR(dev_t dev);
```

将主次设备号转换成 dev_t 类型的设备号的宏表示：

```
MKDEV(int major,int minor);
```

其中，major 表示主设备号，minor 表示次设备号。

主设备号可以手工指定或动态分配。如果手工指定主设备号，需要注意指定的主设备号不能与系统中已注册设备的主设备号重复,可以通过 cat /proc/devices 命令显示系统中已注册设备的主设备号。

　　使用 register_chrdev_region 函数或 alloc_chrdev_region 函数可以动态分配设备号,使用 unregister_chrdev_region 函数可以释放原先申请的设备号。这几个函数的头文件为 linux/fs.h,其函数原型如表 4-3 所示。

表 4-3　动态申请与释放设备号函数原型

函 数 原 型	参 数 含 义	函 数 说 明
int register_chrdev_region(dev_t from, unsigned count, const char * name)	from 表示要分配的起始设备号,count 是请求的连续设备号的总数,name 是应当连接到这个设备号范围的设备名称	动态分配设备号,分配成功返回 0,分配失败返回一个负值错误码
int alloc_chrdev_region(dev_t * dev, unsigned baseminor, unsigned count, const char * name)	dev 是函数成功执行后返回的一个参数,它是分配的设备号范围间的第一个数,baseminor 是请求的第一个要用的次设备号,通常是 0,count 是请求的连续设备号的总数,name 是应当连接到这个设备号范围的设备名称	动态分配设备号,分配成功返回 0,分配失败返回一个负值错误码
void unregister_chrdev_region (dev_t from, unsigned count)	from 表示要释放的起始设备号,count 是释放的连续设备号的总数	释放原先申请的设备号

　　register_chrdev_region 函数用于已知设备号的情况;而 int alloc_chrdev_region 函数用于动态申请系统中未被占用的设备号的情况,其优点在于不会造成设备号重复的冲突。

4.5.2　字符设备的注册与注销

　　有两种方式可以注册与注销字符设备,一种方式是采用 register_chrdev 函数和 unregister_chrdev 函数,头文件为 linux/fs.h;另一种是采用 cdev 结构体操作函数。下面先介绍第一种方式。

1. 注册字符设备

注册字符设备的函数原型为

```
int register_chrdev(unsigned int major, const char * name, struct file_operations * fops)
```

其中,参数 major 表示主设备号,name 表示设备名称,fops 表示 file_operations 文件操作结构体。

　　该函数的返回值:
- 成功:如果 major=0,表示动态分配主设备号,此函数返回所分配的设备号,且设备名就会出现在/proc/devices 文件里。

- 出错：返回-1。

【例 4-10】 注册设备同时动态分配主设备号。

```
static int __init chardev_init(viod)
{
    int ret;
    int major=0;
    ret=register_chrdev(major,"chardev",&chardev_fops);
    if (ret>0)
  {  printk("chardev register success"); }
    else
  {  printk("chardev register failure"); }
    return ret;
}
```

在上面的例子中，chardev_init 函数如果注册设备成功，会返回主设备号。其中，__ init 标记为初始化的函数，表明该函数供在初始化期间使用。在模块装载之后，内核就会将初始化函数丢弃，这样可以将该函数占用的内存释放出来。

2. 注销字符设备

注销字符设备的函数原型为

```
int unregister_chrdev(unsigned int major,const char * name)
```

其中，参数 major 表示主设备号，name 表示设备名称。

函数返回值：成功返回 0；出错返回-1。

【例 4-11】 注销由 register_chrdev 函数注册的设备。

```
static void __exit chardev_exit(viod)
{
    int ret;
    ret=unregister_chrdev(major,"chardev");
    if(ret<0)
    { printk("chardev unregister failure"); }
    else
     { printk("chardev unregister success");   }
    return ret;
}
```

在上面的例子中，__exit 标记的函数只在模块卸载时使用。如果模块被直接编进内核则该函数就不会被调用。如果内核编译时没有包含该模块，则此标记的函数在模块卸载后将被内核丢弃。

4.5.3　cdev 结构体

在 Linux 2.6 内核中使用 cdev 结构体描述字符设备,在内核调用设备操作之前,须分配并注册一个或多个上述结构,其头文件为 linux/cdev.h。

cdev 结构体定义如下:

```
struct cdev
{
    struct kobject kobj;          //内嵌的 kobject 对象
    struct module * owner;        //所属模块
    struct file_operations * fops; //文件操作结构体
    struct list_head list;
    dev_t dev;                    //设备号
    unsigned int count;           //和设备相关联的设备号的数目
}
```

利用 cdev 结构体操作函数可以操作设备文件,相关函数如表 4-4 所示。

表 4-4　cdev 结构体操作函数

函 数 原 型	参 数 含 义	函 数 说 明
viod cdev_init(struct cdev * dev, struct file_operations * fops)	dev 是指向 cdev 结构体的指针,fops 是指向文件操作结构体的指针	初始化 cdev 的成员,建立 cdev 与 file_operations 之间的连接
struct cdev * cdev_alloc(void)		动态申请一个 cdev 内存,函数返回值为指向申请成功的一个 cdev 内存
int cdev_add(struct cdev * dev, dev_t num, unsigned int count)	dev 是指向 cdev 结构体的指针,num 是这个设备响应的第一个设备号,count 是应当关联到设备的设备号的数目,经常指定为 1	注册一个用 cdev 结构体描述的设备
viod cdev_del(struct cdev * dev)	dev 是指向 cdev 结构体的指针	注销一个用 cdev 结构体描述的设备

【例 4-12】　利用 cdev 结构体操作函数注册与注销字符设备。

```
#define DEV_NAME "chardev"
static struct cdev * mycdev;
static int major=0;
static dev_t devno;

//注册字符设备
static int __init chardev_init(void)
{
    my cdev=cdev_alloc();            //动态申请一个 cdev 内存
    cdev_init(mycdev, &my_fops); //初始化 cdev 结构,&my_fops 为文件操作结构体
    /* 获取并注册设备号。如果已经有主设备号,使用 register_chrdev_region 函数注
       册设备,否则使用 alloc_chrdev_regio 函数。major 表示已知的主设备号。 */
```

```
    if (major) {
        //DEV_NAME 为设备名称
        register_chrdev_region(devno, 1, DEV_NAME);
    } else {
        alloc_chrdev_region(&devno, 0, 1, DEV_NAME);
    }
    ret=cdev_add(mycdev, devno, 1);              //注册设备
}
//注销字符设备
static void __exit chardev_exit(void)
{   //释放已经申请的设备号
    unregister_chrdev_region(devno, 1);
    //释放注册的字符设备
    cdev_del(mycdev);
}
```

4.5.4　创建字符设备节点

可以使用 mknod 命令手动创建字符设备节点（文件），还可以使用 class 类的设备接口函数自动创建。

在 Linux 2.6 内核中，定义了 class 结构体，一个 class 结构体类型变量对应一个类。类的概念是设备的高层视图，是 Linux 设备模型的重要组成部分，它抽象了低层设备的具体实现细节。class 类的设备接口函数可以利用设备号等属性自动创建设备节点。class 结构体定义在头文件 linux/device.h 中，而其接口函数在 drivers/base/class.c 中实现。

class 类的设备接口函数如表 4-5 所示。

表 4-5　class 类的设备接口函数

函 数 原 型	参 数 含 义	说　　明
struct class * class_create(struct module * owner, const char * name)	参数 owner 指定类的所有者是哪个模块，name 指定类名	创建一个类。返回值为指向已创建的类的指针
void class_destroy(struct class * class)	参数 class 是指向已创建的类的指针	在模块卸载时删除类
struct device * deivce _ create (struct class * class，struct device * parent，dev _ t devno，void * drvdata，void * devname)	参数 class 指定所要创建的设备所从属的类；parent 是这个设备的父设备，如果没有就指定为 NULL；devno 是设备号；drvdata 是 void 类型的指针，代表回调函数的输入参数，如果没有就指定为 NULL；devname 是设备名称	创建相应的设备节点，返回值为指向 device 结构体的指针。device 结构体用于描述设备相关的信息和设备之间的层次关系，以及设备与总线、驱动的关系
void device_destroy (struct class * class，struct dev_t devno)	参数 class 是指向已创建的类的指针，devno 为设备号	移除一个设备节点

一般在驱动程序的模块初始化函数中,调用 class_create()函数创建一个类,然后再调用 device_create()函数在/dev 目录下创建相应的设备节点;在模块卸载函数中,先调用 device_destroy 函数移除一个设备节点,最后调用 class_destroy 函数删除类。

注意:Linux 内核在 2.6.18 版本之前采用 devfs 系统动态地创建设备节点;而从 2.6.18 版本开始采用 udev 的方式动态地创建设备节点;在 2.6.29 版本之后,才使用了 device_create 函数替代 class_device_create 函数。本书中所涉及的驱动程序需要在 Linux 内核的 2.6.29 之后的版本中才能编译与运行。

4.5.5　设备驱动程序接口

一般所说的设备驱动程序接口是指文件操作结构体 file_operations,其头文件为 linux/fs.h。file_operations 结构体用来建立设备编号与驱动程序的连接,其结构中大多是一些对设备进行各种操作的函数指针。

file_operations 结构体定义如下:

```
struct file_operations {
    struct module * owner;
    loff_t (* llseek) (struct file *, loff_t, int);
    ssize_t (* read) (struct file *, char *, size_t, loff_t *);
    ssize_t (* write) (struct file *, const char *, size_t, loff_t *);
    int (* readdir) (struct file *, void *, filldir_t);
    unsigned int (* poll) (struct file *, struct poll_table_struct *);
    int (* ioctl) (struct inode *, struct file *, unsigned int, unsigned
    long);
    int (* mmap) (struct file *, struct vm_area_struct *);
    int (* open) (struct inode *, struct file *);
    int (* flush) (struct file *);
    int (* release) (struct inode *, struct file *);
    int (* fsync) (struct file *, struct dentry *, int datasync);
    int (* fasync) (int, struct file *, int);
    int (* lock) (struct file *, int, struct file_lock *);
    ssize_t (* readv) (struct file *, const struct iovec *, unsigned long,
    loff_t *);
    ssize_t (* writev) (struct file *, const struct iovec *, unsigned long,
    loff_t *);
    ssize_t (* sendpage) (struct file *, struct page *, int, size_t, loff_t
    *, int);
    unsigned long (* get_unmapped_area) (struct file *, unsigned long,
    unsigned long,
    unsigned long, unsigned long);
    #ifdef MAGIC_ROM_PTR
    int (* romptr) (struct file *, struct vm_area_struct *);
    #endif    /* MAGIC_ROM_PTR */
};
```

file_operations 结构是整个 Linux 内核的重要数据结构,它也是 file{ }、inode{ }结构体的重要成员,表 4-6 说明了结构中的主要成员。

在使用 file_operations 之前,需要先声明 file_operations 变量,使其与具体的设备操作函数建立关联,其声明形式使用了标记化的结构初始化语法,例如:

```
struct file_operations chardev_fops={
read: chardev_read,
write: chardev_write,
    ioctl: chardev_ioctl,
    open: chardev_open,
    release: chardev_release,
    owner: THIS_MODULE
};
```

表 4-6　file_operations 结构体中的成员

成 员 名 称	成 员 作 用
owner	module 的拥有者,一般指向模块自身
llseek	重新定位读写位置
read	从设备中读取数据
write	向字符设备中写入数据
readdir	只用于文件系统,对设备无用
ioctl	控制设备
mmap	将设备内存映射到进程地址空间,通常只用于块设备
open	打开设备并初始化设备
flush	清除内容,一般只用于网络文件系统中
release	关闭设备并释放资源
fsync	实现内存与设备的同步,如将内存数据写入硬盘
fasync	实现内存与设备之间的异步通信
lock	文件锁定,用于文件共享时的互斥访问
readv	在进行读操作前要验证地址是否可读
writev	在进行写操作前要验证地址是否可写

上面的这种特殊表示方法不是标准 C 语言的语法,这是 GNU 编译器的一种特殊扩展表达形式,它使用名字对结构字段进行初始化。同样也有 C99(ISO/IEC 9899:1999 Programming languages -C,C 语言的官方标准第二版)语法使用声明该结构体的方法,比 GNU 编译器的扩展更能提高代码的兼容性,易于移植。声明为如下形式:

```
struct file_operations chardev_fops={
.read=chardev_read,
```

```
   .write=chardev_write,
      .ioctl=chardev_ioctl,
      .open=chardev_open,
      .release=chardev_release,
      .owner=THIS_MODULE
};
```

通过以上对 file_operations 的声明之后,就完成了将设备驱动函数映射为标准接口的工作。需要注意,没有显式声明的 file_operations 结构体成员都被 gcc 初始化为 NULL。

在嵌入式 Linux 的开发中,一般主要实现其中几个接口函数即可,如 read、write、ioctl、open、release 等,就可以完成上层应用程序所需要的功能。file_operations 中所涉及的主要设备驱动函数说明如下。

1. open 方法

open 方法的函数原型为

```
int open(struct inode * node,struct file * filp)
```

其中,参数 node 为 inode 节点指针,filp 为文件指针。

open 方法向驱动程序提供了初始化设备的能力,从而为以后的设备操作做好准备。此外 open 操作一般还会递增使用计数,用以防止文件关闭前模块被卸载出内核。此工作在 Linux 2.6 内核下已经由内核去处理,用户不必关心。在大多数驱动程序中 open 方法应完成如下工作:

- 递增使用计数,即模块使用计数加 1,用以防止文件关闭前模块被卸载出内核。
- 检查设备相关错误,如设备未就绪等硬件问题。
- 如果设备是首次打开,则对其进行初始化。
- 识别次设备号。

2. release 方法

release 方法的函数原型为

```
int release(struct inode * inode,struct file * filp)
```

其中,参数 node 为 inode 节点指针,filp 为文件指针。

与 open 方法相反,release 方法应完成如下功能:

- 释放由 open 分配的所有内容。
- 如果申请了中断,则释放中断处理程序。
- 模块使用计数减 1。
- 在最后一次关闭操作时关闭设备。

3. read 和 write 方法

read 和 write 方法的函数原型为

```
ssize_t write(struct file * filp,const char * buffer, size_t count,loff_t *
offp)
ssize_t read(struct file * filp, char * buffer, size_t count, loff_t * offp)
```

read 方法完成将数据从内核空间复制到用户（应用程序）空间；write 方法相反，将数据从用户空间复制到内核空间。这两个方法中，参数 filp 是文件指针；count 是请求传输数据的长度；buffer 是数据复制缓冲区，指向用户空间，这个缓冲区或者保存将写入的数据，或者是一个存放新读入数据的空缓冲区；offp 是对文件进行操作的偏移量，是一个指向 long offset type（长偏移量类型）对象的指针，这个对象指明用户在文件中存取操作的位置。

关于 read 方法的返回值：

- 返回值等于传递给 read 方法的 count 参数，表明请求的数据传输成功。
- 返回值大于 0，但小于 count 参数，表明部分数据传输成功。
- 返回值等于 0，表示到达文件尾。
- 返回值为负数，表示出现错误，并且指明是何种错误。
- 在阻塞型 I/O 中，read 方法调用会出现阻塞。

关于 write 方法的返回值：

- 返回值等于 count 参数，表明请求的数据传输成功。
- 返回值大于 0，但小于 count 参数，表明部分数据传输成功。
- 返回值等于 0，表示没有写入任何数据。
- 返回值为负数，表示出现错误，并且指明是何种错误。
- 在阻塞型 I/O 中，write 方法调用会出现阻塞。

在上述两个方法中，参数 count 的类型为 size_t。size_t 是标准 C 语言中定义的，在 32 位的系统中为 unsigned int；在 64 位的系统中为 long unsigned int。设计 size_t 就是为了增强可移植性，适应多个平台的架构。read 和 write 方法的返回值类型为 ssize_t，这个数据类型表示可以被执行读写操作的数据块的大小，它表示的是 signed size_t 类型，即 typedef int ssize_t。

4. ioctl 方法

ioctl 方法主要用于对设备进行控制，比如对设备进行配置或读取设备属性信息。用户空间的 ioctl 会调用 file_operations 中映射的设备操作函数 ioctl。用户空间的 ioctl 函数的原型为

```
int ioctl(inf fd,int cmd,char * argp)
```

驱动程序中定义的 ioctl 方法原型为

```
int (* ioctl) (struct inode * node, struct file * filp, unsigned int cmd,
unsigned long arg)
```

参数 node 为 inode 节点指针, filp 为文件指针, 这两个指针对应应用程序传递的文件描述符 fd, cmd 会不被修改地传递给驱动程序, 可选的参数 arg 则无论用户应用程序使用的是指针还是其他类型值, 都以 unsigned long 的形式传递给驱动。

ioctl 方法通常实现一个基于 switch 语句的各个命令的处理, 参数 arg 用于传递应用程序的命令参数等信息。

4.5.6　交互数据

通常情况下, 应用程序通过内核接口 (如 read 和 write 方法) 访问驱动程序, 因此, 驱动程序需要和应用程序交换数据。Linux 将存储器分为内核空间和用户空间, 操作系统和驱动程序在内核空间运行, 应用程序在用户空间运行, 两者不能简单地使用指针或像 memcpy (内存复制函数) 之类的函数传递数据。因为 Linux 系统使用了虚拟内存机制, 用户空间的内存可能被换出, 当内核空间使用用户空间指针时, 对应的数据可能不在内存中; 而用户空间的地址也无法在内核空间中使用。Linux 内核提供了多个函数及宏用于内核空间和用户空间传递数据, 主要有 copy_to_user 函数和 copy_from_user 函数, 头文件为 asm/uaccess.h, 其函数原型如下:

```
unsigned long copy_to_user(void * to,const void * from,unsigned long count)
unsigned long copy_from_user (void * to, const void * from, unsigned long
count)
```

copy_to_user( ) 用于把数据从内核空间复制至用户空间, copy_from_user( ) 用于把数据从用户空间复制至内核空间。这两个函数中, 第一个参数 to 为目标地址; 第二个参数 from 为源地址; 第三个参数 len 为要复制的数据长度, 以字节计算。如果数据复制成功, 这两个函数则返回零; 否则, 返回没有复制成功的数据字节数。

4.5.7　一个简单的字符设备驱动实例

下面通过一个简单的虚拟字符设备的驱动来说明一般的字符设备驱动的程序编写方法。该程序实现了如下功能:

- 在设备驱动模块初始化函数中, 动态申请了设备号, 并根据设备号和设备名在内核中注册了该设备, 创建了字符设备节点。
- 在设备驱动模块退出函数中, 释放了原来申请的设备号, 注销了字符设备, 删除了字符设备节点。
- 实现了 file_operations 中的设备操作函数 read 和 write, write 函数可以将用户应用程序传递来的一个字符串数据写入到一个声明为 static 类型的字符数组

chardev_var 中，read 函数负责将 chardev_var 中数据传递给用户应用程序。

【例 4-13】 一个简单的字符设备驱动。

```
/* chardev.c 字符设备驱动 */
#include<linux/module.h>
#include<linux/init.h>
#include<linux/kernel.h>
#include<linux/fs.h>
#include<linux/device.h>
#include<linux/cdev.h>
#include<asm/uaccess.h>

MODULE_LICENSE("GPL");              //模块许可证申明
#define DEVICE_NAME "chardev"       //设备名
static struct cdev * mycdev;
static struct class * myclass;
dev_t devno;                        //设备号
static char chardev_var[100];       //存放应用程序写入的数据

//设备读操作函数
static ssize_t chardev_read(struct file * filp,char * buf,size_t len,loff_t
* off)
{ //将 chardev_var 从内核空间复制到用户空间
    if(copy_to_user(buf,&chardev_var,100))
    {
        return  -EFAULT;
    }
    return  sizeof(chardev_var);
}


//设备写操作函数
static ssize_t chardev_write(struct file * filp,const char * buf,size_t
len,loff_t * off)
{
    //将用户空间的数据复制到内核空间 chardev_var
    if(copy_from_user(&chardev_var, buf,100))
    {
        return  -EFAULT;
    }
    return  sizeof(chardev_var);
}


//file_operations 声明
```

```
static struct file_operations fops={
    .owner=THIS_MODULE,
    .read=chardev_read,
    .write=chardev_write
};

//设备驱动模块初始化
static int __init chardev_init(void)
{
    int ret;
    ret=alloc_chrdev_region(&devno,0,1,DEVICE_NAME);          //申请设备号
    if(ret !=0){
        printk(KERN_ALERT"hardev device no failure\n");
        return ret;
    }
    mycdev=cdev_alloc();                          //动态申请一个 cdev 内存
    cdev_init(mycdev, &fops);                     //初始化 cdev 的成员
    ret=cdev_add(mycdev, devno, 1);              //注册用 cdev 结构体描述的设备
    if (ret !=0) {
        printk(KERN_ALERT"chardev register failed!\n");
        return ret;
    }
    myclass=class_create(THIS_MODULE, "myclass");              //创建一个类
    if(IS_ERR(myclass)) {
        printk(KERN_ALERT"failed in creating myclass\n");
        return -1;
    }
    device_create(myclass,NULL, devno, NULL, DEVICE_NAME);     //创建设备节点
    printk(KERN_DEBUG"chardev initialized\n");
    return 0;
}

//设备驱动模块退出
static void __exit chardev_exit(void)
{
    unregister_chrdev_region(devno,1);      //释放原先申请的设备号
    cdev_del(mycdev);                        //注销用 cdev 结构体描述的设备
    device_destroy(myclass,devno);          //移除设备节点
    class_destroy(myclass);                  //删除类
    printk(KERN_DEBUG"chardev destroy\n");
}

//声明函数 chardev_init 是设备驱动模块初始化函数
```

```
module_init(chardev_init);
//声明函数 chardev_exit 是设备驱动模块退出函数
module_exit(chardev_exit);
```

为了验证上面的字符设备驱动,编写一个应用程序对驱动进行测试,程序如下:

```
/* chardevtest.c 字符驱动测试应用程序 */
#include<fcntl.h>
#include<stdio.h>
#define MAXLENGTH 100
int main(void)
{
    int fd;
    char str[MAXLENGTH];
    /*打开设备文件/dev/chardev*/
    fd=open("/dev/chardev",O_RDWR,S_IRUSR|S_IWUSR);
    if(fd!=-1)
    {
        /*第一次读 chardev*/
        read(fd,str,MAXLENGTH);
        printf("The chardev is %s\n",str);
        printf("please input string write to chardev\n");
        /*读取用户输入*/
        gets(str);
        /*第一次写 chardev*/
        write(fd,str,MAXLENGTH);
        /*第二次读 chardev*/
        read(fd,str,MAXLENGTH);
        printf("The chardev is %s\n",str);
        /*关闭设备文件/dev/chardev*/
        close(fd);
    }
    else
    {
        printf("Device open failure\n");
    }
    return 0;
}
```

在上面的应用程序中,首先利用 open 函数打开字符设备,然后采用 read 函数第一次读取这个虚拟字符设备中的数据并显示;接着将用户输入的数据通过 write 函数存入字符设备中,再第二次读取字符设备中的数据并显示,以此来进行验证。程序最后关闭了设备文件。应用程序中的 read 函数在执行时会自动调用设备驱动中的 read 方法,而

write 函数也是如此。

程序编译和运行测试如下。

（1）对驱动程序进行编译。

该驱动程序的 Makefile 文件参考如下：

```
#Makefile for chardev.c file
#
obj-m:=chardev.o
KERNELDIR:=/lib/modules/2.6.35.6-45.fc14.i686/build
PWD:=$(shell pwd)

modules:
    $(MAKE) -C $(KERNELDIR) M=$(PWD) modules

modules_install:
    $(MAKE) -C $(KERNELDIR) M=$(PWD) modules_install
clean:
    rm -rf chardev.o chardev.ko chardev.mod.c chardev.mod.o
```

执行 make 命令进行编译：

```
[root@localhost src4]#make
make -C /lib/modules/2.6.35.6-45.fc14.i686/build M=/root/linuxproj/
src4 modules
make[1]:进入目录"/usr/src/kernels/2.6.35.6-45.fc14.i686"
    Building modules, stage 2.
    MODPOST 1 modules
make[1]:离开目录"/usr/src/kernels/2.6.35.6-45.fc14.i686"
```

（2）编译测试应用程序：

```
[root@localhost src4]#gcc -o chardevtest chardevtest.c
```

（3）将字符设备驱动模块加载到内核：

```
[root@localhost src4]#insmod chardev.ko
```

（4）利用 dmesg 命令查看字符设备驱动的初始化函数通过 printk 的输出信息。

```
[root@localhost src4]#dmesg
...
[22423.739078] chardev initialized
```

（5）利用 lsmod 命令查看字符设备驱动模块是否加载成功。

```
[root@localhost src4]#lsmod
Module                 Size          Used by
chardev                1244          0
mptspi                 12502         3
mptscsih               24869         1 mptspi
mptbase                68357         2 mptspi,mptscsih
vmxnet                 13928         0
scsi_transport_spi     17702         1 mptspi
```

（6）查看/dev 目录下新建的设备节点/dev/chardev：

```
[root@localhost src4]#ls -l /dev/chardev
crw-------1 root root 250, 0 10月  2 16:52 /dev/chardev
```

（7）查看/proc/devices 文件中的设备，可以看到新建的字符设备 chardev 的主设备号为 250：

```
[root@localhost src4]#cat /proc/devices
Character devices:
  1 mem
  4 /dev/vc/0
  4 tty
  4 ttyS
  5 /dev/tty
  5 /dev/console
  5 /dev/ptmx
  7 vcs
 10 misc
 13 input
 21 sg
 29 fb
128 ptm
136 pts
162 raw
180 usb
189 usb_device
202 cpu/msr
203 cpu/cpuid
250 chardev
251 hidraw
252 usbmon
253 bsg
254 rtc
...
```

（8）首次运行测试应用程序 chardevtest：

```
[root@localhost src4]#./chardevtest
The chardev is
please input string write to chardev
Hello,Linux
The chardev is Hello,Linux
```

（9）再次运行测试应用程序 chardevtest：

```
[root@localhost src4]#./chardevtest
The chardev is Hello,Linux
please input string write to chardev
Bye,bye
The chardev is Bye,bye
```

（10）从内核中卸载字符设备驱动模块：

```
[root@localhost src4]#rmmod chardev
```

（11）利用 dmesg 命令查看字符设备驱动的退出函数通过 printk 的输出信息。

```
[root@localhost src4]#dmesg
...
[22609.301235] chardev destroy
```

4.5.8　设备 I/O 端口和 I/O 内存的访问

1. 设备 I/O 端口的访问

GPIO（General-Purpose I/O ports，通用输入输出端口）是从事嵌入式系统的开发人员是比较熟悉的，每个 GPIO 都代表一个连接到芯片特定引脚的一个位。嵌入式处理器通常要通过 GPIO 才能连接各种外部设备/电路，对其进行控制。Linux 提供了 GPIO 操作的函数，可以访问外部设备 I/O 端口，头文件为 linux/gpio.h，其具体操作在 Linux 内核源代码的 drivers/gpio/lib_gpio.c 中实现。Linux 的常用 GPIO 操作函数有以下 4 个（其他函数使用请参见 gpiolib 的文档 https://www.kernel.org/doc/Documentation/gpio.txt）。

```
int gpio_direction_input(unsigned gpio)
```

将 GPIO 端口（参数 gpio 指定）设置为输入。

```
int gpio_direction_output(unsigned gpio, int value)
```

将 GPIO 端口（参数 gpio 指定）设置为输出，并指定输出电平值（参数 value 指定）。

```
int gpio_get_value(unsigned gpio);
```

获得 GPIO 端口上的电平值并返回。

```
void gpio_set_value(unsigned gpio, int value);
```

设置 GPIO 端口上的电平值。

对于嵌入式处理器来说，很多时候 GPIO 都是复用的，但是 Linux 没有为 GPIO 复用提供函数接口，也没有设置 GPIO 的上拉和下拉的函数接口。由于设置复用和设置上拉的函数随着厂商不同而实现也不同，具体操作依赖于硬件结构，所以各大厂商一般都会自己实现，最后包含在 Linux 内核源代码中。比如三星公司的 GPIO 设置复用和设置上拉的函数有以下两个：

```
int s3c_gpio_cfgpin(unsigned int pin, unsigned int to)
```

设置 GPIO 端口的工作模式，参数 pin 指定 GPIO 端口，参数 to 有 3 个可选项：

- S3C_GPIO_INPUT：设置成输出模式。
- S3C_GPIO_OUTPUT：设置成输入模式。
- S3C_GPIO_SFN(x)：复用功能选择。

```
int s3c_gpio_setpull(unsigned int pin, s3c_gpio_pull_t pull)
```

配置 GPIO 端口的不同上拉模式，参数 pin 指定 GPIO 端口，参数 pull 有 3 个可选项：

- S3C_GPIO_PULL_NONE：配置 GPIO 端口为不上拉。
- S3C_GPIO_PULL_DOWN：配置 GPIO 端口为下拉模式。
- S3C_GPIO_PULL_UP：配置 GPIO 端口为上拉模式。

这两个函数的头文件为 plat/gpio-cfg.h。

2. I/O 内存的访问

除了上面的方法外，还可以直接访问 GPIO 的地址，Linux 提供了这样的接口函数。对 I/O 的操作都定义在 asm/io.h 中，主要有如下两个函数：

```
__raw_readl(a)
```

从指定 I/O 端口寄存器读取数据，参数 a 的值为 I/O 端口地址。

```
__raw_writel(v, a)
```

向指定 I/O 端口寄存器写入数据，参数 a 的值为 I/O 端口地址，v 为具体的写入数据。

```
#define _ _raw_readl(a) (_ _chk_io_ptr(a), * (volatile unsigned int _ _force
* )(a))
#define _ _raw_writel(v,a) (_ _chk_io_ptr(a), * (volatile unsigned int _ _
force * )(a)=(v))
```

CPU 对 I/O 的物理地址的编程方式有两种：一种是 I/O 映射，另一种是内存映射。
_ _raw_readl 和 _ _raw_writel 等是原始的操作 I/O 的方法，由此派生出很多的操作方
法，比如 readl 和 writel。

```
void writel(unsigned char data , unsigned short addr)
```

往内存映射的 I/O 空间上写入 32 位数据(4 字节)，参数 addr 是 I/O 地址。

```
unsigned char readl(unsigned int addr)
```

从内存映射的 I/O 空间读取 32 位数据，参数 addr 是 I/O 地址，函数返回值为从 I/O
空间读取的数据。

4.6　项目驱动开发实例

4.6.1　LED 设备驱动开发

本节通过一个实例，介绍如何编写本书项目开发板上的 LED 驱动及应用测试程序，
实现对开发板上的 LED 灯的控制。

1. LED 硬件接口

本书项目开发板上共有 4 个 LED 显示灯，分别接在 S5PV210 处理器的 GPH0_3、
GPH0_5、GPH0_6 和 GPH0_7 上。4 个 LED 显示灯分别共阳极 3.3V 电压，因此相应
GPIO 低电平点亮，高电平熄灭，如图 4-3 所示。

S5PV210 处理器的 GPIO 作为控制 I/O，要进行必要的设置才能对外设进行正确控
制。在 LED 驱动中将相应 I/O 设置为输出模式，并向相应 I/O 数据寄存器进行写入数
据便可控制 LED 的开关。表 4-7 至表 4-9 给出了 S5PV210 相关 GPIO 的寄存器配置。

表 4-7　GPH0 I/O 寄存器列表

寄存器	地　址	R/W	描　　述	Reset Value
GPH0CON	0xE020_0C00	R/W	GPH0 端口组配置寄存器	0x00000000
GPH0DAT	0xE020_0C04	R/W	GPH0 端口组数据寄存器	0x00
GPH0PUD	0xE020_0C08	R/W	GPH0 端口组上拉/下拉寄存器	0x5555
GPH0DRV	0xE020_0C0C	R/W	GPH0 端口组驱动电流选择寄存器	0x0000

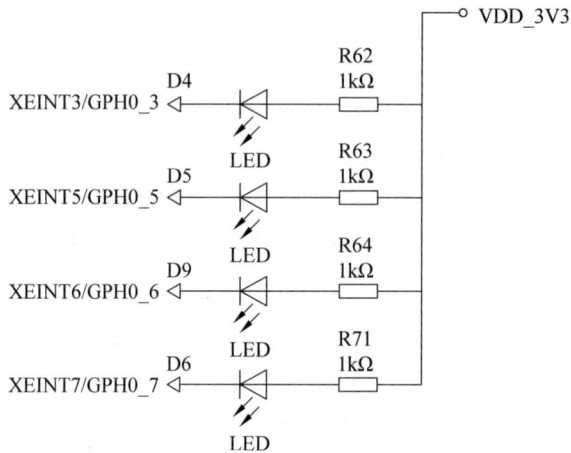

图 4-3　LED 连接

表 4-8　GPH0 配置寄存器

GPH0CON	位	描　　述	初始状态
GPH0CON[0]	[3:0]	0000＝输入,0001＝输出,0010～1110＝保留,1111＝EXT_INT[0]	0000
GPH0CON[1]	[7:4]	0000＝输入,0001＝输出,0010～1110＝保留,1111＝EXT_INT[1]	0000
GPH0CON[2]	[11:8]	0000＝输入,0001＝输出,0010～1110＝保留,1111＝EXT_INT[2]	0000
GPH0CON[3]	[15:12]	0000＝输入,0001＝输出,0010～1110＝保留,1111＝EXT_INT[3]	0000
GPH0CON[4]	[19:16]	0000＝输入,0001＝输出,0010～1110＝保留,1111＝EXT_INT[4]	0000
GPH0CON[5]	[23:20]	0000＝输入,0001＝输出,0010～1110＝保留,1111＝EXT_INT[5]	0000
GPH0CON[6]	[27:24]	0000＝输入,0001＝输出,0010～1110＝保留,1111＝EXT_INT[6]	0000
GPH0CON[7]	[31:28]	0000＝输入,0001＝输出,0010～1110＝保留,1111＝EXT_INT[7]	0000

表 4-9　GPH0 数据寄存器

GPH0DAT	位	描　　述	初始状态
GPH0DAT[7:0]	[7:0]	当端口被设定成输入端口时,对应的位是引脚状态。当端口被设定成输出端口时,引脚状态和对应的位相同。当端口被设定为功能引脚时,将不确定读数取值	0x00

2. LED 驱动程序

LED 驱动程序清单如下:

```
/* leddriver.c LED 设备驱动程序 */
#include<linux/module.h>
#include<linux/kernel.h>
#include<linux/fs.h>
#include<linux/init.h>
#include<linux/device.h>
#include<linux/cdev.h>
#include<plat/gpio-cfg.h>
#include<mach/gpio.h>

MODULE_LICENSE("GPL");              //模块许可证申明

#define DEVICE_NAME   "leds"        //设备名
#define DEVICE_MAJOR 231            //主设备号
#define DEVICE_MINOR   0            //次设备号

struct cdev * mycdev;
struct class * myclass;
dev_t devno;                        //设备号
//LED GPIO 列表
static unsigned long led_table []={
    S5PV210_GPH0(3),
    S5PV210_GPH0(5),
    S5PV210_GPH0(6),
    S5PV210_GPH0(7),
};
//LED GPIO 输出类型配置列表
static unsigned int led_cfg_table []={
    S3C_GPIO_OUTPUT,
    S3C_GPIO_OUTPUT,
    S3C_GPIO_OUTPUT,
    S3C_GPIO_OUTPUT,
};
//LED IOCTRL 处理函数,主要完成从用户空间传递数据进行 GPIO 引脚设置功能
//根据用户传递的参数控制 LED 的亮灭
static int leds_ioctl(struct inode * inode,struct file * file,unsigned int
cmd,unsigned long arg)
{
    switch(cmd) {  //arg:LED 编号,0-3;cmd: 1-亮,0-灭
```

```
        case 0:
        case 1:
            if (arg<0 || arg>3) {
                return -EINVAL;
            }
            if(cmd==0 || cmd==1)
            {   //LED GPIO 设置函数,控制 LED 亮灭
                gpio_set_value(led_table[arg],!cmd);
            }
            return 0;
        default:
            return -EINVAL;
    }
}
//file_operations 声明,设置函数接口
static struct file_operations leds_fops={
    .owner    =      THIS_MODULE,
    .ioctl    =      leds_ioctl,
};
//设备驱动模块初始化函数
static int __init leds_init(void)
{
    int i;
    int err;
    //由主设备号和次设备号得到设备号
    devno=MKDEV(DEVICE_MAJOR, DEVICE_MINOR);
    mycdev=cdev_alloc();                      //动态申请一个 cdev 内存
    cdev_init(mycdev, &leds_fops);            //初始化 cdev 的成员
    err=cdev_add(mycdev, devno, 1);           //注册用 cdev 结构体描述的设备
    if (err !=0)
        printk("leds device register failed!\n");
    myclass=class_create(THIS_MODULE, "leds");  //创建一个类
    if(IS_ERR(myclass)) {
        printk("failed in creating class.\n");
        return -1;
    }

    device_create(myclass,NULL,MKDEV(DEVICE_MAJOR,DEVICE_MINOR), NULL,
    DEVICE_NAME);                             //创建设备节点

    for (i=0; i<4; i++) {
        //配置 LED GPIO 为输出模式
        s3c_gpio_cfgpin(led_table[i], led_cfg_table[i]);
        //设置 LED GPIO 为下拉模式
        s3c_gpio_setpull(led_table[i],S3C_GPIO_PULL_DOWN);
```

```
        //将 4 个 LED 全灭
        gpio_set_value(led_table[i],1);
    }
    printk(DEVICE_NAME "leds initialized\n");
    return 0;
}
//设备驱动模块退出函数
static void __exit leds_exit(void)
{
    cdev_del(mycdev);                    //注销用 cdev 结构体描述的设备
    device_destroy(myclass,devno);       //移除设备节点
    class_destroy(myclass);              //删除类
}
//声明函数 leds_init 是设备驱动模块初始化函数
module_init(leds_init);
//声明函数 leds_exit 是设备驱动模块退出函数
module_exit(leds_exit);
```

在上面的 LED 驱动程序中,LED 驱动初始化函数 leds_init 负责 LED 设备的注册和设备节点创建;在 leds_ioctl 函数中,利用应用程序传递过来的参数 cmd 和 arg 来判断并控制 LED 灯的亮灭,其中,arg 表示 LED 的编号,cmd 表示 LED 的亮灭;最后在模块驱动退出函数 leds_exit 中注销 LED 设备,并移除 LED 设备节点。

3. LED 应用测试程序

LED 应用测试程序如下:

```
/* ledtest.c LED 应用测试程序 */
#include<stdio.h>
#include<stdlib.h>
#include<unistd.h>
#include<sys/ioctl.h>

#define DEVICE_NAME       "/dev/leds"

void leds(int led_number,int on)
{
    int i;
    int fd;
    //打开 LED 设备
    fd=open(DEVICE_NAME, 0);
    if (fd<0) {
        perror("open device");
        exit(1);
    }
    //调用驱动层 ioctrl 接口,实现对 LED 的控制
```

```
    ioctl(fd, on, led_number);
    for(i=0;i<100;i++)
    usleep(1000);
    //关闭 LED 设备
    close(fd);
}
int main(int argc, char * * argv)
{
    int i;
    int on;
    int led_number;
    /*根据命令行参数内容进行控制。将命令行参数 1 设置成 LED number,参数 2 设置成
        LED 点亮熄灭状态 on*/
    if (argc !=3 || sscanf(argv[1], "%d", &led_number) !=1 ||
        sscanf(argv[2],"%d", &on) !=1 ||
        on<0 || on>1 || led_number<0 || led_number>=4) {
            fprintf(stderr, "Usage:\n");
            fprintf(stderr, "\t ./led led_number on|off\n");
            fprintf(stderr, "Options:\n");
            fprintf(stderr, "\t led_number from 0 to 4\n");
            fprintf(stderr, "\t on: 1        off: 0\n");
            exit(1);
    }
    leds(led_number, on);
    return 0;
}
```

在 LED 应用测试程序中,首先打开设备文件/dev/leds,然后根据用户在执行程序时传递的命令行参数,利用 ioctl 函数调用底层设备驱动的 ioctl 方法来控制 LED 的亮灭。

4. 程序编译与运行

LED 驱动程序编译:

```
[root@ localhost leds]#make
make -C /opt/kernel/linux-2.6.35.7 M=/root/linux_proj/src4/leds modules
make[1]: 进入目录"/opt/kernel/linux-2.6.35.7"
  CC [M]    /root/linux_proj/src4/leds/leddriver.o
  Building modules, stage 2.
  MODPOST 1 modules
  CC      /root/linux_proj/src4/leds/leddriver.mod.o
  LD [M]    /root/linux_proj/src4/leds/leddriver.ko
make[1]: 离开目录"/opt/kernel/linux-2.6.35.7"
```

LED 应用测试程序编译：

```
[root@localhost leds]#arm-none-linux-gnueabi-gcc -o ledtest ledtest.c
```

加载 LED 驱动：

```
[root@SMDKV210-DEMO leds]#insmod leddriver.ko
```

LED 应用测试程序运行：

```
[root@SMDKV210-DEMO leds]#./test_led 0 1
[root@SMDKV210-DEMO leds]#./test_led 1 1
[root@SMDKV210-DEMO leds]#./test_led 2 1
[root@SMDKV210-DEMO leds]#./test_led 3 1
[root@SMDKV210-DEMO leds]#./test_led 3 0
[root@SMDKV210-DEMO leds]#./test_led 2 0
[root@SMDKV210-DEMO leds]#./test_led 1 0
[root@SMDKV210-DEMO leds]#./test_led 0 0
```

4.6.2　矩阵键盘驱动开发

矩阵键盘使用 GPIO，采用行列扫描方式，使用 4 行 4 列，共计 16 个轻触按键，可以作为扩展按键使用。

1. 原理说明

扫描电路经过一片双二极管芯片 BAV99 降压后得到适合芯片输入的合适电压，以此作为上拉电阻的基准电压，如图 4-4 所示。矩阵键盘的电路原理图见图 1-7。

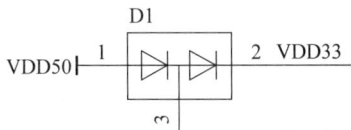

图 4-4　双二极管芯片 BAV99 的电路

2. 键盘扫描程序原理

键盘扫描程序流程图如图 4-5 所示。程序开始首先使键盘的各行为 0，然后读取列值，再判断是否有键按下，如无则退出键盘扫描程序；如有则延时消抖，再次读取列值，判断是否有键按下，如无键按下则退出键盘扫描程序；如有键按下，则依次选中一行使其为 0，读取列值，判断是否有键按下，如有键按下，则读取键值，将其键值返回给用户的应用程序；如无键按下，则选择下一行使其为 0，再次判断是否有键按下，直到最后一行。

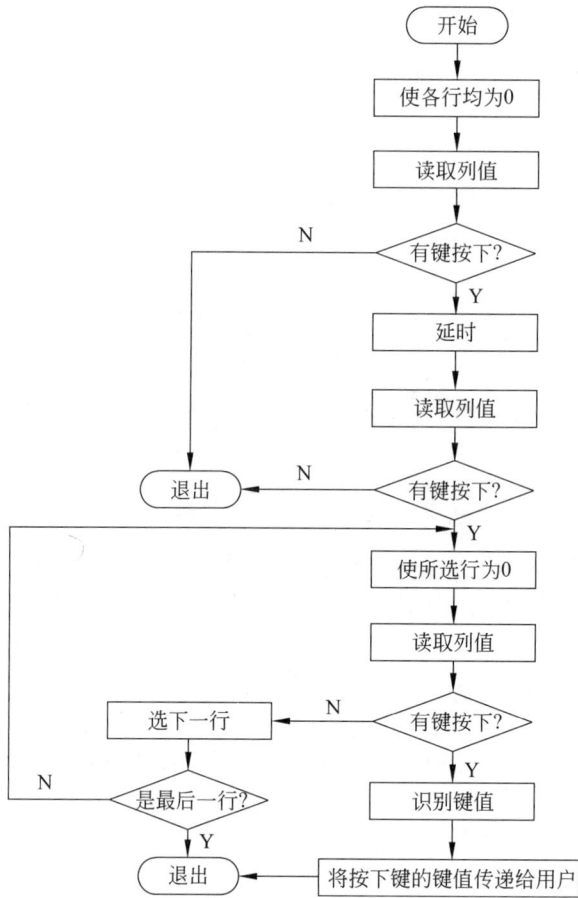

图 4-5　键盘扫描程序流程图

3. 矩阵键盘驱动程序

矩阵键盘驱动程序清单如下。

```
/* keysdriver.c 矩阵键盘驱动程序 */

#include<linux/module.h>
#include<linux/kernel.h>
#include<linux/fs.h>
#include<linux/init.h>
#include<linux/miscdevice.h>
#include<linux/delay.h>
#include<linux/device.h>
#include<linux/cdev.h>
#include<linux/uaccess.h>
```

```
#include<plat/gpio-cfg.h>
#include<asm/irq.h>
#include<mach/gpio.h>

#define DEVICE_NAME "keys"          //定义一个 keys 的设备名
#define KEYS_MAJOR    245           //主设备号为 245
#define KEYS_MINOR  0               //次设备号为 0

struct cdev * mycdev;              //设备指针
struct class * keys_class;
dev_t devno;

/*按键数组 GPIO 列表*/
static unsigned long keys_table[]={
        S5PV210_GPC1(4),S5PV210_GPH0(2),
        S5PV210_GPH2(0),S5PV210_GPH1(4),
        S5PV210_GPC1(2),S5PV210_GPC1(0),
        S5PV210_GPC1(1),S5PV210_GPC1(3),
};
/*设置 GPIO 输入或输出*/
static unsigned int keys_cfg_table[]={
        S3C_GPIO_INPUT,S3C_GPIO_INPUT,
        S3C_GPIO_INPUT,S3C_GPIO_INPUT,
        S3C_GPIO_OUTPUT,S3C_GPIO_OUTPUT,
        S3C_GPIO_OUTPUT,S3C_GPIO_OUTPUT,
};
/*打开设备文件函数*/
static ssize_t keys_open(struct inode * inode,struct file * filp)
{
    int i;
    for(i=0;i<8;i++)
    {
        //设置 GPIO 的工作模式
        s3c_gpio_cfgpin(keys_table[i],keys_cfg_table[i]);
    }
    return 0;
}
/*用按键读取设备文件*/
static ssize_t keys_read(struct file * filp,char __user * buffer,
            size_t count, loff_t * f_pos)
{
```

```
unsigned char n;
unsigned char sccode;
unsigned char data;
unsigned long temp4;
unsigned int keys_value,ret;
//GPIO初始化
gpio_set_value(S5PV210_GPC1(2),0);
gpio_set_value(S5PV210_GPC1(0),0);
gpio_set_value(S5PV210_GPC1(1),0);
gpio_set_value(S5PV210_GPC1(3),0);
keys_value=0;
if(!(gpio_get_value(S5PV210_GPC1(4)))||!(gpio_get_value(S5PV210_GPH0
(2)))||!(gpio_get_value(S5PV210_GPH2(0)))||!(gpio_get_value(S5PV210_
GPH1(4))))//any key pressed
{
    mdelay(100);
    if(!(gpio_get_value(S5PV210_GPC1(4)))||!(gpio_get_value(S5PV210_
    GPH0(2)))||!(gpio_get_value(S5PV210_GPH2(0)))||!(gpio_get_value
    (S5PV210_GPH1(4))))//fliter
    {
        sccode=0xfe;data=0xe;
        for(n=0;n<4;n++){          //按行扫描键盘
            if(n==0){
                //printk("n==0\n");
                gpio_set_value(S5PV210_GPC1(2),0);
                gpio_set_value(S5PV210_GPC1(0),1);
                gpio_set_value(S5PV210_GPC1(1),1);
                gpio_set_value(S5PV210_GPC1(3),1);
                if(!gpio_get_value(S5PV210_GPC1(4))){              //S1
                    temp4=0xe0;
                    keys_value=temp4+data;
                    break;
                }
                    else if(!gpio_get_value(S5PV210_GPH0(2))){   //S2
                        temp4=0xd0;
                        keys_value=temp4+data;
                    break;
                    }
                    else if(!gpio_get_value(S5PV210_GPH2(0))){   //S3
                        temp4=0xb0;
                    keys_value=temp4+data;
                    break;
                    }
```

```
            else if(!gpio_get_value(S5PV210_GPH1(4))){   //S4
                temp4=0x70;
                keys_value=temp4+data;
                    break;
                }

        }
    else if(n==1){
        //printk("n==1\n");
        gpio_set_value(S5PV210_GPC1(2),1);
        gpio_set_value(S5PV210_GPC1(0),0);
         gpio_set_value(S5PV210_GPC1(1),1);
         gpio_set_value(S5PV210_GPC1(3),1);
         if(!gpio_get_value(S5PV210_GPC1(4))){             //S5
             temp4=0xe0;
              keys_value=temp4+data;
               break;
             }
         else if(!gpio_get_value(S5PV210_GPH0(2))){        //S6
              temp4=0xd0;
              keys_value=temp4+data;
              break;
          }
           else if(!gpio_get_value(S5PV210_GPH2(0))){      //S7
               temp4=0xb0;
                keys_value=temp4+data;
              break;
           }
          else if(!gpio_get_value(S5PV210_GPH1(4))){       //S8
             temp4=0x70;
              keys_value=temp4+data;
                break;
           }
       }
    else if(n==2){
        //printk("n==2\n");
        gpio_set_value(S5PV210_GPC1(2),1);
         gpio_set_value(S5PV210_GPC1(0),1);
          gpio_set_value(S5PV210_GPC1(1),0);
         gpio_set_value(S5PV210_GPC1(3),1);
         if(!gpio_get_value(S5PV210_GPC1(4))){             //S9
             temp4=0xe0;
```

```
                keys_value=temp4+data;
                break;
        }
        else if(!gpio_get_value(S5PV210_GPH0(2))){      //S10
            temp4=0xd0;
                keys_value=temp4+data;
            break;
         }
        else if(!gpio_get_value(S5PV210_GPH2(0))){      //S11
            temp4=0xb0;
            keys_value=temp4+data;
            break;
         }
         else if(!gpio_get_value(S5PV210_GPH1(4))){     //S12
            temp4=0x70;
                keys_value=temp4+data;
                break;
         }
    }
    else if(n==3){
        //printk("n==3\n");
        gpio_set_value(S5PV210_GPC1(2),1);
         gpio_set_value(S5PV210_GPC1(0),1);
          gpio_set_value(S5PV210_GPC1(1),1);
         gpio_set_value(S5PV210_GPC1(3),0);
          if(!gpio_get_value(S5PV210_GPC1(4))){          //S13
                temp4=0xe0;
             keys_value=temp4+data;
             break;
          }
        else if(!gpio_get_value(S5PV210_GPH0(2))){      //S14
            temp4=0xd0;
            keys_value=temp4+data;
            break;
        }
         else if(!gpio_get_value(S5PV210_GPH2(0))){     //S15
             temp4=0xb0;
            keys_value=temp4+data;
            break;
        }
         else if(!gpio_get_value(S5PV210_GPH1(4))){     //S16
             temp4=0x70;
            keys_value=temp4+data;
            break;
```

```
                }
            }
            data=((data<<1)|0x01)&0x0f;//0x0e
        }    //for loop


            ret=copy_to_user(buffer,&keys_value,sizeof(keys_value));
        return sizeof(keys_value);
    }
}
return 0;
}


/*驱动层 file_operations 接口函数初始化*/
static struct file_operations keys_fops={
    .owner   =       THIS_MODULE,
    .read    =       keys_read,
    .open    =       keys_open,
};
/*驱动程序入口初始化函数,设置 keys 向内核注册设备*/
static int __init keys_init(void)
{
    int result;
    //注册 keys 设备
    devno=MKDEV(KEYS_MAJOR, KEYS_MINOR);              //获取设备号
    mycdev=cdev_alloc();
    cdev_init(mycdev, &keys_fops);                    //初始化字符设备
    result=cdev_add(mycdev, devno, 1);               //向系统添加 keys 设备

    if(result<0)
    {
        printk(KERN_WARNING"KEYS:can't get major %d\n",KEYS_MAJOR);
        return result;
    }
    printk(DEVICE_NAME"keys initialized\n");
    keys_class=class_create(THIS_MODULE,"keys");    //创建模块
    if(IS_ERR(keys_class))
    {
        printk("err:failed in creating class.\n");
        return -1;
    }
    //建立 keys 设备节点
device_create(keys_class,NULL, MKDEV(KEYS_MAJOR,0),NULL,DEVICE_NAME);
```

```
    return 0;
}
/ * 驱动卸载函数 * /
static void __exit keys_exit(void)
{
    cdev_del(mycdev);
    device_destroy(keys_class,MKDEV(KEYS_MAJOR,0));
    class_destroy(keys_class);
}

module_init(keys_init);                //声明驱动程序入口
module_exit(keys_exit);                //声明驱动程序出口

MODULE_DESCRIPTION("keys driver for UP_Magic");
MODULE_LICENSE("GPL");
```

4. 矩阵键盘应用测试程序

矩阵键盘应用测试程序如下：

```
/ * keystest.c 矩阵键盘应用测试程序 * /

#include<stdio.h>
#include<stdlib.h>
#include<unistd.h>

int main(void)
{
    int fd=-1;
    int ret,i;
    unsigned int keys_value=0;
    fd=open("/dev/keys",0);            //打开一个文件并判断返回值
    if(fd<0)
    {
        printf("open /dev/KEYS error!\n");
        return -1;
    }
    for(;;)                            //无限循环
    {
        / * 读取文件函数,fd 所指文件传送 sizeof(keys_value)字节到所指内存 (&keys
          _value)中 * /
```

```
ret=read(fd,&keys_value,sizeof(keys_value));
if(ret<0)
{
    printf("read err!\n");
    continue;
}
if(ret==0)
    continue;
    switch(keys_value)//判断按键
    {
        case 0xEE:printf("S1 pressed!\n");break;
        case 0xDE:printf("S2 pressed!\n");break;
        case 0xBE:printf("S3 pressed!\n");break;
        case 0x7E:printf("S4 pressed!\n");break;

        case 0xED:printf("S5 pressed!\n");break;
        case 0xDD:printf("S6 pressed!\n");break;
        case 0xBD:printf("S7 pressed!\n");break;
        case 0x7D:printf("S8 pressed!\n");break;

        case 0xEB:printf("S9 pressed!\n");break;
        case 0xDB:printf("S10 pressed!\n");break;
        case 0xBB:printf("S11 pressed!\n");break;
        case 0x7B:printf("S12 pressed!\n");break;

        case 0xE7:printf("S13 pressed!\n");break;
        case 0xD7:printf("S14 pressed!\n");break;
        case 0xB7:printf("S15 pressed!\n");break;
        case 0x77:printf("S16 pressed!\n");break;
    }
    keys_value=0;
}
}
```

5. 程序编译与运行

驱动程序编译：

```
[root@localhost keys]#make
make -C /opt/kernel/linux-2.6.35.7/ M=/root/linux_proj/src4/keys modules
make[1]: 进入目录"/opt/kernel/linux-2.6.35.7"
```

```
CC [M]    /root/linux_proj/src4/keys/keysdriver.o
Building modules, stage 2.
MODPOST 1 modules
CC        /root/linux_proj/src4/keys/keysdriver.mod.o
LD [M]    /root/linux_proj/src4/keys/keysdriver.ko
make[1]: 离开目录"/opt/kernel/linux-2.6.35.7"
```

应用测试程序编译：

```
[root@localhost keys]#arm-none-linux-gnueabi-gcc -o keystest keystest.c
```

加载驱动：

```
[root@SMDKV210-DEMO keys]#insmod keysdriver.ko
```

应用测试程序运行：

```
[root@SMDKV210-DEMO keys]#./ keystest
S1 pressed!
S2 pressed!
S6 pressed!
S16 pressed!
```

4.6.3　温湿度传感器驱动开发

1. 温湿度传感器驱动程序

温湿度传感器采取 GPIO 静态驱动方式，模拟 I^2C 驱动时序，硬件原理请参考 1.2.2 节。温湿度传感器驱动程序清单如下：

```
/* sht11driver.c 温湿度传感器驱动程序 */
#include<linux/module.h>
#include<linux/kernel.h>
#include<linux/fs.h>
#include<linux/init.h>
#include<linux/miscdevice.h>
#include<linux/delay.h>
#include<linux/device.h>
#include<linux/cdev.h>
#include<linux/uaccess.h>
#include<linux/gpio.h>
#include<plat/gpio-cfg.h>
#include<asm/irq.h>
```

```
#include<mach/gpio.h>

#define SHT11_MAJOR 238          //主设备号
#define DEVICE_NAME "sht11"      //设备名
static unsigned char mode_value;
/*共用体*/
typedef union
{
    unsigned int i;
    float f;
} value;


#define TEMP 0
#define HUMI 1


#define noACK 0
#define ACK    1


//SHT11相关命令
#define STATUS_REG_W 0x06        //写寄存器
#define STATUS_REG_R 0x07        //读寄存器
#define MEASURE_TEMP 0x03        //温度检测命令
#define MEASURE_HUMI 0x05        //湿度检测命令
#define RESET            0x1e
/*数据输入*/
static void Sensor_DATA_IN(void)
{
    s3c_gpio_cfgpin(S5PV210_GPH1(2),S3C_GPIO_INPUT);  //设置GPIO引脚为输入
}
/*数据输出*/
static void Sensor_DATA_OUT(void)
{
    s3c_gpio_cfgpin(S5PV210_GPH1(2),S3C_GPIO_OUTPUT); //设置GPIO引脚为输出
}
/*时钟输出*/
static void Sensor_CLK_OUT(void)
{
    s3c_gpio_cfgpin(S5PV210_GPH2(1),S3C_GPIO_OUTPUT); //设置GPIO引脚为输出
}
/*发送数据data1*/
static void set_DATA_1(void)
{
```

```
    gpio_set_value(S5PV210_GPH1(2),1);
}
/* 发送数据 data0 */
static void set_DATA_0(void)
{
    gpio_set_value(S5PV210_GPH1(2),0);
}

/* 时钟 1 */
static void set_CLK_1(void)
{
    gpio_set_value(S5PV210_GPH2(1),1);
}
/* 时钟 0 */
static void set_CLK_0(void)
{
    gpio_set_value(S5PV210_GPH2(1),0);
}
static char  IS_DATA_1(void)
{
    char temp1;
    unsigned short int temp2;
    temp2=gpio_get_value(S5PV210_GPH1(2));
    temp1=(char)(temp2);
    udelay(10);
    return temp1;
}
/* 指令周期 */
void _nop_(void)
{
    int i;
    for(i=0;i<2000;i++);
}
/* 打开设备 */
static ssize_t sth11_open(struct inode * inode, struct file * file)
{
    Sensor_DATA_OUT();
    set_DATA_0();
    Sensor_CLK_OUT();
    set_CLK_0();
    return 0;
```

```
}
/* 写时序 */
char s_write_byte(unsigned char value)
{
    unsigned char i,error;
    for (i=0x80;i>0;i/=2)
    {
        if (i & value) set_DATA_1();
        else set_DATA_0();
        set_CLK_1();
        _nop_();_nop_();_nop_();
        set_CLK_0();
    }
    set_DATA_1();
    Sensor_DATA_IN();
    set_CLK_1();
    error=IS_DATA_1();
    Sensor_DATA_OUT();
    set_CLK_0();
     return error;
}
/* 读时序 */
char s_read_byte(unsigned char ack)
{
    unsigned char i,val=0;
    set_DATA_1();
    Sensor_DATA_IN();
    for (i=0x80;i>0;i/=2)
    {
        set_CLK_1();
        if (IS_DATA_1()) val=(val | i);
        set_CLK_0();
    }
    Sensor_DATA_OUT();
    if(ack)
        set_DATA_0();
    else
        set_DATA_1();
    set_CLK_1();
    _nop_();_nop_();_nop_();
    set_CLK_0();
```

```
    set_DATA_1();
    return val;
}
/*发送开始时序*/
void s_transstart(void)
{
  set_DATA_1(); set_CLK_0();
   _nop_();
   set_CLK_1();
   _nop_();
   set_DATA_0();
   _nop_();
   set_CLK_0();
   _nop_();_nop_();_nop_();
   set_CLK_1();
   _nop_();
   set_DATA_1();
   _nop_();
   set_CLK_0();
}
/*通信复位时序*/
void s_connectionreset(void)
{
    unsigned char i;
    set_DATA_1(); set_CLK_0();
    for(i=0;i<9;i++)
    {
        set_CLK_1();
        _nop_();
        set_CLK_0();
        _nop_();
    }
    s_transstart();
}
/*读取时序*/
char s_measure(unsigned char * p_value,
unsigned char * p_checksum,
unsigned char mode)
{
    unsigned error=0;
    unsigned int i;
    s_transstart();
```

```
    switch(mode){
        case TEMP : error+=s_write_byte(MEASURE_TEMP); break;
        case HUMI : error+=s_write_byte(MEASURE_HUMI); break;
        default : break;
    }
    Sensor_DATA_IN();

    for (i=0;i<65535;i++) if(!IS_DATA_1()) break;
    for (i=0;i<65535;i++) if(!IS_DATA_1()) break;
    if(IS_DATA_1()) error+=1;
    Sensor_DATA_OUT();//≫'
    * (p_value+1)=s_read_byte(ACK);
    * (p_value)=s_read_byte(ACK);
    * p_checksum=s_read_byte(noACK);
    return error;
}
/* ioctl 命令解析函数 */
int sth11_ioctl(struct inode * inode,struct file * file,unsigned int cmd,
unsigned long arg)
{
    switch(cmd) {
    case TEMP:
        mode_value=TEMP;
        break;
    case HUMI:
        mode_value=HUMI;
        break;
    default:break;
    }
    return 0;
}
/* 读取设备文件函数 */
static ssize_t sth11_read(struct file * file,
char __user * userbuf,
size_t count,
loff_t * off)
{
    unsigned int temp_value=0;
    unsigned char error=0,checksum=0;
    unsigned int ret;

    error+=s_measure((unsigned char * )&temp_value,&checksum,mode_value);
    udelay(10);
```

```
        ret=copy_to_user(userbuf,&temp_value,sizeof(temp_value));
        return error;
}
/* 驱动层 file_operations 接口函数初始化 */
static struct file_operations s3c_sth11_fops={
    .owner  =    THIS_MODULE,
    .open   =    sth11_open,
    .ioctl  =    sth11_ioctl,
    .read   =    sth11_read,
};
/* 函数入口初始化 */
int __init init_sht11(void)
{
    int ret_val=0;
    ret_val=register_chrdev(SHT11_MAJOR,DEVICE_NAME,&s3c_sth11_fops);
    if (ret_val<0)
    {
        printk("can't get major %d", SHT11_MAJOR);
        return ret_val;
        }
        printk("register_chrdev: %d\n", ret_val);
    return 0;
}
/* 函数卸载 */
static void __exit exit_sht11(void)
{
    unregister_chrdev(SHT11_MAJOR, DEVICE_NAME);
}
module_init(init_sht11);
module_exit(exit_sht11);

MODULE_LICENSE("GPL");
```

在测量温度和湿度时,向 SHT11 发布一组测量命令(0x05 表示相对湿度,0x03 表示温度)后,S5PV210 要等待测量结束,从采样到计算出结果是要花费时间的。这个过程需要大约 20/80/320ms,分别对应 8/12/14b 测量精度。确切的时间随内部晶振速度的不同最多可能减少 30%。SHT11 通过下拉数据总线至低电平并进入空闲模式,表示测量的结束。S5PV210 在再次触发 SCK 时钟前,必须等待这个"数据备妥"信号来读出数据。检测数据可以先被存储,这样 S5PV210 可以继续执行其他任务,在需要时再读出数据。

2. 温湿度传感器应用测试程序

温湿度传感器应用测试程序清单如下:

```
/* sht11test.c 温湿度传感器应用测试程序 */
#include<stdio.h>
#include<stdlib.h>
#include<unistd.h>
#include<math.h>
#include<sys/ioctl.h>
#define TEMP 0
#define HUMI 1
//对检测到的温湿度数据进行补偿、修正计算
void calc_sht11(float * p_humidity,float * p_temprature)
{
    const float C1=-0.40;                    //针对 12 位测量精度
    const float C2=0.0405;
    const float C3=-0.0000028;
    const float T1=0.01;                     //相对湿度的温度补偿
    const float T2=0.00008;
    float rh= * p_humidity;
    float t= * p_temprature;
    float rh_lin;
    float rh_true;
    float t_C;
    t_C=t * 0.01-40;                         //温度值(14 位测量数据精度时)
    rh_lin=C3 * rh * rh+C2 * rh+C1;          //相对湿度值
    rh_true=(t_C-25) * (T1+T2 * rh)+rh_lin;  //修正后的湿度值
    if(rh_true>100)rh_true=100;
    if(rh_true<0.1)rh_true=0.1;
    * p_temprature=t_C;
    * p_humidity=rh_true;
}
//计算空气的露点值
float calc_dewpoint(float h,float t)
{
    float k,dew_point;
    k=(log10(h)-2)/0.4343+(17.62 * t)/(243.12+t);
    dew_point=243.12 * k/(17.62-k);
    return dew_point;
}//延时函数
void delay(int time)
{
    int i;
    for(i=0;i<time * 1000;)
        i++;
}
```

```
int main(void)
{
int fd,ret,i;
        unsigned int value_t=0;
unsigned int value_h=0;
float fvalue_t,fvalue_h;
float dew_point;
    fd=open("/dev/sht11",0);
    if(fd<0)
    {
        printf("open /dev/sht11 error!\n");
        return -1;
    }
    for(;;)
    {
        fvalue_t=0.0,fvalue_h=0.0;value_t=0;value_h=0;
        ioctl(fd,0);
        ret=read(fd,&value_t,sizeof(value_t));
        if(ret<0)
        {
            printf("read err!\n");
            continue;
        }
        sleep(1);
        value_t=value_t&0x3fff;                        //温度：14 位测量数据
        fvalue_t=(float)value_t;
        ioctl(fd,1);
        ret=read(fd,&value_h,sizeof(value_h));
        sleep(1);
        if(ret<0)
        {
            printf("read err!\n");
            continue;
        }
        value_h=value_h&0xfff;                         //湿度：12 位测量数据
        fvalue_h=(float)value_h;
        calc_sht11(&fvalue_h,&fvalue_t);               //将输出转换为物理量
        dew_point=calc_dewpoint(fvalue_h,fvalue_t);    //空气的露点值
        printf("temp:%fc humi:%f dew point:%fc\n",  \
            fvalue_t,fvalue_h,dew_point);
        sleep(1);
    }
}
```

SHT11 可通过数据总线直接输出数字量湿度值。由于 SHT11 是采用 PTAT 能隙材料制成的温度敏感组件,因而具有很好的线性输出,但是实际温度值也需要经过计算得出,计算公式为

```
t_C=t * 0.01-40;        //(温度值为 14 位测量数据精度时)
```

SHT11 检测到的湿度值需要经过线性补偿和温度补偿后,才能得到较为准确的湿度值。由于相对湿度数字输出特性呈一定的非线性,因此为了补偿湿度传感器的非线性,可按下式修正湿度值:

```
rh_lin=C3 * rh * rh+C2 * rh+C1;        //相对湿度值
```

由于温度对湿度的影响十分明显,而实际温度和测试参考温度 25℃有所不同,所以对线性补偿后的湿度值进行温度补偿很有必要。补偿公式如下:

```
rh_true=(t_C-25) * (T1+T2 * rh)+rh_lin;        //修正后的湿度值
```

在上面的程序中通过温湿度还可计算得到露点值,露点是一个特殊的温度值,是空气保持某一定湿度必须达到的最低温度。当空气的温度低于露点时,空气容纳不了过多的水分,这些水分会变成雾、露水或霜。露点可以根据当前湿度值和温度值计算得出。

3. 程序编译与运行

驱动程序编译:

```
[root@localhost temp_humi]#make
make - C /opt/kernel/linux - 2. 6. 35. 7/ M =/root/linux _ proj/src4/temp _
humi modules
make[1]: 进入目录"/opt/kernel/linux-2.6.35.7"
  CC [M]    /root/linux_proj/src4/temp_humi/sht11driver.o
  Building modules, stage 2.
  MODPOST 1 modules
  CC        /root/linux_proj/src4/temp_humi/sht11driver.mod.o
  LD [M]    /root/linux_proj/src4/temp_humi/sht11driver.ko
make[1]: 离开目录"/opt/kernel/linux-2.6.35.7"
```

应用测试程序编译:

```
[root@SMDKV210-DEMO temp_humi]#arm-none-linux-gnueabi-gcc -o sht11test
sht11test.c
```

加载驱动:

```
[root@SMDKV210-DEMO temp_humi]#insmod sht11driver.ko
```

应用测试程序运行：

```
[root@SMDKV210-DEMO temp_humi]#./sht11test
temp:20.520000c humi:37.758591 dew point:5.610986c
temp:20.510000c humi:37.860844 dew point:5.641145c
temp:20.520000c humi:37.792988 dew point:5.624136c
```

4.6.4 大气压力传感器应用程序

1. 大气压力传感器应用程序

大气压力传感器 bmp085 通过 I^2C 总线直接与 S5PV210 的 GPD1_0/Xi2cSDA0、GPD1_1/Xi2cSCL0 连接。由于 Linux 内核支持 I^2C 总线驱动，所以不需要单独编写 I^2C 总线驱动。大气压力传感器应用程序清单如下：

```c
/* bmp085test.c 大气压力传感器应用程序 */
#include<fcntl.h>
#include<stdio.h>
#include<string.h>
#include<unistd.h>
#define I2C_SLAVE    0x0703   /* Use this slave address */
#define I2C_TENBIT   0x0704

#define CHIP_ADDR    0x77
#define PAGE_SIZE    20
#define I2C_DEV       "/dev/i2c-0"
#define OSS 0

short ac1;
short ac2;
short ac3;
unsigned short ac4;
unsigned short ac5;
unsigned short ac6;
short b1;
short b2;
short mb;
short mc;
short md;
static int bmp_fd;

/*读取大气压力函数*/
static int read_BMP085(int fd, char buff[], int addr, int count)
{
```

```
    int res;

    if(write(fd,&addr,1)!=1){
        printf("write_BMP085 err\n");
        return -1;
    }

    res=read(fd,buff,count);
    return res;
}
```

```
/*写入大气压力函数*/
static int write_BMP085(int fd, char data, int addr, int count)
{
    int res;
    int i;
    char  sendbuffer[PAGE_SIZE+1];

    sendbuffer[1]=data;
    sendbuffer[0]=addr;

    res=write(fd,sendbuffer,count+1);
}
```

```
/*初始化感应器设备*/
void bmp085Init(void)
{
    unsigned char buf[PAGE_SIZE];
    read_BMP085(bmp_fd,buf,0xAA,2);
    ac1=buf[0]<<8 | buf[1];
    read_BMP085(bmp_fd,buf,0xAC,2);
    ac2=buf[0]<<8 | buf[1];
    read_BMP085(bmp_fd,buf,0xAE,2);
    ac3=buf[0]<<8 | buf[1];
    read_BMP085(bmp_fd,buf,0xB0,2);
    ac4=buf[0]<<8 | buf[1];
    read_BMP085(bmp_fd,buf,0xB2,2);
    ac5=buf[0]<<8 | buf[1];
    read_BMP085(bmp_fd,buf,0xB4,2);
    ac6=buf[0]<<8 | buf[1];

    read_BMP085(bmp_fd,buf,0xB6,2);
    b1=buf[0]<<8 | buf[1];
```

```
    read_BMP085(bmp_fd,buf,0xB8,2);
    b2=buf[0]<<8 | buf[1];
    read_BMP085(bmp_fd,buf,0xBA,2);
    mb=buf[0]<<8 | buf[1];
    read_BMP085(bmp_fd,buf,0xBC,2);
    mc=buf[0]<<8 | buf[1];
    read_BMP085(bmp_fd,buf,0xBE,2);
    md=buf[0]<<8 | buf[1];
}

/*读取设备信息*/
static long bmp085ReadTemp(void)
{
    unsigned char buf[2]="";

    write_BMP085(bmp_fd,0x2E,0xF4,1);
    usleep(10*1000);
    read_BMP085(bmp_fd,buf,0xF6,2);

    return (long)(buf[0]<<8 | buf[1]);
}

/*读取压强*/
static long bmp085ReadPressure(void)
{
    unsigned char buf[2]="";

    write_BMP085(bmp_fd,0x34,0xF4,1);
    usleep(10*1000);
    read_BMP085(bmp_fd,buf,0xF6,2);

    return (long)(buf[0]<<8 | buf[1]);
}

int main(void)
{
    int res;
    long ut,up;
    long x1=0, x2=0, b5=0, b6=0, x3=0, b3=0, p=0;
    unsigned long b4=0, b7=0;
    long temp, press;
    unsigned char buf[PAGE_SIZE];
```

```
bmp_fd=open(I2C_DEV, O_RDWR);
if(bmp_fd<0){
    printf("####i2c test device open failed####\n");
    return (-1);
}


res=ioctl(bmp_fd,I2C_TENBIT,0);
res=ioctl(bmp_fd,I2C_SLAVE,CHIP_ADDR);


bmp085Init();        /* bmp085 芯片初始化 */

while(1){
    ut=bmp085ReadTemp();
    ut=bmp085ReadTemp();
    up=bmp085ReadPressure();              //读取压强
    up=bmp085ReadPressure();
    /* 温度计算 */
    x1=((long)ut -ac6) * ac5>>15;
    x2=((long)mc<<11)/(x1+md);
    b5=x1+x2;
    temp=(b5+8)>>4;
    /* 气压计算 */
    b6=b5 -4000;
    x1=(b2 * (b6 * b6>>12))>>11;
    x2=ac2 * b6>>11;
    x3=x1+x2;
    b3=(((long)ac1 * 4+x3)+2)/4;
    x1=ac3 * b6>>13;
    x2=(b1 * (b6 * b6>>12))>>16;
    x3=((x1+x2)+2)>>2;
    b4=(ac4 * (unsigned long) (x3+32768))>>15;
    b7=((unsigned long) up -b3) * (50000>>OSS);
    if(b7<0x80000000
        p=(b7 * 2)/b4 ;
    else
        p=(b7/b4) * 2;
    x1=(p>>8) * (p>>8);
    x1=(x1 * 3038)>>16;
    x2=(-7357 * p)>>16;
    press=p+((x1+x2+3791)>>4);

    printf("temp=%5.1f C\t press=%5.2f Kpa\n", \
    (float)temp/10,(float)press/1000);
```

```
            usleep(100 * 1000);
            fflush(stdout);
        }
        close(bmp_fd);
        return(0);
    }
```

2. 程序编译与运行

程序编译：

```
[root@localhost bmp085]#arm-none-linux-gnueabi-gcc -o bmp085test
bmp085test.c
```

程序运行：

```
[root@SMDKV210-DEMO bmp085]#./bmp085test
temp=   20.6 C    press=89.69 Kpa
temp=   20.7 C    press=89.70 Kpa
temp=   20.6 C    press=89.69 Kpa
temp=   20.6 C    press=89.69 Kpa
temp=   20.6 C    press=89.69 Kpa
temp=   20.6 C    press=89.71 Kpa
temp=   20.6 C    press=89.69 Kpa
temp=   20.6 C    press=89.69 Kpa
temp=   20.6 C    press=89.69 Kpa
temp=   20.6 C    press=89.68 Kpa
temp=   20.6 C    press=89.69 Kpa
temp=   20.6 C    press=89.69 Kpa
```

4.6.5 直流电机驱动开发

1. 直流电机驱动程序

直流电机使用 S5PV210 的 PWM 方式驱动，通过直流电机桥连接到 GPD0_0/XpwmTOUT0、GPD0_1/XpwmTOUT1 口，硬件原理请参考 1.2.2 节。直流电机驱动程序清单如下：

```
/* motordriver.c 直流电机驱动程序 */
#include<linux/module.h>
#include<linux/kernel.h>
#include<linux/fs.h>
#include<linux/init.h>
#include<linux/miscdevice.h>
```

```c
#include<linux/delay.h>
#include<linux/device.h>
#include<linux/cdev.h>
#include<linux/uaccess.h>
#include<plat/gpio-cfg.h>
#include<plat/regs-timer.h>
#include<asm/uaccess.h>
#include<asm/io.h>
#include<asm/irq.h>
#include<mach/gpio.h>
#include<mach/regs-gpio.h>

#define DEVICE_NAME "dc_motor0"         //设备名
#define DCM_IOCTRL_SETPWM (0x10)
#define DCM_TCNTB0 (40000)
#define DCM_TCFG0 (2)
#define DEVICE_MAJOR 222                //主设备号
#define DEVICE_MINOR 0                  //次设备号

struct cdev *mycdev;
struct class *myclass;
dev_t devno;

//禁用 tout00  tout01,启用 tout02,tout03
#define tout01_enable() \
    ({  writel((readl(S5PV210_GPD0CON)&(~0x00ff)),S5PV210_GPD0CON);  \
        writel((readl(S5PV210_GPD0CON)|0x22/* 0x6 */),S5PV210_GPD0CON);
    })

#define tout01_disable() \
    ({  writel(readl(S5PV210_GPD0CON)&(~0x00ff),S5PV210_GPD0CON);  \
        writel(readl(S5PV210_GPD0CON) | 0x11,S5PV210_GPD0CON);  \
        writel(readl(S5PV210_GPD0PUD)&~0x0,S5PV210_GPD0PUD);  \
        writel(readl(S5PV210_GPD0DAT)&(~0x03),S5PV210_GPD0DAT);})

/* deafault divider value=1/16         */
/* deafault prescaler=1/2 ;            */
/* 定时器的时钟频率=PCLK/{prescaler value+1}/{divider value} */
#define dcm_stop_timer()\
    ({writel(readl(S3C2410_TCON) &(~0x1),S3C2410_TCON); })

/* 定时器函数 */
static void dcm_start_timer(void)
{
```

```
    writel(readl(S3C2410_TCFG0) & ~(0x00ff0000),S3C2410_TCFG0);
    writel(readl(S3C2410_TCFG0) | (DCM_TCFG0),S3C2410_TCFG0);
    writel(readl(S3C2410_TCFG1) & ~(0xe),S3C2410_TCFG1);
    writel(DCM_TCNTB0,S3C2410_TCNTB(0));
    writel(DCM_TCNTB0/2,S3C2410_TCMPB(0));
    writel(readl(S3C2410_TCON) &~(0xf),S3C2410_TCON);
    writel(readl(S3C2410_TCON) |(0x2),S3C2410_TCON);
    writel(readl(S3C2410_TCON) &~(0xf),S3C2410_TCON);
    writel(readl(S3C2410_TCON) |(0x19),S3C2410_TCON);
}

/* 打开设备文件函数 */
static int s3c_dcm_open(struct inode * inode, struct file * filp)
{
    printk("s5pv210 DC Motor device open now!\n");
    tout01_enable();
    dcm_start_timer();
    return 0;
}

/* 对应设备 open,卸载时释放内核数据结构 */
static int s3c_dcm_release(struct inode * inode, struct file * filp)
{
    printk("s5pv210 DC Motor device release!\n");
    tout01_disable();
    dcm_stop_timer();
    return 0;
}

/* 电机速率 */
static int dcm_setpwm(int v)
{
    writel((DCM_TCNTB0/2+v),S3C2410_TCMPB(0/ * 2 * /));
    return 0;
}

/* ioctl 命令解析函数 */
static int s3c_dcm_ioctl (struct inode * inode, struct file * filp, unsigned
int cmd, unsigned long arg)
{
    switch(cmd){

    /********* write da 0 with ( * arg) ************/
    case DCM_IOCTRL_SETPWM:
```

```
        return dcm_setpwm((int)arg);
    }
    return 0;
}


/*驱动层 file_operations 接口函数初始化*/
static struct file_operations s3c_dcm_fops={
    .owner     =THIS_MODULE,
    .open      =s3c_dcm_open,
    .ioctl     =s3c_dcm_ioctl,
    .release   =s3c_dcm_release,
};


#ifdef CONFIG_DEVFS_FS
static devfs_handle_t devfs_dcm_dir, devfs_dcm0;
#endif

/*驱动程序入口初始化函数*/
int __init s3c_dcm_init(void)
{

    int err;
    //注册设备
    devno=MKDEV(DEVICE_MAJOR, DEVICE_MINOR);    //获取设备号
    mycdev=cdev_alloc();                        //自动分配
    cdev_init(mycdev, &s3c_dcm_fops);           //初始化字符设备
    err=cdev_add(mycdev, devno, 1);
    if (err !=0)
        printk("s5pv210 motor device register failed!\n");


    myclass=class_create(THIS_MODULE, "s5pv210-dc-motor");
    if(IS_ERR(myclass)) {
        printk("Err: failed in creating class.\n");
        return -1;
    }


    //自动创建设备文件节点
    device_create(myclass,NULL,MKDEV(DEVICE_MAJOR,DEVICE_MINOR),NULL,
    DEVICE_NAME);
    printk (DEVICE_NAME"\tdevice initialized\n");
    return 0;


}


/*驱动程序卸载函数*/
```

```c
void __exit s3c_dcm_exit(void)
{
    cdev_del(mycdev);
    device_destroy(myclass,devno);
    class_destroy(myclass);


}

module_init(s3c_dcm_init);            //声明驱动程序入口
module_exit(s3c_dcm_exit);            //声明驱动程序出口

MODULE_LICENSE("GPL");
```

2. 直流电机应用测试程序

直流电机应用测试程序如下:

```c
/* motortest.c 直流电机应用测试程序 */
#include<stdio.h>
#include<fcntl.h>
#include<string.h>
#include<sys/ioctl.h>

#define DCM_IOCTRL_SETPWM (0x10)
#define DCM_TCNTB0 (16384)

static int dcm_fd=-1;
char * DCM_DEV="/dev/dc_motor0";            //设备名

//延时函数
void Delay(int t)
{
    int i;
    for(;t>0;t--)
        for(i=0;i<400;i++);
}

/*********************************************************/
int main(int argc, char * * argv)
{
    int i=0;
    int status=1;                          //直流电机状态
    int setpwm=0;                          //直流电机的速率
```

```
    int factor=DCM_TCNTB0/1024;
    if((dcm_fd=open(DCM_DEV, O_WRONLY))<0){          //打开设备文件失败
        printf("Error opening %s device\n", DCM_DEV);
        return 1;
    }

    for (;;) {
        for (i=-512; i<=512; i++) {
            if(status==1)
                setpwm=i;
            else
                setpwm=-i;
            //ioctl是对I/O通道进行管理的函数
            ioctl(dcm_fd, DCM_IOCTRL_SETPWM, (setpwm * factor));
            Delay(500);                              //调用延时函数
            printf("setpwm=%d \n", setpwm);
        }
        status=-status;                              //实现电机正反转动状态
    }

    close(dcm_fd);                                   //关闭设备文件
    return 0;
}
```

3. 程序编译与运行

驱动程序编译:

```
[root@localhost motor]#make
make -C /opt/kernel/linux-2.6.35.7/ M=/root/linux_proj/src4/motor modules
make[1]: 进入目录"/opt/kernel/linux-2.6.35.7"
  CC [M]  /root/linux_proj/src4/motor/motordriver.o
  Building modules, stage 2.
  MODPOST 1 modules
  CC      /root/linux_proj/src4/motor/motordriver.mod.o
  LD [M]  /root/linux_proj/src4/motor/motordriver.ko
make[1]: 离开目录"/opt/kernel/linux-2.6.35.7"
```

应用测试程序编译:

```
[root @ localhost motor] # arm - none - linux - gnueabi - gcc - o motortest
motortest.c
```

加载驱动:

```
[root@SMDKV210-DEMO relay]#insmod motordriver.ko
```

应用测试程序运行：

```
[root@SMDKV210-DEMO relay]#./motortest
...
setpwm=-8
setpwm=-7
setpwm=-6
setpwm=-5
setpwm=-4
setpwm=-3
setpwm=-2
setpwm=-1
setpwm=0
setpwm=1
setpwm=2
setpwm=3
setpwm=4
...
```

程序运行后，通过观察可以发现直流电机先开始正转，然后反转，如此循环。

4.6.6 继电器开关驱动开发

1. 继电器开关驱动程序

有关继电器模块的硬件原理请参考 1.2.2 节。继电器开关驱动程序清单如下：

```
/* relaydriver.c 继电器开关驱动程序 */
#include<linux/module.h>
#include<linux/kernel.h>
#include<linux/fs.h>
#include<linux/init.h>
#include<linux/miscdevice.h>
#include<linux/delay.h>
#include<linux/device.h>
#include<linux/cdev.h>
#include<linux/uaccess.h>
#include<plat/gpio-cfg.h>
#include<asm/irq.h>
#include<asm/io.h>
#include<mach/gpio.h>
#include<mach/regs-gpio.h>
```

```
#define DEVICE_NAME      "relay"    //设备名
#define RELAY_MAJOR       237       //主设备号

//开关状态
#define IOCTL_RELAY_OFF     0       //关
#define IOCTL_RELAY_ON      1       //开

/* 打开设备文件函数 */
static int s3c_relay_open(struct inode * inode, struct file * file)
{
    //设置 GPIO 的工作模式
    s3c_gpio_cfgpin(S5PV210_GPA0(7), S3C_GPIO_OUTPUT);
    return 0;
}
/* ioctl 命令解析函数 */
static int s3c_relay_ioctl(
    struct inode * inode,
    struct file * file,
    unsigned int cmd,
    unsigned long arg)
{
    if(arg>3){
        return -EINVAL;
    }
    switch(cmd) {
        case IOCTL_RELAY_ON:      //继电器开
            gpio_set_value(S5PV210_GPA0(7), 1);
            s3c_gpio_setpull(S5PV210_GPA0(7),S3C_GPIO_PULL_UP);
            return 0;

        case IOCTL_RELAY_OFF:      //继电器关
            gpio_set_value(S5PV210_GPA0(7), 0);
            s3c_gpio_setpull(S5PV210_GPA0(7),S3C_GPIO_PULL_NONE);
            return 0;

        default:
            return -EINVAL;
    }
}
/* 驱动层 file_operations 接口函数初始化 */
static struct file_operations s3c_relay_fops={
    .owner  =   THIS_MODULE,
    .open   =   s3c_relay_open,
```

```
        .ioctl   =   s3c_relay_ioctl,
};
/*驱动程序入口初始化函数*/
static int __init s3c_relay_init(void)
{
int ret;
//静态分配设备编号
    ret=register_chrdev(RELAY_MAJOR, DEVICE_NAME, &s3c_relay_fops);
if (ret<0) {
printk(DEVICE_NAME " can't register relay major number\n");
return ret;
    }

    printk(DEVICE_NAME " initialized\n");
    return 0;
}
/*驱动程序卸载函数*/
static void __exit s3c_relay_exit(void)
{
unregister_chrdev(RELAY_MAJOR, DEVICE_NAME);
}

module_init(s3c_relay_init);              //声明驱动程序入口
module_exit(s3c_relay_exit);              //声明驱动程序出口

MODULE_LICENSE("GPL");
```

　　在上面的驱动程序中,驱动程序入口初始化函数采用了静态分配设备编号,而没有
建立设备节点,需要在调用驱动前手工建立。在设备打开函数 s3c_relay_open 中对相关
控制的 GPIO 进行了工作模式设置,函数 s3c_relay_ioctl 是 ioctl 命令解析函数,利用用
户应用程序传递的参数 cmd 来判断并控制继电器的开和关。

2. 继电器开关应用测试程序

继电器开关应用测试程序如下:

```
/*relaytest.c 继电器开关应用测试程序*/
#include<stdio.h>
#include<stdlib.h>
#include<unistd.h>
#include<sys/ioctl.h>

#define IOCTL_RELAY_OFF    0   //宏定义(在预处理中,会将后者替换成前者)
#define IOCTL_RELAY_ON     1
```

```
int main(void)
{
    int fd=-1;

    //打开设备文件函数,O_RDWR 为读写打开,返回值为-1 则打开失败
    fd=open("/dev/relay",0);
    if (fd<0)              //打开失败
    {
        printf("Cannot open /dev/relay\n");
        return -1;
    }
    while(1)
    {
        //ioctl 是对 I/O 通道进行管理的函数
        //fd 所指文件,第二个参数为继电器状态,第三个参数为命令参数
        ioctl(fd,IOCTL_RELAY_ON, 0x01);
        sleep(2);          //停止 2 秒
        ioctl(fd,IOCTL_RELAY_OFF, 0x01);
        sleep(2);          //停止 2 秒
    }
    close(fd);             //关闭文件
    return 0;
}
```

3. 程序编译与运行

驱动程序编译：

```
[root@localhost relay]#make
make -C /opt/kernel/linux-2.6.35.7/ M=/root/linux_proj/src4/relay modules
make[1]: 进入目录"/opt/kernel/linux-2.6.35.7"
  CC [M]  /root/linux_proj/src4/relay/relaydriver.o
  Building modules, stage 2.
  MODPOST 1 modules
  CC      /root/linux_proj/src4/relay/relaydriver.mod.o
  LD [M]  /root/linux_proj/src4/relay/relaydriver.ko
make[1]: 离开目录"/opt/kernel/linux-2.6.35.7"
```

应用测试程序编译：

```
[root @ localhost relay] # arm - none - linux - gnueabi - gcc - o relaytest
relaytest.c
```

加载驱动：

```
[root@SMDKV210-DEMO relay]#insmod relaydriver.ko
```

建立继电器开关设备节点:

```
[root@SMDKV210-DEMO relay]#mknod /dev/relay c 237 0
```

应用测试程序运行:

```
[root@SMDKV210-DEMO relay]#./relaytest
```

在程序运行后,可以观察到继电器开关每隔 2 秒开或关一次。

习 题 4

1. 在 Linux 下一般通过驱动程序来访问外部设备,驱动程序与应用程序的区别是什么?

2. Linux 将设备分成哪几种类型?各有什么特点?

3. 可以通过什么命令加载和卸载 Linux 内核模块?请举例说明。

4. 常用的 Linux 内核调试方法有哪几种?请简要说明。

5. 实现字符设备驱动的一般步骤是什么?

6. Linux 内核提供了多个函数及宏用于内核空间和用户空间传递数据,主要有 copy_to_user 函数和 copy_from_user 函数,这两个函数的区别是什么?

7. file_operations 文件操作结构体的功能是什么?

8. 假设某字符设备的名称为 chartest,主设备号为 250,可以通过哪几种方法创建该字符设备?请简要说明。

9. 假设某字符设备的驱动程序源代码文件为 chartest.c,Linux 内核源代码的路径为/usr/src/ linux-2.6.35.7,gcc 编译器的路径为/usr/local/arm/arm-2009q3/bin/ arm-none-linux-gnueabi-gcc,请写出编译 chartest.c 的 Makefile 文件内容。

第 5 章

嵌入式 Linux 文件编程

5.1 项目目标

通过本章的学习,实现对农业信息采集控制系统诸如温湿度、大气压强设备及 GPS 等采集设备的访问,从而获取采集到的信息。

本章知识点包括文件描述符和系统调用的概念、基于文件描述符的文件 I/O 操作以及嵌入式 Linux 中的串口应用编程方法。

5.2 文件编程概述

5.2.1 文件描述符

在 Linux 中,内核把所有设备都映射成了文件,因此对设备的操作就等同于对文件的操作,而所有打开文件的引用都是通过文件描述符来实现的。文件描述符是打开或者创建一个文件时由内核向进程返回的一个非负整数。因此,在对设备进行操作的时候,只需引用标识该设备的文件描述符即可。

在一个应用程序中,当启动一个进程时,默认有标准输入(对应文件描述符是 0)、标准输出(对应文件描述符是 1)和标准错误(对应文件描述符是 2)共 3 种打开文件的方式。在头文件 unistd. h 中,为这 3 种打开方式的文件描述符分别定义常量 STDIN_FILENO、STDOUT_FILENO、STDERR_FILENO。文件描述符的范围是从 0 到 OPEN_MAX,不同时期的系统采用上限值 OPEN_MAX 不尽相同。例如,早期的 UNIX 版本采用的 OPEN_MAX 值为 19,而目前很多系统都已增至 256。

5.2.2 系统调用

Linux 系统调用(system call),其实就是 Linux 操作系统提供给用户程序的一组接口函数,用户程序可以通过这些接口来获得操作系统内核所提供的特殊服务。

Linux 操作系统为安全考虑,也就是为了更好地保护内核空间,根据程序运行等级的不同,将程序运行空间分为用户空间(用户态)和内核空间(内核态)两种,这两种空间在逻辑上是相互分离的。通常情况下,用户进程必须通过系统调用来使用内核提供的服务,而不允许直接访问内核提供的服务,如图 5-1 所示。当操作系统接收到应用程序发来的系统调用请求后,会让处理器进入内核空间,从而执行诸如 I/O 操作、修改基址寄存器内容等指令,而当处理完系统调用内容后,操作系统会让处理器返回用户空间,继续执行用户代码。

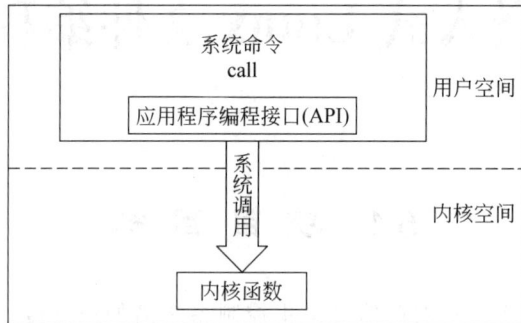

图 5-1　Linux 系统调用

　　Linux 系统调用按照功能的不同大致可分为进程控制、文件读写操作、文件系统控制、内存管理、网络、用户管理、进程间通信等。

5.2.3　应用程序编程接口

　　API(Application Programming Interface,应用程序编程接口)是系统中预先定义好的函数,目的是提供应用程序与开发人员基于某软件或硬件得以访问一组例程的能力,而又无须访问源码,或理解内部工作机制的细节。在 Linux 中,API 就是 glibc 库提供的库函数,直接供用户编程使用,运行在用户态。如 open、read、write、malloc、free 等函数就是系统提供给用户的 API。

　　在 Linux 中,API 遵循了 UNIX 中最流行的应用编程界面标准——POSIX(Portable Operating System Interface of UNIX)标准。POSIX 是针对 API 的标准,描述操作系统的系统调用编程接口。这些系统调用编程接口主要是通过 glibc 库来实现的,glibc 库中的函数会调用封装例程发起系统调用,内核调用相关的内核函数来处理并逐步返回给封装例程,API 函数从封装例程接收结果并进行处理,然后将结果返回给用户。但是,并不是所有的 API 函数都需要系统调用,如某些数学函数在 glibc 里面就可以直接被处理。

5.3　基于文件描述符的文件 I/O 操作

　　本节主要对基于文件描述符的常用文件 I/O 操作进行讨论,包括文件的创建、打开、关闭、读写、定位及控制。

5.3.1　文件的创建、打开和关闭

　　要对一个文件进行操作,首先得保证这个文件是存在的,其次要打开文件,最后才能

对文件进行操作,操作完成后要关闭文件。

1. 创建文件

创建文件是通过系统调用 creat 来实现,creat 函数的原型如表 5-1 所示。

表 5-1　creat 函数原型

头文件	# include <sys/types. h> # include <sys/stat. h> # include <fcntl. h>	
原　型	int creat(const char * path,mode_t mode);	
参　数	path:指向要创建的文件的绝对路径名或相对路径名	
	mode:所创建文件的权限,为八进制表示法	S_IRUSR:文件所有者的读权限位
		S_IWUSR:文件所有者的写权限位
		S_IXUSR:文件所有者的执行权限位
		S_IRGRP:文件所有者同组用户的读权限位
		S_IWGRP:文件所有者同组用户的写权限位
		S_IXGRP:文件所有者同组用户的执行权限位
		S_IROTH:其他用户的读权限位
		S_IWOTH:其他用户的写权限位
		S_IXOTH:其他用户的执行权限位
		S_IRWXU:S_IRUSR| S_IWUSR| S_IXUSR
		S_IRWXG:S_IRGRP| S_IWGRP| S_IXGRP
		S_IRWXO:S_IROTH| S_IWOTH| S_IXOTH
返回值	创建文件成功,返回文件描述符,且文件以只读方式打开;创建文件失败返回−1,并设置 errno 为相应的错误编号	

【例 5-1】　系统调用 creat 创建文件示例。

```
/* ex5-1.c 系统调用 creat 示例 */
#include<unistd.h>
#include<sys/types.h>
#include<sys/stat.h>
#include<fcntl.h>
#include<stdio.h>
main()
{
    int fd;
    fd=creat("/linux_proj/src5/ex5-1/temp.dat",S_IRUSR|S_IWUSR);
    if(fd>0)
    {
        printf("create/linux_proj/src5/ex5-1/temp.dat success!\n");
    }
```

```
    else if(fd==-1)
    {
        printf("create/linux_proj/src5/ex5-1/temp.dat failure!\n");
    }
}
```

运行结果：

```
[root@localhost ex5-1]#./ex5-1
create/linux_proj/src6/ex5-1/temp.dat success!
```

2. 打开文件

打开文件是通过系统调用 open 来实现的。通过系统调用 open 打开文件时，如果该文件不存在，open 会先创建文件，然后再打开文件；如果文件已经存在 open 会直接打开文件。open 的函数原型如表 5-2 所示。

表 5-2　open 函数原型

头文件	# include <sys/types. h> # include <sys/stat. h> # include <fcntl. h>		
原　型	int open(const char * path,int flags); int open(const char * path,int flags,mode_t mode);		
参　数	path：指向要打开的文件的绝对路径名或相对路径名		
	flags：文件的打开方式	O_RDONLY：以只读方式打开文件	
		O_WRONLY：以只写方式打开文件	
		O_RDWR：以读写方式打开文件	
		O_CREAT：如果该文件不存在，则创建一个新文件，并用参数 mode 为其设置权限	
		O_EXCL：如果在文件存在的情况下使用了 O_CREAT 参数，函数将返回错误消息。该参数可用于测试文件是否存在	
		O_NOCTTY：如果文件为终端时，终端就不能作为调用 open()的那个进程的控制终端	
		O_TRUNC：如果以只写或读写方式成功打开文件，文件中的内容将全部被清空	
		O_APPEND：以添加方式打开文件，并将文件指针指向文件末尾	
		O_NONBLOCK	用于非阻塞套接口 I/O,如果操作不能无延时地完成,则在操作前进行返回
		O_NODELAY	
		O_SYNC：只有数据被写到外存或其他设备后,操作才返回	
	mode	用法与 creat 函数中的 mode 参数的用法一致	
返回值	打开文件成功,返回文件描述符;失败返回-1,并设置 errno 为相应的错误编号		

在系统调用 open 中,参数 flags 可通过"|"组合构成,但前 3 个参数值不能相互组合。open(path,O_CREAT|O_WRONLY|O_TRUNC)功能等同于 creat,通常使用系统调用 open 的参数 flags 组合来创建并打开一个文件。

【例 5-2】　通过系统调用 open 以只读方式打开一个给定文件 temp.dat,如果该文件存在,则将其清空;如果文件不存在,则创建该文件。文件的权限设置为 0600。

```
/* ex5-2.c 系统调用 open 示例*/
#include<unistd.h>
#include<sys/types.h>
#include<sys/stat.h>
#include<fcntl.h>
#include<stdlib.h>
#include<stdio.h>
int main(void)
{
    int fd;
    if((fd=open("/linux_proj/src5/ex5-2/temp.dat",O_CREAT|O_TRUNC|
    O_WRONLY,0640))<0)
        printf("open/linux_proj/src5/ex5-2/temp.dat failure!\n");
    else
        printf("open/linux_proj/src5/ex5-2/temp.dat success!\n");
    return 0;
}
```

运行结果:

```
[root@localhost ex5-2]#./ex5-2
open/linux_proj/src5/ex5-2/temp.dat success!
```

3. 关闭文件

关闭一个已经打开的文件是通过系统调用 close 来完成的,close 函数原型如表 5-3 所示。

表 5-3　close 函数原型

头文件	#include <unistd.h>
原　型	int close(int fd)
参　数	fd:已打开文件的文件描述符
返回值	文件成功关闭返回 0;出错返回−1,并设置 errno 为相应的错误编号

【例 5-3】　系统调用 close 示例。

```
/*ex5-3.c 系统调用 close 示例*/
#include<unistd.h>
#include<sys/types.h>
#include<sys/stat.h>
#include<fcntl.h>
#include<stdlib.h>
#include<stdio.h>
int main(void)
{
    int fd;
    if((fd=open("/linux_proj/src5/ex5-3/temp.dat",O_CREAT|O_TRUNC|
    O_WRONLY,0640))<0)
        printf("open/linux_proj/src5/ex5-3/temp.dat failure!\n");
    else
        printf("open/linux_proj/src5/ex5-3/temp.dat success!\n");
    if(close(fd)==-1)
        printf("close/linux_proj/src5/ex5-3/temp.dat failure!\n");
    else
        printf("close/linux_proj/src5/ex5-3/temp.dat success!\n");
    return 0;
}
```

运行结果：

```
[root@localhost ex5-3]#./ex5-3
open/linux_proj/src5/ex5-3/temp.dat success!
close/linux_proj/src5/ex5-3/temp.dat success!
```

在很多程序中通过终止一个进程，使在该进程中已打开的文件由内核自动关闭，而不会显式地调用 close 函数进行关闭。

5.3.2　文件的读写操作

对文件进行读写操作是 I/O 操作的核心部分。打开文件后，就可以通过系统调用 read 和 write 分别对文件进行读和写的操作。

1. 文件写入

向一个已打开的文件中写入数据，可通过系统调用 write 来实现。write 从文件指针的当前位置开始写入，若磁盘已满或写入数据超出该文件的长度，则 write 操作会失败。系统调用 write 的函数原型如表 5-4 所示。

表 5-4　**write 函数原型**

头文件	♯ include ＜unistd. h＞
原　型	ssize_t write(int fd,void ＊ buf,size_t count)
参　数	fd：打开所写文件时返回的文件描述符
	buf：指向存储器中要写入文件中的数据
	count：指出向文件中一次写入数据的字节数
返回值	写入文件成功,则返回写入文件中数据的字节数;写入失败则返回−1,并将 errno 设置为相应错误值

【例 5-4】　创建文件 temp. dat,从终端输入一个字符串并写入到该文件中。

```
/＊ex5-4.c 系统调用 write 示例＊/
#include<unistd.h>
#include<sys/types.h>
#include<sys/stat.h>
#include<fcntl.h>
#include<stdlib.h>
#include<stdio.h>
#include<string.h>
int main(void)
{
    int fd,n;
    char buf[100];
    if((fd=open("/linux_proj/src5/ex5-4/temp.dat",
                O_CREAT|O_TRUNC|O_WRONLY,0666))<0)
        printf("open/linux_proj/src5/ex5-4/temp.dat failure!\n");
    else{
        printf("open/linux_proj/src5/ex5-4/temp.dat success!\n");
        scanf("%s",buf);
        n=write(fd,buf,sizeof(buf));
        if(n==-1)
            printf("write failure!\n");
        else
            printf("write success!\n");
        if(close(fd)==-1)
            printf("close/linux_proj/src5/ex5-4/temp.dat failure!\n");
        else
            printf("close/linux_proj/src5/ex5-4/temp.dat success!\n");
    }
    return 0;
}
```

运行结果：

```
[root@localhost ex5-4]#./ex5-4
open/linux_proj/src5/ex5-4/temp.dat success!
hellotest
write success!
close/linux_proj/src5/ex5-4/temp.dat success!
```

2. 文件读取

读取文件中的内容是通过系统调用 read 实现的。read 可以从指定的文件描述符中读出数据。如果 read 是从终端设备文件中读出数据，则通常一次最多能读取一行。read 函数原型如表 5-5 所示。

表 5-5　read 函数原型

头文件	#include <unistd. h>
原　型	ssize_t read(int fd,void ∗ buf,size_t count)
参　数	fd：打开所读文件时返回的文件描述符
	buf：指向用于存储从文件中读取数据的缓冲区
	count：指定从文件读取数据的字节数
返回值	读取文件成功则返回本次操作所读取的字节数；读取数据到达文件末尾则返回 0；读取数据出错则返回-1，并设置 errno 为相应的错误编号

【例 5-5】　从一个已存在文件 temp. dat 中读出数据并在终端中显示。

```
/∗ex5-5.c 系统调用 read 示例∗/
#include<unistd.h>
#include<sys/types.h>
#include<sys/stat.h>
#include<fcntl.h>
#include<stdlib.h>
#include<stdio.h>
#include<string.h>
int main(void)
{
    int fd,n;
    char buf[100];
    if((fd=open("/linux_proj/src5/ex5-4/temp.dat",O_RDONLY))<0)
        printf("open/linux_proj/src5/ex5-4/temp.dat failure!\n");
    else{
        printf("open/linux_proj/src5/ex5-4/temp.dat success!\n");
        if(n=read(fd,buf,sizeof(buf))>0)
```

```
    {
        printf("%s\n",buf);
        printf("read success!\n");


    }
    else if(n==-1)
        printf("read failure!\n");
    if(close(fd)==-1)
        printf("close/linux_proj/src5/ex5-4/temp.dat failure!\n");
    else
        printf("close/linux_proj/src5/ex5-4/temp.dat success!\n");
    }
    return 0;
}
```

运行结果：

```
[root@localhost ex5-5]#./ex5-5
open/linux_proj/src5/ex5-4/temp.dat success!
hellotest
read success!
close/linux_proj/src5/ex5-4/temp.dat success!
```

5.3.3　文件定位

前面已经介绍了如何对一个文件进行读写操作，但是通过前面的读写方法只能从文件的开头或结尾开始，但是有时候需要从文件的任意指定位置开始读写操作，此时可以通过系统调用 lseek 来完成。lseek 的函数原型如表 5-6 所示。

表 5-6　lseek 函数原型

头文件	#include <unistd. h> #include <sys/types. h>	
原　型	off_t lseek(int fd,off_t offset,int whence)	
参　数	fd：所操作文件的文件描述符	
	offset：相对当前位置，文件指针移动的字节数量，该值可正可负（表示指针向前或向后移动）	
	whence：偏移量的相对位置	SEEK_SET：将文件指针指向文件头后再增加 offset 个位移量
		SEEK_CUR：从当前的文件指针位置向后增加 offset 个位移量
		SEEK_END：将文件指针指向文件尾后再增加 offset 个位移量
返回值	文件定位成功，返回相对于文件开头的实际偏移量；文件定位失败，返回 −1，并设置 errno 为相应的错误编号	

【例 5-6】　从一个已存在的文件 temp. dat 的指定位置读出数据并在终端中显示。

```
/*ex5-6.c 系统调用 lseek 示例*/
#include<unistd.h>
#include<sys/types.h>
#include<sys/stat.h>
#include<fcntl.h>
#include<stdlib.h>
#include<stdio.h>
#include<string.h>
int main(void)
{
    int fd,n;
    char buf[100];
    if((fd=open("/linux_proj/src5/ex5-4/temp.dat",O_RDONLY))<0)
        printf("open/linux_proj/src5/ex5-4/temp.dat failure!\n");
    else{
        printf("open/linux_proj/src5/ex5-4/temp.dat success!\n");
        if(lseek(fd,2,SEEK_SET)==-1)
            printf("lseek/linux_proj/src5/ex5-4/temp.dat failure!\n");
        else{
            printf("lseek/linux_proj/src5/ex5-4/temp.dat success!\n");
            if(n=read(fd,buf,sizeof(buf))>0)
            {
                printf("%s\n",buf);
                printf("read success!\n");
            }
            else if(n==-1)
                printf("read failure!\n");
                if(close(fd)==-1)
                    printf("close/linux_proj/src5/ex5-4/temp.dat failure!\n");
                else
                    printf("close/linux_proj/src5/ex5-4/temp.dat success!\n");
        }
    }
    return 0;
}
```

运行结果:

```
[root@localhost ex5-6]#./ex5-6
open/linux_proj/src5/ex5-4/temp.dat success!
lseek/linux_proj/src5/ex5-4/temp.dat success!
llotest
read success!
close/linux_proj/src5/ex5-4/temp.dat success!
```

5.3.4　设备控制接口函数 ioctl

系统调用 ioctl 是设备驱动程序中对设备的 I/O 通道进行管理的函数。所谓对 I/O 通道进行管理，就是对设备的一些特性进行控制，例如串口的传输波特率、马达的转速等。ioctl 函数原型如表 5-7 所示。

表 5-7　**ioctl 函数原型**

头文件	#include＜sys/ioctl. h＞
原　型	int ioctl(int fd,int cmd,…);
参　数	fd：已打开设备的文件描述符
	cmd：设备需完成的操作
	…：针对 cmd 操作的参数
返回值	函数执行成功返回 0,如果出错返回－1

ioctl 函数是文件结构中的一个属性分量，就是说如果驱动程序提供了对 ioctl 的支持，用户就可以在用户应用程序中使用 ioctl 函数来控制设备的 I/O 通道。

【例 5-7】　利用 ioctl 函数查看/dev/fb0 的信息。

```
/*ex5-7.c系统调用ioctl示例*/
#include<unistd.h>
#include<stdlib.h>
#include<stdio.h>
#include<fcntl.h>
#include<sys/mman.h>
#include<linux/fb.h>
#include<sys/mman.h>
#include<sys/types.h>
#include<sys/ioctl.h>
int main(void)
{
    int fd_con;
    struct fb_var_screeninfo finfo;        //固定屏幕信息
    struct fb_fix_screeninfo vinfo;        //可变屏幕信息
    fd_con=open("/dev/fb0",O_RDWR,0);      //打开帧缓冲设备
    if (fd_con<0){
        printf("Can't open/dev/fb0.\n");
        return -1;
    }
    //获得固定屏幕信息
    if(ioctl(fd_con,FBIOGET_FSCREENINFO,&finfo)<0)
    {
```

```
    printf("Can't get FSCREENINFO.\n");
    close(fd_con);
    return -1;
}
//获得可变屏幕的信息
if(ioctl(fd_con,FBIOGET_VSCREENINFO,&vinfo)<0)
{
    printf("Can't get VSCREENINFO.\n");
    close(fd_con);
    return -1;
}
}
```

5.4 嵌入式 Linux 串口应用编程

5.4.1 串口概述

串口通信是指计算机主机与外部设备或主机系统与主机系统之间数据的串行传输过程。在串口通信中,发送端或接收端每次只能发送或接收一个二进制位。串口这种按位传输的通信方式虽然比按字节的并行通信方式要慢,但其抗干扰能力强,适用于远距离数据传输。串口通信常用于仪器仪表设备通信的协议,同时也可用于远程数据的传输。常用的串口是 RS232C 接口,该标准规定采用一个 DB25 芯引脚或 DB9 芯引脚的连接器,如图 5-2 所示。

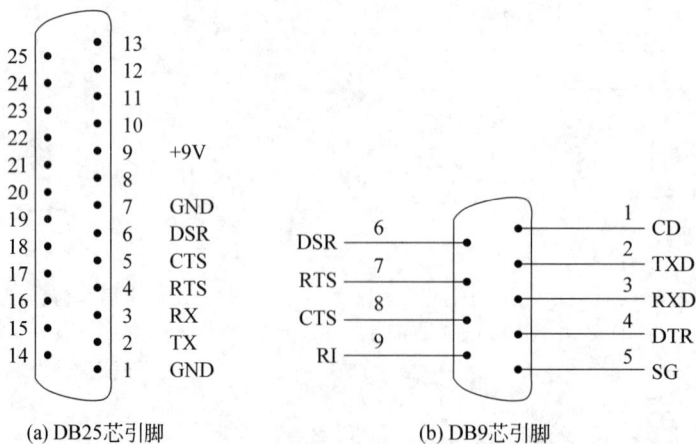

图 5-2 RS232C 串口

1. 串口通信的分类

串口通信可以分为同步通信和异步通信两种方式。这两种通信方式都需要用于控制数据流动的时钟信号,该时钟信号决定发送端何时发送一位数据到数据线上,接收端何时从数据线上接收数据。下面分别对串口的这两种通信方式加以介绍。

1) 同步通信

同步通信的发送端和接收端使用同一时钟来连续串行传输数据,一次通信传输含有若干字符数据的一帧信息。这里的帧由同步字符、数据字符和校验字符(CRC)3 个部分组成。其中,同步字符用于确定数据字符的开始,位于一帧的开头位置;位于同步字符之后的是数据字符,其长度由所需传输的数据块长度来决定;校验字符用于对接收端接收到的字符序列的正确性进行校验,由 1 到 2 个字符组成。

对于短距离的通信,同步通信比异步传输速度更快,如在同一块电路板上各个部件之间或者使用很短的电缆连接的通信。但是对于长距离的连接,同步时钟很容易受到噪音的干扰,并且需要一根额外的时钟线来传递时钟信号。

2) 异步通信

异步通信中,发送端和接收端可以由相互独立的时钟来控制数据的发送和接收,但是时钟频率必须保持一致。通常,数据以字符或者字节为单位组成字符帧,由发送端逐帧发送,通过数据线被接收设备逐帧接收。每个帧都用一个起始位与时钟进行同步,一个或几个停止位来表示一个帧的结束。串口通信大多数采用的是异步通信。

2. 串口属性

对于两个用于通信的串行端口,必须对波特率、数据位、停止位和奇偶校验位这些重要参数进行匹配。

1) 波特率

波特率是一个衡量通信速度的参数,表示每秒传输数据位的个数,例如 480b/s 表示每秒传输 480 个位的信息。

2) 数据位

数据位是衡量通信中实际数据位的参数。当计算机发送一个帧时,帧中包含的数据可以是 5、6、7 和 8 位,数据位的个数设置取决于用户传输的数据内容。如果传输的是标准的 ASCII 码数据(范围为 0~127),则数据位可设置为 7 位(包括开始位、数据位、奇偶校验位及停止位等);如果传输的是扩展的 ASCII 码数据(范围为 0~255),则数据位需设置为 8 位(包括开始位、数据位、奇偶校验位及停止位等)。

3) 停止位

停止位用于表示一个帧的结束。一帧中典型停止位的个数为 1 位、1.5 位和 2 位。由于传输线上数据的定时及设备间时钟的不同,两台设备间的通信就有可能出现不同步,停止位则可为校正时钟同步提供机会。停止位的位数与不同时钟同步的容忍程度成正比,与数据传输率成反比。

4) 奇偶校验位

奇偶校验位是用于串口通信中的一种简单检错方式。奇偶校验可设置的值包括偶校验、奇校验、无、标记和空格。奇偶校验位是位于数据位后面的一位,用这一位来标识传输数据的位数中有偶数个或奇数个逻辑高位。标记和空格通过简单的置位来实现对数据的检测,而不会真正地检查数据。通过置位方式,可以判断是否存在噪声对数据传输或数据通信造成干扰,以及接收是否存在不同步的情况。

5.4.2　串口属性设置

Linux 对所有设备的访问是通过设备文件来进行的,串口也是这样,为了访问串口,只需要打开其设备文件即可操作串口设备。在 Linux 系统中,每一个串口设备都有设备文件与之相关联,设备文件位于系统的/dev 目录下,如串行端口 0 和串行端口 1 在嵌入式 Linux 系统中对应的设备文件为/dev/ttyS0 和/dev/ttyS1。基于 ARM—CortexA8 的 S5PV210 处理器自带 4 个串行端口控制器,具体可以参考该处理器的数据手册进行分析。

通过串口概述的内容可知,如果要使用串口进行通信,则必须在通信两端对串口传输的波特率、数据格式、奇偶校验等属性进行设置。在 Linux 中,对串口属性是通过对头文件 termios. h 中包含了所有的串口参数的数据结构 struct termios 成员赋值实现的。

1. termios 结构体

termios 函数族提供了一个常规的终端接口,用于控制非同步通信端口。termios 结构包含了至少下列成员:

```
struct termios
{
unsigned short c_iflag;            /*输入模式标志*/
unsigned short c_oflag;            /*输出模式标志*/
unsigned short c_cflag;            /*控制模式标志*/
unsigned short c_lflag;            /*本地模式标志*/
unsigned char c_line;              /*行控制*/
unsigned char c_cc[NCC];           /*控制字符*/
};
```

(1) c_iflag:输入模式标志,控制终端输入方式,具体参数如表 5-8 所示。

表 5-8　c_iflag 参数表

键 值	说 明
IGNBRK	忽略 Break 键输入
BRKINT	如果设置了 IGNBRK,Break 键输入将被忽略;如果设置了 BRKINT,将产生 SIGINT 中断
IGNPAR	忽略奇偶校验错误
PARMRK	标识奇偶校验错误
INPCK	允许输入奇偶校验
ISTRIP	去除字符的第 8 个比特

续表

键　值	说　明
INLCR	将输入的 NL(换行)转换成 CR(回车)
IGNCR	忽略输入的回车
ICRNL	将输入的回车转化成换行(如果 IGNCR 未设置的情况下)
IUCLC	将输入的大写字符转换成小写字符(非 POSIX)
IXON	允许输出时对 XON/XOFF 流进行控制
IXANY	输入任何字符将重启停止的输出
IXOFF	允许输入时对 XON/XOFF 流进行控制
IMAXBEL	当输入队列满的时候开始响铃

（2）c_oflag：输出模式标志，控制终端输出方式，具体参数如表 5-9 所示。

表 5-9　c_oflag 参数表

键　值	说　明
OPOST	处理后输出
OLCUC	将输入的小写字符转换成大写字符(非 POSIX)
ONLCR	将输入的 NL(换行)转换成 CR(回车)及 NL(换行)
OCRNL	将输入的 CR(回车)转换成 NL(换行)
ONOCR	第一行不输出回车符
ONLRET	不输出回车符
OFILL	发送填充字符以延迟终端输出
OFDEL	以 ASCII 码的 DEL 作为填充字符，如果未设置该参数，填充字符为 NUL('\0') (非 POSIX)
NLDLY	换行输出延时，可以取 NL0(不延迟)或 NL1(延迟 0.1s)
CRDLY	回车延迟，取值范围为 CR0、CR1、CR2 和 CR3
TABDLY	水平制表符输出延迟，取值范围为 TAB0、TAB1、TAB2 和 TAB3
BSDLY	空格输出延迟，可以取 BS0 或 BS1
VTDLY	垂直制表符输出延迟，可以取 VT0 或 VT1
FFDLY	换页延迟，可以取 FF0 或 FF1

（3）c_cflag：控制模式标志，指定终端硬件控制信息，具体参数如表 5-10 所示。

表 5-10　c_cflag 参数表

键　值	说　明
CBAUD	波特率(4+1 位)(非 POSIX)
CBAUDEX	附加波特率(1 位)(非 POSIX)
CSIZE	字符长度，取值范围为 CS5、CS6、CS7 或 CS8

续表

键　值	说　　明
CSTOPB	设置两个停止位
CREAD	使用接收器
PARENB	使用奇偶校验
PARODD	对输入使用奇偶校验,对输出使用偶校验
HUPCL	关闭设备时挂起
CLOCAL	忽略调制解调器线路状态
CRTSCTS	使用 RTS/CTS 流控制

（4）c_lflag:本地模式标志,控制终端编辑功能,具体参数如表 5-11 所示。

表 5-11　l_cflag 参数表

键　值	说　　明
ISIG	当输入 INTR、QUIT、SUSP 或 DSUSP 时,产生相应的信号
ICANON	使用标准输入模式
XCASE	在 ICANON 和 XCASE 同时设置的情况下,终端只使用大写。如果设置了 XCASE,则输入字符将被转换为小写字符,除非字符使用了转义字符(非 POSIX,且 Linux 不支持该参数)
ECHO	显示输入字符
ECHOE	如果 ICANON 同时设置,ERASE 将删除输入的字符,WERASE 将删除输入的单词
ECHOK	如果 ICANON 同时设置,KILL 将删除当前行
ECHONL	如果 ICANON 同时设置,即使 ECHO 没有设置依然显示换行符
ECHOPRT	如果 ECHO 和 ICANON 同时设置,将删除打印出的字符(非 POSIX)
TOSTOP	向后台输出发送 SIGTTOU 信号

（5）c_cc[NCCS]:控制字符,用于保存终端驱动程序中的特殊字符,如输入结束符等。表 5-12 中列出了 c_cc 中定义的部分控制字符。

表 5-12　c_cc 支持的控制字符

宏	说　　明
VINTR	中断控制,对应键为 Ctrl+C
VQUIT	退出操作,对应键为 Ctrl+Z
VERASE	删除操作,对应键为 Backspace(BS)
VKILL	删除行,对应键为 Ctrl+U
VEOF	位于文件结尾,对应键为 Ctrl+D

宏	说　　明
VEOL	位于行尾,对应键为 Carriage return(CR)
VMIN	非规范模式读取时的最小字符数
VTIME	非规范模式读取时的超时时间
VEOL2	另一个行尾字符,当设置 ICANON 时可被识别
VSWTCH	开关字符,只为 shl 所用
VSTOP	停止字符。停止输出,直到键入 start 字符
VSUSP	挂起字符。发送 SIGTSTP。当设置 ISIG 时可被识别,不再作为输入传递

2. 串口控制函数

（1）函数 tcgetattr 用于获取串口属性,该函数的原型如表 5-13 所示。

表 5-13　tcgetattr 函数原型

头文件	#include<termios. h>
原　　型	int tcgetattr(int fd,struct termios * termios_p);
参　　数	fd：串口文件描述符
	termios_p：用于存放获得的串口属性
返回值	函数执行成功返回 0,失败返回 −1,并设置 errno 为相应的错误值

tcgetattr 函数得到与 fd 指向的对象相关的参数,并将这些参数保存到 termios_p 指向的结构中。该函数可以从后台进程中调用,但是终端属性可能会被后来的前台进程所改变。

（2）函数 tcsetattr 用于设置串口属性,该函数的原型如表 5-14 所示。

表 5-14　tcsetattr 函数原型

头文件	#include<termios. h>	
原　　型	int tcsetattr(int fd,int optional_actions,const struct termios * termios_p);	
参　　数	fd：串口文件描述符	
	optional_actions：用于控制修改起作用的时间	TCSANOW：不等数据传输完毕就立即改变属性
		TCSADRAIN：等待所有数据传输结束才改变属性
		TCSAFLUSH：清空输入输出缓冲区才改变属性
	termios_p：保存了要修改的参数	
返回值	函数执行成功返回 0,失败返回 −1,并设置 errno 为相应的错误值	

【例 5-8】　函数 tcgetattr 和 tcsetattr 的简单应用示例。

```
/*ex5-8.c 函数 tcgetattr 和 tcsetattr 的应用示例*/
#include<stdio.h>
#include<termios.h>
#include<unistd.h>
#include<errno.h>
int main(void){
    struct termios std_termios;
    int setback;
    if(tcgetattr(STDIN_FILENO,&std_termios)==-1){
        perror("Cannot get standard input description");
        return 1;
    }
    else
        printf("get standard input description success!");
    std_termios.c_cc[VEOF]=(cc_t)0x07;
    setback=tcsetattr(STDIN_FILENO,TCSAFLUSH,&std_term);
    if(setback==-1 && setback==EINTR){
        perror("Failed to change EOF character");
    return 1;
    }
    else
        printf("change EOF character success!");
    return 0;
}
```

运行结果：

```
[root@localhost ex5-8]#./ex5-8
get standard input description success!
change EOF character success!
```

程序 ex5-8 在执行前，按 Ctrl+D 键可以关闭终端；程序执行后，按 Ctrl+D 键不再起作用，取而代之的快捷方式是 Ctrl+G。

（3）发送 Break 字符特定时间函数 tcsendbreak，该函数的原型如表 5-15 所示。

表 5-15 tcsendbreak 函数原型

头文件	#include<termios.h>
原　型	int tcsendbreak(int fd,int duration);
参　数	fd：与终端相关联的已打开文件的描述符
	duration：持续时间
返回值	执行成功返回 0；执行失败返回 −1，并设置 errno 为相应的错误值

如果终端使用的是异步串行数据传输方式，那么 tcsendbreak 函数将在一个特定时间内传输连续的 0 值比特流。如果参数 duration 为 0，那么这个特定时间长度至少为

0.25s,但不会超过 0.5s;如果参数 duration 为非 0 值,那么这个特定时间长度由实现定义。

如果终端没有使用异步串行数据传输方式,那么 tcsendbreak 函数将什么都不做。

如果一个与控制终端相关的后台进程组中的进程试图使用 tcsendbreak 函数,将会导致进程组发送一个 SIGTTOU 信号。如果调用进程阻塞或忽略 SIGTTOU 信号,那么该进程允许执行,并不发送任何信号。

(4) 等待所有输出被传输函数 tcdrain,该函数的原型如表 5-16 所示。

表 5-16　tcdrain 函数原型

头文件	#include<termios. h>
原　　型	int tcdrain(int fd);
参　　数	fd:与终端相关联的已打开文件的描述符
返回值	执行成功返回 0;执行失败返回−1,并设置 errno 为相应的错误值

函数 tcdrain()等待直到所有写入 fd 引用对象的输出都被传输。

(5) 清空终端未完成的输入输出请求及数据函数 tcflush,该函数的原型如表 5-17 所示。

表 5-17　tcflush 函数原型

头文件	#include<termios. h>	
原　　型	int tcflush(int fd,int queue_selector);	
参　　数	fd:与终端相关联的已打开文件的描述符	
	queue_selector:控制操作	TCIFLUSH:刷新收到的数据但不读出
		TCOFLUSH:刷新写入的数据但不传送至终端
		TCIOFLUSH:刷新收到的数据但不读出,并且刷新写入的数据但不传送至终端
返回值	执行成功返回 0;执行失败返回−1,并设置 errno 为相应的错误值	

(6) 用于挂起数据传输或接收的函数 tcflow,该函数的原型如表 5-18 所示。

表 5-18　tcflow 函数原型

头文件	#include<termios. h>	
原　　型	int tcflow(int fd,int action);	
参　　数	fd:与终端相关联的已打开文件的描述符	
	action	TCOOFF:挂起输出
		TCOON:重新开始被挂起的输出
		TCIOFF:发送一个 STOP 字符,停止终端设备向系统传送数据
		TCION:发送一个 START 字符,使终端设备向系统传输数据
返回值	执行成功返回 0;执行失败返回−1,并设置 errno 为相应的错误值	

函数 tcflow 用于挂起 fd 引用的对象上的数据传输或接收。打开一个终端设备时的默认设置是输入和输出都没有被挂起。

（7）设置终端控制属性为原始模式函数 cfmakeraw，该函数的原型为

```
int cfmakeraw(struct termios * termios_p);
```

cfmakeraw 函数设置终端属性如下：

```
termios_p->c_iflag &=~(IGNBRK|BRKINT|PARMRK|ISTRIP|INLCR|IGNCR|ICRNL|
IXON);
termios_p->c_oflag &=~OPOST;
termios_p->c_lflag &=~(ECHO|ECHONL|ICANON|ISIG|IEXTEN);
termios_p->c_cflag &=~(CSIZE|PARENB);
termios_p->c_cflag |=CS8;
```

（8）设置波特率函数 cfsetispeed 和 cfsetospeed。

波特率是串口的通信速率，有输入和输出两个方向，因而需要两个函数来分别对输入端口和输出端口的速率进行设置。在 Linux 中，cfsetispeed 函数用于设置输入端口的速率，cfsetospeed 函数用于设置输出端口的速率，这两个函数的原型如表 5-19 所示。

表 5-19　cfsetispeed 和 cfsetospeed 函数原型

头文件	＃include＜termios.h＞
原　型	int cfsetispeed(struct termios * termios_p,speed_t speed); int cfsetospeed(struct termios * termios_p,speed_t speed)
参　数	termios_p：指向 termios 结构的指针
	speed：波特率
返回值	执行成功返回 0；执行失败返回−1，并设置 errno 为相应的错误值

speed 取值必须是 CBUAD、B0、B50、B75、B110、B134、B150、B200、B300、B600、B1200、B1800、B2400、B4800、B9600、B19200、B38400、B57600、B115200 或 B230400。其中，CBUAD 是一个掩码值，指示那些高于 POSIX.1 定义的速度（B57600 及以上）；B0 用来中断连接，如果指定 B0，则不能再假定连接存在。这里常量 B0 表示 0baud，B50 表示 50baud，以此类推。

（9）获得波特率函数 cfgetispeed 和 cfgetospeed。

获得波特率也涉及输入和输出两个方向。获得输入和输出端口的速率是分别通过 cfgetispeed 和 cfgetospeed 函数实现的，这两个函数的原型如表 5-20 所示。

表 5-20　cfgetispeed 和 cfgetospeed 函数原型

头文件	＃include＜termios.h＞
原　型	speed_t cfgetispeed(const struct termios * termios_p); speed_t cfgetispeed(const struct termios * termios_p);
参　数	termios_p：指向 termios 结构的指针
返回值	执行成功返回输入或输出的波特率；执行失败返回−1，并设置 errno 为相应的错误值

3. 串口参数配置流程

串口参数配置流程主要是设置 termios 结构体中各个成员值的过程,主要包括以下步骤。

(1) 保存原串口配置。为了安全起见和以后调试程序方便,需要对原串口的配置进行保存,可以使用函数 tcgetattr(fd,&old_termios)来实现。执行该函数后,原串口的配置参数会被保存到指向结构 termios 的 old_termios 中。其用法如下:

```
struct termios new_termios,old_termios;
if(tcgetattr(fd,& old_termios)!=0){
    perror("Serial save error!");
    return -1;
}
```

(2) 激活 CLOCAL 和 CREAD 使能选项。分别用于本地连接和接受使能选项的 CLOCAL 和 CREAD 是通过位掩码方式进行激活的,其配置如下:

```
new_termios.c_cflag |=CLOCAL|CREAD;
```

(3) 设置波特率。是通过前面介绍的 cfsetispeed 和 cfsetospeed 两个函数来完成的。通常将输入端口和输出端口的波特率设置为相同值。如下所示:

```
cfsetispeed(&new_termios,B115200);
cfsetospeed(&new_termios,B115200);
```

(4) 设置数据位。目前还没有现成的函数来完成此功能,只能通过位掩码的方式来实现。其设置方式如下:

```
new_termios.c_cflag &=~CSIZE;          /*去除位掩码*/
new_termios.c_cflag |=CS8;             /*设置为 8 位数据位*/
new_termios.c_cflag |=CS7;             /*设置为 7 位数据位*/
new_termios.c_cflag |=CS6;             /*设置为 6 位数据位*/
new_termios.c_cflag |=CS5;             /*设置为 5 位数据位*/
```

(5) 设置奇偶校验位。是通过对结构体 termios 中的 c_cflag 和 c_iflag 两个成员进行设置来实现的。其中,设置 c_cflag 成员可以使能标志 PARENB 和是否要进行偶校验;设置 c_iflag 成员可以使能奇偶校验。采用奇偶校验时,代码设置如下:

```
/*设置奇校验*/
new_termios.c_cflag |=PARENB;
new_termios.c_cflag |=PARODD;
new_termios.c_iflag |= (INPCK | ISTRIP);
/*设置偶校验*/
new_termios.c_iflag |= (INPCK | ISTRIP);
```

```
new_termios.c_cflag |=PARENB;
new_termios.c_cflag &=~PARODD;
/*设置无校验*/
new_termios.c_cflag &=~PARENB;
```

（6）设置停止位。是通过激活结构体 termios 中的成员 c_cflag 中的参数 CSTOPB 来实现的。如果清除参数 CSTOPB，则停止位为 1；如果激活参数 CSTOPB，则停止位为 0。下面是将停止位设置为 1 的代码：

```
new_termios.c_cflag &=~CSTOPB;
```

（7）设置最少字符和等待时间。如果对接收字符长度和等待时间没有特殊的要求，可以将这两个值设置为 0，代码如下：

```
new_termios.c_cc[VTIME]=0;
new_termios.c_cc[VMIN]=0;
```

（8）处理未接收字符。此功能是通过在前面部分介绍的 tcflush 函数来实现的，实现代码如下：

```
tcfulsh(fd,TCIFLUSH);
```

（9）激活配置。串口配置完成之后，配置并不能立刻生效，需要对其进行激活操作。激活配置是通过前面介绍的函数 tcsetattr 来完成的，其使用实例如下：

```
if((tcsetattr(fd,TCSANOW,&new_termios))!=0){
perror("Serial save error!");
return -1;
}
```

4. 封装串口配置过程

在实际应用中，为了实现程序的通用性和方便调试，通常将上述设置过程封装为专门用来配置串口属性的函数，该函数定义如下：

```
int Setup_Serial (int fd,int nSpeed,int nBits,char nEvent,int nStop)
{
    struct termios new_termios,old_termios;
    /*1.保存原串口配置*/
    if(tcgetattr(fd,&old_termios)!=0){
        perror("Setup Serial save error!");
        return -1;
    }
```

```
bzero(&new_termios,sizeof(new_termios));
/ * 2.激活 CLOCAL 和 CREAD * /
new_termios.c_cflag |=CLOCAL | CREAD;
/ * 3.设置波特率 * /
switch( nSpeed )
{
    case 2400:
        cfsetispeed(&new_termios,B2400);
        cfsetospeed(&new_termios,B2400);
        break;
    case 4800:
        cfsetispeed(&new_termios,B4800);
        cfsetospeed(&new_termios,B4800);
        break;
    case 9600:
        cfsetispeed(&new_termios,B9600);
        cfsetospeed(&new_termios,B9600);
        break;
    case 115200:
        cfsetispeed(&new_termios,B115200);
        cfsetospeed(&new_termios,B115200);
        break;
    case 460800:
        cfsetispeed(&new_termios,B460800);
        cfsetospeed(&new_termios,B460800);
        break;
    default:                        //默认波特率为 9600
        cfsetispeed(&new_termios,B9600);
        cfsetospeed(&new_termios,B9600); break;
}
/ * 4.设置数据位 * /
new_termios.c_cflag &=~CSIZE;
switch( nBits )
{
    case 8:
        new_termios.c_cflag |=CS8;
        break;
    case 7
        new_termios.c_cflag |=CS7;
        break;
    case 6:
        new_termios.c_cflag |=CS6;
        break;
```

```
    case 5:
        new_termios.c_cflag |=CS5;
        break;
}
/* 5.设置奇偶校验位 */
switch( nEvent )
{
    case 'O':                      //奇数
        new_termios.c_cflag |=PARENB;
        new_termios.c_cflag |=PARODD;
        new_termios.c_iflag |= (INPCK | ISTRIP);
        break;
    case 'E':                      //偶数
        new_termios.c_iflag |= (INPCK | ISTRIP);
        new_termios.c_cflag |=PARENB;
        new_termios.c_cflag &=~PARODD;
        break;
    case 'N':                          //无奇偶校验位
        new_termios.c_cflag &=~PARENB;
        break;
}
/* 6.设置停止位 */
if(nStop==1)
    new_termios.c_cflag &=~CSTOPB;
else if (nStop==2)
    new_termios.c_cflag |=CSTOPB;
/* 7.设置最小接收字符长度和等待时间 */
new_termios.c_cc[VTIME]=0;
new_termios.c_cc[VMIN]=0;
/* 8.处理未接收字符 */
tcflush(fd,TCIFLUSH);
/* 9.激活新配置 */
if((tcsetattr(fd,TCSANOW,&new_termios))!=0)
{
    perror("Setup Serial  error!");
    return -1;
}
printf("Setup Serial complete!\n");
return 0;
}
```

5.4.3　串口的使用

串口属性配置完成后,就可以通过该串口进行通信。对串口的操作与对普通文件的操作相似,包括打开串口、读写串口以及关闭串口等操作。串口与普通文件不同之处在于前者是一个终端设备,函数的具体参数在选择的时候会有一些不同。

1. 打开串口

打开串口设备是利用 open 函数完成的。但是一般用户没有访问设备文件的权限,所以,在打开串口设备之前,需将其访问权限设置为一般用户可以访问。具体打开串口的操作如下:

```
fd=open("/dev/ttyS0",O_RDWR|O_NOCTTY|O_NONBLOCK);
```

从上面的操作可知,打开串口参数除了有与普通文件相同的读写参数值外,还有两个特殊参数值 O_NOCTTY 和 O_NONBLOCK,这两个参数的含义如下:

(1) O_NOCTTY。如果打开的是一个终端设备,该参数值用于通知 Linux 系统,这个程序不会成为对应这个端口的控制终端。如果没有指定参数值,那么任何一个输入都会影响到用户的进程。

(2) O_NONBLOCK。该参数值与早期使用的 O_NDELAY 参数值作用差不多,用于通知 Linux 系统,这个程序不关心 DCD 信号线所处的状态。如果用户指定了该参数值,进程会一直处于休眠状态,直到 DCD 信号线为 0。

2. 写串口

与向普通文件中写入数据一样,向串口设备中写入数据是通过使用 write 函数来完成的,实现代码如下:

```
write(fd,buff,8);
```

3. 读串口

与从普通文件中读取数据一样,从串口设备中读取数据是通过使用 read 函数来完成的,实现代码如下:

```
read(fd,buff,8);
```

4. 关闭串口

同关闭普通文件一样,使用完串口之后,要对其进行关闭操作,此操作通过使用 close 函数来完成,操作代码如下:

```
close(fd);
```

5.5　农业信息采集控制系统 GPS 通信

5.5.1　GPS 概述

　　GPS(Global Positioning System,全球定位系统)是美国从 20 世纪 70 年代开始研制,历时 20 年,耗资 200 亿美元,具有在海、陆、空进行全方位实时三维导航与定位能力的新一代卫星导航与定位系统。GPS 不受天气影响,能为用户提供连续的、实时的三维位置、三维速度和精密时间。在农业信息采集控制系统中,GPS 可用于确定系统所采集数据的具体位置和时间。

　　NMEA0183 协议是美国国家海洋电子协会制定的 GPS 接口协议标准。NMEA0183 定义了若干代表不同含义的语句,每个语句实际上是一个 ASCII 码串。这种码直观,易于识别和应用。在试验中,不需要了解 NMEA0183 通信协议的全部信息,仅需要从中挑选出需要的那部分定位数据,将其余的信息忽略掉。

　　一个完整的 NMEA0183 语句是从起始符 $GPGGA 到终止符<CR><LF>为止的一段字符串。需要掌握的信息是经纬度、经纬度方向、GPS 定位状态和接收信号的时间。所以当接收到这样一个完整的 NMEA0183 语句时,提取有用信息的方法是:先判定起始符 $GPGGA 的位置,从起始符开始读入数据,在通过异或校验后的语句中寻找字符“,”,然后截取前后两个“,”之间的字符(串)获得所关心的数据,并以回车符为一个 GPS 语句的终止符,得到一个完整的 GPS 信号。在提取出的 GPS 语句中,寻找经纬度所在的逗号位置,读出经纬度坐标,再将经纬度坐标转换为地图的标准坐标——度数。如果和卫星通信正常,可以接收到的数据格式如下:

```
$GPGGA,<1>,<2>,<3>,<4>,<5>,<6>,<7>,<8>,<9>,<10>,<11>,<12> * hh<cR><LF>
```

其中:

　　<1> 为 UTC 时间,格式为 hhmmss. sss(其中 h 表示时,m 表示分,s 表示秒和毫秒)。

　　<2> 为定位状态,A 表示有效定位,V 表示无效定位。

　　<3> 为纬度,格式为 ddmm. mmmm(其中 d 表示度值,m 表示分值)。

　　<4> 为纬度半球,N 表示北半球,S 表示南半球。

　　<5> 为经度,格式为 dddmm. mmmm(其中 d 表示度值,m 表示分值)。

　　<6> 为经度半球,E 表示东经,W 表示西经。

　　<7> 为地面速率,取值范围为 000.0～999.9 节(前面的 0 也将被传输)。

　　<8> 为地面航向,取值范围为 000.0～359.9°,以正北为参考基准(前面的 0 也将被传输)。

　　<9> 为 UTC 日期,格式为 ddmmyy(其中 d 表示日,m 表示月,y 表示年)。

　　<10> 为磁偏角,取值范围为 000.0～180.0°(前面的 0 也将被传输)。

　　<11> 为磁偏角方向,E 表示东,W 表示西。

　　<12> 为模式指示(仅 NMEA0183 3.00 版本输出,A 表示自主定位,D 表示差分,

E 表示估算，N 表示数据无效)。

hh 为 $ 到 * 所有字符的异或和。

5.5.2　GPS 通信实现

1. 打开和配置 GPS

在主函数中打开 GPS 串口，并对其进行配置，实现代码如下：

```c
#include<stdio.h>
#include<stdlib.h>
#include<unistd.h>
#include<string.h>
#include<fcntl.h>
#include<sys/signal.h>
#include<pthread.h>
#include "gps.h"
#include<termios.h>
#define BAUDRATE B4800
#define COM2 "/dev/ttySAC1"
#define ENDMINITERM 27/* ESC to quit miniterm */
#define FALSE 0
#define TRUE 1
volatile int STOP=FALSE;
volatile int fd;
GPS_INFO gps_info;
int GET_GPS_OK=FALSE;
char GPS_BUF[1024];
static int baud=BAUDRATE;
int main(int argc,char** argv)
{
    struct termios oldtio,newtio,oldstdtio,newstdtio;
    pthread_t th_a,th_b,th_show;
    fd=open(COM2,O_RDWR );
    if (fd<0)
    {
        perror(COM2);
        exit(-1);
    }
    if(argc<2)
        printf("Default baudrate is 4800 bps. \n\n");
    else
    baud=get_baudrate(argc,argv);
    tcgetattr(0,&oldstdtio);
    tcgetattr(fd,&oldtio);                    /*保存原串口配置*/
    tcgetattr(fd,&newstdtio);                 /*获得正在工作的 stdtio*/
```

```
newtio.c_cflag=baud|CRTSCTS|CS8|CLOCAL|CREAD;        /*设置控制 flag*/
newtio.c_iflag=IGNPAR;                               /*设置输入 flag*/
newtio.c_oflag=0;                                    /*设置输出 flag*/
newtio.c_lflag=0;
newtio.c_cc[VMIN]=1;
newtio.c_cc[VTIME]=0;
/*处理未接受的调制解调器数据并激活其配置*/
tcflush(fd,TCIFLUSH);
tcsetattr(fd,TCSANOW,&newtio);
/*创建线程*/
pthread_create(&th_a,NULL,keyboard,0);
pthread_create(&th_b,NULL,receive,0);
pthread_create(&th_show,NULL,show_gps_info,0);

while(!STOP){
    usleep(100000);
}
tcsetattr(fd,TCSANOW,&oldtio);              /*恢复原调制解调器的设置*/
tcsetattr(0,TCSANOW,&oldstdtio);            /*恢复原 tty 的设置*/
close(fd);
exit(0);
}
```

2. 读取 GPS 信息

将 GPS 中读出的数据保存到 buf 中。如果遇到'\n',需将 buf 中的数据复制到 GPS_BUF 中,并将全局变量 GET_GPS_OK 设置为 TRUE。show_gps_info 函数用于对接收到的 GPS 数据进行解析和显示。

```
void* receive(void * data)
{
    int i=0;
    char c;
    char buf[1024];
    //GPS_INFO GPS;
    printf("read modem\n");
    while (STOP==FALSE)
    {
        read(fd,&c,1);/*com port*/
        buf[i++]=c;
        if(c=='\n'){
            strncpy(GPS_BUF,buf,i);
            i=0;
            GET_GPS_OK=TRUE;
```

```
        }
        if(STOP)break;
    }
    printf("exit from reading modem\n");
    return NULL;
}
void* keyboard(void * data)
{
    int c;
    for(;;){
        if((c=getchar())==10){
            STOP=TRUE;
            break ;
        }
    }
    return NULL;
}
void* show_gps_info(void * data)
{
    while(1){
        if(GET_GPS_OK)
        {
            GET_GPS_OK=FALSE;
            gps_parse(GPS_BUF,&gps_info);
            show_gps(&gps_info);
        }
        usleep(100);
        if(STOP)break;
    }
}
```

3. 日期时间和 GPS 结构的定义

程序中需定义用于表示日期时间和 GPS 信息的两个重要结构,其代码实现如下:

```
typedef struct{
    int year;                   //年
    int month;                  //月
    int day;                    //日
    int hour;                   //时
    int minute;                 //分
    int second;                 //秒
}date_time;                     //日期时间
```

```
typedef struct{
    date_time D;            //时间
    char status;            //接收状态
    double latitude;        //纬度
    double longitude;       //经度
    char NS;                //南北极
    char EW;                //东西
    double speed;           //速度
    double high;            //高度
}GPS_INFO;                  //GPS 信息
```

4. 解析 GPS 数据

从 GPS 中读取的数据包含着众多信息，这就需要编写程序来提取我们所需要的信息。本书仅对上述结构体中定义的成员进行了提取，这个提取过程是通过函数 gps_parse 来完成的，其代码定义如下：

```
void gps_parse(char * line,GPS_INFO * GPS)
{
    int tmp;
    char c;
    char *buf=line;
    c=buf[5];
    if(c=='C' || c=='A')
    {
        DPRINTF("GPRMC founded!\n");
        if(c=='C')
        {
            GPS->D.hour=(buf[7]-'0') * 10+(buf[8]-'0');
            GPS->D.minute=(buf[9]-'0') * 10+(buf[10]-'0');
            GPS->D.second=(buf[11]-'0') * 10+(buf[12]-'0');
            tmp=GetComma(9,buf);
            GPS->D.day=(buf[tmp+0]-'0') * 10+(buf[tmp+1]-'0');
            GPS->D.month=(buf[tmp+2]-'0') * 10+(buf[tmp+3]-'0');
            GPS->D.year=(buf[tmp+4]-'0') * 10+(buf[tmp+5]-'0')+2000;
            GPS->status=buf[GetComma(2,buf)];
            GPS->latitude=get_double_number(&buf[GetComma(3,buf)]);
            GPS->NS=buf[GetComma(4,buf)];
            GPS->longitude=get_double_number(&buf[GetComma(5,buf)]);
            GPS->EW=buf[GetComma(6,buf)];
        }
        if(c=='A')
```

```
        {
            GPS->D.hour= (buf[ 7]-'0') * 10+ (buf[ 8]-'0');
            GPS->D.minute= (buf[ 9]-'0') * 10+ (buf[10]-'0');
            GPS->D.second= (buf[11]-'0') * 10+ (buf[12]-'0');
            tmp=GetComma(9,buf);
            GPS->latitude=get_double_number(&buf[GetComma(2,buf)]);
            GPS->NS=buf[GetComma(3,buf)];
            GPS->longitude=get_double_number(&buf[GetComma(4,buf)]);
            GPS->EW=buf[GetComma(5,buf)];
            GPS->high=get_double_number(&buf[GetComma(9,buf)]);
        }
        #ifdef USE_BEIJING_TIMEZONE
        UTC2BTC(&GPS->D);
        #endif
    }
}
/* 把字符串的参数转换成浮点数进行返回 */
static double get_double_number(char * s)
{
    char buf[128];
    int i;
    double rev;
    i=GetComma(1,s);
    strncpy(buf,s,i);
    buf[i]=0;
    rev=atof(buf);
    return rev;
}
/* 接收到 GPS 数据中第 num 个信息的开始位置 */
static int GetComma(int num,char * str)
{
    int i,j=0;
    int len=strlen(str);
    for(i=0;i<len;i++)
    {
        if(str[i]==',')
        j++;
        if(j==num)return i+1;
    }
    return 0;
}
/* 时间格式转换 */
static void UTC2BTC(date_time * GPS)
{
```

```
GPS->second++;
if(GPS->second>59){
    GPS->second=0;
    GPS->minute++;
    if(GPS->minute>59){
        GPS->minute=0;
        GPS->hour++;
    }
}
GPS->hour+=8;
if(GPS->hour>23)
{
    GPS->hour-=24;
    GPS->day+=1;
    if(GPS->month==2 || GPS->month==4 || GPS->month==6 ||
            GPS->month==9 || GPS->month==11 ){
        if(GPS->day>30){
            GPS->day=1;
            GPS->month++;
        }
    }
    else{
        if(GPS->day>31){
            GPS->day=1;
            GPS->month++;
        }
    }
    if(GPS->year %4==0 ){
        if(GPS->day>29 && GPS->month==2){
            GPS->day=1;
            GPS->month++;
        }
    }
    else{
        if(GPS->day>28 &&GPS->month==2){
            GPS->day=1;
            GPS->month++;
        }
    }
    if(GPS->month>12){
        GPS->month-=12;
        GPS->year++;
    }
}
}
```

5. 显示 GPS 数据

显示 GPS 数据是通过定义 show_gps 函数来实现的,其代码实现如下:

```
void show_gps(GPS_INFO * GPS)
{
    printf("DATE             :\033[0;32m %d%02d%02d \033[0m \n",
            GPS->D.year,GPS->D.month,GPS->D.day);
    printf("TIME             :\033[0;32m %02d\033[5m:\033[0m\033[0;32m%02d\
    033[5m:\033[0m\033[0;32m%02d\033[0m\n",GPS->D.hour,
            GPS->D.minute,GPS->D.second);
    printf("HIGH             :\033[0;35m %10.4f \033[0m  \n",GPS->high);
    printf("LATITUDE-NS      :\033[0;35m %10.4f %c \033[0m \n",
            GPS->latitude,GPS->NS);
    printf("LONGTITUDE-EW    :\033[0;35m %10.4f %c \033[0m \n",
            GPS->longitude,GPS->EW);
    printf("STATUS           :\033[1;33m %c \033[0m \n\n",GPS->status);
}
```

习　题　5

1. 什么是系统调用? 请写出你对系统调用的理解。

2. 什么是串口通信? 串口通信可以分为哪几类?

3. 同步通信和异步通信的特点是什么? 串口通信为什么一般采用异步通信?

4. 编写 4 个函数,其调用参数与返回值同函数 open()、write()、read()和 close()。可以处理操作时发生错误的问题。

5. 编写程序,完成将一个文件的内容复制到另一个文件中的功能。

6. 如何设置串口的波特率?

7. Linux 下的串口编程由哪几部分组成?

8. 请编写一个串口通信程序,实现以下功能:以 9600 的波特率从串口 1 发送键盘输入的 8 位数据字符串,从串口 2 接收,并在屏幕上打印接收到的字符。

第 6 章

嵌入式 Linux 时间编程

6.1 项 目 目 标

在实时采集数据的项目中,每次数据采集的时间是必不可少的,每次采集时间会与采集数据一起上传到服务器,因此,本章的学习目标是实现项目中时间的获取。

本章知识点包括 Linux 系统中时间的获取、各种时间的表示方法以及各类时间之间的转换方式。

6.2 时 间 类 型

Linux 系统中有两种常见的时间形式,一种是 UTC(Coordinated Universal Time)时间,即世界标准时间,也就是大家熟知的格林尼治标准时间(Greenwich Mean Time,GMT)。另一种是本地时间(local time),两者的区别为时区不同,UTC 就是 0 时区的时间,本地时间则和所处时区有关,例如,北京为早上 8 点(东八区),UTC 时间就为 0 点,时间比北京时晚 8 小时,以此时差计算即可。在计算机中看到的 UTC 时间都是从 1970 年 1 月 1 日 00:00:00 开始计算秒数,是一个长整数,也称为时间戳。

Linux 下存储时间常见的有两种方式,一个是从 1970 年到现在经过了多少秒,类型为 time_t;另一个是用结构体 struct tm 来分别存储年月日时分秒。

```
struct tm
{
    int tm_sec;        /* 秒,正常范围 0~59,但允许至 61 */
    int tm_min;        /* 分钟,0~59 */
    int tm_hour;       /* 小时,0~23 */
    int tm_mday;       /* 日,即一个月中的第几天,1~31 */
    int tm_mon;        /* 月,从一月算起,0~11 */ /1+p->tm_mon; */
    int tm_year;       /* 年,从 1900 至今已经多少年 */ /1900+p->tm_year; */
    int tm_wday;       /* 星期,一周中的第几天,从星期日算起,0~6 */
    int tm_yday;       /* 从今年 1 月 1 日到目前的天数,范围 0~365 */
    int tm_isdst;      /* 夏令时,目前已不使用 */
};
```

需要特别注意的是,年是从 1900 年起至今多少年,而不是直接存储年份(如 2015 年),月份从 0 开始,0 表示一月,星期也是从 0 开始的,0 表示星期日,1 表示星期一。

6.3 常用时间函数

在编程中可能会经常用到时间,比如取得系统的时间(获取系统的年、月、日、时、分、秒、星期等),或者是隔一段时间去做某事,就会用到一些时间函数。

6.3.1 返回时间函数

函数 time 可以返回一个时间值。该函数的原型如下:

```
#include<time.h>
time_t time(time_t * t);
```

time 函数会返回从公元 1970 年 1 月 1 日的 UTC 时间的 0 时 0 分 0 秒算起到现在所经历的秒数。参数 t 是一个指针,函数会将返回值存到 t 指针所指的内存单元中。time_t 是一个数据类型,表示一个时间的秒数,相当于一个长整型变量。如果 t 是一个空指针,函数会返回一个 time_t 型长整型数。因此 time 有两种调用方法:

```
time_t t;  t=time((time_t * )NULL);    //返回值为长整形数
time_t * t; time(t);                    //返回到 t 所指的内存单元
```

6.3.2 时间转换函数

1. gmtime 函数

函数 gmtime 的作用是将 time_t 表示秒数的时间转换为格林尼治标准时间,并保存到 tm 结构体中。gmtime 函数原型如下:

```
struct tm * gmtime(const time_t * timep);
```

函数的参数是一个表示当前时间秒数的指针。返回值是一个 tm 类型的结构体指针。tm 结构体在 6.2 节有详细描述。

2. localtime 函数

函数 localtime 的作用是返回 tm 格式的当地时间,而 gmtime 函数返回的是一个 UTC 时间。localtime 函数原型如下:

```
struct tm * localtime(const time_t * timep);
```

localtime 函数的参数是一个 time_t 时间类型的指针,返回值是一个 tm 型的结构体指针。

3. mktime 函数

函数 mktime 的作用是将一个 tm 结构类型的时间转换成秒数时间,与 gmtime 的作用相反。mktime 函数原型如下:

```
time_t mktime(tm * timeptr);
```

函数的参数是一个 tm 类型的指针,返回一个 time_t 类型的数字表示当前的秒数。

【例 6-1】 时间获取转换实例。

```
//ex6-1.c
#include <time.h>
#include <stdio.h>
int main()
{
    struct tm * local;
    time_t t;
    t=time(NULL);
    printf("%ld\n",t);
    time(&t);
    printf("%ld\n",t);
    local=localtime(&t);
    printf("Local hour is:%d\n",local->tm_hour);
    local=gmtime(&t);
    printf("UTC hour is:%d\n",local->tm_hour);
}
```

程序编译运行结果:

```
[root@localhost time]#./ex6-1
1444796426
1444796426
Local hour is:21
UTC hour is:4
```

6.3.3　时间格式化函数

1. ctime 函数

函数 ctime 的作用是将一个时间返回成一个可以识别的字符串格式。ctime 函数原型如下:

```
char * ctime(const time_t * timep)
```

函数 ctime 的参数 timep 是一个指向 time_t 类型的指针。函数会把这个指针转换成一个字符串，然后返回这个字符串的头指针。这里返回的时间已经转换成本地时区的时间，与计算机上显示的时间相同。字符串的显示格式形如 Tue Oct 10 21:44:21 2015。

2. asctime 函数

函数 asctime 的作用是将一个 tm 格式的时间转换为一个字符串格式。asctime 函数原型如下：

```
char * asctime(const struct tm * tm);
```

函数的参数是一个 tm 格式的时间结构体指针，返回值是一个字符串。与函数 ctime 不同的是，ctime 的参数是一个表示秒数的时间指针。返回的字符串格式与 ctime 的返回格式相同。

【例 6-2】　时间格式转换实例。

```
//ex6-2.c
#include <time.h>
#include <stdio.h>
int main()
{
    struct tm * ptr;
    time_t lt;
    lt=time(NULL);
    ptr=gmtime(&lt);
    printf(asctime(ptr));
    printf(ctime(&lt));
    return 0;
}
```

程序编译运行结果：

```
[root@localhost time]#./ex6-2
Wed Oct 14 04:44:21 2015
Tue Oct 13 21:44:21 2015
```

6.3.4　获取精确时间函数

前面所讲到的时间函数只能把时间精确到秒。如果对时间的处理精度为微秒级，需要使用函数 gettimeofday。函数原型如下：

```
int gettimeofday(struct timeval * tv,struct timezone * tz);
```

函数的参数是两个结构体指针，这两个结构体的定义如下：

```
struct timeval{
    long tv_sec;                       //当前时间的秒数
    long tv_usec;                      //当前时间的微秒数
};
struct timezone{
    int tz_minuteswest;               //与 UTC 时间相差的分钟数
    int tz_dsttime;                   //与夏令时间相差的分钟数
};
```

函数 gettimeofday 会把当前时间的这些参数返回到这两个结构体指针上。如果处理成功,则返回真值 1,否则返回 0。

计算机运行一个程序时需要占用一定的时间。用时间函数可以对程序开始和结束的时间 进行计时,程序结束时可以计算时间差值,从而获取程序运行时间。由于计算机运行程序的时间常常很短,因此可以用 gettimeofday 函数来取得精确到微秒的时间差值。

【例 6-3】 获取程序运行时间实例。

```
#include <sys/time.h>
#include <stdio.h>
#include <stdlib.h>
#include <math.h>
void function()
{
    unsigned int i,j;
    double y;
    for(i=0;i<1000;i++)
        for(j=0;j<1000;j++)
            y++;
}
int main()
{
    struct timeval tpstart,tpend;
    float timeuse;
    gettimeofday(&tpstart,NULL);               //获取开始的时间
    function();
    gettimeofday(&tpend,NULL);                 //获取结束的时间
    timeuse=1000000 * (tpend.tv_sec-tpstart.tv_sec)+
        (tpend.tv_usec-tpstart.tv_usec);       //计算运行时间
    timeuse/=1000000;
    printf("Used Time: %f\n",timeuse);
    return 0;
}
```

程序编译运行结果:

```
[root@localhost time]#./ex6-3
Used Time: 0.003279
```

6.4　农业信息采集控制系统中时间的应用

在农业信息采集控制系统中,时间是非常重要的信息,每次数据采集的时间信息都要和数据一起上传到服务器,便于系统存储和分析使用。以下是项目中获取时间的应用实例:

```
time_t t;
struct tm * local;
t=time(NULL);
local=localtime(&t);
sprintf(send_buf,"%d#%d#%d#%d#%d#%d#%f#%f#%f#%5.2f#%5.2f#",local->tm_year
+1900,local->tm_mon+1,local->tm_mday,local->tm_hour,local->tm_min,
local->tm_sec,w_buf[0],w_buf[1],w_buf[2],w_buf[3],w_buf[4]);
```

习　题　6

1. Linux 系统中常用的时间是如何表示的?
2. 编程获取当地时间和 UTC 时间,并用字符串格式打印输出。
3. 编程实现对函数 function 执行的时间进行计算。

第 7 章

进程控制程序设计

7.1 项 目 目 标

通过本章的学习,理解进程控制的方法。设计数据采集显示系统的主进程,实现主进程的基本框架。

本章知识点包括 Linux 下的进程概念以及 Linux 进程管理相关的系统调用。

7.2 进程控制概述

7.2.1 进程及相关概念

进程的概念源于 20 世纪 60 年代,目前已成为操作系统和并发程序设计中的重要概念。进程是一个具有一定独立功能的程序的一次运行活动。进程是一个程序的一次执行的过程,它和程序有本质区别,程序是静态的,是一些保存在磁盘上的指令的有序集合,没有任何执行的概念;进程是动态的,是程序执行的过程,包括了动态创建、调度和消亡的整个过程,是程序执行和资源管理的最小单位。一般来说,程序是一个包含可执行代码的文件,或者说是一些规定格式的二进制文件,存储在计算机的文件系统里面。进程是一个开始执行但是还没有结束的程序的实例,存储在系统的内存中,是可执行文件的具体实现。

1. 进程的要素

在 Linux 系统中,一个进程必须具有以下 4 个要素:

- 要有一段程序代码供进程去执行,称之为代码段。
- 要拥有专用的系统堆栈空间,称之为堆栈段。存放的是子程序的返回地址、子程序的参数以及程序的局部变量等。
- 要有一个由 task_struct 结构定义的进程控制块。进程控制块包含了进程的描述信息、控制信息以及资源信息,它是进程的一个静态描述。

- 要有独立的存储空间,称之为数据段。数据段存放的是全局变量、常数以及动态数据分配的数据空间,根据存放的数据,数据段又可以分成普通数据段(包括可读可写/只读数据段,存放静态初始化的全局变量或常量)、BSS 数据段(存放未初始化的全局变量)以及堆(存放动态分配的数据)。

2. 进程的类型

Linux 操作系统通常包括 3 种不同类型的进程,每种进程都有自己的特点和属性。
- 交互进程:由一个 Shell 启动的进程,其既可以在前台运行,也可以在后台运行。
- 批处理进程:这种进程和终端没有关系,是一个进程序列。
- 守护进程:伴随系统启动而启动的进程,在后台运行,与终端无关。

3. 进程的状态

进程是程序的执行过程,根据它的生命周期可以划分成 3 种状态。
- 执行态:该进程正在运行,即进程正在占用 CPU。
- 就绪态:进程已经具备执行的一切条件,正在等待分配 CPU 的处理时间片。
- 等待(阻塞)态:进程不能使用 CPU,若等待的事件发生(获得等待的资源)则可将其唤醒。

4. 进程的关系

Linux 系统中所有进程都是相互联系的,程序创建的进程之间具有父子关系,创建的多个进程之间是兄弟关系。

Linux 内核创建了进程 ID 为 0 及进程 ID 为 1 的进程,其中进程 ID 为 1 的进程是一个初始化进程 init,Linux 中所有进程都是由 init 进程派生而来的。在 Shell 下执行程序是 Shell 进程的子进程,进程中可以创建新的子进程,从而产生一棵进程树。

5. 进程的特点

进程具有动态性、并发性、独立性和异步性等主要特点。

(1)动态性:是进程最基本的特征,每个进程都有完整的生命周期,而且在生命周期内,进程的状态是不断变化的。

(2)并发性:指多个进程实体同时存在于内存中,能在同一时间内同时运行。并发是进程的重要特征,也是 Linux 操作系统的重要特征。

(3)独立性:是指进程实体是一个能独立运行的基本单位,同时也是获得资源、独立调度的基本单位。

(4)异步性:是指进程按各自独立的、不可预知的速度向前执行。

7.2.2　进程控制块和标识符

在 Linux 系统中同时运行很多进程,那么怎么区分这些进程呢? 每个进程都有自己的唯一的标识符和进程控制块。

1. 进程标识符

在 Linux 中每个进程都会被分配一个唯一的数字编号,称为进程标识符或 PID (Process IDentifier)。它通常是 2～32 768 的正整数。当进程启动时,系统将按顺序选择下一个未被使用的数字作为它的 PID。在 Linux 中可以通过系统调用函数 getpid()获得当前进程的 PID。

2. 进程控制块

进程控制块(PCB)是系统为了管理进程设置的一个专门的数据结构。系统用它来记录进程的外部特征,描述进程的动态变化过程。同时,系统可以利用 PCB 来控制和管理进程,所以说,PCB 是系统感知进程存在的唯一标志。PCB 在 Linux 中的具体实现是 task_struct 数据结构,它记录进程的如下相关信息:

- 进程状态:包括运行状态、等待状态、暂停状态、僵死状态。
- 进程调度信息:调度程序利用这部分信息决定系统中哪个进程最应该运行,并结合进程的状态信息保证系统运转的公平和高效。
- 进程中的标识符:每个进程有进程标识符、用户标识符、组标识符等。
- 进程链接信息:程序创建的进程具有父子关系。因为一个进程能创建几个子进程,而子进程之间有兄弟关系,在 task_struct 结构中用几个域来表示这种关系,从而确定进程关系树。
- 资源情况:如时间及定时器、内存使用情况、文件系统信息等。

7.2.3 进程调度

Linux 内核用进程调度器来决定下一个时间片应该分给哪个进程。什么是时间片? Linux 中每个进程只允许运行很短的时间(200ms),当这个时间用完后,系统将选择另一个进程运行,原来的进程必须等待一定时间再继续运行,这段时间就称为时间片。调度器选择进程时要根据进程的优先级,优先级高的进程运行得更为频繁。在 Linux 中,进程运行的时间不能超过分配给它们的时间片,它们采用的是抢先式多任务处理,所以进程的挂起和继续执行无须彼此间协作。

7.2.4 进程同步互斥

在 Linux 系统中,进程是并发执行的,不同进程之间存在着不同的相互制约关系。为了协调进程之间的相互制约关系,引入了进程同步互斥的概念。

下面介绍一个概念——临界资源。多进程系统中,虽然多个进程可以共享系统中的各种资源,但其中许多资源一次只能为一个进程所使用,这种一次仅允许一个进程使用的资源称为临界资源。许多物理设备都属于临界资源,如打印机等。此外,还有许多变量、数据等都可以被若干进程共享,也属于临界资源。对临界资源的访问必须互斥地进行,在每个进程中,访问临界资源的那段代码称为临界区。为了保证临界资源的正确使

用,可以把临界资源的访问过程分成 4 个部分:

- 进入区。为了进入临界区使用临界资源,在进入区要检查可否进入临界区,如果可以进入临界区,则应设置正在访问临界区的标志,以阻止其他进程同时进入临界区。
- 临界区。进程中访问临界资源的那段代码,又称临界段。
- 退出区。将正在访问临界区的标志清除。
- 剩余区。代码中的其余部分。

当多个进程因竞争资源而形成一种僵局时,若无外力作用,这些进程都将永远不能再向前推进,形成死锁。

所谓同步也称为直接制约关系,它是指为完成某种任务而建立的两个或多个进程因为需要在某些位置上协调它们的工作次序而等待、传递信息所产生的制约关系。进程间的直接制约关系就是源于它们之间的相互合作。例如,输入进程 A 通过单缓冲向进程 B 提供数据。当该缓冲区空时,进程 B 不能获得所需数据而阻塞,一旦进程 A 将数据送入缓冲区,进程 B 被唤醒;反之,当缓冲区满时,进程 A 被阻塞,仅当进程 B 取走缓冲数据时,才唤醒进程 A。

所谓互斥也称为间接制约关系。当一个进程进入临界区使用临界资源时,另一个进程必须等待,当占用临界资源的进程退出临界区后,另一进程才允许去访问此临界资源。例如,在仅有一台打印机的系统中,有两个进程 A 和 B,如果进程 A 需要打印时,系统已将打印机分配给进程 B,则进程 A 必须阻塞。一旦进程 B 将打印机释放,系统便将进程 A 唤醒,并将其由阻塞状态变为就绪状态。为禁止两个进程同时进入临界区,同步机制应遵循以下准则:

- 空闲让进。临界区空闲时,可以允许一个请求进入临界区的进程立即进入临界区。
- 忙则等待。当已有进程进入临界区时,其他试图进入临界区的进程必须等待。
- 有限等待。对请求访问的进程,应保证能在有限时间内进入临界区。
- 让权等待。当进程不能进入临界区时,应立即释放处理器,防止进程忙等待。

7.2.5　Linux 下的进程管理常用命令

Linux 管理进程的最好方法就是使用命令行下的系统命令。Linux 的进程管理命令有 at、bg、fg、kill、crontab、jobs、ps、pstree、top、nice、renice、sleep、nohup。这里主要介绍 ps 和 top 命令。

1. ps 命令

作用:ps 命令主要查看系统中进程的状态。

格式:

ps [选项]

主要选项如下:

-A：显示系统中所有进程的信息。

-a：显示同一终端下的所有进程。

-e：显示所有进程的信息。

-f：显示进程的所有信息。

-l：以长格式显示进程信息。

-r：只显示正在运行的进程。

-u：显示面向用户的格式（包括用户名、CPU 及内存使用情况等信息）。

-x：显示所有非控制终端上的进程信息。

-p：显示由进程 ID 指定的进程的信息。

-t：显示指定终端上的进程的信息。

说明：要对进程进行监测和控制，首先要了解当前进程的情况，也就是需要查看当前进程。ps 命令是最基本也是非常强大的进程查看命令。根据显示的信息可以确定哪个进程正在运行、哪个进程被挂起、进程已运行了多久、进程正在使用的资源、进程的相对优先级以及进程的标志号（PID）。所有这些信息对用户都很有用，对于系统管理员来说更为重要。例如，使用 ps -aux 命令可以获得终端上所有用户的有关进程的所有信息。

2. top 命令

作用：top 命令用来显示系统当前的进程状况。

格式：

```
top [选项]
```

主要选项如下：

-d：指定更新的间隔，以秒计算。

-q：没有任何延迟的更新。如果使用者为超级用户，则 top 命令将会以最高的优先序执行。

-c：显示进程完整的路径与名称。

-S：累积模式，会将已完成或消失的子进程的 CPU 时间累积起来。

-s：安全模式。

-i：不显示任何闲置（idle）或无用（zombie）的进程。

-n：显示更新的次数，完成后将会退出 top 命令。

说明：top 命令和 ps 命令的基本作用是相同的，都显示系统当前的进程状况。但是 top 是一个动态显示过程，即可以通过用户按键来不断刷新当前状态。top 是一个交互式命令，其中的常用命令如下：

空格键：立刻刷新。

P：根据 CPU 使用大小进行排序。

T：根据时间、累计时间排序。

q：退出 top 命令。

m：切换显示内存信息。

t：切换显示进程和 CPU 状态信息。

c：切换显示命令名称和完整命令行。

M：根据使用内存大小进行排序。

W：将当前设置写入～/.toprc 文件中。

7.3　Linux 进程控制编程

Linux 进程控制包括进程的创建、执行新的应用、进程的退出和销毁等操作，这些控制通常通过相应的系统调用来实现。

7.3.1　获取进程 ID

每个进程都是通过唯一的进程 ID 标识的。每个进程除了进程 ID 外还有其他的标识符信息，都可以通过相应的函数获得。这些函数的声明在 unistd.h 头文件中。获取进程各种标识符的函数如下：

```
pid_t getpid(id)        //获得进程 ID
pid_t getppid(id)       //获得进程的父进程 ID
pid_t getuid()          //获得进程的实际用户 ID
pid_t geteuid()         //获得进程的有效用户 ID
pid_t getgid()          //获得进程的实际组 ID
pid_t getegid(id)       //获得进程的有效组 ID
```

【例 7-1】　获取进程 ID 实例。

```c
//ex7-1.c
#include<stdio.h>
#include<unistd.h>
#include<stdlib.h>
int main(){
    printf("进程 PID=%d\n",getpid());
    printf("进程 PPID=%d\n",getppid());
    return 0;
}
```

程序编译运行结果：

```
[root@localhost ex7]#./ex7-1
进程 PID=2896
进程 PPID=2694
```

7.3.2　进程的创建

在 Linux 中创建一个新进程的方法是使用 fork 函数。一个现有进程可以调用 fork

函数创建一个新进程。由 fork 函数创建的新进程被称为子进程。原来的进程称为父进程。使用 fork 函数得到的子进程是父进程的一个复制品,新创建的子进程几乎但不完全与父进程相同。子进程得到与父进程用户级虚拟地址空间相同的(但是独立的)一份副本,包括文本、数据和 BSS 段、堆以及用户栈。子进程还获得与父进程任何打开文件描述符相同的副本,这就意味着当父进程调用 fork 时,子进程可以读写父进程中打开的任何文件。

因为子进程几乎是父进程的完全复制,所以父子两个进程会运行同一个程序。因此需要用一种方式来区分它们。在父进程中执行 fork 函数时,父进程会复制出一个子进程,而且父子进程的代码从 fork 函数的返回开始分别在两个地址空间中同时运行。从而两个进程分别获得其所属 fork 的返回值,其中在父进程中的返回值是子进程的进程号,而在子进程中返回 0。因此,可以通过返回值来判定该进程是父进程还是子进程,父进程和新创建的子进程之间最大的区别在于它们有不同的 PID。fork 函数被调用一次,但返回两次。两次返回的唯一区别是子进程的返回值是 0,而父进程的返回值则是子进程的进程 ID。

进程创建成功后,两个进程的执行顺序如何呢? 创建子进程之后,父进程和子进程争夺 CPU,抢到的执行,另一个挂起等待。fork 函数原型见表 7-1。

表 7-1   fork 函数原型

头文件	#include <unistd.h>
原　型	pid_t fork(void)
参　数	无
返回值	fork 的奇妙之处在于它被调用一次,却返回两次,它可能有 3 种不同的返回值: (1) 在父进程中,fork 返回新创建的子进程的 PID (2) 在子进程中,fork 返回 0 (3) 如果出现错误,fork 返回一个负值(-1)

【例 7-2】 fork 子进程创建实例。

```
#include<sys/types.h>
#include<unistd.h>
int main()
{
    pid_t pid;              //此时仅有一个进程
    pid=fork();             //此时有两个进程同时运行
    if(pid<0)
        printf("error in fork");
    else if(pid==0)
        printf("I am the child process,ID is %d\n",getpid());
    else
        printf("I am the parent process,ID is %d\n",getppid());
}
```

程序编译运行结果：

```
[root@localhost process]#./ex7-2
I am the parent process,ID is 5294
I am the child process,ID is 5295
```

在 pid＝fork()之前，只有一个进程在执行，但在这条语句执行之后，就变成两个进程在执行了，这两个进程共享代码段，将要执行的下一条语句都是 if(pid＜0)。两个进程中，原来就存在的那个进程被称作"父进程"，新出现的那个进程被称作"子进程"，父子进程的区别在于进程标识符(PID)不同。

【例 7-3】　fork 产生的父子进程对数据段的访问实例。

```
//ex7-3.c
#include<sys/types.h>
#include<unistd.h>
int main()
{
    pid_t pid;
    int count=0;
    pid=fork();
    count++;
    printf("count=%d\n",count);
    return 0;
}
```

程序编译运行结果：

```
[root@localhost process]#./ex7-3
count=1
count=1
```

分析：count＋＋被父进程、子进程一共执行了两次，为什么 count 的第二次输出不等于 2？因为子进程的数据空间、堆栈空间都会从父进程得到一个副本，而不是共享。在子进程中对 count 进行加 1 的操作并没有影响到父进程中的 count 值，父进程中的 count 值仍为 0。

fork 的常见用法总结如下：

(1) 一个父进程希望复制自己，使父子进程同时执行不同的代码段。这在网络服务进程中比较常见，父进程等待客户端的服务请求，当请求到达时，父进程调用 fork，使子进程处理该请求，父进程则继续等待下一个服务请求到达。

(2) 一个进程要执行一个不同的程序。这对 shell 是常见的情况，这种情况下，子进程从 fork 返回后立即调用 exec 执行。

7.3.3　进程终止

　　当一个进程执行完成之后必须退出,退出时内核会进行一系列的操作,包括关闭文件操作符,清理缓冲区等。Linux 中最常用的方式是通过 exit 和_exit 函数终止进程。exit、_exit 函数原型见表 7-2。

表 7-2　exit、_exit 函数原型

头文件	# include <unistd. h>
原　型	void exit(int status); void _exit(int status);
参　数	status,称为终止状态
返回值	无

　　exit 系列函数没有返回值,status 表明了进程终止时的状态。当子进程使用_exit 后,父进程如果在用 wait 等待子进程,那么 wait 将会返回 status 状态,通常,使用 0 表示进程成功返回,非负值表示进程不成功返回。但是,这种约定不是强制的,每个应用程序都可以自己指定返回值。通常,如果 main

函数的返回值定义为整型并且 main 函数是执行到最后一个语句返回,则该进程的终止状态为 0。

　　_exit 函数的作用是直接使进程停止运行,清除其使用的内存空间,并清除其在内核中的各种数据结构;exit 函数则在这些基础上做了一些包装,在执行退出之前加了若干道工序。exit 函数与_exit 函数最大的区别就在于 exit 函数在调用 exit 之前要检查文件的打开情况,把文件缓冲区中的内容写回文件。

　　由于在 Linux 的标准函数库中有一种被称作"缓冲 I/O"(buffered I/O)的操作,其特征就是对应每一个打开的文件,在内存中都有一片缓冲区。每次读文件时,会连续读出若干条记录,这样在下次读文件时就可以直接从内存的缓冲区中读取;同样,每次写文件的时候,也仅仅是写入内存中的缓冲区,等满足了一定的条件(如达到一定数量或遇到特定字符等),再将缓冲区中的内容一次性写入文件。这种技术大大提高了文件读写的速度,但也为编程带来了一些麻烦。比如有些数据,程序认为它们已经被写入到文件中,实际上因为没有满足特定的条件,它们还只是被保存在缓冲区内,这时用_exit 函数直接将进程关闭,缓冲区中的数据就会丢失。因此,若想保证数据的完整性,就一定要使用 exit 函数。

　　【例 7-4】　exit 函数实例。

```
//ex7-4.c
#include<stdio.h>
#include<stdlib.h>
#include<unistd.h>
int main()
{
    printf("exit example\n");
    printf("this is the content in buffer");
    exit(0);
```

```
    //_exit(0);
}
```

程序编译运行结果：

```
[root@ localhost process]#./ex7-4
exit example
This is the content in buffer
```

具体实验时，可以注释掉 exit(0)行，把_exit(0)的注释去掉，然后重新编译运行程序，看看结果和现在有什么区别。然后把程序中 printf("This is the content in buffer")；语句的输出内容后加\n，再分两种情况运行程序并对比程序运行结果，请根据前面介绍的原理分析原因。

7.3.4　进程等待

当一个进程正常或异常终止的时候，它向其父进程发送 SIGCHLD 信号，父进程可以选择忽略该信号，或者提供一个该信号发生时即被调用执行的函数。对于这种信号的系统默认动作是忽略它。此时进程状态一直保留在内存中，直到父进程使用 wait 函数收集状态信息，才会清空这些信息。用 wait 来等待一个子进程终止运行称为回收进程。

调用 wait 或 waitpid 的进程可能会发生以下情况：

- 如果其所有子进程都在运行，则阻塞。
- 如果一个子进程已经终止，正在等待父进程以获取终止状态，则使该子进程获得终止状态后立即返回。
- 如果没有任何子进程，则立即出错返回。

如果进程由于接收到 SIGCHLD 信号而调用 wait，则可期望 wait 会立即返回。但是如果在任意时刻调用 wait，则进程可能会阻塞。

wait 函数用于使父进程（也就是调用 wait 的进程）阻塞，直到一个子进程结束或者该进程接收到一个指定的信号为止。如果该父进程没有子进程或者其子进程已经结束，则 wait 就会立即返回。

waitpid 的作用和 wait 一样，但它并不一定要等待第一个终止的子进程，它还有若干选项，如可提供一个非阻塞版本的 wait 功能，也能支持作业控制。实际上 wait 函数只是 waitpid 函数的一个特例，在 Linux 内部实现 wait 函数时直接调用的就是 waitpid 函数。

1. wait 原型

wait 函数的原型如表 7-3 所示。

表 7-3　wait 函数原型

头文件	#include ＜sys/types. h＞ #include ＜sys/wait. h＞
原　型	pid_t wait(int ＊ status);
参　数	status:用于保存子进程的结束状态
返回值	－1：调用失败；其他：调用成功,返回值为退出的子进程 ID

【例 7-5】 wait 函数应用实例。

```
//ex7-5.c
#include<sys/types.h>
#include<sys/wait.h>
#include<unistd.h>
#include<stdlib.h>
int main()
{
    pid_t pc,pr;
    pc=fork();
    if(pc==0){
        printf("This is child process with pid of %d\n",getpid());
        sleep(10);}
    else if(pc>0){
        pr=wait(NULL);
        printf("I catched a child process with pid of %d\n",pr);
    }
    exit(0);
}
```

程序编译运行结果：

```
[root@localhost process]#./ex7-5
This is child process with pid of 5430
I catched a child process with pid of 5430
```

2. waitpid 原型

waipid 函数的原型如表 7-4 所示。

表 7-4　waipid 函数原型

头文件	#include ＜sys/types. h＞ #include ＜sys/wait. h＞
原　型	pid_t waitpid(pid_t pid,int ＊ status,int options);

参 数	status	用于保存子进程的结束状态
	pid	为欲等待的子进程 ID,其数值意义如下: • pid＝0:等待进程组 ID 与目前进程相同的任何子进程 • pid＞0:等待任何子进程 ID 为 pid 的子进程 • pid＜－1:等待进程组 ID 为 pid 绝对值的任何子进程 • pid＝－1:等待任何子进程,相当于 wait
	options	该参数提供了一些额外的选项来控制 waitpid,可有以下几个取值或它们的按位或组合: • 0: 不使用任何选项 • WNOHANG:若 pid 指定的子进程没有结束,则 waitpid 函数返回 0,不予以等待;若结束,则返回该子进程的 ID • WUNTRACED:若子进程进入暂停状态,则马上返回,但子进程的结束状态不予以理会
返回值		－1:调用失败;其他:调用成功,返回值为退出的子进程 ID

【例 7-6】 waitpid 函数实例。

```
//ex7-6.c
#include<sys/types.h>
#include<sys/wait.h>
#include<unistd.h>
#include<stdio.h>
#include<stdlib.h>
int main()
{
    pid_t pc,pr;
    pc=fork();
    if (pc<0)
    {
        printf("fork error\n");
    }
    else if (pc==0)     //子进程
    {
        printf("child process id is %d",getpid());
        sleep(5);
        exit(0);
    }
    else
    {
        do
        {
            pr=waitpid(pc,NULL,WNOHANG);//WNOHANG--0
```

```
        //父进程调用 waitpid 没有阻塞,非阻塞版本的 wait
        if (pr==0)
        {
            printf("The child process has not exited\n");
            sleep(1);
        }
    } while (pr==0);

    if (pr==pc)
    {
        printf("Get child exit: %d\n",pr);
    }
    else
    {
        printf("error occured.\n");
    }
}

return 0;
}
```

程序编译运行结果:

```
[root@localhost process]#./ex7-6
child process id is 5476
The child process has not exited
The child process has not exited
The child process has not exited
The child process has not exited
The child process has not exited
Get child exit: 5476
```

程序中,给 waitpid 设置了 options 选项为 WNOHANG,这样 waitpid 将成为一个非阻塞版本的 wait,也就是父进程调用 waitpid 时,如果子进程没有结束,则不阻塞,而是立即返回,因此 waitpid 运行了 5 次。如果把 options 选项设置为 0,则其运行情况和 wait 一样。

7.3.5 exec 函数族

exec 函数族提供了一个在进程中启动另一个程序执行的方法。它可以根据指定的文件名或目录名找到可执行文件,并用它来取代原调用进程的数据段、代码段和堆栈段,在执行完之后,原调用进程的内容除了进程号外,其他全部被新的进程替换了。另外,这里的可执行文件既可以是二进制文件,也可以是 Linux 下任何可执行的脚本文件。

使用 exec 函数族主要有两种情况：

（1）当进程认为自己不能再为系统和用户做出任何贡献时，就可以调用 exec 函数族中的任意一个函数让自己重生。

（2）如果一个进程想执行另一个程序，那么它就可以调用 fork 函数新建一个进程，然后调用 exec 函数族中的任意一个函数，这样看起来就像通过执行应用程序而产生了一个新进程（这种情况非常普遍）。

exec 函数族共有 6 种不同形式的函数。这 6 个函数可以划分为两组：

（1）execl、execle 和 execlp。

（2）execv、execve 和 execvp。

这两组函数的不同在于 exec 后的第一个字符，第一组是 l，在此称为 execl 系列；第二组是 v，在此称为 execv 系列。这里的 l 是 list（列表）的意思，表示 execl 系列函数需要将每个命令行参数作为函数的参数进行传递；而 v 是 vector（矢量）的意思，表示 execv 系列函数将所有函数包装到一个矢量数组中传递即可。

exec 函数的原型如下：

```
int execl(const char * path,const char * arg,…);
int execle(const char * path,const char * arg,char * const envp[]);
int execlp(const char * file,const char * arg,…);
int execv(const char * path,char * const argv[]);
int execve(const char * path,char * const argv[],char * const envp[]);
int execvp(const char * file,char * const argv[]);
```

参数说明：

path：要执行的程序路径。可以是绝对路径或者是相对路径。在 execv、execve、execl 和 execle 这 4 个函数中，使用带路径名的文件名作为参数。

file：要执行的程序名称。如果该参数中包含"/"字符，则视为路径名直接执行；否则视为单独的文件名，系统将根据 PATH 环境变量指定的路径顺序搜索指定的文件。

argv：命令行参数的矢量数组。

envp：带有该参数的 exec 函数可以在调用时指定一个环境变量数组。其他不带该参数的 exec 函数则使用调用进程的环境变量。

arg：程序的第 0 个参数，即程序名自身，相当于 argv[0]。

…：命令行参数列表。调用相应程序时有多少命令行参数，就需要有多少个输入参数项。注意：在使用此类函数时，在所有命令行参数的最后应该增加一个空的参数项（NULL），表明命令行参数结束。

返回值：−1 表明调用 exec 失败，无返回表明调用成功。

【例 7-7】　exec 系列函数应用。

```
//ex7-7.c
#include<stdio.h>
#include<stdlib.h>
```

```
#include<unistd.h>
int main()
{
printf("This is a test for exec series function\n");
    if(fork()==0)
    {
        if(execl("/bin/date","/bin/date",(char*)0)<0)
        {
            printf("Exec error\n");
        }
        exit(0);
    }
    else
    {
        sleep(2);
    }
    return 0;
}
```

运行结果：

```
[root@localhost process]#./ex7-7
This is a test for exec series function
2015年09月16日 星期三 08:21:34 PDT
```

以上程序中 execl 函数可以替换为以下两个函数，注意调用方式的区别。

（1）execlp("date","date",(char*)0);

（2）char* argv[]={"date",(char*)0};execv("/bin/date",argv);

7.4　Linux 守护进程

　　守护进程就是后台服务进程，它是一个生存期较长的进程，通常独立于控制终端并且周期性地执行某种任务或等待处理某些发生的事件。守护进程常常在系统引导载入时启动，在系统关闭时终止。Linux 有很多系统服务，大多数服务都是通过守护进程实现的，守护进程还能完成许多系统任务，例如侦听网络接口服务 xinetd、打印进程 lqd 等（这里的尾字母 d 是 daemon 的意思）。

　　在理解守护进程之前，需要理解几个概念：进程组、会话期、终端。进程组是一个或多个进程的集合，由一个进程组 ID 来标识，每个进程组都有一个组长进程，而组 ID 就是组长进程的 ID。会话期是一个或多个进程组的集合，通常一个会话期开始于用户登录，终止于用户退出。在此期间该用户所运行的所有进程都属于这个会话期。在 Linux 中，

第 7 章　进程控制程序设计　　**271**

每一个系统与用户进行交流的界面称为终端,从一个终端开始运行的所有进程都会依附于这个终端,这个终端就称为这些进程的控制终端,当控制终端被关闭时,相应的进程都会自动关闭,会话期也受终端的控制。实际应用中,如果希望进程能够在机器运行过程中一直运行,希望它能够脱离终端的控制,不因为用户、终端或者其他的变化而受到影响,那么就必须把这个进程变成一个守护进程。

7.4.1　守护进程的编写

在 Linux 系统中,要编程实现一个守护进程的步骤如下。

1. 创建子进程,父进程退出

调用 fork 创建一个子进程后,使父进程立即退出,这样产生的子进程变成了孤儿进程,进而被 init 进程接管,同时,所产生的子进程将在后台运行。该子进程继承了父进程的控制终端、会话和进程组,为了脱离终端,必须创建新的会话。

2. 在子进程中创建新会话

通过调用 setsid 函数创建新的会话,调用的进程成为新会话的唯一进程,也是新的进程组的唯一进程,并成为该进程组的组长,这时没有控制终端与其相关联,从而脱离终端。setsid 函数原型见表 7-5。

表 7-5　setsid 函数原型

头文件	♯ include ＜unistd. h＞
原　型	pid_t setsid(void);
参　数	无
返回值	调用失败返回−1;调用成功,返回值为退出的子进程 ID

3. 改变当前工作目录

使用 fork 产生的子进程将继承父进程的当前工作目录,当进程没有结束时,其工作目录是不能被卸载的,为了防止这种问题发生,守护进程一般会使用 chdir 函数将其工作目录更改到根目录/。chdir 函数原型见表 7-6。

表 7-6　chdir 函数原型

头文件	♯ include ＜unistd. h＞
原　型	int chdir(const char ＊ path);
参　数	path:将当前的工作目录改变为 path 所指的目录
返回值	调用失败返回−1,并通过 errno 记录错误原因;调用成功返回 0

4．关闭文件描述符

　　fork 产生的子进程从父进程继承了某些打开的文件描述符，如果不再使用这些文件描述符，则应该关闭它们。守护进程是运行在系统后台的，不应该在终端有任何输出信息，因此应关闭这些文件描述符。关闭文件描述符通过文件的 close 操作来实现。

```
for(i=0;i<MAXFILE;i++)
    close(i);
```

5．设置守护进程的文件权限掩码

　　很多情况下守护进程会创建一些临时文件，出于安全考虑，往往不希望这些文件被其他用户查看，这时，可以使用 umask 函数修改文件权限，创建权限掩码，以满足守护进程的需要。

7.4.2　守护进程实例

```
//ex7-8.c
#include<stdio.h>
#include<stdlib.h>
#include<string.h>
#include<fcntl.h>
#include<sys/types.h>
#include<unistd.h>
#include<sys/wait.h>
int main()
{
    pid_t pid;
    int   i,fd;
    char  * buf="This is a Daemon\n";
    pid=fork();                           //第 1 步,创建子进程
    if (pid<0)
    {
        printf("Error fork\n");
        exit(1);
    }
    else if (pid>0)
    {
        exit(0);                          //第 2 步,父进程退出
    }
    setsid();                             //第 3 步,子进程中创建新会话
    chdir("/");                           //第 4 步,改变当前工作目录
    for(i=0; i<getdtablesize(); i++)      //第 5 步 关闭文件描述符
```

```
    {
        close(i);
    }
    umask(0);              //第 6 步,重设文件权限掩码
    while(1)               //每隔 10s 写入 daemon.log 文件一次
    {
        if((fd=open("/tmp/daemon.log",O_CREAT|O_WRONLY|O_APPEND,0600))<0)
        {
            printf("Open file error\n");
            exit(1);
        }

        write(fd,buf,strlen(buf)+1);
        close(fd);
        sleep(10);
    }
    return 0;
}
```

运行结果分析:

(1) 程序运行后没有输出,关闭终端后,利用 ps 命令查看一下,发现运行的守护进程还在后台继续运行。

(2) 打开 daemon.log 文件查看,文件正常写入。

(3) 通过 kill 命令将守护进程杀掉。

7.5　农业信息采集控制系统主程序设计

农业信息采集控制系统总体由三大模块构成:一是数据采集模块,主要完成农田温湿度信息、大气压强、农田位置等数据的实时采集;二是输出控制模块,用直流电机、继电器等来控制农田大棚卷帘的升降、水管的灌溉等,通过键盘按键完成对应的控制功能;三是数据上传模块,通过 TCP/IP 协议将采集的数据传输到远程服务器。系统功能模块结构图如图 7-1 所示。

7.5.1　农业信息采集控制系统主程序流程

该系统主要功能分为 3 部分,为了实现数据采集与控制功能相互独立、互不影响,采用多进程实现数据采集和控制。父进程完成控制功能,即扫描键盘,根据按键发出控制动作。子进程负责数据采集,假设每隔 5s 完成一次数据采集。采集后的数据通过命名管道的方式(也可以采用其他通信方式)发送给数据上传的进程。农业信息采集控制系统的流程如图 7-2 所示。

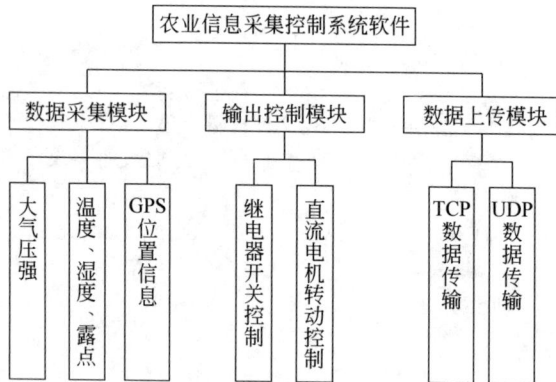

图 7-1 农业信息采集控制系统软件模块结构图

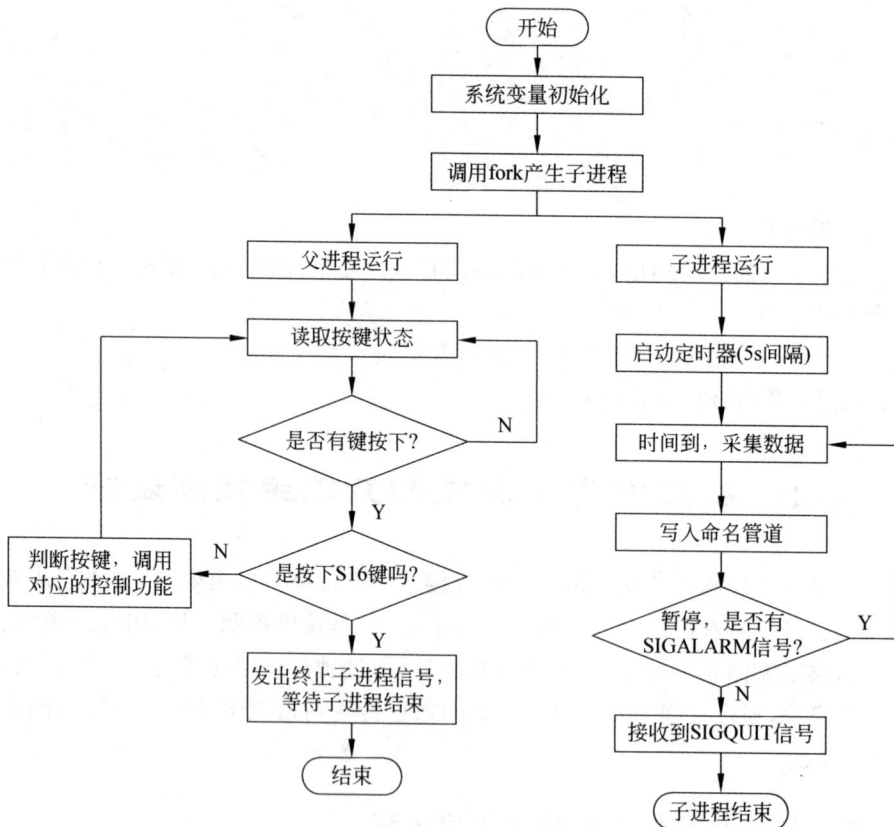

图 7-2 农业信息采集控制系统主程序流程图

7.5.2 农业信息采集控制系统主程序

以下程序为农业信息采集控制系统主程序的框架代码,随着后面进程间通信及多线程等知识的不断学习完善,最后会形成完整的程序。

```
int main(void)
{
    int fd=-1;
    int ret,i,res1,res2,res3,res4;
    pid_t pid;
    pthread_t id1,id2,id3,id4;
    pthread_attr_t attr1,attr2,attr3,attr4;
    unsigned int keys_value=0;
    time_t t;
    struct tm * local;
    t=time(NULL);
    local=localtime(&t);
    printf("Local time: %d-%d-%d %d:%d:%d\n",local->tm_year+1900,local->
        tm_mon+1,local->tm_mday,local->tm_hour,local->tm_min,local->
        tm_sec);
    pid=fork();                          //创建数据采集子进程
    if (pid<0){
        printf("Fork error!\n");
        exit(0);
    }else if(pid==0){                    //数据采集子进程
        //该模块完成数据采集,采用定时器完成,详细内容在第8章学习
    }else{
        //父进程模块,主要完成系统的控制功能
        //采集键盘按键情况
        fd=open("/dev/keys",0);      //打开一个文件并判断返回值
        if(fd<0)
        {
            printf("open/dev/KEYS error!\n");
            return -1;
        }
        for(;;)                          //循环读取按键状态
        {
            //读取文件函数,fd 所指文件传送 sizeof(keys_value)字节到所指内存
              (&keys_value)中
            ret=read(fd,&keys_value,sizeof(keys_value));
            if(ret<0)
            {
                printf("read err!\n");
                continue;
            }
            if(ret==0)
                continue;
                //printf("keys_value=%d\n",keys_value);
                switch(keys_value)  //判断按键
                {
```

```
        case 0xEE:
        printf("S1 pressed!\n");
        //调用函数创建线程,控制直流电机
        pthreadhandler(MOTOR_FWD);
        break;
        case 0xDE:
        printf("S2 pressed!\n");
        //调用函数创建线程,控制直流电机
        pthreadhandler(MOTOR_REV);
        break;
        case 0xBE:
        printf("S3 pressed!\n");
        //调用函数创建线程,控制继电器开关
        pthreadhandler(RELAY_ON);
        break;
        case 0x7E:
        printf("S4 pressed!\n");
        //调用函数创建线程,控制继电器开关
        pthreadhandler(RELAY_OFF);
        break;
        case 0xB7:
        printf("S15 pressed!\n");
        //发送信号,退出相关进程(在第8章详细描述)
        break;
          case 0x77:
        printf("S16 pressed!\n");
        //杀死采集子进程
        if ((ret=kill(pid,SIGKILL))==0)
        {
            printf("Parent kill %d\n",pid);
        }
        else
        {
            printf("Parent kill error\n");
        }
        //等待子进程结束
        waitpid(pid,NULL,0);
        return 0;
        break;
    }
    keys_value=0;
    }
    }
}
```

习　题　7

1. 什么是进程？进程的状态有哪些？如何进行相互转换？

2. 编写一个程序，返回进程的 PID 和 PPID。

3. 阅读下面的程序，分析其执行情况，运行时会产生多少个进程？输出多少行信息？

```
#include "stdio.h"
#include "sys/types.h"
#include "unistd.h"
int main()
{
    pid_t pid1;
    pid_t pid2;
    pid1=fork();
    pid2=fork();
    printf("pid1:%d,pid2:%d\n",pid1,pid2);
}
```

4. 编写一个由父进程创建两个子进程的程序，每个进程输出自己的 PID 及父进程的 ID，等待所有子进程都结束后，父进程退出。

5. 调用 exec 加载新程序成功后，原进程的哪些属性会保留？

6. 编写一个程序，由 fork 创建的子进程执行任意 exec 函数，调用当前目录下的一个可执行程序（可以是自己编写的其他程序）。

7. 什么是守护进程？它有哪些工作特点？简述编写守护进程的流程。

第 8 章

进程间通信

8.1 项 目 目 标

通过本章的学习,掌握进程间通信的常用方法,设计实现数据采集显示通信系统中数据采集进程与数据上传进程之间的数据通信。

本章知识点包括 Linux 提供的管道、信号、消息队列、共享内存、信号量、套接字等通信机制。

8.2 进程间通信概述

前面介绍了,如果创建多个进程,并且多个进程同时运行,这些进程仅仅能通过 fork 等函数来传送一个已经打开的文件,或者通过对文件系统中的文件操作来实现多个进程中的数据交互。但是,在复杂的应用中,用户通常需要使用多个相关的进程来执行有关操作,此时进程之间必须进行通信,共享资源和信息。Linux 内核提供了多种必要的机制来实现这种通信,这些通信机制通常叫作进程间通信(IPC)。Linux 下的进程通信手段基本是从 UNIX 系统继承而来的,包括了 System V IPC 和基于 Socket 的进程间通信机制。

进程间需要通信一般有以下几个原因:

- 数据传输:一个进程需要将它的数据发送给另一个进程。
- 资源共享:多个进程之间共享同样的资源。
- 通知事件:一个进程需要向另一个或一组进程发送消息,通知它们发生了某种事件。
- 进程控制:有些进程希望完全控制另一个进程的执行(如 Debug 进程),此时控制进程希望能够拦截另一个进程的所有操作,并能够及时知道它的状态改变。

Linux 使用的进程间通信方式主要包括以下几种:

- 管道(pipe)和命名管道(named pipe)。管道可用于具有亲缘关系的进程间的通信;命名管道克服了管道没有名字的限制,因此,它除具有管道所具有的功能外,还允许无亲缘关系的进程间的通信。

- 信号(signal)。信号是比较复杂的通信方式,用于通知接收进程有某种事件发生。
  除了用于进程间通信外,进程还可以发送信号给进程本身。Linux 除了支持
  UNIX 早期信号语义函数 signal 外,还支持符合 POSIX 标准的信号函数
  sigaction。
- 消息队列。消息队列是消息的链接表,有足够权限的进程可以向队列中添加消
  息,被赋予读权限的进程则可以读取队列中的消息。消息队列克服了信号承载信
  息量少,管道只能承载无格式字节流以及缓冲区大小受限等缺点。
- 共享内存。使得多个进程可以访问同一块内存空间,是最快的可用 IPC 形式。它
  是针对其他通信机制运行效率较低而设计的,往往与其他通信机制(如信号量)结
  合使用,来达到进程间的同步及互斥。
- 信号量。主要作为进程间以及同一进程的不同线程之间的同步手段。
- 套接字(socket)。可用于不同机器之间的进程间通信。

8.3　管道通信

　　管道是单向的、先进先出的,它把一个进程的输出和另一个进程的输入连接在一起。
一个进程(写进程)在管道的尾部写入数据,另一个进程(读进程)从管道的头部读出数
据。数据被一个进程读出后,将从管道中删除,其他读进程将不能再读到这些数据。管
道提供了简单的流控制机制,进程试图读空管道时将被阻塞;同样,管道已经满时,进程
再试图向管道写入数据时将被阻塞。
　　管道包括无名管道和命名管道,前者用于父进程和子进程间的通信,后者可用于运
行于同一系统中的任意两个进程间的通信。

8.3.1　无名管道

1. 管道创建

　　无名管道使用前需要创建,通过调用函数 pipe 来创建管道。pipe 函数原型见表 8-1。

表 8-1　pipe 函数原型

头文件	♯include <unistd.h>
原　型	int pipe(int fd[2]);
参　数	fd[0]为管道的读取端 fd[1]为管道的写入端
返回值	若成功则返回 0,否则返回 -1,错误原因存于 errno 中。错误代码如下: • EMFILE:进程已用完文件描述词的最大量 • ENFILE:系统已无文件描述词可用 • EFAULT:参数 filedes 数组地址不合法

　　该函数创建的管道的两端处于一个进程中间,在实际应用中没有太大意义,因此,一

个进程在由 pipe 创建管道后,一般再由 fork 创建一个子进程,然后通过管道实现父子进程间的通信。因此也不难推出,只要两个进程中存在亲缘关系,这里的亲缘关系指的是具有共同的祖先,都可以采用管道方式来进行通信。

参数 fd[0]、fd[1]用来描述管道的两端,管道的一端只能用于读,由 fd[0]表示,称为管道读端;另一端则只能用于写,由 fd[1]表示,称为管道写端。如果试图从管道写端读取数据,或者向管道读端写入数据,都将导致错误发生。一般文件的 I/O 函数都可以用于管道读写,如 read、write 等。

2. 管道读写

从管道中读取数据时,如果管道的写端不存在,则认为已经读到了数据的末尾,读函数返回的读出字节数为 0。

当管道的写端存在时,如果请求的字节数目大于 PIPE_BUF,则返回管道中现有的数据字节数;如果请求的字节数目小于 PIPE_BUF,则返回管道中现有数据字节数(此时,管道中数据量小于请求的数据量),或者返回请求的字节数(此时,管道中数据量大于请求的数据量)。

向管道写入数据时,只有在管道的读端存在时,向管道写入数据才有意义,否则,向管道写入数据的进程将收到内核传来的 SIGPIPE 信号。

向管道写入数据时,管道缓冲区一有空闲区域,写进程就会试图向管道写入数据,如果读进程不读取管道缓冲区中的数据,写操作将会阻塞。

父子进程在运行时,它们的先后顺序不能保证,为了保证父子进程关闭了相应的文件描述符,可以使用 sleep 函数解决。

3. 管道关闭

关闭管道只需要将这两个文件描述符关闭即可。可以使用文件的 close 函数逐个关闭。

【例 8-1】 管道创建实例。

```
//ex8-1.c
#include<unistd.h>
#include<errno.h>
#include<stdio.h>
#include<stdlib.h>
int main()
{
    int pipe_fd[2];
    if(pipe(pipe_fd)<0)
    {
        printf("pipe create error\n");
        return -1;
    }
```

```
    else
        printf("pipe create success\n");
    close(pipe_fd[0]);
    close(pipe_fd[1]);
}
```

程序编译运行结果：

```
[root@localhost pipe]#./ex8-1
pipe create success
```

【例 8-2】　管道读写实例。

```c
//ex8-2.c
#include<unistd.h>
#include<errno.h>
#include<stdlib.h>
#include<stdio.h>
#include<memory.h>
int main()
{
    int pipe_fd[2];
    pid_t pid;
    char buf_r[100];
    char * p_wbuf;
    int r_num;
    memset(buf_r,0,sizeof(buf_r));
    if(pipe(pipe_fd)<0)
    {
        printf("pipe create error\n");
        return -1;
    }
    if((pid=fork())==0)
    {
        printf("\n");
        close(pipe_fd[1]);              //关闭写管道
        sleep(2);                       //等待父进程写管道
        if((r_num=read(pipe_fd[0],buf_r,100))>0)
        {
            printf("%d numbers read from the pipe is %s ",r_num,buf_r);
        }
        close(pipe_fd[0]);
        exit(0);
    }
```

```
    else if(pid>0)
    {
        close(pipe_fd[0]);              //关闭读管道
        if(write(pipe_fd[1],"Hello",5)!=-1)
            printf("Parent write Hello\n");
        if(write(pipe_fd[1]," Pipe",5)!=-1)
            printf("Parent write Pipe\n");
        close(pipe_fd[0]);
        sleep(3);
        waitpid(pid,NULL,0);            //等待子进程结束
        exit(0);
    }
}
```

程序编译运行结果：

```
[root@localhost pipe]#./ex8-2
Parent write Hello
Parent write Pipe
10 numbers read from the pipe is Hello Pipe
```

4. 管道的特点及读写注意事项

- 管道只能用于具有亲缘关系的进程间通信（如父子进程间通信）。
- 管道是半双工的通信模式，具有固定的读端和写端。
- 管道可以看作一种特殊的文件，对于它的读写可以使用普通的 read 和 write 等函数。但它不是普通的文件，只存在于内核的内存空间中。
- 可以通过打开两个管道来创建一个双向的管道，但需要在子进程中正确地设置文件描述符。
- 必须在系统调用 fork 函数前调用 pipe 函数，否则子进程将不会继承文件描述符。
- 当使用半双工管道时，任何关联的进程都必须共享一个相关的祖先进程。因为管道存在于系统内核之中，所以任何不在创建管道的进程的祖先进程之中的进程都将无法寻址它。而在命名管道中却不是这样。

8.3.2 命名管道

　　管道应用的一个重大限制是它没有名字，因此，只能用于具有亲缘关系的进程间通信，在命名管道（named pipe，也称为 FIFO）提出后，该限制得到了克服。命名管道不同于管道之处在于它提供一个路径名与之关联，以 FIFO 的文件形式存在于文件系统中。这样，即使是与命名管道的创建进程不存在亲缘关系的进程，只要可以访问该路径，也能够通过命名管道与命名管道的创建进程相互通信，因此，通过命名管道，不相关的进程也能交换数据。值得注意的是，命名管道严格遵循先进先出（first in first out），对管道及命名

管道的读操作总是从开始处返回数据,对管道及命名管道的写操作则是把数据添加到末尾,管道及命名管道不支持诸如 lseek 等文件定位操作。

1. 命名管道创建

命名管道使用前必须先创建,可以使用 mkfifo 函数创建命名管道。该函数原型见表 8-2。

表 8-2　mkfifo 函数原型

头文件	♯ include ＜sys/types. h＞ ♯ include ＜sys/stat. h＞
原　型	int mkfifo(const char ∗ pathname,mode_t mode);
参　数	pathname：命名管道文件名
	mode：用来规定命名管道的读写权限
返回值	创建成功返回 0,失败返回－1

该函数的第一个参数是一个普通的路径名,也就是创建后命名管道的名字。第二个参数与打开普通文件的 open 函数中的 mode 参数相同。如果 mkfifo 的第一个参数是一个已经存在的路径名,会返回 EEXIST 错误,所以一般典型的调用代码首先会检查是否返回该错误,如果确实返回该错误,那么只要调用打开命名管道的函数就可以了。一般文件的 I/O 函数都可以用于命名管道,如 close、read、write 等。

2. 命名管道操作

命名管道比管道多了一个打开(open)操作。如果当前打开操作是为读而打开命名管道,若已经有相应进程为写而打开该命名管道,则当前打开操作将成功返回;否则,可能会阻塞,直到有相应进程为写而打开该命名管道(当前打开操作设置了阻塞标志),或者成功返回(当前打开操作没有设置阻塞标志)。如果当前打开操作是为写而打开命名管道,若已经有相应进程为读而打开该命名管道,则当前打开操作将成功返回;否则,可能会阻塞,直到有相应进程为读而打开该命名管道(当前打开操作设置了阻塞标志),或者返回 ENXIO 错误(当前打开操作没有设置阻塞标志)。对于为读而打开的管道,可在 open 中设置 O_RDONLY;对于为写而打开的管道,可在 open 中设置 O_WRONLY。在这里与普通文件不同的是阻塞问题。

在对命名管道进行读写操作时,由于普通文件在读写时不会出现阻塞问题,而管道在读写中却有阻塞的可能,因此可以在 open 函数中设定为 O_NONBLOCK(非阻塞标志)。

对于读进程,若该管道是阻塞打开,且当前命名管道内没有数据,则读进程将一直阻塞到有数据写入。若该管道是非阻塞打开,则不论命名管道内是否有数据,读进程都会立即执行读操作。如果命名管道内没有数据,则读函数将立刻返回 0。

对于写进程,若该管道是阻塞打开,则写操作将一直阻塞到数据可以被写入。若该管道是非阻塞打开而不能写入全部数据,则读操作进行部分写入或者调用失败。

与管道类似,若写一个尚无进程为读而打开的命名管道,则产生信号 SIGPIPE。若某个命名管道的最后一个写进程关闭了该命名管道,则将为该命名管道的读进程产生一个文件结束标志。

3. 命名管道删除

命名管道的删除可以用 unlink 函数实现。unlink 删除目录项,并且减少一个链接数。如果链接数达到 0 并且没有任何进程打开该命名管道文件,该文件内容才被真正地删除。如果在 unlink 之前没有 close,那么依旧可以访问该文件内容。unlink 函数原型见表 8-3。

表 8-3 unlink 函数原型

头文件	#include <stdio.h>
原 型	int unlink(const char * pathname);
参 数	pathname:命名管道文件名
返回值	创建成功返回 0,失败返回−1,错误原因存于 errno

【例 8-3】 命名管道实例。

本例由两个程序组成,一个负责命名管道的读操作,一个负责命名管道的写操作。

```
//写操作 ex8-3write.c
#include<sys/types.h>
#include<sys/stat.h>
#include<errno.h>
#include<fcntl.h>
#include<stdio.h>
#include<stdlib.h>
#include<string.h>
#define FIFO_SERVER "/tmp/myfifo"
int main(int argc,char * * argv)
{
    int fd;
    char w_buf[100];
    int nwrite;
    //打开 FIFO
    fd=open(FIFO_SERVER,O_WRONLY|O_NONBLOCK,0);
    if(argc==1)
    {
        printf("Please send something\n");
        exit(-1);
    }
```

```
    strcpy(w_buf,argv[1]);
    //写入 FIFO
    if((nwrite=write(fd,w_buf,100))==-1)
    {
        if(errno==EAGAIN)
            printf("The FIFO has not been read yet.Please try later\n");
    }
    else
        printf("write %s to the FIFO\n",w_buf);
}
```

```
//读操作 ex8-3read.c
#include<sys/types.h>
#include<sys/stat.h>
#include<errno.h>
#include<fcntl.h>
#include<stdio.h>
#include<stdlib.h>
#include<string.h>
#define FIFO "/tmp/myfifo"              //命名管道名
int main(int argc,char * * argv)
{
    char buf_r[100];
    int fd;
    int nread;
    //判断命名管道是否已经存在,若未创建则以相应的权限创建
    if(access(FIFO,F_OK)==-1)
    {   //创建管道
        if((mkfifo(FIFO,O_CREAT|O_EXCL)<0)&&(errno!=EEXIST))
        {
            printf("cannot create fifoserver\n");
            exit(-1);
        }
    }
    printf("Preparing for reading bytes...\n");
    //两种不同的方式打开命名管道
    fd=open(FIFO,O_RDONLY|O_NONBLOCK,0);//fd=open(FIFO,O_RDONLY,0);
    if(fd==-1)
    {
        perror("open");
        exit(1);
    }
```

```
    while(1)
    {
        memset(buf_r,0,sizeof(buf_r));
        if((nread=read(fd,buf_r,100))==-1)
        {
            if(errno==EAGAIN)
            {
                printf("no data yet\n");
                break;
            }
        }
        else if(nread>=0)
        {
            printf("read %s from FIFO\n",buf_r);
        }
        sleep(1);
    }
    pause();
    unlink(FIFO);                  //删除管道
}
```

运行结果分析：通过两个不同的终端运行两个进程，因为程序中命名管道的创建在读进程中完成，所以先执行读进程，然后运行写进程。运行结果如下：

```
[root@localhost pipe]#./ex8-3read
Preparing for reading bytes...
read hello from FIFO
[root@localhost pipe]#./ex8-3write hello
write hello to the FIFO
```

8.4 信 号 通 信

8.4.1 信号的定义

信号本质就是软件中断。它可以作为进程间通信的一种机制，更重要的是，信号总是中断一个进程的正常运行，它更多地被用于处理一些非正常情况。信号是异步的，进程不必通过任何操作来等待信号的到达，不知道信号到底什么时候到达。进程既可以处理信号，也可以发送信号给特定进程。信号机制经过 POSIX 实时扩展后，功能更加强大，除了基本通知功能外，还可以传递附加信息。每个信号都有一个名字，这些名字都以 SIG 开头。例如，SIGABRT 是进程异常终止信号。

8.4.2　信号来源

信号事件的发生有两个来源：硬件来源,如用户按下键盘按键或其他硬件故障;软件来源,最常用的发送信号的系统函数是 kill、raise、alarm 等。

常见的信号产生方式如下：

- 当用户按某些终端键时产生信号。例如,Ctrl ＋ C 键通常产生中断信号(SIGINT),这是停止一个已失去控制的程序的常用方法。
- 硬件异常产生信号,如除数为 0、无效的存储访问等。这些条件通常由硬件检测到,并将其通知内核,然后内核为该条件发生时正在运行的进程产生适当的信号。例如,对执行一个无效存储访问的进程产生一个 SIGSEGV。
- 进程用 kill 函数可将信号发送给另一个进程或进程组。这种方式的限制是：接收信号进程和发送信号进程的所有者必须相同,或发送信号进程的所有者必须是超级用户。
- 用户可用 kill 命令将信号发送给其他进程。此命令是 kill 函数的接口,常用此命令终止一个失控的后台进程。
- 当检测到某种软件条件已经发生,并将其通知有关进程时也产生信号,例如 SIGURG (在网络连接上传来非规定波特率的数据)、SIGPIPE (在管道的读进程已终止后,一个进程写此管道)和 SIGALRM(进程所设置的闹钟时间已经超时)。

8.4.3　信号的种类

可以从不同的角度对信号进行分类。

从可靠性的角度,信号可分为可靠信号与不可靠信号。

(1) 可靠信号。信号值位于 SIGRTMIN 和 SIGRTMAX 之间的信号都是可靠信号,可靠信号克服了信号可能丢失的问题。

(2) 不可靠的信号。Linux 信号机制基本上是从 UNIX 系统继承过来的。早期 UNIX 系统中的信号机制比较简单,后来在实践中暴露出一些问题,因此,把那些建立在早期机制上的信号叫作不可靠信号,即信号值小于 SIGRTMIN 的为不可靠信号(1～31)。不可靠信号的特点如下：

- 信号可能丢失。
- 每次信号处理后,信号处理函数一直是用户指定的或者是系统默认的。
- 不支持信号排队。若同一个信号产生多次,只要程序还未处理该信号,那么实际只处理此信号一次。

从信号与时间的关系的角度,信号可分为实时信号与非实时信号。

Linux 目前定义了 64 种信号(将来可能会扩展),前 32 种为非实时信号,后 32 种为实时信号。非实时信号都不支持排队,都是不可靠信号;实时信号都支持排队,都是可靠信号。信号排队意味着无论产生多少次信号,信号处理函数都会被调用同样的次数。

可以通过命令 kill -l 查看 Linux 支持的信号列表,输出如下：

```
[root@localhost signal]#kill -1
1) SIGHUP        2) SIGINT        3) SIGQUIT       4) SIGILL
5) SIGTRAP       6) SIGABRT       7) SIGBUS        8) SIGFPE
9) SIGKILL      10) SIGUSR1      11) SIGSEGV      12) SIGUSR2
13) SIGPIPE     14) SIGALRM      15) SIGTERM      16) SIGSTKFLT
17) SIGCHLD     18) SIGCONT      19) SIGSTOP      20) SIGTSTP
21) SIGTTIN     22) SIGTTOU      23) SIGURG       24) SIGXCPU
25) SIGXFSZ     26) SIGVTALRM    27) SIGPROF      28) SIGWINCH
29) SIGIO       30) SIGPWR       31) SIGSYS       34) SIGRTMIN
35) SIGRTMIN+1  36) SIGRTMIN+2   37) SIGRTMIN+3   38) SIGRTMIN+4
39) SIGRTMIN+5  40) SIGRTMIN+6   41) SIGRTMIN+7   42) SIGRTMIN+8
43) SIGRTMIN+9  44) SIGRTMIN+10  45) SIGRTMIN+11  46) SIGRTMIN+12
47) SIGRTMIN+13 48) SIGRTMIN+14  49) SIGRTMIN+15  50) SIGRTMAX-14
51) SIGRTMAX-13 52) SIGRTMAX-12  53) SIGRTMAX-11  54) SIGRTMAX-10
55) SIGRTMAX-9  56) SIGRTMAX-8   57) SIGRTMAX-7   58) SIGRTMAX-6
59) SIGRTMAX-5  60) SIGRTMAX-4   61) SIGRTMAX-3   62) SIGRTMAX-2
63) SIGRTMAX-1  64) SIGRTMAX
```

8.4.4　信号的处理

某个信号出现时，系统可按照下列 3 种方式中的一种进行操作。

（1）执行默认动作。每个信号都有一个默认动作，它是当进程没有给这个信号指定处理程序时内核对信号的处理。常见的默认处理有终止进程、忽略、异常退出及挂起进程。对大多数信号的系统默认动作是终止该进程。

（2）忽略此信号。大多数信号都可使用这种方式进行处理，但有两种信号却决不能被忽略，它们是 SIGKILL 和 SIGSTOP。这两种信号不能被忽略的原因是：它们向超级用户提供使进程终止或停止的可靠方法。

（3）捕捉信号。为了做到这一点，要通知内核在某种信号发生时调用一个用户函数。在用户函数中可执行用户希望对这种事件进行的处理。如果捕捉到 SIGCHLD 信号，则表示子进程已经终止，所以此信号的捕捉函数可以调用 waitpid 以取得该子进程的进程 ID 以及它的终止状态。

8.4.5　信号的安装

如果进程要处理某一信号，那么就要在进程中捕捉该信号。当系统捕捉到某个信号时，可以忽略该信号，也可以使用指定的处理函数或者系统默认的方式来处理该信号。安装信号主要用来确定信号值及进程针对该信号值的动作之间的映射关系，即进程将要处理哪个信号，以及该信号被传递给进程时将执行何种操作。

Linux 主要有两个函数实现信号的安装：signal、sigaction。其中，signal 在可靠信号系统调用的基础上实现，是库函数，它只有两个参数，不支持信号传递信息，主要用于前 32 种非实时信号的安装；而 sigaction 是较新的函数，支持信号传递信息，主要用来与

sigqueue 系统调用配合使用,当然,sigaction 同样支持非实时信号的安装。sigaction 优于 signal 之处主要体现在它支持信号带有参数。

1. signal 处理机制

signal 函数实现信号的安装。其函数原型见表 8-4。

表 8-4　signal 函数原型

头文件	♯ include ＜signal. h＞
原　型	void (∗ signal (int signo,void (∗ func)(int)))(int)
参　数	signo:捕捉的信号值
	func 的值如下: (1) 常数 SIG_IGN:向内核表示忽略此信号(但信号 SIGKILL 和 SIGSTOP 不能忽略) (2) 常数 SIG_DFL:接到此信号后的动作是系统默认动作 (3) 当接到此信号后要调用的函数的地址:称此为捕捉此信号,称此函数为信号处理程序(signal handler)或信号捕捉函数(signal-catching function)
返回值	调用成功,返回最后一次为安装信号 signum 而调用 signal 时的 handler 值;失败则返回 SIG_ERR

原型可以分为两部分理解:

```
typedef void ( * sighandler_t)(int)
sighandler_t signal(int signo,sighandler_t handler)
```

handler 通常是指向调用函数的函数指针,这个函数就是进程接收到信号之后的动作,即信号处理函数。handler 的值可以是用户自定义的函数(函数要求参数为整数,返回值为 void),也可以是预定义的常数 SIG_IGN 或 SIG_DFL,见表 8-4 的参数说明。

【例 8-4】　捕捉信号 SIGINT、SIGQUIT,执行自定义的函数。

```
//ex8-4.c
#include<signal.h>
#include<stdio.h>
#include<stdlib.h>
void my_func(int sign_no)
{
    if(sign_no==SIGINT)
        printf("I have get SIGINT\n");
    else if(sign_no==SIGQUIT)
        printf("I have get SIGQUIT\n");
}
int main()
{
    printf("Waiting for signal SIGINT or SIGQUIT \n");
```

```
    signal(SIGINT,my_func);
    signal(SIGQUIT,my_func);
    pause();
    exit(0);
}
```

当按下 Ctrl＋C 键时产生 SIGINT 信号,调用 my_func;当按下 Ctrl＋\键时,产生
SIGQUIT 信号,调用 my_func 函数。

程序编译运行结果:

```
[root@localhost signal]#./ex8-4
Waiting for signal SIGINT or SIGQUIT...
^CI have get SIGINT
[root@localhost signal]#./ex8-4
Waiting for signal SIGINT or SIGQUIT...
^\I have get SIGQUIT
```

【例 8-5】 忽略终端 Ctrl＋C 键产生的信号。

```
//ex8-5.c
#include<stdio.h>
#include<signal.h>
#include<stdlib.h>
int main()
{
    signal(SIGINT,SIG_IGN);
    while(1)
        sleep(1);
    return 0;
}
```

程序运行后,将 Ctrl＋C 键产生的 SIGINT 信号忽略了,则 Ctrl＋C 键将不能终止该
进程。

【例 8-6】 接收信号的默认处理,相当于没有写信号处理程序。

```
//ex8-6.c
#include<stdio.h>
#include<signal.h>
#include<stdlib.h>
int main()
{
    signal(SIGINT,SIG_DFL);
    while(1)
            sleep(1);
    return 0;
}
```

运行程序后,按键盘 Ctrl+\键,结束程序。

2. sigaction 处理机制

Linux 支持一个更健壮、更新的信号处理函数 sigaction。该函数原型见表 8-5。

表 8-5　sigaction 函数原型

头文件	#include <signal.h>
原　型	int sigaction(int signum,const struct sigaction * act,struct sigaction * oldact);
参　数	signum:捕捉的信号
	参数 act(结构体)设定信号的处理方式,act 可以为 NULL。之前设定的信号处理方式会保存到第三个参数 oldact,oldact 为 NULL 时不保存
返回值	返回 0 成功,返回−1 失败

sigaction 结构定义:

```
struct sigaction {
    union{
        void (* sa_handler)(int);
        void (* sa_sigaction)(int,siginfo_t *,void *)
    }_u;
    sigset_t  sa_mask;
    int   sa_flags;
    void (* sa_restorer)(void);           //保留,不使用
}
```

说明:

(1) 联合数据结构中的两个元素 * sa_handler 以及 * sa_sigaction 指定信号关联函数,即用户指定的信号处理函数。不用同时赋值给 * sa_handler 和 * sa_sigaction,因为它们是一个 union。除了可以是用户自定义的处理函数外,还可以为 SIG_DFL(采用默认的处理方式),也可以为 SIG_IGN(忽略信号)。

(2) * sa_handler 和 signal 函数的第二个参数类型一样,当信号递送给进程时会调用这个参数指定的信号处理函数。

(3) * sa_sigaction 也是信号处理的函数指针,它只会在 sa_flags 包含 SA_SIGINFO 时才会被调用, * 由_sa_sigaction 指定的信号处理函数带有 3 个参数:第一个参数为信号值;第三个参数没有使用;第二个参数是指向 siginfo_t 结构体的指针,结构体中包含信号携带的数据值,参数所指向的结构体如下:

```
siginfo_t {
    int       si_signo;        /* Signal number */
    int       si_errno;        /* An errno value */
    int       si_code;         /* Signal code */
    int       si_trapno;       /* Trap number that caused hardware-
                                 generated signal */
```

```
    pid_t        si_pid;          /* Sending process ID */
    uid_t        si_uid;          /* Real user ID of sending process */
    int          si_status;       /* Exit value or signal */
    clock_t      si_utime;        /* User time consumed */
    clock_t      si_stime;        /* System time consumed */
    sigval_t     si_value;        /* Signal value */
    int          si_int;          /* POSIX.1b signal */
    void         *si_ptr;         /* POSIX.1b signal */
    int          si_overrun;      /* Timer overrun count */
    int          si_timerid;      /* Timer ID; POSIX.1b timers */
    void         *si_addr;        /* Memory location which caused fault */
    long         si_band;         /* Band event (was int in glibc 2.3.2 and
                                     earlier) */
    int          si_si_fd;        /* File descriptor */
    short        si_si_addr_lsb;  /* Least significant bit of address
                                     (since kernel 2.6.32) */
}
```

其中,si_signo、si_errno 和 si_code 对所有信号都有定义,si_errno 通常在 Linux 中不使用;其余的只有部分信息是有用的,对于 sigqueue 方法发送的信号,会填充 si_pid(进程号)和 si_uid(用户号);另外,发送过来的参数会填充 si_int 和 si_ptr。携带参数的信号发送函数 sigqueue 会在 8.4.6 节讨论。

(4) sa_mask 是信号屏蔽字,当执行 sa_handler 信号处理函数时,sa_mask 指定的信号会被阻塞,直到该信号处理函数返回。针对 sigset_t 结构体,有一组专门的函数对它进行处理:

```
int sigemptyset(sigset_t * set);                  //清空信号集合 set
int sigfillset(sigset_t * set);                    //将所有信号填充进 set 中
int sigaddset(sigset_t * set,int signum);          //添加信号到 set 中
int sigdelset(sigset_t * set,int signum);          //从 set 中删除信号
int sigismember (const sigset_t * set,int signum); //判断某信号是否在 set 中
```

例如,在处理 SIGINT 时阻塞 SIGQUIT 信号:

```
struct sigaction act;
sigemptyset(&act.sa_mask);
sigaddset(&act.sa_mask,SIGQUIT);
sigaction(SIGINT,&act,NULL);
```

(5) sa_flags 中包含了许多标志位,其中比较重要的标志位是 SA_SIGINFO,当设定了该标志位时,表示信号附带的参数可以被传递到信号处理函数中,因此,应该为 sigaction 结构体中的 sa_sigaction 指定信号的处理函数,而不应该为 sa_handler 指定信号处理函数,否则,设置该标志变得毫无意义。即使为 sa_sigaction 指定了信号处理函

数,如果不设置 SA_SIGINFO,信号处理函数同样不能得到信号传递过来的数据,在信号处理函数中对这些信息的访问都将导致段错误(segmentation fault)。

【例 8-7】 sigaction 函数举例。

```
//ex8-7.c
int main()
{
    struct sigaction action;
    printf("Waiting for signal SIGINT or SIGQUIT...\n");
    action.sa_handler=my_func;
    sigemptyset(&action.sa_mask);
    action.sa_flags=0;
    sigaction(SIGINT,&action,0);
    sigaction(SIGQUIT,&action,0);
    pause();
    exit(0);
}
```

运行结果和例 8-4 一样。

8.4.6 信号发送

可以在进程内部、进程之间发送信号,常见的信号发送处理函数有 kill、raise、sigqueue、alarm、pause 等。

1. kill 和 raise 函数

UNIX 中发送信号的主要函数有 kill 和 raise。与 kill 函数不同的是,raise 函数只能给进程自身发送信号。kill 函数原型见表 8-6,raise 原型见表 8-7。

表 8-6 kill 函数原型

头文件	#include <sys/types.h> #include <signal.h>
原　型	int kill(pid_t pid,int signo);
参　数	signo:发送的信号值
	Pid :进程 id,有 4 种取值情况。 • pid>0,将信号发送给进程 ID 为 pid 的进程 • pid=0,将信号发送给其进程组 ID 等于发送进程的进程组 ID,而且发送进程有许可权向其发送信号的所有进程 • pid<0,将信号发送给其进程组 ID 等于 pid 绝对值,而且发送进程有许可权向其发送信号的所有进程。如上一种取值一样,"所有进程"并不包括系统进程集中的进程 • pid=-1,将信号发送给所有进程
返回值	发送成功返回 0,失败返回-1,错误原因存于 errno

表 8-7　raise 函数原型

头文件	#include <sys/types. h> #include <signal. h>
原　型	int raise(int signo)
参　数	signo：发送的信号值
返回值	发送成功返回 0,失败返回 −1,错误原因存于 errno

【例 8-8】　kill、raise 实例。

本例运用了 kill 和 raise 两种信号的发送方法。

```
//ex8-8.c
#include<stdio.h>
#include<stdlib.h>
#include<signal.h>
#include<sys/types.h>
#include<sys/wait.h>
int main()
{
    pid_t pid;
    int ret;
    if ((pid=fork())<0)        //创建一个子进程
    {
        printf("Fork error\n");
        exit(1);
    }
    if (pid==0)
    {
        //在子进程中使用 raise 函数发出 SIGSTOP 信号,使子进程暂停
        printf("Child(pid :%d) is waiting for any signal\n",getpid());
        raise(SIGSTOP);
        exit(0);
    }
    else
    {
        //在父进程中收集子进程发出的信号,并调用 kill 函数进行相应的操作
        if ((waitpid(pid,NULL,WNOHANG))==0)        //父进程不阻塞
        {
            printf("Parent(pid:%d) is running\n",getpid());
            sleep(1);
            if ((ret=kill(pid,SIGKILL))==0)
            {
                printf("Parent kill %d\n",pid);
```

```
        }
        else
        {
            printf("Parent kill error\n");
        }
    }
    waitpid(pid,NULL,0);
    exit(0);
    }
}
```

程序编译运行结果：

```
[root@localhost signal]#./ex8-8
Parent(pid:3377) is running
Child(pid:3378) is waiting for any signal
Parent kill 3378
```

2. sigqueue 函数

sigqueue 可以发送信号，并能传递附加的信息。sigqueue 函数原型见表 8-8。

表 8-8　sigqueue 函数原型

头文件	#include <sys/types. h> #include <signal. h>
原　型	int sigqueue(pid_t pid,int sig,const union sigval value)
参　数	pid：接收信号的进程
	sig：要发送的信号
	value：是一个整型与指针类型的联合体： union sigval { 　　int sival_int; 　　void * sival_ptr; }　　//4 字节值
返回值	发送成功返回 0,失败返回-1,错误原因存于 errno

由 sigqueue 函数发送的信号的第 3 个参数 value 可以被进程信号处理函数 sigaction 的第 2 个参数 info->si_ptr 接收到。

【例 8-9】 进程给自己发送信号。

```
//ex8-9.c
#include<signal.h>
#include<sys/types.h>
```

```c
#include<unistd.h>
#include<string.h>
#include<stdlib.h>
#include<stdio.h>
//信号处理函数
void SignHandlerNew(int signum,siginfo_t * info,void * myact)
{
    char * pszInfo=(char*)(info->si_ptr);      //从信号发送的信息中提取数据
    printf("Get:%d info:%s\n",signum,pszInfo);
}
int main(int argc,char * * argv)
{
    struct sigaction act;
    union sigval mysigval;
    int sig;
    char data[]="other info";                   //信号携带的数据
    if(argc<2)
    {
        printf("usage SIGNUM\n");
        return -1;
    }
    mysigval.sival_ptr=data;
    sig=atoi(argv[1]);                           //要发送的信号
    sigemptyset(&act.sa_mask);
    act.sa_sigaction=SignHandlerNew;
    act.sa_flags=SA_SIGINFO;
    sigaction(sig,&act,NULL);
    while(1)
    {
        printf("wait for the signal\n");
        sigqueue(getpid(),sig,mysigval);        //给自己发送信号
        sleep(2);
    }
}
```

程序编译运行结果：

```
[root@localhost signal]#./ex8-9 40
wait for the signal
Get:40 info:other info
```

【例 8-10】 两个进程之间发送信号。

```
//发送信号程序
//ex8-10send.c
```

```
#include<signal.h>
#include<sys/types.h>
#include<unistd.h>
#include<string.h>
#include<stdlib.h>
#include<stdio.h>
int main(int argc,char * * argv)
{
    union sigval mysigval;
    int iPid,iSignNo,iData;
    if(argc<4)
    {
        printf("usage:pid signnum data");
        return -1;
    }
    iPid=atoi(argv[1]);
    iSignNo=atoi(argv[2]);
    iData=atoi(argv[3]);
    mysigval.sival_int=iData;
    if(sigqueue(iPid,iSignNo,mysigval)<0)
        perror("Send signal fail\n");
    return 0;
}
```

```
//信号接收程序
//ex8-10recv.c
#include<signal.h>
#include<sys/types.h>
#include<unistd.h>
#include<string.h>
#include<stdlib.h>
#include<stdio.h>

void SigHandlerNew(int signum,siginfo_t * info,void * myact)
{
    printf("Get:%d,info:%d\n",signum,info->si_int);
}

int main(int argc,char * * argv)
{
    struct sigaction act;
    if(argc<2)
    {
```

```
        printf("usage:signnum\n");
        return -1;
    }
    printf("my pid is %d\n",getpid());
    sigemptyset(&act.sa_mask);
    act.sa_sigaction=SigHandlerNew;
    act.sa_flags=SA_SIGINFO;
    sigaction(atoi(argv[1]),&act,NULL);
    while(1)
    {
        printf("wait for the signal\n");
        sleep(2);
    }
    return 0;
}
```

程序运行分析：先运行信号接收进程，捕捉的信号为 SIGUSER1，值为 10。

程序编译运行结果：

```
[root@localhost signal]#./ex8-10recv 10
my pid is 5739
wait for the signal
Get:10,info:100
```

另一个终端运行发送进程，接收信号的进程 ID 为 5739，发送的信号为 10，数据信息为整数 100，格式如下：

```
[root@localhost signal]#./ex8-10send 5739 10 100
```

3. alarm 和 pause 函数

使用 alarm 函数可以设置一个时间值（闹钟时间），在将来的某个时刻该时间值被超出时，产生 SIGALRM 信号。如果忽略或不捕捉此信号，则其默认动作是终止该进程。alarm 函数原型见表 8-9。

表 8-9　alarm 函数原型

头文件	#include <unistd.h>
原　型	unsigned int alarm(unsigned int seconds);
参　数	seconds 的值是秒数，经过了指定的 seconds 秒后会产生信号 SIGALRM
返回值	0 或以前设置的闹钟时间的余留秒数

每个进程只能有一个闹钟时间。如果在调用 alarm 时，以前已为该进程设置过闹钟时间，而且它还没有超时，则该闹钟时间的余留值作为本次 alarm 函数调用的值返回，以前登记

的闹钟时间则被新值替换；如果有以前登记的尚未超过的闹钟时间，而且 seconds 值是0，则取消以前的闹钟时间，其余留值仍作为函数的返回值。

pause 函数使调用进程挂起直至捕捉到一个信号。pause 函数原型见表 8-10。

表 8-10　pause 函数原型

头文件	#include <unistd.h>
原　型	int pause(void);
参　数	无
返回值	返回-1,errno 设置为 EINTR。只有执行了一个信号处理程序并从其返回时,pause 才返回

【例 8-11】　模拟睡眠 5s，即模拟 sleep(5)。

```
//ex8-11.c
#include<unistd.h>
#include<stdio.h>
#include<stdlib.h>
#include<signal.h>
void SignHandler(int iSignNo)
{
    printf("signal:%d\n",iSignNo);
}
int main()
{
    signal(SIGALRM,SignHandler);
    alarm(5);
    printf("before pause()\n");
    pause();
    printf("after pause()\n");
    return 0;
}
```

程序运行结果和 sleep(5)的效果一样。

8.4.7　信号通信总结

Linux 下的信号应用并没有想象的那么复杂,程序员所要做的最多只有 3 件事情:
- 安装信号,使用 signal 或 sigaction(推荐使用)。
- 实现三参数信号处理函数 handler(int signal,struct siginfo * info,void *);。
- 发送信号,推荐使用 sigqueue()。

实际上,对有些信号来说,只要安装信号就足够了(信号处理方式采用默认或忽略)。

8.5 信号量通信

在多任务操作系统环境下,多个进程会同时运行,并且一些进程之间可能存在一定的关联。多个进程可能为了完成同一个任务会相互协作,这样形成进程之间的同步关系。而且在不同进程之间,为了争夺有限的系统资源(硬件或软件资源)会进入竞争状态,这就是进程之间的互斥关系。进程之间的互斥与同步关系存在的根源在于临界资源。临界资源是在同一个时刻只允许有限个(通常只有一个)进程访问(读)或修改(写)的资源,通常包括硬件资源(处理器、内存、存储器以及其他外围设备等)和软件资源(共享代码段、共享结构和变量等)。访问临界资源的代码叫作临界区,临界区本身也会成为临界资源。

8.5.1 信号量概述

信号量是用来解决进程之间的同步与互斥问题的一种进程间通信机制,包括一个称为信号量的变量和在该信号量下等待资源的进程等待队列,以及对信号量进行的两个原子操作(P 操作和 V 操作)。其中信号量对应于某一种资源,取一个非负的整数值。信号量值指的是当前可用的该资源的数量,若等于 0 则意味着目前没有可用的资源。P、V 原子操作的具体定义如下:

- P 操作:如果有可用的资源(信号量值>0),则占用一个资源(信号量值减 1,进入临界区代码);如果没有可用的资源(信号量值等于 0),则被阻塞,直到系统将资源分配给该进程(即进入等待队列,一直等到资源轮到该进程)。
- V 操作:如果在该信号量的等待队列中有进程在等待资源,则唤醒一个阻塞进程;如果没有进程等待它,则释放一个资源(信号量值加 1)。

8.5.2 信号量的使用

1. 标识符

每个信号量(消息队列、共享内)在使用时都对应了一个标识符(ID),是一个非负的整数,当创建一个信号量(消息队列、共享内存)时,系统会把对应的信号量与 ID 相关联,如果要访问信号量,需要给出 ID,通过 ID 完成相关的工作。ID 是信号量(消息队列、共享内存)的内部名称,一个信号量对应一个 ID,但对于信号量、消息队列、共享内存,ID 可能相同。所以为了使多个进程能够使用同一个信号量(消息队列、共享内存),需要给它们一个唯一的外部名称,这个外部名称称为关键字(Key)。在创建一个信号量时,需要指定一个关键字,其类型为 key_t,这是一个长整型数据,定义在 sys/types. h 中,由内核转变为 ID。通常,通过 ftok 函数将一个路径和项目 ID 转换为一个关键字。

2. ftok 函数

ftok 函数用于将一个路径和项目 ID 转换为关键字,ftok 函数原型见表 8-11。

表 8-11　ftok 函数原型

头文件	＃include ＜sys/types.h＞ ＃include ＜sys/ipc.h＞
原　型	key_t ftok(const char ＊pathname,int proj_id);
参　数	pathname 参数必须是一个存在的、可以访问的文件路径名;proj_id 不为 0 即可
返回值	调用成功返回一个 key_t 类型的关键字,失败返回－1

该函数把从 pathname 导出的信息与 proj_id 的低序 8 位组合成一个整数 IPC 键。

3. 信号量的使用步骤

第一步:创建信号量或获得在系统已存在的信号量,此时需要调用 semget 函数。不同进程通过使用同一个信号量键值来获得同一个信号量。

第二步:初始化信号量,此时使用 semctl 函数的 SETVAL 操作。当使用二进制信号量时,通常将信号量初始化为 1。

第三步:进行信号量的 PV 操作,此时调用 semop 函数。这一步是实现进程之间的同步和互斥的核心工作部分。

第四步:如果不需要信号量,则从系统中删除它,此时使用 semclt 函数的 IPC_RMID 操作。此时需要注意,在程序中不应该出现对已经被删除的信号量的操作。

使用信号量访问临界区的伪代码如下:

```
{
    /＊设 R 为某种资源,S 为资源 R 的信号量＊/
    INIT(S);          /＊对信号量 S 进行初始化＊/
    非临界区代码;
    P(S);             /＊进行 P 操作＊/
    进入临界区(使用资源 R);
    V(S);             /＊进行 V 操作＊/
    非临界区代码;
}
```

8.5.3　信号量控制函数

1. 创建/获取信号量集

semget 函数用于创建或者打开一个信号量集,原型见表 8-12。

表 8-12　semget 函数原型

头文件	＃include ＜sys/types.h＞ ＃include ＜sys/ipc.h＞ ＃include ＜sys/sem.h＞

原　　型	int semget(key_t key,int nsems,int semflg);
参　　数	key 是一个键值,由 ftok 获得,唯一标识一个信号量
	nsems 指定打开或者新创建的信号量集中将包含信号量的数目;本书设置为 1
	semflg 参数是一些标志位
返回值	成功时返回与键值 key 相对应的信号量集描述字,否则返回－1

2. 控制信号量集

Linux 系统提供了 semctl 函数用于对信号量集的控制,除了设置信号量初值外,还可以获取和信号量集相关联的数据结构,每个信号量集都对应一个 struct sem_array 结构,该结构记录了信号量集的各种信息,存储于系统空间。semctl 函数原型见表 8-13。

表 8-13　semctl 函数原型

头文件	＃include ＜sys/types. h＞ ＃include ＜sys/ipc. h＞ ＃include ＜sys/sem. h＞
原　　型	int semctl(int semid,int semnum,int cmd,union semun arg);
参　　数	semid:信号量集的标识符
	semnum:指定信号量集中的某个信号量
	cmd:用于指定具体的控制动作
	arg:用于设置或返回信号量信息
返回值	调用失败返回－1,成功时的返回值与 cmd 相关,见有关 cmd 的说明

下面给出参数 cmd 所能指定的操作:

- IPC_STAT:获取信号量信息,信息由 arg. buf 返回。
- IPC_SET:设置信号量信息,待设置信息保存在 arg. buf 中(在 Linux 的帮助页面中给出了可以设置哪些信息)。
- GETALL:返回所有信号量的值,结果保存在 arg. array 中,参数 semnum 被忽略。
- GETNCNT:返回等待 semnum 指定的信号量的值增加的进程数,相当于目前有多少进程在等待 semnum 指定的信号量指定的共享资源。
- GETPID:返回最后一个对 semnum 指定的信号量执行 semop 操作的进程 ID。
- GETVAL:返回 semnum 指定的信号量的值。
- GETZCNT:返回等待 semnum 指定的信号量的值变成 0 的进程数。
- SETALL:通过 arg. array 更新所有信号量的值;同时,更新与本信号量集相关的 semid_ds 结构的 sem_ctime 成员。
- SETVAL:设置 semnum 指定的信号量的值为 arg. val。

3. 改变信号量值

Linux 系统提供了 semop 函数用于对信号量集进行操作,完成 P、V 操作。semop 函数原型见表 8-14。

表 8-14　semop 函数原型

头文件	# include ＜sys/types. h＞ # include ＜sys/ipc. h＞ # include ＜sys/sem. h＞
原　型	int semop(int semid,struct sembuf ＊ sops,unsigned nsops);
参　数	semid:信号量集的标识符
	sops:sembuf 结构体数组,其中每个元素表示一个操作
	nops:指明 sops 数组的元素个数
返回值	成功返回 0,否则返回－1

sembuf 结构如下:

```
struct sembuf {
    unsigned short    sem_num;        /＊信号量集序号＊/
    short             sem_op;         /＊信号量操作＊/
    short             sem_flg;        /＊操作标记＊/
};
```

sem_num 对应信号集中的信号量,0 对应第一个信号量。sem_flg 可取 IPC_NOWAIT 以及 SEM_UNDO 两个标志。如果设置了 SEM_UNDO 标志,那么在进程结束时,相应的操作将被取消,这是比较重要的一个标志位。如果设置了该标志位,那么在进程没有释放共享资源就退出时,内核将代为释放。如果为一个信号量设置了该标志,内核就要分配一个 sem_undo 结构来记录它,为的是确保以后资源能够安全释放。事实上,如果进程退出了,那么它所占用的资源就释放了,但信号量值却没有改变,此时,信号量值反映的已经不是资源占用的实际情况,在这种情况下,问题的解决就靠内核来完成。这有点像僵尸进程,进程虽然退出了,资源也都释放了,但内核进程表中仍然有它的记录,此时就需要父进程调用 waitpid 来解决问题了。sem_op 的值大于 0、等于 0 以及小于 0 确定了对 sem_num 指定的信号量进行的 3 种操作:sem_op＞0 对应相应进程要释放 sem_op 数目的共享资源,sem_op＝0 可以用于对共享资源是否已用完的测试,sem_op＜0 相当于进程要申请－sem_op 个共享资源。

semop 保证操作的原子性,这一点尤为重要。尤其对于多种资源的申请来说,或者一次性获得所有资源,或者放弃申请,或者在不占有任何资源情况下继续等待,这样,一方面避免了资源的浪费,另一方面避免了进程之间由于申请共享资源造成死锁。

8.5.4 信号量应用举例

【例 8-12】 进程互斥实例。

本例通过一个信号量控制两个进程运行时互斥地访问屏幕资源。

```c
//ex8-12.c
#include<stdlib.h>
#include<stdio.h>
#include<unistd.h>
#include<sys/sem.h>
union semun {
        int val;
        struct semid_ds * buf;
        unsigned short int * array;
        struct seminfo * __buf;
};

static int set_semvalue();
static void del_semvalue();
static int sem_p();
static int sem_v();

static int sem_id;          //全局变量

int main(int argc,char **argv)
{
    int i;
    int pause_time;
    char op_char='O';
    srand((unsigned int)getpid());
    sem_id=semget((key_t)1234,1,0666|IPC_CREAT);
    if(argc>1)              //带参数和不带参数的进程输出的字符不同
    {
        if(!set_semvalue())
        {
            printf("Failed to initialize semaphore\n");
            exit(EXIT_FAILURE);
        }
        op_char='X';
        sleep(5);
    }
    for(i=0;i<10;i++)
    {
```

```
        if(!sem_p()) exit(EXIT_FAILURE);
        printf("%c",op_char);
        fflush(stdout);
        pause_time=rand()%3;
        sleep(pause_time);
        printf("%c",op_char);
        fflush(stdout);
        if(!sem_v()) exit(EXIT_FAILURE);
        pause_time=rand()%2;
        sleep(pause_time);
    }
    printf("\n%d--finished\n",getpid());
    if(argc>1)
    {
        sleep(10);
        del_semvalue();
    }
    exit(EXIT_SUCCESS);
}
static int set_semvalue()
{
    union semun sem_union;
    sem_union.val=1;
    if(semctl(sem_id,0,SETVAL,sem_union)==-1) return (0);
    return 1;
}
static void del_semvalue()
{
    union semun sem_union;
    if(semctl(sem_id,0,IPC_RMID,sem_union)==-1)
        printf("Failed to delete semaphore\n");
}
static int sem_p()
{
    struct sembuf sem_b;
    sem_b.sem_num=0;
    sem_b.sem_op=-1;
    sem_b.sem_flg=SEM_UNDO;
    if(semop(sem_id,&sem_b,1)==-1)
    {
        printf("semaphore p failed\n");
        return 0;
    }
```

```
        return 1;
}
static int sem_v()
{
    struct sembuf sem_b;
    sem_b.sem_num=0;
    sem_b.sem_op=1;
    sem_b.sem_flg=SEM_UNDO;
    if(semop(sem_id,&sem_b,1)==-1)
    {
        printf("semaphore p failed\n");
        return 0;
    }
    return 1;
}
```

运行程序时,通过命令行参数区别不同的进程,带参数的输出'X',不带参数的输出'O',另一个进程互斥地访问输出设备(屏幕)。

程序运行结果:

```
[root@localhost sem]#./ex8-12 &
[1] 2724
[root@localhost sem]#./ex8-12 x
OOOOOOOOOOXXOOXXOOXXOOXXOOXXOO
2724--finished
XXXXXXXXXX
2725--finished
```

【例 8-13】 进程同步实例。

在本例中,用 fork 创建了一个子进程,通过信号量来控制父进程和子进程的执行顺序,给信号量赋初值 0,那么当某个进程对其进行 p 操作时就会阻塞,而另一个进程进行了 V 操作之后,该进程才能继续执行,从而实现了进程的同步控制。

```
#include<sys/types.h>
#include<unistd.h>
#include<stdio.h>
#include<stdlib.h>
#include<sys/types.h>
#include<sys/ipc.h>
#include<sys/sem.h>
#define DELAY_TIME      2
union semun
{
    int val;
```

```
    struct semid_ds * buf;
    unsigned short * array;
};
int init_sem(int sem_id,int init_value)
{
    union semun sem_union;
    sem_union.val=init_value;
    if (semctl(sem_id,0,SETVAL,sem_union)==-1)
    {
        perror("Initialize semaphore");
        return -1;
    }
    return 0;
}
int del_sem(int sem_id)
{
    union semun sem_union;
    if (semctl(sem_id,0,IPC_RMID,sem_union)==-1)
    {
        perror("Delete semaphore");
        return -1;
    }
}
int sem_p(int sem_id)
{
    struct sembuf sem_b;
    sem_b.sem_num=0;      /* id */
    sem_b.sem_op=-1;      /* P operation */
    sem_b.sem_flg=SEM_UNDO;
    if (semop(sem_id,&sem_b,1)==-1)
    {
        perror("P operation");
        return -1;
    }
    return 0;
}
int sem_v(int sem_id)
{
    struct sembuf sem_b;
    sem_b.sem_num=0;      /* id */
    sem_b.sem_op=1;       /* V operation */
    sem_b.sem_flg=SEM_UNDO;
    if (semop(sem_id,&sem_b,1)==-1)
```

```
    {
        perror("V operation");
        return -1;
    }
    return 0;
}
int main(void)
{
    pid_t result;
    int sem_id;

    sem_id=semget(ftok(".",'a'), 1,0666|IPC_CREAT);
    init_sem(sem_id,0);

    result=fork();

    if(result==  -1)
    {
        perror("Fork\n");
    }
    else if (result==0)
    {
        printf("Child process will wait for some seconds...\n");
        sleep(DELAY_TIME);
        printf("The returned value is %d in the child process(PID=%d)\n",
        result,getpid());
//    sem_v(sem_id);
    }
    else
    {
//    sem_p(sem_id);
        printf("The returned value is %d in the father process(PID=%d)\n",
        result,getpid());
//    sem_v(sem_id);
        del_sem(sem_id);
    }

    exit(0);
}
```

通过在子进程和父进程中对信号量的 P、V 操作顺序来确定执行的前后，从而实现进程之间的同步问题。

8.6 共享内存

8.6.1 共享内存概述

共享内存可以说是最有用的进程间通信方式,也是最快的 IPC 形式。两个不同的进程 A、B 共享内存的意思是,同一块物理内存被映射到进程 A、B 各自的进程地址空间,进程 A 可以即时看到进程 B 对共享内存中数据的更新,反之亦然。共享内存是一种最为高效的进程间通信方式。因为进程可以直接读写内存,不需要进行任何数据的复制。为了在多个进程间交换信息,内核专门留出了一块内存区,这段内存区可以由需要访问的进程将其映射到自己的私有地址空间,因此,进程就可以直接读写这一内存区而不需要进行数据的复制,从而大大提高了效率。当然,由于多个进程共享一段内存,因此也需要依靠某种同步机制,如互斥锁和信号量等。

8.6.2 共享内存的操作

共享内存的实现分为两个步骤:

(1) 创建共享内存,也就是从内存中获得一段共享内存区域,使用 shmget 函数。

(2) 映射共享内存,将这段创建的共享内存映射到具体的进程空间去,使用 shmat 函数。

到这里就可以使用这段共享内存了,也就是可以使用不带缓冲的 I/O 读写命令对其进行操作。除此之外,当然还有撤销映射的操作,其函数为 shmdt。

1. 共享内存的创建

shmget 函数用于创建一块共享内存,或者打开一块已存在的共享内存,其原型见表 8-15。

表 8-15 shmget 函数原型

头文件	#include <sys/ipc.h> #include <sys/shm.h>
原　型	int shmget(key_t key,int size,int shmflg);
参　数	key:标识共享内存的键值,可由 ftok 生成,可以使用 IPC_PRIVATE,表示将创建一块只属于该进程私有的共享内存
	size:以字节为单位指定所需的共享内存大小
	shmflg:同 open 函数的权限,使用 IPC_CREAT 创建共享内存
返回值	成功返回共享内存段标识符,失败返回 −1

2. 映射共享内存

当一个共享内存创建成功后,使用该共享内存的进程必须将此内存映射到进程能访问的地址空间,映射通过 shmat 函数实现,其原型见表 8-16。

表 8-16 shmat 函数原型

头文件	# include <sys/ipc. h> # include <sys/shm. h>
原　型	int shmat(int shmid,char * shmaddr,int shmflg);
参　数	shmid:shmget 函数返回的共享内存标识符 shmaddr:将共享内存映射到指定地址(若为 0,表示系统自动分配) shmflg:决定以什么方式来访问映射地址,通常为 0,表示读写方式
返回值	如果成功,则返回共享内存段连接到进程中的地址;如果失败,则返回 −1,并记录错误 errno: errno=EINVAL(无效的 IPC ID 值或者无效的地址) errno=ENOMEM(没有足够的内存) errno=EACCES(存取权限不够)

3. 解除映射

当一个进程不再需要共享的内存段时,它将会把内存段从其地址空间中脱离,脱离通过函数 shmdt 实现,其原型见表 8-17。

表 8-17 shmdt 函数原型

头文件	# include <sys/ipc. h> # include <sys/shm. h>
原　型	int shmdt(char * shmaddr);
参　数	shmaddr:将共享内存映射到指定地址(若为 0,表示系统自动分配)
返回值	调用成功返回 0;失败则返回 −1,并记录错误 errno:errno=EINVAL(无效的连接地址)

4. 删除共享内存

共享内存段从进程的地址空间中脱离不等于被删除,删除共享内存需要调用 shmctl 函数,其原型见表 8-18。

表 8-18 shmctl 函数原型

头文件	# include <sys/ipc. h> # include <sys/shm. h>
原　型	shmctl(int shm_id,int command,struct shmid_ds * buf)
参　数	shm_id:共享内存标识 command:指明要进行的操作,command 为 IPC_RMID 表示删除共享内存
返回值	调用成功返回 0,失败返回 −1,并将 errno 设置为对应的值

8.6.3 共享内存应用

【例 8-14】 父子进程间通过共享内存通信。

```c
//ex8-14.c
#include<stdlib.h>
#include<stdio.h>
#include<string.h>
#include<errno.h>
#include<unistd.h>
#include<sys/stat.h>
#include<sys/types.h>
#include<sys/ipc.h>
#include<sys/shm.h>
#define PERM S_IRUSR|S_IWUSR
int main(int argc,char * * argv)
{
    int shmid;
    char * p_addr,* c_addr;
    if(argc!=2)
    {
        fprintf(stderr,"Usage:%s\n\a",argv[0]);
        exit(1);
    }
    //create share memory
    if((shmid=shmget(IPC_PRIVATE,1024,PERM))==-1)
    {
        fprintf(stderr,"Create ShareMem Error:%s\n\a",strerror(errno));
        exit(1);
    }
    if(fork())
    {
        p_addr=shmat(shmid,0,0);
        memset(p_addr,'\0',1024);
        strncpy(p_addr,argv[1],1024);
        wait(NULL);
        shmdt(p_addr);                    //解除映射
        shmctl(shmid,IPC_RMID,NULL);      //删除共享内存
        exit(0);
    }
    else
    {
        sleep(1);
```

```
        c_addr=shmat(shmid,0,0);
        printf("Client get %s\n",c_addr);
        shmdt(p_addr);
        exit(0);
    }
}
```

程序编译运行结果：

```
[root@localhost sharemem]#./ex8-14 abcccccc
Client get abcccccc
```

程序通过命令行参数输入要通过共享内存传递的数据，父进程将其写入共享内存，子进程通过共享内存读取数据并输出，最后父进程完成对共享内存的删除。

【例8-15】 两个不同的进程间通过共享内存通信。

本例以生产者-消费者为例进行说明。共享内存数据结构定义如下：

```
#define TEXT_SZ 2048
struct shared_use_st {
    int written_by_you;
    char some_text[TEXT_SZ];
};
```

消费者程序如下：

```
//ex8-15.c 消费者程序
#include<unistd.h>
#include<stdlib.h>
#include<stdio.h>
#include<string.h>
#include<sys/shm.h>
#include "shm_com.h"
int main()
{
    int running=1;
    void * shared_memory=(void *)0;
    struct shared_use_st * shared_stuff;
    int shmid;
    srand((unsigned int)getpid());
    shmid=shmget((key_t)1234,sizeof(struct shared_use_st),0666 | IPC_
CREAT);
    if (shmid==-1) {
        fprintf(stderr,"shmget failed\n");
        exit(EXIT_FAILURE);
    }
```

```
    /* We now make the shared memory accessible to the program. */
    shared_memory=shmat(shmid,(void *)0,0);
    if (shared_memory==(void *)-1) {
        fprintf(stderr,"shmat failed\n");
        exit(EXIT_FAILURE);
    }
    printf("Memory attached at %X\n",(int)shared_memory);
    /* The next portion of the program assigns the shared_memory segment to
       shared_stuff, which then prints out any text in written_by_you. The
       loop continues until end is found in written_by_you. The call to sleep
       forces the consumer to sit in its critical section, which makes the
       producer wait. */
    shared_stuff=(struct shared_use_st *)shared_memory;
    shared_stuff->written_by_you=0;
    while(running) {
        if (shared_stuff->written_by_you) {
            printf("You wrote: %s",shared_stuff->some_text);
            sleep( rand() %4 );/* make the other process wait for us ! */
            shared_stuff->written_by_you=0;
            if (strncmp(shared_stuff->some_text,"end",3)==0) {
                running=0;
            }
        }
    }
    /* Lastly,the shared memory is detached and then deleted. */
    if (shmdt(shared_memory)==-1) {
        fprintf(stderr,"shmdt failed\n");
        exit(EXIT_FAILURE);
    }
    if (shmctl(shmid,IPC_RMID,0)==-1) {
        fprintf(stderr,"shmctl(IPC_RMID) failed\n");
        exit(EXIT_FAILURE);
    }
    exit(EXIT_SUCCESS);
}
```

生产者程序如下：

```
//ex8-15.c 生产者
#include<unistd.h>
#include<stdlib.h>
#include<stdio.h>
#include<string.h>
#include<sys/shm.h>
```

```c
#include "shm_com.h"
int main()
{
    int running=1;
    void * shared_memory=(void * )0;
    struct shared_use_st * shared_stuff;
    char buffer[BUFSIZ];
    int shmid;
    shmid= shmget((key_t)1234,sizeof(struct shared_use_st),0666 | IPC_
    CREAT);
    if (shmid==-1) {
        fprintf(stderr,"shmget failed\n");
        exit(EXIT_FAILURE);
    }
    shared_memory=shmat(shmid,(void * )0,0);
    if (shared_memory==(void * )-1) {
        fprintf(stderr,"shmat failed\n");
        exit(EXIT_FAILURE);
    }
    printf("Memory attached at %X\n",(int)shared_memory);
    shared_stuff=(struct shared_use_st * )shared_memory;
    while(running) {
        while(shared_stuff->written_by_you==1) {
            sleep(1);
            printf("waiting for client...\n");
        }
        printf("Enter some text: ");
        fgets(buffer,BUFSIZ,stdin);
        strncpy(shared_stuff->some_text,buffer,TEXT_SZ);
        shared_stuff->written_by_you=1;
        if (strncmp(buffer,"end",3)==0) {
                running=0;
        }
    }
    if (shmdt(shared_memory)==-1) {
        fprintf(stderr,"shmdt failed\n");
        exit(EXIT_FAILURE);
    }
    exit(EXIT_SUCCESS);
}
```

程序编译运行结果：

```
[root@localhost sharemem]#./shm1 &
[1] 2730
[root@localhost sharemem]#Memory attached at B7864000
[root@localhost sharemem]#./shm2
Memory attached at B789A000
Enter some text: hello world
You wrote: hello world
waiting for client...
waiting for client...
waiting for client...
Enter some text: end
[root@localhost sharemem]#You wrote: end
[1]+  Done                    ./shm1
```

8.7　消息队列

8.7.1　消息队列概述

消息队列能够克服早期 UNIX 通信机制的一些缺点。信号能够传送的信息量有限，而且信号通信更像"即时"的通信方式，它要求接收信号的进程在某个时间范围内对信号做出反应；管道及命名管道则是典型的随进程持续 IPC，并且，只能传送无格式的字节流无疑会给应用程序开发带来不便，另外，它的缓冲区大小也受到限制。消息队列就是一些消息的列表，用户可以从消息队列中添加消息和读取消息等。从这一点上看，消息队列具有一定的命名管道特性，但是它可以实现消息的随机查询，比命名管道具有更大的优势。同时，这些消息又是存在于内核中的，由"队列 ID"来标识。

消息队列的特点如下：

- 持续性。消息队列是随内核持续的，只有在内核重启或者人工删除时，该消息队列才会被删除。
- 键值。消息队列的内核持续性要求每个消息队列都在系统范围内对应唯一的键值，所以要获得一个消息队列的描述字，必须提供该消息队列的键值。
- 消息队列相比命名管道的优势在于它独立于发送和接收进程而存在，消除了同步命名管道的打开和关闭产生的问题。

8.7.2　消息队列操作

消息队列的实现包括创建/打开消息队列、添加消息、读取消息和控制消息队列这 4 种操作。其中创建/打开消息队列使用的函数是 msgget，这里创建的消息队列的数量会受到系统消息队列数量的限制；添加消息使用的函数是 msgsnd 函数，它把消息添加到已打开的消息队列末尾；读取消息使用的函数是 msgrcv，它把消息从消息队列中取走，与命名管道不同的是，这里可以指定取走某一条消息；控制消息队列使用的函数是 msgctl，它可以完成多项功能。

1. 创建/打开消息队列

Linux 内核提供了 msgget 函数创建或者打开一个消息队列,其原型见表 8-19。

表 8-19　msgget 函数原型

头文件	#include ＜sys/types. h＞ #include ＜sys/ipc. h＞ #include ＜sys/msg. h＞
原　　型	int msgget(key_t key,int msgflg) ;
参　　数	key:是一个键值,由 ftok 获得
	msgflg 参数是一些标志位
返回值	该调用返回与键值 key 相对应的消息队列描述字,发生错误时返回—1

说明:

(1) 在以下两种情况下,该调用将创建一个新的消息队列:

- 如果没有消息队列与键值 key 相对应,并且 msgflg 中包含了 IPC_CREAT 标志位。
- key 参数为 IPC_PRIVATE。

(2) 参数 msgflg 可以为 IPC_CREAT、IPC_EXCL、IPC_NOWAIT 之一或三者相或的结果。

2. 发送消息

进程通过向消息队列发送消息和从消息队列接收消息来实现进程间通信。消息队列中存放的是一个个消息,每个消息是一个结构体 msgbuf,结构如下:

```
struct msgbuf{
    long mtype;              //消息的类型
    char mtext[n];          //消息的内容,n 用于确定消息的大小,即消息的字节数
};
```

消息的发送函数 msgsnd 原型见表 8-20。

表 8-20　msgsnd 函数原型

头文件	#include ＜sys/types. h＞ #include ＜sys/ipc. h＞ #include ＜sys/msg. h＞
原　　型	int msgsnd(int msqid,struct msgbuf ＊msgp,int msgsz,int msgflg) ;

续表

参　　数	msqid：消息队列的 ID，发送的消息插入消息队列的末尾
	msgp：指向 msgbuf 结构的指针，要发送的消息
	msgsz：消息正文的字节数
	msgflg：一般使用两种取值 IPC_WAIT：非阻塞发送，如果消息不能发送则立即返回 0：msgsnd 阻塞直到发送成功返回
返回值	发送成功返回 0，发送错误返回 −1

对发送消息来说，有意义的 msgflg 标志为 IPC_NOWAIT，指明在消息队列没有足够空间容纳要发送的消息时 msgsnd 是否等待。造成 msgsnd 等待的条件有两个：

- 当前消息的大小与当前消息队列中的字节数之和超过了消息队列的总容量。
- 当前消息队列的消息数（单位"个"）不小于消息队列的总容量（单位"字节数"），此时，虽然消息队列中的消息数目很多，但基本上都只有一个字节。

msgsnd 解除阻塞的条件有 3 个：

- 不满足上述两个条件，即消息队列中有容纳该消息的空间。
- msqid 代表的消息队列被删除。
- 调用 msgsnd 的进程被信号中断。

3. 接收消息

与消息发送函数相对的消息接收函数为 msgrcv，其原型见表 8-21。

表 8-21　msgrcv 函数原型

头文件	#include <sys/types. h> #include <sys/ipc. h> #include <sys/msg. h>
原　　型	int msgrcv(int msqid,struct msgbuf * msgp,int msgsz,long msgtyp,int msgflg)；
参　　数	msqid：消息队列的 ID，发送的消息插入消息队列的末尾
	msgp：指向 msgbuf 结构的指针，消息缓冲区
	msgsz：消息正文的字节数
	msgtyp：消息类型
	msgflg：标志位
返回值	发送成功返回 0，发送错误返回 −1

该系统调用从 msqid 代表的消息队列中读取一个消息，并把消息存储在 msgp 指向的 msgbuf 结构中。

msqid 为消息队列描述字。消息返回后存储在 msgp 指向的地址。msgsz 指定 msgbuf 的 mtext 成员的长度（即消息内容的长度）。msgtyp 为请求读取的消息类型。读消息标志 msgflg 可以为以下几个常值的或：

- IPC_NOWAIT，如果没有满足条件的消息，调用立即返回，此时，errno ＝ ENOMSG。
- IPC_EXCEPT，与 msgtyp＞0 配合使用，返回队列中第一个类型不为 msgtyp 的消息。
- IPC_NOERROR，如果队列中满足条件的消息内容大于所请求的 msgsz 字节，则把该消息截断，截断部分将丢失。

msgrcv 手册中详细给出了消息类型取不同值时（＞0，＜0，＝0），调用将返回消息队列中的哪个消息。msgrcv 解除阻塞的条件有 3 个：

- 消息队列中有了满足条件的消息。
- msqid 代表的消息队列被删除。
- 调用 msgrcv 的进程被信号中断。

4. 控制消息队列

除了对消息队列进行读写操作之外，Linux 内核同样提供了对消息队列进行相应控制的函数 msgctl，函数原型见表 8-22，其可以进行如下操作：

- 查看消息队列相关的数据结构。
- 改变消息队列的许可权限。
- 改变消息队列的拥有者。
- 改变消息队列的字节大小。
- 删除一个消息队列。

表 8-22　msgctl 函数原型

头文件	＃include ＜sys/types.h＞ ＃include ＜sys/ipc.h＞ ＃include ＜sys/msg.h＞
原　型	int msgctl(int msqid,int cmd,struct msqid_ds ＊buf)；
参　数	msqid：消息队列的 ID
	cmd：指定要求的操作
	buf：是一个指向类型为 msqid_ds 的结构，用于存放命令返回的结果
返回值	成功返回 0,否则返回－1

该系统调用对由 msqid 标识的消息队列执行 cmd 操作，共有 3 种 cmd 操作：IPC_STAT、IPC_SET、IPC_RMID。

- IPC_STAT：用来获取消息队列信息，返回的信息存储在 buf 指向的 msqid 结构中。
- IPC_SET：用来设置消息队列的属性，要设置的属性存储在 buf 指向的 msqid 结构中。可设置属性包括 msg_perm.uid、msg_perm.gid、msg_perm.mode 以及

msg_qbytes,同时,也影响 msg_ctime 成员。

- IPC_RMID:删除 msqid 标识的消息队列。

【例 8-16】　消息队列应用。

两个进程通过消息队列进行通信,一个进程用于接收消息,另一个进程用于发送消息。

```c
//接收进程
#include<stdlib.h>
#include<stdio.h>
#include<string.h>
#include<errno.h>
#include<unistd.h>
#include<sys/msg.h>
//消息结构体
struct my_msg_st {
    long int my_msg_type;
    char some_text[BUFSIZ];
};
int main()
{
    int running=1;
    int msgid;
    struct my_msg_st some_data;
    long int msg_to_receive=0;
    msgid=msgget((key_t)1234,0666 | IPC_CREAT);        //创建消息队列
    if (msgid==-1) {
        fprintf(stderr,"msgget failed with error: %d\n",errno);
        exit(EXIT_FAILURE);
    }
    //接收消息
    while(running) {
        if (msgrcv(msgid,(void *)&some_data,BUFSIZ,
                msg_to_receive,0)==-1) {
            fprintf(stderr,"msgrcv failed with error: %d\n",errno);
            exit(EXIT_FAILURE);
        }
        printf("You wrote: %s",some_data.some_text);
        if (strncmp(some_data.some_text,"end",3)==0) {
            running=0;
        }
    }
    //删除消息
```

```
    if (msgctl(msgid,IPC_RMID,0)==-1) {
        fprintf(stderr,"msgctl(IPC_RMID) failed\n");
        exit(EXIT_FAILURE);
    }
    exit(0);
}
```

```
//发送进程
#include<stdlib.h>
#include<stdio.h>
#include<string.h>
#include<errno.h>
#include<unistd.h>
#include<sys/msg.h>
//消息结构体
struct my_msg_st {
    long int my_msg_type;
    char some_text[BUFSIZ];
};
int main()
{
    int running=1;
    struct my_msg_st some_data;
    int msgid;
    char buffer[BUFSIZ];
    //获取消息队列
    msgid=msgget((key_t)1234,0666 | IPC_CREAT);
    if (msgid==-1) {
        fprintf(stderr,"msgget failed with error: %d\n",errno);
        exit(EXIT_FAILURE);
    }
    while(running) {
        printf("Enter some text: ");
        fgets(buffer,BUFSIZ,stdin);
        some_data.my_msg_type=1;
        strcpy(some_data.some_text,buffer);
        //发送消息
        if (msgsnd(msgid,(void *)&some_data,BUFSIZ,0)==-1) {
            fprintf(stderr,"msgsnd failed\n");
            exit(EXIT_FAILURE);
        }
        if (strncmp(buffer,"end",3)==0) {
            running=0;
```

```
        }
    }
    exit(0);
}
```

接收进程创建消息队列，并接收消息；当没有消息时阻塞，发送进程获取消息队列，并发送消息，当发送消息的内容为 end 时，进程结束；接收进程接收到消息后判断内容是否为 end，如果是，则结束进程。

程序编译运行结果：

```
[root@localhost msg]#./recmsg
You wrote: message test
You wrote: end
[root@localhost msg]#./msgsend
Enter some text: message test
Enter some text: end
```

8.8　农业信息采集控制系统中进程间通信的应用

8.8.1　信号通信在农业信息采集系统中的应用

农业信息采集控制系统中，创建了一个子进程进行温度、湿度、大气、GPS 等数据的采集，数据采集设计了一个定时器，每隔 5s 进行一次数据采集，这个定时功能的实现通过信号的方式来完成。关键程序段如下：

```
//采集子程序中定时功能实现
signal(SIGALRM,SignHandler);        //信号的安装
alarm(5);                           //等待 SIGALARM 信号
printf("\nTimer start\n");
while(1);


//定时调用采集程序函数
void SignHandler(int iSignNo)
{
    time_t t;
    struct tm * local;
    sht11_test();                   //采集温度、湿度
    bmp_test();                     //采集大气压强
    t=time(NULL);
    local=localtime(&t);            //send_buf
```

```
sprintf(send_buf,"%d#%d#%d#%d#%d#%d#%f#%f#%f#%5.2f#%5.2f#",local->tm_
        year+1900,local->tm_mon+1,local->tm_mday,local->tm
        _hour,local->tm_min,local->tm_sec,w_buf[0],w_buf
        [1],w_buf[2],w_buf[3],w_buf[4]);
//printf("#%s\n",send_buf);
write(fdpipe,send_buf,100);        //将采集参数写入管道
alarm(5);                          //启动定时器,5s
}
```

信号的另一个应用是在主进程中,当检测到有 S16 键按下时,给子进程发送信号,结束进程。

```
if ((ret=kill(pid,SIGKILL))==0)        //给字进程发送结束信号
{
    printf("Parent kill %d\n",pid);
}
else
{
    printf("Parent kill error\n");
}
```

8.8.2　管道在农业信息采集系统中的应用

在农业信息采集控制系统中,涉及多个进程间的通信,主要是在数据采集进程中采集到数据后发送给数据上传的进程,这是两个没有亲缘关系的进程,使用命名管道来完成。即数据采集的进程负责写管道,而数据上传的进程负责读取管道。关键程序段如下:

```
//管道文件名称
#define FIFO_SERVER "/tmp/datafifo"
//采集子程序打开管道
pid=fork();                        //创建采集子进程
    else if(pid==0){               //如果是采集子进程
        //打开管道文件
        fdpipe=open(FIFO_SERVER,O_WRONLY|O_NONBLOCK,0);
    }
//在定时采集程序中,写管道
write(fdpipe,send_buf,100);        //将采集参数写入管道
```

在数据发送进程中进行管道的读取:

```
//管道文件名称及路径
#define FIFO "/tmp/datafifo"
int main(int argc,char** argv)
```

```
{
    char buf_r[100];                        //接收缓冲区,5个 float 型
    int fd;
    int nread;
    //判断命名管道是否已经存在,若未创建,则以相应的权限创建
    if(access(FIFO,F_OK)==-1)
    {
        if((mkfifo(FIFO,O_CREAT|O_EXCL)<0)&&(errno!=EEXIST))
        {
            printf("cannot create fifoserver\n");
            exit(-1);
        }
    }
    fd=open(FIFO,O_RDONLY,0);
    if(fd==-1)
    {
        perror("open FIFO error\n");
        exit(1);
    }
    while(1)
    {
        memset(buf_r,'\0',sizeof(buf_r));        //初始化缓冲区
        if((nread=read(fd,buf_r,100))==-1)       //读取管道文件
        {
            if(errno==EAGAIN)
            {
                printf("no data yet\n");
                break;
            }
        }
        if(nread>0)              //如果读取的数据长度大于 0,输出显示
        {
            //读到数据,在 buf_r 中
            printf("read from FIFO:%s\n",nread,buf_r);
        }
        sleep(1);
    }
    pause();
    unlink(FIFO);                                //删除管道
}
```

习　题　8

1. Linux 进程间通信的主要方法有哪些?

2. 什么是管道? 管道操作的特点有哪些?

3. 编程实现父子进程之间基于管道的双向通信。

4. 什么是命名管道? 它和无名管道在使用时有什么区别?

5. 什么是信号? 信号的产生有哪些原因?

6. 进程对信号可采取哪 3 种处理动作? 如何设置信号的处理方式?

7. 编写一个程序,捕捉 SIGQUIT 信号,改变信号默认处理方式,在响应函数中输出字符串提示捕捉到该信号。

8. 编写一个程序,使用 msgget 函数创建一个消息队列,并返回消息队列的描述符,通过 msgsnd 发送消息到消息队列。

9. 编写一个程序,使用 semget 函数创建一个信号量集,并返回该信号量集的描述符。

10. 编写一个程序,使用 write 函数向共享内存写入数据,实现不同进程间通过共享内存通信。

chapter 9

多线程编程

9.1 项 目 目 标

通过本章的学习,掌握 Linux 多线程编程的方法。设计实现农业信息采集控制系统中基于多线程的系统控制。

本章知识点包括 Linux 下的多线程编程的基本方法,线程的运行原理,线程操作的方式——线程创建、退出、阻塞及取消,线程的属性及其设置方法,通过互斥锁、信号量等方法实现多线程的同步和互斥。

9.2 Linux 多线程概述

在一个程序中的多个执行路线就叫作线程(thread)。更准确的定义是:线程是一个进程内部的一个控制序列。线程技术早在 20 世纪 60 年代就被提出,但真正将多线程应用到操作系统中是在 20 世纪 80 年代中期,Solaris 是这方面的佼佼者。

在 Linux 2.2 内核中并不存在真正意义上的线程。当时 Linux 中常用的线程 pthread 实际上是通过进程来模拟的,也就是说 Linux 中的线程也是通过 fork 函数创建的"轻量级"进程,并且线程的个数也很有限,最多只能有 4096 个进程/线程同时运行。Linux 2.4 内核消除了对进程个数的限制,并且允许在系统运行中动态地调整进程数上限。在 Linux 2.6 内核之前的版本中,进程是最主要的处理调度单元,并不支持内核线程机制。Linux 系统在 1996 年第一次获得线程的支持,当时所使用的函数库被称为 LinuxThread。为了改善 LinuxThread,出现了根据新内核机制重新编写线程库的问题。许多项目在研究如何改善 Linux 对线程的支持,其中两个最有竞争力的研究是由 IBM 公司主导的新一代 POSIX 线程库(Next Generation POSIX Threads,NGPT)和由 Red Hat 主导的本地化 POSIX 线程库 (Native POSIX Thread Library,NPTL)。NGPT 项目在 2002 年启动,但为了避免出现多个 Linux 线程标准,所以在 2003 年停止该项目。与此同时 NPTL 问世,最早在 Red Hat Linux 9 中被支持,现在已经成为 GNU C 函数库的一部分,同时也成为 Linux 线程的标准。

前面已经提到,进程是系统中程序执行和资源分配的基本单位。每个进程都拥有自己的数据段、代码段和堆栈段,这就造成了进程在进行切换等操作时都需要有比较复杂的上下文切换等动作。为了进一步减少处理机的空转时间,支持多处理器以及减少上下文切换开销,进程在演化中出现了另一个概念——线程。它是进程内独立的一条运行路线,是处理器调度的最小单元,也可以称为轻量级进程。线程可以对进程的内存空间和资源进行访问,并与同一进程中的其他线程共享。因此,线程的上下文切换的开销比创建进程小很多。

同进程一样,线程也将相关的执行状态和存储变量放在线程控制表内。一个进程可以有多个线程,也就是有多个线程控制表及堆栈寄存器,但共享一个用户地址空间。要注意的是,由于线程共享了进程的资源和地址空间,因此,任何线程对系统资源的操作都会给其他线程带来影响。由此可知,多线程中的同步非常重要。

线程和进程相比,是一种非常"节俭"的多任务操作方式。在 Linux 系统下,启动一个新的进程必须给它分配独立的地址空间,建立众多的数据表来维护它的代码段、堆栈段和数据段,这是一种"昂贵"的多任务工作方式。

运行于一个进程中的多线程之间使用相同的地址空间,而且线程间彼此切换所需的时间也远远小于进程间切换所需的时间,据统计,一个进程的开销是一个线程开销的 30 倍左右。线程具有以下优点:

- 多线程之间有方便的通信机制。对不同进程来说,它们具有独立的数据空间,要进行数据的传递只能通过进程间通信的方式,这种方式不仅费时,而且很不方便;线程则不然,由于同一进程下的线程之间共享数据空间,所以一个线程的数据可以直接为其他线程所使用,不仅快捷,而且方便。
- 使多 CPU 系统更加有效,操作系统会保证当线程数不大于 CPU 数目时,不同的线程运行于不同的 CPU 上。
- 改善程序结构,一个既长又复杂的进程可以考虑分为多个线程,成为几个独立或半独立的运行部分,这样的程序更有利于理解和修改。

线程也有其缺点:

- 编写多线程程序需要非常仔细地设计(同步和互斥问题)。
- 多线程程序的调试要比单线程程序困难得多,因为线程之间的交互很难控制。

9.3 Linux 多线程编程

Linux 系统下,多线程遵循 POSIX 线程接口,称为 pthread,编写 Linux 下的多线程程序,需要使用头文件 pthread.h,连接时需要使用库 libpthread.a。系统创建线程如下:当一个进程启动后,它会自动创建一个线程,即主线程(main thread)或者初始化线程(initial thread),然后就利用 pthread_initialize 初始化系统管理线程并且启动线程机制。线程机制启动后,要创建线程必须让 pthread_create 向管理线程发送 REQ_CREATE 请求,管理线程即调用 pthread_handle_create 创建新线程。分配栈并设置 thread 属性后,以 pthread_start_thread 为函数入口调用 _clone 创建并启动新线程。pthread_start_ thread 读取自身的进程 ID 存入线程描述结构中,并根据其中记录的调度方法配置调度。一切准备就绪后,再调用真正的线程执行函数,并在此函数返回后调用 pthread_exit 清理现场。

9.3.1　Linux 线程的基本函数

1. 创建线程函数 pthread_create

函数 pthread_create 创建一个新的线程并把它的标识符放入参数 thread 指向的新线程中。pthread_create 原型见表 9-1。

表 9-1　pthread_create 函数原型

头文件	#include <pthread. h>
原　型	int pthread_create(pthread_t * thread,pthread_attr_t * attr,void * (* start_routine)(void *),void * arg);
参　数	thread:用来表明创建线程的 ID
	attr:指出线程创建时的属性,用 NULL 来表明使用默认属性
	start_routine:函数指针,指向线程创建成功后开始执行的函数
	arg:这个函数的唯一一个参数,表明传递给 start_routine 的参数
返回值	成功返回值为 0,出错返回错误码

一个进程中的每个线程都由一个线程 ID(thread ID)标识,其数据类型是 pthread_t (常常是 unsigned int 类型的)。如果新的线程创建成功,其 ID 将通过 thread 指针返回。

2. 退出线程函数 pthread_exit

线程的退出有两种方式:一种是线程函数运行结束,比如到函数结尾或用 return 退出,线程自然结束,这是最常用的方式;另一种是通过 pthread_exit 退出线程,函数原型见表 9-2。结束当前线程,返回 retval,父线程或其他线程可以通过函数 pthread_join 来获取它。需要注意一点,线程函数中不要使用 exit 退出,否则会使整个进程终止。

表 9-2　pthread_exit 函数原型

头文件	#include <pthread. h>
原　型	void pthread_exit(void * retval);
参　数	retval:线程返回值
返回值	退出当前线程时返回 retval

3. 等待线程退出函数 pthread_join

pthread_join 的作用是挂起当前线程,直到参数 thread 指定的线程被终止为止。

pthread_join 函数类似于 waitpid，只不过 waitpid 是在等待一个进程退出，而 pthead_join 在等待一个线程编号为 thread 的线程退出。当一个线程调用 pthread_exit 时，如果其他线程或进程使用了 pthead_join 在等待这个线程结束，那么线程 ID 和退出状态将一直保留到 pthread_join 执行时。pthread_exit 设定的返回值或者 return 的返回值可以被 pthread_join 的 thread_return 捕获。pthread_join 原型见表 9-3。

表 9-3   pthread_join 函数原型

头文件	#include <pthread. h>
原　　型	int pthread_join(pthread_t * thread,void * * thread_return);
参　　数	thread：被等待的线程 ID
	thread_return：用户定义的指针，它可以用来存储被等待线程的返回值
返回值	成功返回 0,否则返回－1

4. 杀死线程函数 pthread_cancel

Linux 系统中，一个线程可以通过调用 pthread_cancel 函数来请求取消同一进程中的其他线程。pthread_cancel 函数原型见表 9-4。

表 9-4   pthread_cancel 函数原型

头文件	#include <pthread. h>
原　　型	pthread_cancel(pthread_t thread);
参　　数	thread：需要取消的线程 ID
返回值	成功返回 0,否则返回－1

注意：pthread_exit 是当前线程自己退出，而 pthread_cancel 是当前线程杀死别的线程。

程序的主进程默认为主线程。一个子线程的生存周期由 pthread_create 创建后开始，一直到线程函数执行完毕或者执行到 pthread_exit 处结束。一个线程可以用 pthread_cancel 强制杀死另一线程。主线程退出（比如在主函数里调用 exit），它的子线程无论是否执行完毕，都会随主线程退出而一同消失。所以，一般在主函数里必须判断子线程是否真正退出了，如是，方可以把主线程退出，否则很可能造成程序结果不正确。判断线程是否结束最简单的方法是：在主线程退出时，用 pthread_join 等待子线程退出即可。

9.3.2   多线程实例分析

【例 9-1】 线程的创建。

```
/*thread.c*/
#include<stdio.h>
#include<stdlib.h>
```

```c
#include<pthread.h>
#define THREAD_NUMBER       3
#define REPEAT_NUMBER       5
#define DELAY_TIME_LEVELS   10.0
void * thrd_func(void * arg)        //线程函数
{
    int thrd_num=(int)arg;
    int delay_time=0;
    int count=0;
    printf("Thread %d is starting\n",thrd_num);
    for (count=0; count<REPEAT_NUMBER; count++)
    {
        delay_time=(int)(rand() * DELAY_TIME_LEVELS/(RAND_MAX))+1;
        sleep(delay_time);
        printf("\tThread %d: job %d delay=%d\n",thrd_num,count,delay_time);
    }
    printf("Thread %d finished\n",thrd_num);
    pthread_exit(NULL);
}
int main(void)
{
    pthread_t thread[THREAD_NUMBER];
    int no=0,res;
    void * thrd_ret;
    srand(time(NULL));
    for (no=0; no<THREAD_NUMBER; no++)
    {
        res=pthread_create(&thread[no],NULL,thrd_func,(void * )no);
        if (res !=0)
        {
            printf("Create thread %d failed\n",no);
            exit(res);
        }
    }
    printf("Create treads success\n Waiting for threads to finish...\n");
    for (no=0; no<THREAD_NUMBER; no++)
    {
        res=pthread_join(thread[no],&thrd_ret);
        if (!res)
        {
            printf("Thread %d joined\n",no);
        }
        else
```

```
    {
        printf("Thread %d join failed\n",no);
    }
    }
    return 0;
}
```

多线程程序使用了 pthread 线程库,glib 库内置了线程库,在程序中使用头文件 pthread. h,gcc 编译链接时加上-lpthread 选项链接线程库,否则会出错。

程序编译运行结果:

```
[root@localhost thread]#gcc -lpthread  thread1.c -o thread
[root@localhost thread]#./thread
Create treads success
Waiting for threads to finish...
Thread 1 is starting
Thread 2 is starting
Thread 0 is starting
    Thread 0: job 0 delay=1
    Thread 1: job 0 delay=2
    Thread 0: job 1 delay=2
    Thread 2: job 0 delay=4
    Thread 2: job 1 delay=5
    Thread 0: job 2 delay=7
    Thread 1: job 1 delay=9
    Thread 2: job 2 delay=5
    Thread 0: job 3 delay=7
    Thread 1: job 2 delay=9
    Thread 2: job 3 delay=10
    Thread 0: job 4 delay=9
Thread 0 finished
Thread 0 joined
    Thread 1: job 3 delay=10
    Thread 2: job 4 delay=7
Thread 2 finished
    Thread 1: job 4 delay=8
Thread 1 finished
Thread 1 joined
Thread 2 joined
```

9.3.3　修改线程的属性

绝大部分情况下,创建线程使用了默认参数,即将 pthread_create 函数的第二个参数设为 NULL。在特殊情况下才需要设置线程属性 pthread_attr_t,属性对象主要包括是否绑定、是否分离、堆栈地址、堆栈大小、优先级。默认的属性为非绑定、非分离、默认1MB 的堆栈、与父进程同样级别的优先级。线程属性修改步骤如下:

(1) 初始化线程属性。首先调用 pthread_attr_init(&attr)初始化属性结构指针,这个函数必须在 pthread_create 函数之前调用。

(2) 调用相应的属性设置函数。

(3) 调用 pthread_attr_destroy(&attr)对分配的属性结构指针进行清理回收。

1. 绑定属性

Linux 中采用"一对一"的线程机制,也就是一个用户线程对应一个内核线程。绑定属性就是指一个用户线程固定地分配给一个内核线程,因为 CPU 时间片的调度是面向内核线程(也就是轻量级进程)的,因此具有绑定属性的线程可以保证在需要的时候总有一个内核线程与之对应。而与之对应的非绑定属性就是指用户线程和内核线程的关系不是始终固定的,而是由系统来控制分配的。设置线程绑定状态的函数为 pthread_attr_setscope,它有两个参数:一个是指向属性结构的指针;另一个是绑定类型,取值为PTHREAD_SCOPE_SYSTEM(绑定的)和 PTHREAD_SCOPE_PROCESS(非绑定的)。

2. 分离属性

分离属性是用来决定一个线程以什么样的方式来终止自己。在非分离情况下,当一个线程结束时,它所占用的系统资源并没有被释放,也就是没有真正终止。只有当pthread_join 函数返回时,创建的线程才能释放自己占用的系统资源。而在分离属性情况下,一个线程结束时立即释放它所占有的系统资源。这里要注意的一点是,如果设置一个线程的分离属性,而这个线程运行又非常快,那么它很可能在 pthread_create 函数返回之前就终止了,它终止以后就可能将线程号和系统资源移交给其他的线程使用。设置线程分离属性 pthread_attr_setdetachstate 函数有两个参数:一个是指向属性结构的指针;另一个是分离属性,取值为 PTHREAD_CREATE_DETACHED(分离)、PTHREAD_CREATE_JOINABLE(非分离)。

3. 线程的优先级

线程优先级存放在结构 sched_param 中,可以通过函数 pthread_attr_getschedparam和函数 pthread_attr_setschedparam 进行存放,一般说来,总是先取优先级,对取得的值修改后再存放回去。

【例 9-2】　线程属性的修改。

```
/* thread_attr.c */
#include<stdio.h>
#include<stdlib.h>
#include<pthread.h>
```

```
#define THREAD_NUMBER        1
#define REPEAT_NUMBER        2
#define DELAY_TIME_LEVELS     5
int finish_flag=0;
void * thrd_func(void * arg)
{
    int delay_time=0;
    int count=0;
    printf("Thread is starting\n");
    for (count=0; count<REPEAT_NUMBER; count++)
    {
        delay_time=(int)(rand() * DELAY_TIME_LEVELS/(RAND_MAX))+1;
        sleep(delay_time);
        printf("\tThread : job %d delay=%d\n",count,delay_time);
    }
    printf("Thread finished\n");
    finish_flag=1;
    pthread_exit(NULL);
}
int main(void)
{
    pthread_t thread;
    pthread_attr_t attr;
    int res=0;
    srand(time(NULL));
    res=pthread_attr_init(&attr);
    if (res !=0)
    {
        printf("Create attribute failed\n");
        exit(res);
    }
    //修改线程的属性,设置为分离
    res=pthread_attr_setscope(&attr,PTHREAD_SCOPE_SYSTEM);
    res+=pthread_attr_setdetachstate(&attr,PTHREAD_CREATE_DETACHED);
    if (res !=0)
    {
        printf("Setting attribute failed\n");
        exit(res);
    }
    //创建线程
    res=pthread_create(&thread,&attr,thrd_func,NULL);
    if (res !=0)
    {
```

```
        printf("Create thread failed\n");
        exit(res);
    }
    //销毁线程属性
    pthread_attr_destroy(&attr);
    printf("Create tread success\n");
    while(!finish_flag)
    {
        printf("Waiting for thread to finish...\n");
        sleep(2);
    }
    pthread_join(thread,NULL);
    return 0;
}
```

程序编译运行结果：

```
[root@localhost thread]#gcc thread_attr.c -lpthread -o ex9-2
[root@localhost thread]#./ex9-2
Create tread success
Waiting for thread to finish...
Thread is starting
    Thread : job 0 delay=1
Waiting for thread to finish...
    Thread : job 1 delay=1
Thread finished
```

9.4 线程的并发访问

多线程编程的主要问题是对共享数据的保护，即在多个线程同时访问同一个数据时保证数据读写安全。线程安全的函数除了尽量不使用静态或全局变量，另一个主要手段是加锁。pthread 线程一般通过线程互斥锁（pthread mutex）和 POSIX 无名信号量两种机制来完成数据的保护。

9.4.1 互斥锁

互斥锁是用一种简单的加锁方法来控制对共享资源的原子操作。互斥锁只有两种状态，也就是加锁和解锁，可以把互斥锁看作某种意义上的全局变量。在同一时刻只能有一个线程掌握某个互斥锁，拥有加锁状态的线程能够对共享资源进行操作。若另一个线程希望对一个已经被加锁的互斥锁进行加锁操作，则该线程就会挂起，直到已对互斥锁加锁的线程释放互斥锁为止。可以说，互斥锁保证了让每个线程对共享资源按顺序进行原子操作。

1. 互斥锁的初始化和销毁

在 Linux 下,线程的互斥量数据类型是 pthread_mutex_t。在使用前,要对它进行初始化:对于静态分配的互斥量,可以把它设置为 PTHREAD_MUTEX_INITIALIZER,或者调用 pthread_mutex_init;对于动态分配的互斥量,在申请内存(malloc)之后,通过 pthread_mutex_init 进行初始化,并且在释放内存(free)前需要调用 pthread_mutex_destroy。

pthread_mutex_init 原型见表 9-5,pthread_mutex_destory 原型见表 9-6。

表 9-5　pthread_mutex_init 函数原型

头文件	#include <pthread.h>
原　型	int pthread_mutex_init(pthread_mutex_t * mutex,const pthread_mutexattr_t * mutexattr)
参　数	mutex=PTHREAD_MUTEX_INITIALIZER,动态创建互斥锁
	mutexattr:线程属性,可以使用 NULL,创建线程时采用默认属性
返回值	发送成功返回 0;失败返回−1,错误原因存于 errno

表 9-6　pthread_mutex_destory 函数原型

头文件	#include <pthread.h>
原　型	int pthread_mutex_destroy(pthread_mutex_t * mutex)
参　数	mutex:销毁的互斥锁
返回值	发送成功返回 0;失败返回−1,错误原因存于 errno

2. 互斥锁操作

互斥锁操作主要包括加锁 pthread_mutex_lock、解锁 pthread_mutex_unlock 和测试加锁 pthread_mutex_trylock,不论哪种类型的锁,都不可能被两个不同的线程同时得到,而必须等待解锁。在同一进程中,如果一个线程对互斥锁加锁后没有解锁,则任何其他线程都无法再获得锁。这个锁机制同时也不是异步信号安全的,也就是说,不应该在信号处理过程中使用互斥锁,否则容易造成死锁。pthread_mutex_lock、pthread_mutex_unlock 和 pthread_mutex_trylock 的原型分别见表 9-7 至表 9-9。

表 9-7　pthread_mutex_lock 函数原型

头文件	#include <pthread.h>
原　型	int pthread_mutex_lock(pthread_mutex_t * mutex);
参　数	mutex:初始化成功的互斥锁变量
返回值	发送成功返回 0;失败返回−1,错误原因存于 errno

表 9-8　pthread_mutex_unlock 函数原型

头文件	#include <pthread.h>
原　型	int pthread_mutex_unlock(pthread_mutex_t * mutex);
参　数	mutex:初始化成功的互斥锁变量
返回值	发送成功返回 0;失败返回−1,错误原因存于 errno

表 9-9　pthread_mutex_trylock 函数原型

头文件	＃include ＜pthread. h＞
原　　型	int pthread_mutex_trylock(pthread_mutex_t ＊ mutex);
参　　数	mutex：初始化成功的互斥锁变量
返回值	发送成功返回 0；失败返回－1，错误原因存于 errno

【例 9-3】　互斥锁应用。

```
//ex9-3.c
#include<stdio.h>
#include<pthread.h>
static pthread_mutex_t testlock;
pthread_t test_thread;
void * test()
{
    pthread_mutex_lock(&testlock);
    printf("thread Test() \n");
    pthread_mutex_unlock(&testlock);
}
int main()
{
    pthread_mutex_init(&testlock,NULL);
    pthread_mutex_lock(&testlock);
    printf("Main lock \n");
    pthread_create(&test_thread,NULL,test,NULL);
    sleep(1);              //更加明显地观察到是否执行了创建线程的互斥锁
    printf("Main unlock \n");
    pthread_mutex_unlock(&testlock);
    sleep(1);
    pthread_join(test_thread,NULL);
    pthread_mutex_destroy(&testlock);
    return 0;
}
```

程序编译运行结果：

```
Main lock
Main unlock
thread Test()
```

9.4.2　信号量线程控制

在前面已经讲到，信号量也就是操作系统中所用到的 P、V 原子操作，它广泛用于进程或线程间的同步与互斥。信号量本质上是一个非负的整数计数器,它被用来控制对公共资源的访问。P、V 原子操作是对整数计数器信号量 sem 的操作。一次 P 操作使 sem 减 1,而一次 V 操作使 sem 加 1。进程(或线程)根据信号量的值来判断是否对公共资源具有访问权限。当信号量 sem 的值大于 0 时,该进程(或线程)具有公共资源的访问权限;相反,当信号量 sem 的值小于等于 0 时,该进程(或线程)就将阻塞,直到信号量 sem 的值大于 0 为止。只有 0 和 1 两种取值的信号量叫作二进制信号量,下面将重点介绍。信号量一般常用于保护一段代码,使其每次只被一个执行线程运行。可以使用二进制信号量来完成这个工作。

信号量的函数都以 sem_开头,线程中使用的基本信号量函数有 4 个,它们都声明在头文件 semaphore.h 中。

1. 创建信号量

通过调用 sem_init 用来初始化一个未命名的信号量。函数原型见表 9-10。在多线程的设定状态下,一个信号量只能被初始化一次。

表 9-10   sem_init 函数原型

头文件	#include <semaphore. h>
原　型	int sem_init(sem_t * sem,int pshared,unsigned int value);
参　数	sem:初始化的信号量
	pshared:0 表示用于一个进程
	value:信号量的初值
返回值	成功返回 0;失败返回−1,错误原因存于 errno

2. 销毁信号量

当信号量不再使用时,通过 sem_destory 来销毁 sem_init 初始化的信号量,sem_destory 函数原型见表 9-11。

表 9-11   sem_destory 函数原型

头文件	#include <semaphore. h>
原　型	sem_destroy(sem_t * sem);
参　数	sem:指向的对象是由 sem_init 调用初始化的信号量
返回值	成功返回 0;失败返回−1,错误原因存于 errno

3. 申请一个信号资源

一旦信号量初始化建立完成,就可以调用 sem_wait 或 sem_trywait 对其进行 P 操作,即对信号量值进行−1 操作。它将阻塞当前线程,直到信号量 sem 的值大于 0,解除阻塞后将 sem 的值减 1,表明公共资源经使用后减少。函数原型见表 9-12。

表 9-12　sem_wait 函数原型

头文件	♯include ＜semaphore.h＞
原　型	sem_wait(sem_t ＊sem)
参　数	sem：指向的对象是由 sem_init 调用初始化的信号量
返回值	成功返回 0;失败返回－1,错误原因存于 errno

4. 获取信号量值

通过 sem_getvalue 可以获取信号量当前的值,但要注意 sem_getvalue 返回时信号量的值可能被其他线程改变了。sem_getvalue 原型见表 9-13。

表 9-13　sem_getvalue 函数原型

头文件	♯include ＜semaphore.h＞
原　型	sem_getvalue(sem_t ＊sem)
参　数	sem：指向的对象是由 sem_init 调用初始化的信号量
返回值	成功返回 0;失败返回－1,错误原因存于 errno

5. 释放一个信号资源

当访问离开临界区时,要释放对应的信号量资源,可以通过 sem_post 完成。该函数以原子操作的方式将信号量的值加 1。当有线程阻塞在这个信号量上时,调用这个函数会使其中的一个线程不再阻塞。sem_post 原型见表 9-14。

表 9-14　sem_post 函数原型

头文件	♯include ＜semaphore.h＞
原　型	sem_post(sem_t ＊sem);
参　数	sem：操作的信号量
返回值	成功返回 0;失败返回－1,错误原因存于 errno

【例 9-4】 线程信号量的使用。

本例在主线程中创建了一个新线程,用来统计输入的字符串中字符的个数。信号量用来控制两个线程对存储字符串数组的访问。

```
//ex9-4.c
#include<stdio.h>
#include<unistd.h>
#include<stdlib.h>
#include<string.h>
```

```c
#include<pthread.h>
#include<semaphore.h>
//线程函数
void * thread_function(void * arg);
sem_t bin_sem;                          //信号量对象
#define WORK_SIZE 1024
char work_area[WORK_SIZE];          //工作区
int main()
{
    int res;
    pthread_t a_thread;
    void * thread_result;
    res=sem_init(&bin_sem,0,0);       //初始化信号量对象
    if(res)                           //初始化信号量失败
    {
    perror("Semaphore initialization failed\n");
    exit(EXIT_FAILURE);
    }
    //创建新线程
    res=pthread_create(&a_thread,NULL,thread_function,NULL);
    if(res)
    {
    perror("Thread creation failed\n");
    exit(EXIT_FAILURE);
    }
    printf("Input some text.Enter 'end' to finish\n");
    while(strncmp("end",work_area,3) !=0)
    {                                //输入没有结束
    fgets(work_area,WORK_SIZE,stdin);
    sem_post(&bin_sem);             //给信号量值加 1
    }
    printf("waiting for thread to finish\n");
    //等待子线程结束,收集子线程信息
    res=pthread_join(a_thread,&thread_result);
    if(res)
    {
    perror("Thread join failed\n");
    exit(EXIT_FAILURE);
    }
    printf("Thread joined\n");
    //销毁信号量对象
    sem_destroy(&bin_sem);
    exit(EXIT_SUCCESS);
```

```
}
void * thread_function(void * arg)
{
    sem_wait(&bin_sem);             //将信号量值减 1
    while(strncmp("end",work_area,3))
    {
        printf("You input %d characters\n",strlen(work_area)-1);
        sem_wait(&bin_sem);
    }
    pthread_exit(NULL);             //线程终止执行
}
```

程序编译运行结果：

```
[root@localhost thread]#gcc ex9-4.c -o ex9-4 -lpthread
[root@localhost thread]#./ex9-4
Input some text.Enter 'end' to finish
dfajdklfjaljf
You input 13 characters
dajfldsjflkdajfjdaljfjdalsfjlda
You input 31 characters
daljfldjaljfldajfl
You input 18 characters
end
waiting for thread to finish
Thread joined
```

9.5 农业信息采集控制系统多线程应用

在农业信息采集控制系统中，控制功能有多个，而且每个控制功能可能出现同时进行控制的情况，因此，在控制功能的设计时采用了多线程的方式，各个控制模块之间相互没有任何影响。同时，为了防止同一个控制功能多次同时被调用，在线程设计中引入了信号量互斥机制，防止一次控制功能调用没有完成时启动另一次控制功能调用。以电机的运行为例说明多线程在项目中的应用，关键代码如下：

```
//主进程中检测到电机控制的按键按下时,创建对应的线程
case 0xEE:
printf("S1 pressed!\n");
    //调用函数创建线程,控制直流电机
    pthreadhandler(MOTOR_FWD);
    break;
case 0xDE:
```

```
            printf("S2 pressed!\n");
            //调用函数创建线程,控制直流电机
            pthreadhandler(MOTOR_REV);
            break;
```

```
//设备控制线程调用
void pthreadhandler(int handler)
{
    int res;
    pthread_t id;
    pthread_attr_t attr;
    res=pthread_attr_init(&attr);//设置线程属性的初始化
    if (res !=0)
    {
        printf("Create attribute failed\n");
        return;
    }
    //设置线程的分离属性
    res=pthread_attr_setscope(&attr,PTHREAD_SCOPE_SYSTEM);
    res+=pthread_attr_setdetachstate(&attr,PTHREAD_CREATE_DETACHED);
    if (res !=0)
    {
        printf("Setting attribute failed\n");
        return;
    }
    //根据传递的参数不同,创建不同的线程
    if (handler==MOTOR_FWD)
        res=pthread_create(&id,&attr,motor,(void*)1);
    else if (handler==MOTOR_REV)
        res=pthread_create(&id,&attr,motor,(void*)0);
    if (res !=0)
    {
        printf("Create thread failed\n");
        return;
    }
    pthread_attr_destroy(&attr);
    return;
}
```

```
//线程运行的电机控制函数
//直流电机控制程序。arg 为直流电机状态,1:正转,0:反转
void * motor(void * arg)
```

```
{
    int i=0;
    int res;
    int setpwm=0;                                //直流电机的速率
    int factor=DCM_TCNTB0/1024;
    int status;
    status=(int)arg;
    res=pthread_mutex_lock(&mutex1);             //加线程锁
    if (res)
    {
        printf("Thread lock failed\n");
        return;
    }
    if((dcm_fd=open(DCM_DEV,O_WRONLY))<0){       //打开设备文件失败
        printf("Error opening %s device\n",DCM_DEV);
        return;
    }
    if (status==1){
        printf("Motor forward...  ",setpwm);
        printf("setpwm : 0->512\n");
    }else{
        printf("Motor reverse...  ",setpwm);
        printf("setpwm : -512->0\n");
    }
    for (i=0; i<=512; i++) {
        if(status==1)
            setpwm=i;
        else
            setpwm=-i;
        //ioctl 是对 I/O 通道进行管理的函数
        ioctl(dcm_fd,DCM_IOCTRL_SETPWM,(setpwm * factor));
        dcm_delay(500);                          //调用延时函数
    }
    close(dcm_fd);                               //关闭设备文件
    pthread_mutex_unlock(&mutex1);               //解线程锁
    return;
}
```

习 题 9

1. 什么是线程? 线程和进程有什么区别?
2. 编写一个程序,调用 pthread_create 创建两个线程,一个打印线程 ID 及 "hello",

另一个打印"thread"和线程 ID。

    3. 修改第 2 题,引入 pthread_join,主线程等待所有线程结束后退出。

    4. 编写一个程序,创建 3 个线程,通过全局变量的方式实现多个线程之间数据的通信。

    5. 线程的属性主要有哪些? 简述线程属性修改的方法。

第 10 章

chapter 10

嵌入式 Linux 网络编程

10.1 项 目 目 标

本章要完成的任务是通过网络将农业信息采集控制系统中采集到的数据上传到指定的服务器。

本章知识点包括 OSI 网络模型组成及其数据传输过程,TCP/IP 协议模型组成及其数据传输过程,Socket 编程中的一些基本概念和对数据的处理方式,TCP 和 UDP Socket 编程流程及其函数的使用方法等内容。

10.2 TCP/IP 概述

Linux 系统拥有强大的网络支持功能,使得它在网络方面的应用也越来越广泛。要进行 Linux 网络编程,必须先了解计算机网络的 OSI 网络模型和 TCP/IP 体系结构。网络之所以能够在不同的机器和不同的操作系统之间进行自由通信,就是由一系列规范协议来保障的,而这一系列协议可由 TCP/IP 体系结构来定义。

10.2.1 OSI 网络模型

OSI(Open System Interconnection,开放系统互连参考模型)是为实现开放系统互连所建立的通信功能分层模型,该参考模型是基于 ISO(International Standards Organizations,国际标准化组织)的建议发展起来的。OSI 网络模型的目的是为不同的计算机互连提供一个共同的基础和标准框架,并为保持相关标准的一致性和兼容性提供共同的参考。但是此网络模型在实际的应用过程中却过于烦琐和复杂,因而未能得到广泛应用。不过,目前大多数的网络通信协议都是以此模型为基础建立起来的,并且这种分层的思想在很多领域中都得到了广泛应用。因而,学习 OSI 模型对于理解网络协议内部的架构是很有帮助的。

1. OSI 网络分层参考模型简介

OSI 协议参考模型将网络通信的工作从上到下共分为 7 层。1~4 层被认为是低层,这些层与数据移动密切相关;5~7 层是高层,包含应用程序级的数据。各层之间的规则是相互独立的,每一层负责一项具体的工作,并向上一层提供服务,但是不同主机相同层次之间是对等的,如图 10-1 所示。OSI 协议参考模型由高到低具体分为应用层、表示层、会话层、传输层、网络层、数据链路层及物理层,各层功能如下:

(1) 物理层。物理层包含物理联网媒介,实际上就是线缆、光纤、网卡和其他用来把两台网络通信设备连接在一起的设施,它规定了激活、维持、关闭通信端点之间的机械特性、电气特性、功能特性以及过程特性,能够设定数据传输速率并检测数据出错率,为上层协议提供了一个传输数据的物理媒体。本层数据的单位为比特(b),仅处理原始的位流或电气电压。

(2) 数据链路层。数据链路层的主要作用是控制网络层和物理层之间的通信。它把从网络层接收到的数据转换成特定的可被链路层传输的帧,保证了数据在不可靠的物理介质上可靠地传输。这一层的主要作用包括物理地址寻址、数据的成帧、流量控制、数据的检错、重发等。本层数据的单位为帧(frame),每帧包括一定数量的数据和必要的控制信息。

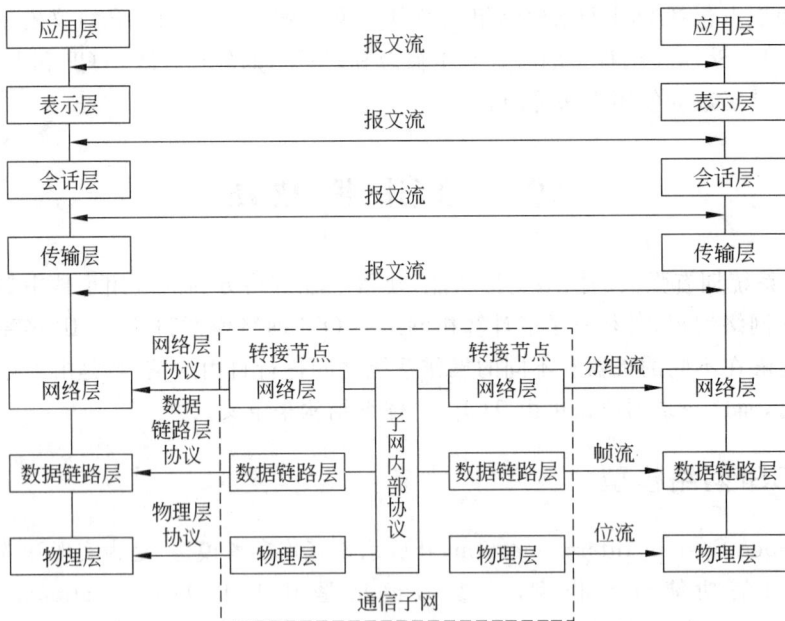

图 10-1 OSI 参考模型

(3) 网络层。网络层负责对子网间的数据包进行路由选择,它通过综合考虑网络拥塞程度、质量服务及可选路由的花费来决定一个网络中两个节点的最佳路径,同时,它还可以实现拥塞控制、网际互联等功能。本层数据的单位为数据包(packet),包中封装有包含发送方和接收方的网络地址的网络层包头。

(4) 传输层。传输层是两台计算机经过网络进行数据传输时第一个端到端的层次。本层负责将上层数据分段并提供端到端的、可靠的或不可靠的传输,到达接收端后再进行重组。此外,本层还要处理端到端的差错控制和流量控制问题。

（5）会话层。会话层管理主机之间的会话进程，即负责建立、管理、终止进程之间的会话。它还决定通信是否中断，以及在通信中断时决定从哪里重发。本层还利用在数据中插入校验点来实现数据的同步。

（6）表示层。表示层对上层数据或信息进行变换以保证一个主机应用层信息可以被另一个主机的应用程序理解。表示层的数据转换包括数据的加密、压缩和解释等。

（7）应用层。应用层为操作系统或网络应用程序提供访问网络服务的接口，包括文件传输、文件管理及电子邮件等信息的处理。

OSI 模型的各层之间任务明确，每一层或者只接收下层提供的服务，或者向上层提供服务。

2. OSI 模型的数据传输

主机 A 中的网络数据经过 OSI 七层网络协议发送到主机 B 的过程可以看作是数据流从封装到解封的过程，如图 10-2 所示。

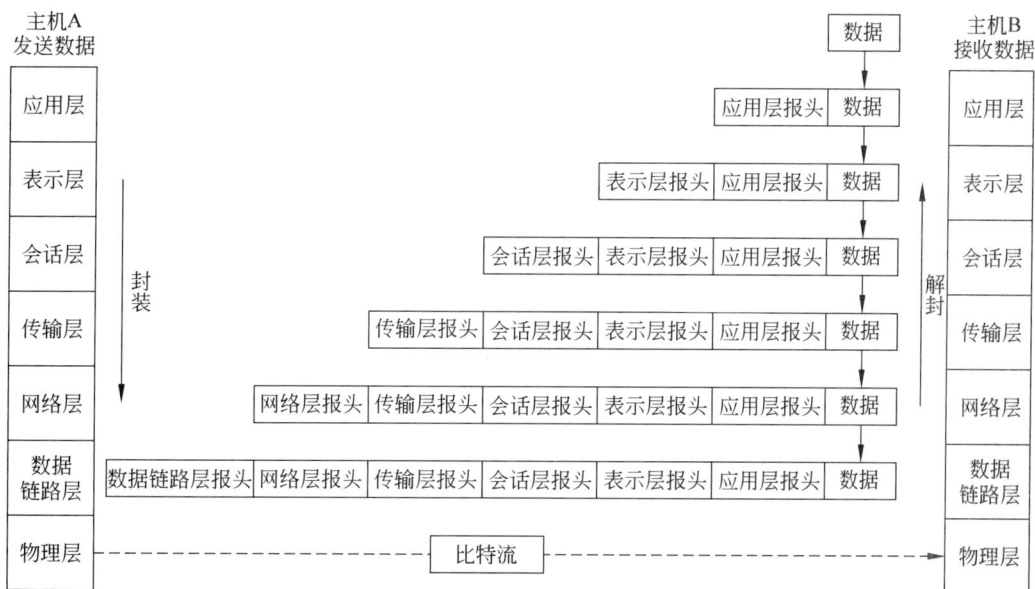

图 10-2　OSI 模型中数据的传输过程

1）OSI 模型中数据的封装过程

当主机 A 的应用程序发送网络数据时，应用程序调用应用层的接口函数进入网络协议的应用层。

（1）应用层。当主机 A 的数据传送到应用层时，应用层为数据加上应用层报头，组成应用层的协议数据单元，再传送到表示层。

（2）表示层。表示层接收到应用层数据单元后，加上表示层报头组成表示层协议数据单元，再传送到会话层。表示层按照协议要求对数据进行格式变换和加密处理。

（3）会话层。会话层接收到表示层数据单元后，加上会话层报头组成会话层协议数据单元，再传送到传输层。会话层报头用来协调通信主机进程之间的通信。

（4）传输层。传输层接收到会话层数据单元后，加上传输层报头组成传输层协议数据单元，再传送到网络层。

（5）网络层。网络层接收到传输层报文后，由于网络层协议数据单元的长度有限制，需要将长报文分成多个较短的报文段，加上网络层报头组成网络层协议数据单元，再传送到数据链路层。

（6）数据链路层。数据链路层接收到网络层分组后，按照数据链路层协议规定的帧格式封装成帧，再传送到物理层。

（7）物理层。物理层接收到数据链路层帧之后，将组成帧的比特流通过传输介质传送给下一个主机的物理层。

2）OSI 模型中数据的解封过程

此过程与数据的封装过程正好相反。当比特序列到达主机 B 时，再从物理层依层上传，每层处理自己的协议数据单元报头，按协议规定的语意、语法和时序解释并执行报头信息，去掉相应报头，再将用户数据上交高层，最终将主机 A 的数据准确传送给主机 B。

10.2.2　TCP/IP 概述

鉴于 OSI 模型过于庞大和复杂、实现困难等原因，在实际应用中，往往使用 TCP/IP（Transmission Control Protocol/Internet Protocol，传输控制/网际协议）协议栈来管理网络数据传输。TCP/IP 实际上是用于计算机通信的一组功能各异的协议，包括 TCP、IP、UDP、ICMP、RIP、Telnet、FTP、SMTP、ARP、TFTP 等许多协议。

1. TCP/IP 协议分层模型

TCP/IP 协议定义了网络设备如何连入因特网，以及数据如何在它们之间传输的标准。该协议模型为了使协议更便于实现和使用，遵循简单明确的设计思路：将 OSI 的七层协议模型简化为包含了应用层、传输层、网络层和网络接口层的 4 层协议模型，两种协议模型的对应关系如图 10-3 所示。

（1）应用层。TCP/IP 协议模型中的应用层与 OSI 模型中的应用层、表示层和会话层这 3 层对应，该层主要用于向用户提供电子邮件、文件传输访问、远程登录等一组常用的应用程序，其位于 TCP/IP 协议栈的最顶层。该层包含 FTP、Telnet、HTTP、TFTP、SNMP、DNS、NFS 及 SAMBA 等协议。

（2）传输层。TCP/IP 协议模型中的传输层与 OSI 模型中的传输层对应，完成端到端的通信任务。传输层确保数据无差错地按序到达，对信息流进行管理，并提供可靠的传输服务。该层包含 TCP（Transmission Control Protocol）和 UDP（User Datagram Protocol）两种通信服务协议。

（3）网络层。网络层与 OSI 模型中的网络层对应，该层既可以用于处理某个来自传输层，具有目的地址信息的分组发送请求，也可以处理接收到的数据。

① 处理信息的分组发送请求。网络层接收到请求后，首先将分组封装到 IP 数据报中，然后填充数据报的头部，接下来使用路由算法来决定是把数据报直接发送到目标机还是发送给路由器，最后将数据报交给网络接口层中对应的网络接口模块。

OSI七层网络参考模型　　　　　　　　　TCP/TP四层网络参考模型

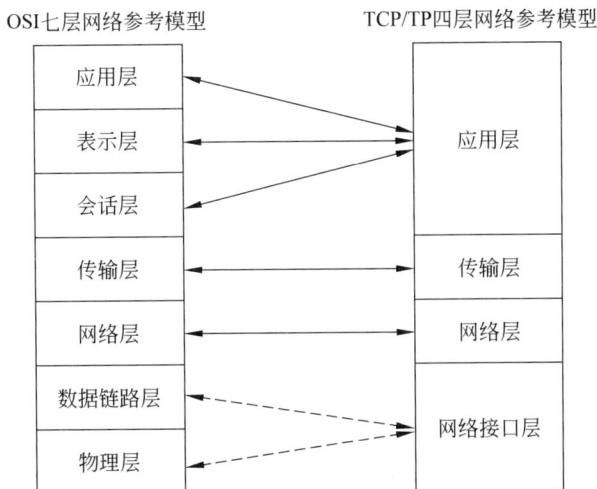

图 10-3　OSI 模型与 TCP/IP 模型对照图

② 处理接收到的数据。网络层接收到数据报后,先校验其正确性,然后使用路由算法来确定对数据是进行本地处理还是继续传递。

网络层包含 IP、ICMP、ARP、RARP 协议。

(4) 网络接口层。网络接口层是 TCP/IP 协议的最底层,负责接收 IP 数据报并通过网络发送,或者从网络上接收物理帧,抽出其 IP 数据报,并交给 IP 层。实际上 TCP/IP 协议并没有严格对此层进行定义,其具体实现随着网络类型的不同而不尽相同。该层包含 Telnet、FTP、HTTP 和 ATM 等协议。

2. 网络接口层协议

TCP/IP 协议的网络接口层的主要作用是为网络层协议提供发送和接收网络数据报文的服务,实现跨网和跨设备的通信。在以太网应用中,该层网络帧的封装格式如图 10-4 所示。该类型的帧最小长度为 64 字节(6＋6＋2＋46＋4),最大长度为 1518 字节(6＋6＋2＋1500＋4)。

目的地址(6字节)	源地址(6字节)	类型(2字节)	数据(46~1500字节)	CRC(4字节)

图 10-4　以太网帧格式

(1) 目的地址和源地址。以太网帧格式中,分别用 6 字节字段来表示网络数据发送的目的地址和源地址,这两个地址是用于标识网络设备 MAC 地址的硬件地址,并非通常所用的 IP 地址。

(2) 类型。该字段用 2 字节标识以太网帧内所含上层协议的类型,如 0800 表示此帧为 IP 数据报,0806 表示此帧为 ARP 请求,8035 表示此帧为 RARP 请求。

(3) 数据。对于以太网报文,数据字段携带数据最少要满足 46 字节大小,数据达不到最小要求的要用空字符填满,最大可携带 1500 字节,被称为 MTU(Maximum Transmission Unit,最大传输单元)。如果网络层中的数据长度大于 MTU 值,该数据在网络层中传播时要进行分片,使得每片都小于 MTU。

(4) CRC。该字段用 4 字节对帧内数据进行校验,保证数据传输的正确性和完整性,通常由硬件实现。

3. 网际协议(IP)

IP(Internet Protocol,网际协议)处于 TCP/IP 协议族中的网络层,是为计算机网络相互连接进行通信而设计的协议。传输层协议 TCP 和 UDP 协议都是由 IP 提供数据传输的通道。

IP 协议提供的是一种无连接的(每个数据包的传输是独立的,发送过程中没有固定的连接)、不可靠的(不保证数据包的可靠到达)数据包传输服务。IP 数据报通过网络进行传输时,有可能因为网络或链路等故障问题而造成出错或丢失,然而,IP 协议的错误报告功能非常有限,只能通过调用 ICMP 协议来实现差错报告,对数据报内容的差错检测和恢复则由 TCP 协议去完成。

总结起来,IP 协议具有如下 4 种主要功能:

* 数据传输:将数据从网络中的一台主机传输到另一台主机上。
* 寻址:根据子网划分和 IP 地址的不同,找到目的主机地址。
* 路由:根据路由选择协议提供的路由信息对 IP 数据报进行转发,直到达到目的主机。
* 数据报文分段与重组:当传输数据长度大于 MTU 时,将数据进行分段发送和接收,数据到达目的主机后被重组,恢复成原来的 IP 数据报。

IP 数据报的格式如图 10-5 所示,不含 IP 选项字段的 IP 头部长为 20 个字节。

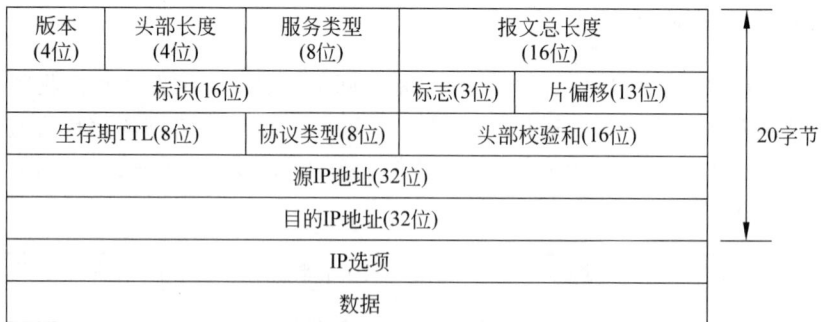

图 10-5　IP 数据报格式

下面对 IP 数据报的报头各字段的内容进行介绍。

(1)版本。IP 协议的版本号的长度为 4 位,用于设置网络所实现的 IP 版本。目前 IP 版本有两种,分别是 IPv4 和 IPv6,如果主机使用的是 IPv4 协议,则此字段的值为 4;若用的是 IPv6 协议,该字段的值为 6。但是目前部署最广泛的 IP 协议还是 IPv4。

(2)头部长度。头部长度是指 IP 数据报去掉数据后的整个头部的长度,是以 32 位为单元计算的。不包含 IP 选项的 IP 报头的基本长度是 20 字节,所以该字段的最小值为 5;若报头含有 IP 选项,则 IP 报头的最大长度为 60 字节,因而该字段的最大值为 15。

（3）服务类型。服务类型(TOS)用 8 位标识数据报在网络传输中的处理类型。这 8 位分为 3 段：①3 位的优先等级位，共为 8 个级别，数值越高则等级越高，级别高的先被处理，而因为某些原因不得不丢弃数据报时，低级别的将首先被丢弃；②4 位的服务类型参数，每一位代表不同的标准：第四位代表最小时延(D)，第三位代表最大吞吐量(T)，第二位代表最高可靠性(R)，第一位代表最小代价(C)；③1 位的保留位（必须置 0）。

（4）报文总长度。该字段是 IP 数据报的总长度，包括报头和数据，以字节为单位。利用头部长度字段和报文总长度字段，就可以知道 IP 数据报中数据内容的起始位置和长度。由于该字段长度为 16b，所以 IP 数据报最长可达 65 535B（大多数链路层都会对这个长度的数据进行分片）。当数据报被分片时，该字段的值也随之变化。

（5）标识。该字段唯一地标识主机发送的每份数据报。通常每发送一份报文，该字段的值就加 1。用于将分割后的小数据包重组成原始数据报。

（6）标志。该字段是分割控制标志，用于标记该报文是否为分片。最高位是预留位（必须为 0）；第二位是不分割标志位，0 表示可分割，1 表示不可分割；第三位是更多分割标志位，0 表示此数据报是最后一个，1 表示后面还有数据报。

（7）片偏移。指分割后的数据报在原始数据报中相对于用户数据字段的偏移量，以 8 个字节为单位计算。第一个数据报的偏移是 0，未分割的数据报也为 0。

（8）生存时间。生存时间(Time-To-Live,TTL)字段设置了数据报可以经过的路由器的最多数目，它指定了数据报的生存时间，用 8 位进行标识。TTL 的初始值由源主机设置，通常设置为传输过程中可能经过的路由器数目的两倍。数据报每经过一个路由器，TTL 的值就减去 1。当该字段的值为 0 时，数据报就被丢弃，并发送 ICMP 报文通知源主机，这样避免了资源的浪费。

（9）协议类型。该字段的长度为 8 位，表示 IP 协议的上一层所使用的协议，可能的协议类型是 ICMP、IGMP、TCP、UDP 等。协议类型数值的含义如表 10-1 所列。

表 10-1　协议类型含义

值	协议类型	值	协议类型
0	保留	14	Telnet
1	ICMP	17	UDP
2	IGMP	89	OSPF
6	TCP		

（10）头部校验和。头部校验和是一个 16 位长度的数值，用于检验 IP 报文头部在传输过程中的错误检查。当数据报在网络中传输时，每经过一个路由器，IP 数据报报头的某些字段就会发生变化，所以网络中的每个节点都必须进行数据报的检查和校验，保证 IP 帧的完整性。发送端发送数据的时候要计算 CRC16 校验值，接收端会计算 IP 的校验值与此字段进行匹配，如果不匹配则表示此帧发生错误，将此报文丢弃。

（11）源 IP 地址。该字段长度为 32 位，表示发送数据报的主机的 IP 地址。在发送 IP 数据报从源主机到目的主机的过程中，源地址字段的内容必须保持不变，即使 IP 数据报在传输过程中被分割也是如此。

（12）目的 IP 地址。该字段长度为 32 位，表示接收数据报的目的主机的 IP 地址。在发送 IP 数据报从源主机到目的主机的过程中，目的地址字段的内容必须保持不变，即使 IP 数据报在传输过程中被分割也是如此。

（13）IP 选项。选项不是必需的，但是在网络的测试、纠错及数据传输的安全防护方面却起着重要的作用。目前主要使用的选项有 EOL、NOP、RR、SSRR、LSRR 和 Timestamp，前两种是 1 字节选项，后 4 种是多字节选项。

4. 传输控制协议（TCP）

TCP（Transmission Control Protocol，传输控制协议）是一种端到端的字节流通信协议，它建立在不可靠的网络层 IP 协议之上，在 IP 协议的基础上，增加了确认重发、超时重传、流量控制等机制，实现了一种面向连接的、可靠的传输。图 10-6 显示了 TCP 报文段在 IP 数据报中的位置。TCP 协议也可以很好地处理网络中的各种出错情况。

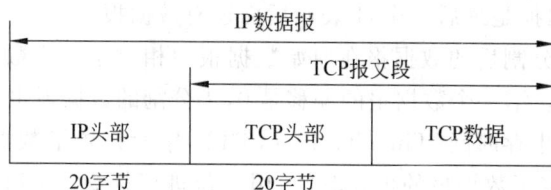

图 10-6 TCP 报文段在 IP 数据报中的位置

1）TCP 协议提供的服务

（1）TCP 协议提供一条面向连接的通道。

客户机和服务器进行通信之前必须建立 TCP 连接，所有 TCP 报文传输都在此连接的基础上进行。通信结束后，必须将此连接断开。

（2）TCP 协议提供可靠的传输服务。

采用确认和超时重发机制保证通信的可靠性。TCP 协议要求接收方对每个接收到的数据段返回确认，如果发送者在指定时间内没有收到接收方的确认数据段，数据段将会被重发。如果在指定的重发次数内都没有收到确认数据段，TCP 协议将放弃继续发送，而向高层应用程序报告错误。

（3）TCP 协议保证字节的顺序。

TCP 协议进行数据传输时将数据视为无结构的字节流，数据之间没有界限。为了保证字节流的顺序，TCP 协议为发送的每个字节数据分配一个序列号。

（4）TCP 协议提供流量控制。

接收方的 TCP 协议设置一个滑动的接收窗口，窗口的大小反映了对接收数据的容量，接收方会在向发送方返回的确认数据段中通知对方这个窗口的容量，发送方根据这个窗口的容量发送数据。TCP 协议在接收过程中会动态调整窗口容量，每当将接收到的数据放到缓冲区内，窗口容量就会缩小，以反映可用缓冲区的减小；当高层应用程序将数据从缓冲区读走后，窗口容量将会被扩大，以反映可用缓冲区的增大。

2）TCP 报文格式

两台计算机上的 TCP 软件之间传输的数据单元称为报文段，TCP 通过报文段的交互来建立连接、传输数据、发出确认、通知窗口大小及关闭连接。TCP 报文包含 TCP 头部和 TCP 数据两个部分，头部的前 20 个字节的格式是固定不变的，后面部分中选项和数据都是可选的，不带任何数据的报文可用于确认和控制。TCP 报文数据格式如图 10-7 所示。

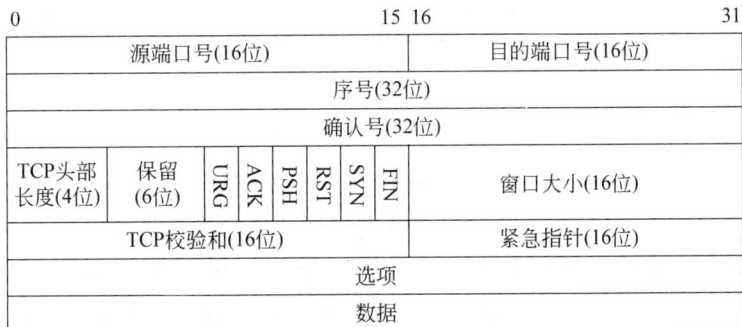

0	15 16	31
源端口号(16位)	目的端口号(16位)	
序号(32位)		
确认号(32位)		
TCP头部长度(4位) | 保留(6位) | URG | ACK | PSH | RST | SYN | FIN	窗口大小(16位)	
TCP校验和(16位)	紧急指针(16位)	
选项		
数据		

图 10-7　TCP 报文数据格式

（1）源端口号和目的端口号。每个 TCP 段都包含 16 位的源端口号和 16 位的目的端口号，用于标识源主机和目的主机的一个应用进程。这两个值加上 IP 头部中的源端 IP 地址和目的端 IP 地址能够唯一确定一个 TCP 连接。

（2）序号。32 位的序号用来标识从 TCP 源端向 TCP 目的端发送的数据字节流，它表示在这个报文段中的第一个数据流字节的顺序号。如果将字节流看作在两个应用程序间的单向流动，则 TCP 用序号对每个字节进行计数。序号是 32 位的无符号数，序号到达 $2^{32}-1$ 后又从 0 开始。

（3）确认号。发送方对发送的首字节进行编号，当接收方成功接收后，发送回接收成功的序号加 1 作为确认号，发送方再次发送的时候从确认号开始。

（4）头部长度。该字段标识头部中有多少个 32 位的字，从而可以知道数据开始的位置。需要这个值是因为 TCP 报文段中可选字段的长度是可变的。头部长度字段占 4 位，因此 TCP 最多有 60 字节的头部。在没有可选字段的情况下，通常的长度是 20 字节。

（5）保留位。保留的 6 位目前没有使用，留给将来使用。这 6 位必须设置为 0。

（6）控制位。在 TCP 头部中有 6 个标志控制位，可以同时对多个位进行设置，各个位所代表的含义如表 10-2 所示。

（7）窗口大小。该字段表示通知发送者可接收的数据量大小，以字节为单位。

（8）TCP 校验和。TCP 协议对整个报文段提供校验，包括 TCP 头部和 TCP 数据。这是一个强制性的字段，一定是由发送端计算及存储，并由接收端进行验证。

（9）紧急指针。如果控制位的 URG 标志置 1，则紧急指针就是紧急数据相对于这个报文段开始序号的偏移量。由于历史原因，紧急指针指向紧急数据的下一个字节位置。

表 10-2　TCP 控制位含义

字段	含　义
URG	设置紧急指针字段是否有效。1 表示紧急指针有效,0 表示忽略紧急指针值
ACK	设置确认号字段是否有效。1 表示确认号有效,0 表示报文段中不包含确认信息,忽略确认号字段
PSH	该位为 1,指示接收端尽可能快地将报文段转交给应用层处理,而无须等待缓冲区装满。在处理 Telnet 和 rlogin 等交互模式的连接时,该标志总是置位的
RST	表示请求重置连接
SYN	请求建立连接
FIN	请求关闭连接

(10) 选项。该字段标识 TCP 可以提供的其他功能。最常见的选项如下:

① 将其设置为最长报文段大小(Maximum Segment Size,MSS),TCP 连接通常在第一个通信报文段中指定这个选项,它标识当前主机所能接收的最大报文段长度。

② 将其设置为窗口大小比例,当此选项值设为 N 时,窗口的大小将扩大 2^N 倍。

3) 建立 TCP 连接

在客户机与服务器间通过 TCP 协议进行通信,需要通过 3 个报文段完成可靠的 TCP 连接的建立,这个过程称为三次握手(three-way handshake),这样做的主要原因是 TCP 协议使用 IP 协议传输报文段,而 IP 协议的传输具有不可靠性。三次握手的过程如图 10-8 所示。

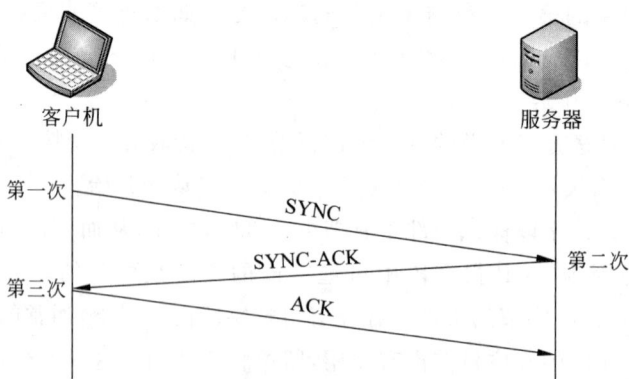

图 10-8　TCP 建立连接的三次握手过程

为了建立一条 TCP 连接,需进行的三次握手过程如下:

第一次握手,客户机向服务器发送连接请求,其中包含 SYN 段(SYN 为 1)信息,通知服务器想要连接的主机端口以及初始序号(ISN)。

第二次握手,服务器应答客户机,向客户机发送建立连接请求,并发送包含服务器的初始序号的 SYN 报文段(SYN 为 1)。同时,将确认号设置为客户机发送的 ISN 加 1,以对客户机的 SYN 报文进行确认(ACK 为 1)。

第三次握手,客户机将服务器发送的 ISN 段加 1 作为确认号的报文段返回给服务器作为应答(ACK 为 1),该报文段通知服务器双方已经连接完成。

三次握手可以完成两个重要的功能:

(1) 确保连接双方都做好传输的准备,并统一了双方的初始序号。

(2) 使得通信双方能协商好各自的数据流的顺序号。

4) 断开 TCP 连接

TCP 连接建立起来以后,就可以在客户机和服务器之间传输数据流。当 TCP 的应用进程再没有数据需要发送时,就需要发送命令来断开 TCP 连接,TCP 通过发送控制位 FIN=1 的数据片来关闭本端数据流,但此时还可以继续接收数据,直到对方也关闭数据流,才能完全关闭 TCP 连接。由于上述 TCP 半关闭的特性,使得完成 TCP 完全断开需要进行四次握手过程,如图 10-9 所示。

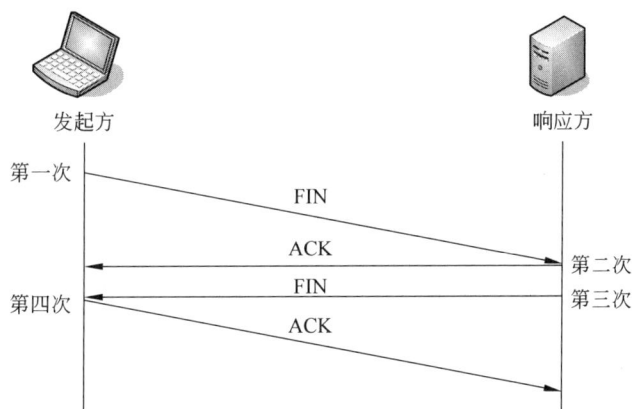

图 10-9　TCP 断开连接的四次握手过程

第一次握手,断开连接发起方发送 FIN 字段到服务器,发送断开连接的请求。

第二次握手,响应方先确认发起方的 FIN 请求,然后发送 ACK 字段到发起方,确认序号为发起方序号加 1。

第三次握手,响应方向发起方发送 FIN 请求。

第四次握手,发起方对响应方的 FIN 请求确认后断开 TCP 连接。

5) TCP 传输中数据的封装和解封

在 10.2.1 节中已经介绍了 OSI 七层网络模型数据从封装到解封的传输的过程。TCP/IP 协议中的数据传输过程与 OSI 七层模型类似,也经历了数据在发送端层层加封,在接收端层层解封的过程,只不过 TCP/IP 协议仅有 4 层网络模型,实现起来较为简单方便。TCP 通信的数据传输过程如图 10-10 所示。

(1) 数据的封装。

数据从应用程序传输到网络接口层的过程是一个将数据进行封装的过程。

① 在应用层,主机 A 的应用程序使用 TCP 协议提供的接口将数据传送到传输层。

② 传输层接收到应用层数据单元后,加上 TCP 头部组成传输层协议数据单元,并传送到网络层。

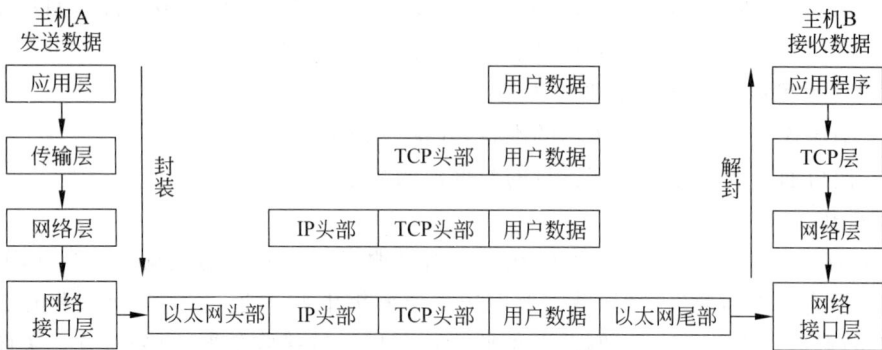

图 10-10　TCP 通信数据传输过程

③ 网络层接收到传输层数据单元后,加上 IP 数据报头部组成网络层协议数据单元,并传送到网络接口层。

④ 网络接口层接收到网络层数据单元后,加上以太网头部和尾部,然后将封装完毕的数据发送到以太网中进行传输,最终根据目的主机的地址将数据送达主机 B。

(2) 数据的解封。

以太网数据包从网络接口层传送到应用程序处的过程是一个将数据解封的过程。

① 在主机 B 上,网络接口层从以太网中接收以太网数据包,首先将此数据包头部和后部去除,其次进行 CRC 校验,最后将去掉首尾的数据包发送到网络层。

② 网络层接收到网络接口层数据单元后,去掉 IP 头部并发送至传输层。

③ 传输层接收到网络层数据单元后,去掉 TCP 头部并发送至应用层。

④ 应用层通过应用程序接收传输层传来的数据,此数据即为要得到的有效数据。

5. 用户数据报协议(UDP)

UDP(User Datagram Protocol,用户数据报协议)也是 TCP/IP 传输层的协议,提供无连接的、不可靠的信息传送服务。UDP 协议既不对传输的数据包进行排序,也不会在接收到数据后向发送方提供确认信息,即使出现丢包或者重包的情况,也不向发送方提供反馈信息。因此,任何与 UDP 协议配合作为传输层的应用程序必须自己构建发送数据的顺序和确认机制,以保证发送数据能够正确到达,且顺序与数据发送时的顺序是一致的。

由于 UDP 协议在各种安全保障功能方面省去了大量的系统开销,使得它具有 TCP 协议所望尘莫及的速度优势,极大地降低了执行时间。UDP 协议通常应用在资源消耗小、处理速度要求快的场合,如音频和视频等数据的传输。

UDP 数据报在 IP 数据报中的位置如图 10-11 所示,UDP 数据报由 UDP 头部和 UDP 数据组成,而 UDP 数据报加上 IP 报头就封装成了一份 IP 数据报。

1) UDP 报文的数据格式

UDP 报文的数据格式如图 10-12 所示。

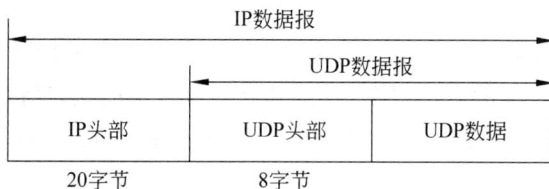

图 10-11　UDP 数据在 IP 报文中的位置

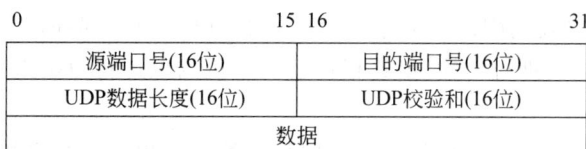

图 10-12　UDP 报文数据格式

（1）源端口号和目的端口号。这两个端口号都是 16 位的字段，指出发送方和接收方的 UDP 端口。

（2）UDP 数据长度。该字段指的是 UDP 头部和 UDP 数据的字节长度之和。由于 UDP 允许发送数据长度为 0 字节的数据报，因而该字段的最小值为 8 字节。UDP 的数据长度与 IP 协议的长度相关联，为 IP 数据报全长减去 IP 头部的长度。

（3）UDP 校验和。UDP 校验和覆盖 UDP 头部和 UDP 数据。UDP 校验和字段是可选的，如不进行校验，该字段每位都设置为 0，然而 TCP 的校验和是必选的。UDP 校验和是一个端到端的校验和。它由发送端计算，然后由接收端验证。其目的是为了发现 UDP 首部和数据在发送端到接收端之间发生的任何改动。

2）UDP 传输中数据的封装和解封

应用程序使用 UDP 协议提供的接口对数据进行传输。在发送端，数据从应用层到网络接口层，每经过一层都要增加一个头部，相当于对传输数据进行封装的过程；在接收端，数据从网络接口层到应用层，每经过一层都要去掉该层协议的报头，相当于对传输数据进行解封的过程。UDP 协议的数据传输过程如图 10-13 所示。

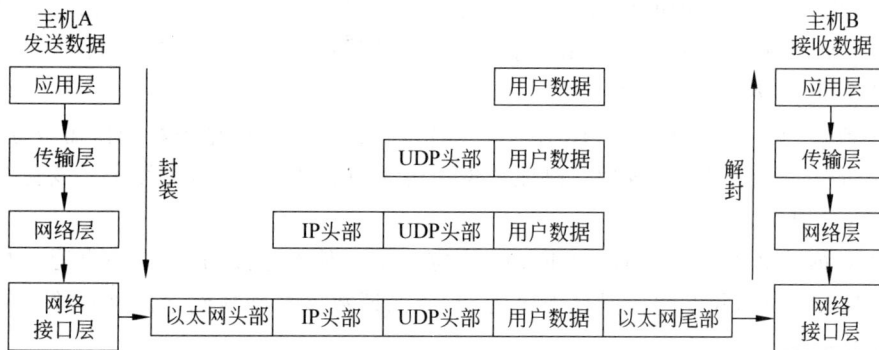

图 10-13　UDP 通信数据传输中的封装和解封

（1）数据的封装。

数据从应用程序传输到网络接口层的过程是一个对数据进行封装的过程。

① 在应用层,主机 A 的应用程序使用 UDP 协议提供的接口将数据传送到传输层。

② 传输层接收到应用层数据单元后,加上 UDP 头部组成传输层协议数据单元,并传送到网络层。

③ 网络层接收到传输层数据单元后,加上 IP 数据报头部组成网络层协议数据单元,并传送到网络接口层。

④ 网络接口层接收到网络层数据单元后,加上以太网头部和尾部,然后将封装完毕的数据发送到以太网中进行传输,最终根据目的主机的地址将数据送达主机 B。

（2）数据的解封。

以太网数据包从网络接口层传送到应用程序处的过程是一个将数据解封的过程。

① 在主机 B 上,网络接口层从以太网中接收以太网数据包,首先将此数据包头部和尾部去除,其次进行 CRC 校验,最后将去掉首尾的数据包发送到网络层。

② 网络层接收到网络接口层数据单元后,去掉 IP 头部并发送至传输层。

③ 传输层接收到网络层数据单元后,去掉 UDP 头部并发送至应用层。

④ 应用层通过应用程序接收传输层传来的数据,此数据即为要得到的有效数据。

10.3　Linux 网络编程概述

10.3.1　套接字基础

1. 套接字概述

通常所说的 socket(套接字)是一种特殊的 I/O,它也是一种文件描述符。在 Linux 网络编程中,就是通过 socket 来实现对低层的网络协议 TCP 和 UDP 的访问。套接字是一个由 Linux 操作系统内核进行管理的、复杂的软件概念,通过其预定义的数据结构为网络应用程序提供了网络编程接口(API),简化了编程人员的工作。事实上,套接字在网络编程中实现了两个方面的功能:一方面与应用程序的进程交互,另一方面与网络协议栈相连,因而,套接字实际上是应用程序与网络协议栈进行交互的一个接口。

常见的套接字有 3 种类型:

（1）流式套接字(SOCK_STREAM)。提供面向连接的、可靠的数据传输服务,数据以字节流的方式有序地进行收发,保证数据在传输过程中无丢失,无冗余。该套接字使用的是 TCP 协议。

（2）数据报套接字(SOCK_DGRAM)。定义了一种无连接的服务,数据通过相互独立的报文进行传输,收发的数据是无序的,不能保证数据准确地到达。该套接字使用的是 UDP 协议。

（3）原始套接字(SOCK_RAW)。提供了使用 TCP 和 UDP 套接字不能实现的功能,如允许对底层协议 IP 或 ICMP 的数据包进行直接访问。同时,原始套接字在遇到操作系统处理不了的情况下,可以用来开发新的网络协议。

本章中涉及的是前两种套接字,在后续部分将对这两种套接字进行介绍。

2. 套接字地址结构

前面已经介绍过,Linux 系统的套接字是一个通用的网络编程接口,该接口支持多种网络协议,而不同的协议族用不同的套接字地址结构定义。为了使套接字函数调用的参数保持一致性,Linux 系统定义了 sockaddr 这种通用的套接字地址结构。实际中不同的协议族具有不同的套接字地址结构,占用内存大小也不一样,如 AF_INET 的地址为 struct socketaddr_in,固定长度为 16 字节;域套接字协议族 AF_UNIX 的地址为 struct socketaddr_un,长度为可变;IPv6 协议族 AF_INET6 的地址为 sockaddr_in6,固定长度为 28 字节。本章主要涉及的是 TCP 和 UDP 两种协议,即用到 AF_INET 套接字地址结构 sockaddr_in。下面就对 sockaddr 和 sockaddr_in 这两种套接字结构进行介绍。

1) 通用套接字地址结构 sockaddr

通用套接字地址结构的定义在系统头文件 linux/socket.h 中,其具体结构定义如下所示:

```
struct sockaddr
{
    unsigned short    sa_family;
    char              sa_data[4];
};
```

sa_family 是一个类型为 unsigned short 的结构体成员,用于标识不同的协议族 sa_family 成员常用的值有 AF_INET(IPv4 协议)、AF_INET6(IPv6 协议)、AF_LOCAL(UNIX 域协议)、AF_LINK(链路地址协议)及 AF_KEY(密钥套接字),一般来说,此值通常为 AF_INET。

sa_data[4]用于存储具体的协议地址,不同的协议族其地址格式也不尽相同。

sockaddr 主要作用是在不同协议族的地址指针传入套接字函数的时候,将指针类型强制转化为通用套接字地址的指针类型。

2) AF_INET 套接字地址结构 sockaddr_in

sockaddr_in 结构定义在系统文件 linux/in.h 中,其具体结构定义如下所示:

```
struct sockaddr_in{
    short int sin_family;              /*地址类型,AF_xxx*/
    unsigned short sin_port;           /*TCP 或 UDP 端口号*/
    struct in_addr sin_addr;           /*Internet 地址*/
    unsigned char sin_zero[8];         /*保持与 sockaddr 结构同样的大小*/
};
```

使用此地址结构时需要注意以下几点:

(1) 在编写程序的过程中,如果需要使用此结构,不要在程序中直接包含系统特有的头文件 linux/in. h,而是要包含与平台无关的头文件 netinet/in. h,在文件 netinet/in. h 中包含了文件 linux/in. h。同样也不要在文件中直接包含头文件 linux/socket. h,需用头文件 sys/socket. h 来替代。

（2）sin_family 用于代表协议族,其通常为 AF_INET。

（3）结构体成员 sin_port 和 sin_addr 都是以网络字节顺序存储的。

（4）结构体成员 sin_addr 用于存储 32 位的 IP 地址,它的类型是 in_addr 结构体,该结构的定义如下：

```
struct in_addr{
    unsigned long s_addr;
};
```

32 位的 IP 地址可以有两个不同的引用方法：一是直接引用结构体 sockaddr_in 的成员 sin_addr,此数据为结构类型的数据;二是先引用结构体 sockaddr_in 的成员 sin_addr,再由 sin_addr 引用其成员 s_addr,此数据为整数类型的数据。

（5）结构体成员 sin_zero[8]未被使用,通常设置为 0。一般编程时,在填充结构 sockaddr_in 的内容之前先将整个结构体清零。

（6）该套接字地址结构只供本机 TCP 协议记录套接字信息使用,网络传输时需将此结构强制转换为结构体 struct sockaddr 进行传输,实现方法如下：

① 定义一个 sockaddr_in 结构体实例 example_addr,并将其清零。操作如下：

```
struct sockaddr_in example_addr;
bzero(&example_addr,sizeof(example_addr));        /*将套接字地址清零*/
```

② 为 example_addr 成员赋值：

```
example_addr.sin_family=AF_INET;
example_addr.sin_port=htons(8080);
example_addr.sin_addr.s_addr=htonl(INADDR_ANY);
```

③ 在作为函数参数使用时,将此结构强制转换为列 struct sockaddr 类型：

```
(struct sockaddr *)&example_addr
```

10.3.2 网络字节顺序转换

计算机存储系统是以字节为单位的,系统中每个地址单元都对应 1 字节（8 位）。但在 C 语言中除了 char 类型是 1 字节之外,其他类型或是 2 字节,或是 4 字节,或是 8 字节,那么必然存在如何安排多个字节的问题。网络中存在多种类型的机器,不同类型的机器表示数据的字节顺序也不尽相同,但归结起来,数据在内存中有大端存储和小端存储两种模式。常用的基于 Intel 芯片的 PC 采用的是小端模式,还有一些 ARM、DSP 采用的也是小端模式;基于 RISC 芯片的工作站及 KEIL C51 采用的则为大端模式;还有一些

ARM 处理器可以由硬件来选择是大端模式还是小端模式。下面给出这两种模式的定义。

(1) 大端模式：数据的低字节保存在内存的高地址中，数据的高字节保存在内存的低地址中。

(2) 小端模式：数据的低字节保存在内存的低地址中，数据的高字节保存在内存的高地址中。

网络协议中的数据采用统一的网络字节顺序，可以保证在不同类型的机器之间正确地收发数据。Internet 是以大端模式的顺序在网络上传输数据，因此在网络应用中需要将不同字节顺序的数据先转换为大端模式的网络字节顺序后再进行传播，数据到主机后再转换成机器对应的主机字节顺序。对大端模式的主机系统上的数据进行网络传输时，不需要进行字节顺序的转换；而对于小端字模式主机系统，则需要进行字节顺序的转换。2 字节和 4 字节的小端模式字节顺序数据向大端模式字节顺序转换的过程如图 10-14 和图 10-15 所示。8 字节的小端模式字节顺序数据向大端模式字节顺序转换的过程类似，这里不再给出其转换过程图。

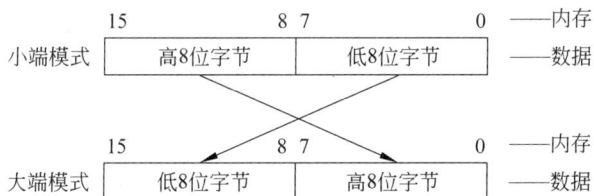

图 10-14　2 字节的字节顺序转换

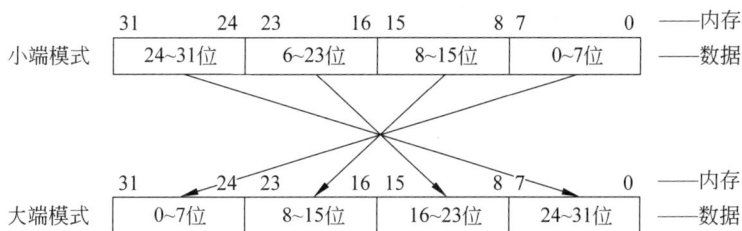

图 10-15　4 字节的字节顺序转换

Linux 系统在头文件 netinet/in.h 中定义了 htons、ntohs、htonl、ntohl 这 4 个函数，用于网络字节顺序与主机字节顺序之间的相互转换，这里的 h 代表 host(主机)，n 代表 network(网络)，s 代表 short(短整型)，l 代表 long(长整型)。这几个转换函数绝对不依赖于具体机器的表示方式。

unsigned short int htons(unsigned short int hostshort)：表示将 16 位 short 类型数据的主机字节顺序转换为网络字节顺序。

unsigned short int ntohs(unsigned short int netshort)：表示将 16 位 short 类型数据的网络字节顺序转换为主机字节顺序。

unsigned long int htonl(unsigned long int hostlong)：表示将 32 位 long 类型数据

的主机字节顺序转换为网络字节顺序。

unsigned long int ntohl(unsigned long int netlong)：表示将 32 位 1ong 类型数据的网络字节顺序转换为主机字节顺序。

在实际进行网络程序的设计过程中，无论目标系统的主机字节顺序是大端模式还是小端模式，均调用字节顺序转换函数将主机字节顺序转换为网络字节顺序。

10.3.3 多字节数据处理

Linux 网络编程中用到的套接字地址是多字节数据，与 C 语言不同之处是它不以空字符结尾。Linux 提供两组函数来对多字节数据进行处理：一组是与 BSD 系统兼容的，以 b(代表 byte)开头的函数；另一组是 ANSI C 所提供的，以 mem 开头的函数。

1. 与 BSD 系统兼容的函数

1）bzero 函数

bzero 函数将目标中指定数目的字节赋值为 0，此函数通常用于将套接字地址结构清零，函数原型如表 10-3 所示。

表 10-3　bzero 函数原型

头文件	♯include＜strings.h＞
原　型	void bzero(void ＊saddr,int n)；
参　数	saddr：指向目的内存区域
	n：目的内存区域中将被赋值的字节数
返回值	无

2）bcopy 函数

bcopy 函数实现字符串的复制功能，将源内存空间中指定数目的字节移动到目的内存区域。函数原型如表 10-4 所示。

表 10-4　bcopy 函数原型

头文件	♯include＜strings.h＞
原　型	void bcopy(const void ＊src,void ＊dest,int n)；
参　数	src：指向源内存区域
	n：从源内存空间中移动字节的数目
	dest：指向目的内存区域
返回值	无

3）bcmp 函数

bcmp 函数用于比较两个字符串是否相等，函数原型如表 10-5 所示。

表 10-5　bcmp 函数原型

头文件	＃include＜strings. h＞
原　型	int bcmp(const void ＊s1,void ＊s2,int n);
参　数	s1：指向内存区域
	s2：指向内存区域
	n：进行比较的字节数
返回值	结果相同返回 0,结果不同返回非 0

bcmp 函数将指针 s1 指定的内存区域与指针 s2 指定的内存区域的前 n 个字节进行比较,结果相同则返回值为 0,否则返回值为非 0。但是 bcmp 不检查 NULL。

2. ANSI C 函数

1) memset 函数

memset 函数用于内存空间的初始化,函数原型如表 10-6 所示。

表 10-6　memset 函数原型

头文件	＃include＜stringsw. h＞
原　型	void ＊memset(void ＊s,int c,size_t n);
参　数	s：指向内存区域
	c：指定的值
	n：字节数
返回值	无

memset 函数将指针 s 指向的内存区域的前 n 个字节的内容设置为参数 c 指定的值。

2) memcpy 函数

memcpy 函数实现字符串的复制工作,函数原型如表 10-7 所示。

表 10-7　memcpy 函数原型

头文件	＃include＜stringsw. h＞
原　型	void ＊memcpy(void ＊dest,const void ＊src,size_t n);
参　数	dest：指向目的内存区域
	src：指定源内存区域
	n：复制的字节数
返回值	无

memcpy 函数的功能和 bcopy 函数类似,差别是 bcopy 可以处理指针 src 和 dest 位置相重叠的情况,而 memcpy 函数不能够确保 src 所在重叠区域在复制之前不被覆盖。

需要注意的是 bcopy 和 memcpy 两个函数的参数 src 和 dest 位置是不一样的。

3) memcmp 函数

memcmp 函数实现两个字符串的比较,函数原型如表 10-8 所示。

表 10-8 memcmp 函数原型

头文件	#include<stringsw.h>
原　型	int * memcmp(const void * s1,const void * s2,size_t n);
参　数	s1:指向内存区域
	s2:指向内存区域
	n:比较的字节数
返回值	若 s1 与 s2 相同,返回 0;若 s1 大于 s2,返回大于 0 的值;若 s1 小于 s2,返回小于 0 的值

memcmp 函数与 bcmp 功能类似,将指针 s1 与 s2 指定的内存区域的前 n 个字节内容进行比较。

10.3.4 IP 地址格式转换

网络 IP 地址实际上是用 32 位二进制来表示的,为了记忆的方便,可以用点分十进制来表示 IP 地址(192.168.0.1),同时,网络 IP 地址在网络传输和计算机内部的存储方式也不同,需要用函数进行转换。下面分类介绍几个常用的转换函数。

1. 将字符串形式的 IP 地址转换成二进制形式的 IP 地址

1) inet_aton 函数

inet_aton 函数原型如表 10-9 所示。

表 10-9 inet_aton 函数原型

头文件	#include<arpa/inet.h>
原　型	int inet_aton(const char * strp,struct in_addr * addrp);
参　数	strp:指向点分十进制字符串形式的 IP 地址
	addrp:指向 32 位的网络字节顺序的二进制 IP 地址
返回值	转换成功返回 1,否则返回 0

inet_aton 函数将指针 strp 所指的点分十进制字符串形式的 IP 地址转换成 32 位的网络字节顺序的二进制 IP 地址,转换后的值保存在指针 addrp 指向的结构体 struct in_addr 中。

2) inet_addr 函数

inet_addr 函数原型如表 10-10 所示。

表 10-10　inet_addr 函数原型

头文件	#include＜arpa/inet.h＞
原　型	in_addr_t inet_addr(const char ＊ strp);
参　数	strp：指向点分十进制字符串形式的 IP 地址
返回值	转换后的 32 位的网络字节顺序的二进制 IP 地址

　　inet_addr 函数与 inet_aton 函数功能相同,只是该函数转换后的 32 位的网络字节顺序的二进制 IP 地址不再放到参数 strp 中,而是作为函数的结果进行返回。

　　如果该函数转换出错,返回值为−1 的常量 INADDR_NONE。如果该函数在调用中返回−1,在二进制中−1 表示为 0x1111111111111111,即 255.255.255.255 这个 IP 地址,此 IP 地址也要占用一个 32 位的二进制数,因而这个 IPv4 的广播地址 255.255.255.255 通过函数 inet_addr 转换时将导致失败,此时可以用函数 inet_aton 替代。

　　3) inet_pton 函数

　　inet_pton 函数原型如表 10-11 所示。

表 10-11　inet_pton 函数原型

头文件	#include＜arpa/inet.h＞
原　型	int inet_pton(int afamily,const char ＊ strp,void ＊ addrp);
参　数	afamily：表示网络类型的协议族
	strp：指向需要转换的字符串
	addrp：指向转换后的 32 位的网络字节顺序的二进制 IP 地址
返回值	1：执行成功 −1：表明不支持参数 afamily 所指定的协议族,此时 errno 的值为 EAFNOSUPPORT 0：表示 strp 所指向的值不是合法的 IP 地址

　　inet_pton 函数与 inet_aton 和 inet_addr 函数功能是相同的,只是此函数不仅能处理 IPv4 的地址,对于 IPv6 的地址也可以处理。

2. 将二进制形式的 IP 地址转换为字符串形式的 IP 地址

　　1) inet_ntoa 函数

　　inet_ntoa 函数原型如表 10-12 所示。

表 10-12　inet_ntoa 函数原型

头文件	#include＜arpa/inet.h＞
原　型	char ＊ inet_ntoa(struct in_addr inaddr);
参　数	inaddr：用于存放 32 位的网络字节顺序的二进制 IPv4 地址
返回值	一个指向点分十进制字符串的指针

值得注意的是,inet_ntoa 函数的返回值所占用的内存会因为调用 inet_ntoa 函数而被覆盖,因此该函数并不安全,可能存在某种隐患。

2) inet_ntop 函数

inet_ntop 函数原型如表 10-13 所示。

表 10-13　inet_ntop 函数原型

头文件	#include<arpa/inet.h>
原　型	const char * inet_ntop(int afamily,const void * addrp,char * strp,size_t len);
参　数	afamily：表示网络类型的协议族
	addrp：指向需要转换的二进制 IP 地址
	strp：指向保存转换结果的缓冲区
	len：代表转换目标缓冲区的大小(避免产生溢出错误)
返回值	调用成功则返回一个指向 strp 的指针。出错返回 NULL,参数 afamily 设定为不支持的协议族时,errno 为 EAFNOSUPPORT,当 len 设置的缓冲区过小时,errno 的值为 ENOSPC

10.3.5　端口

TCP 和 UDP 协议可以同时被多个进程使用,那么如何来区分不同的进程呢? 在网络编程中就是通过不同的端口号来区分各个进程的。端口号是 16 位的 short 类型的数据,其取值范围为 0~65 535,比如用于浏览网页服务的 HTTP 所使用的是 80 端口,Telnet 的端口一般是 23,用于 FTP 服务的是 21 端口,等等。在 Linux 系统的,/etc/services 中列出了系统提供的服务以及服务的端口号等信息。

另外,服务器通过 TCP 或 UDP 自动为客户分配临时端口,这些端口在主机中的位置是唯一确定的,因而服务器可以通过这些端口来标识与客户的连接。

端口号有多种分类标准,下面介绍两种常用的分类。

1. 按端口号分布划分

1) 知名端口

知名端口包括 0~1023 的端口,它们是由因特网号码分配机构分配和控制的,这些端口通常为保留端口,对于 UNIX/Linux 系统来说,只能分配给超级用户的套接字。通常这些端口是紧密绑定一些服务的,例如,21 端口分配给 FTP 服务,25 端口分配给 SMTP 服务,80 端口分配给 HTTP 服务,135 端口分配给 RPC 服务,等等。

2) 登记端口

登记端口包括 1024~49 151 的端口,它们不是由因特网号码分配机构控制的,但是由该机构登记并提供它们的情况清单。它们松散地绑定一些服务,也就是说有许多服务绑定于这些端口,这些端口同样用于许多其他目的,但是在分配这些端口时尽量分配给同一个特定的服务。

3）临时端口

49 152～65 535 端口归为临时端口。理论上,因特网号码分配机构没有对这些端口进行约束,不应为服务分配这些端口。

2. 按协议类型划分

端口号按协议类型可以分为 TCP、UDP、IP 和 ICMP 等端口。这里主要介绍 TCP 端口和 UDP 端口。

1）TCP 端口

TCP 端口,即传输控制协议端口,需要在客户端和服务器之间建立连接,这样可以提供可靠的数据传输。常见的包括 FTP 服务的 21 端口、Telnet 服务的 23 端口、SMTP 服务的 25 端口以及 HTTP 服务的 80 端口等。

2）UDP 端口

UDP 端口,即用户数据包协议端口,无须在客户端和服务器之间建立连接,安全性得不到保障。常见的有 DNS 服务的 53 端口、SNMP 服务的 161 端口、QQ 使用的 8000 和 4000 端口等。

端口号是操作系统用来标识应用程序的方法,端口号的值可以由用户自定义,也可以由系统分配,在有些情况下,也可以采用动态系统分配和静态用户自定义相结合的方法。

10.4　TCP socket 编程

通过对 TCP/IP 模型结构的介绍,我们知道 TCP 协议位于传输层,实现将数据从一个应用程序传输到另一个应用程序的功能,这个过程就是通过 TCP socket 编程来实现的,TCP socket 编程是目前网络开发中的主要编程方法之一。下面就 TCP socket 程序设计中用于实现通信的主要函数及程序开发流程进行介绍。

10.4.1　常用函数介绍

在 TCP socket 编程中,需要调用一些函数实现客户端与服务器端之间的通信,下面对几个常用函数进行介绍。

1. 创建套接字函数 socket

程序在使用套接字前,首先必须拥有一个套接字描述符,系统通过调用函数 socket 取得套接字描述符,socket 函数原型如表 10-14 所示。

表 10-14　socket 函数原型

头文件	#include<sys/types.h> #include<sys/socket.h>
原　型	int socket(int afamily,int type,int protocol);

续表

参　数	afamily：标识网络类型的协议族，通常设置为 AF_INET
	type：描述要建立套接字的类型，通常使用 TCP 协议通信时该参数设置为 SOCK_STREAM，使用 UDP 协议通信时该参数值设置为 SOCK_DGRAM
	protocol：说明该套接字使用哪种协议，通常设置为 0，表示该套接字使用的是默认连接模式，但是当套接字是原始套接字类型时，该参数就需要给出具体协议
返回值	函数执行成功返回大于 0 的整数值，该整数值为套接字描述符； 函数执行失败返回－1，并将全局变量 errno 错误值设置为相应的类型

创建一个流式套接字的常用代码如下所示：

```
int sockfd;                              /* 存放套接字描述符 */
sockfd=socket(AF_INET,SOCK_STREAM,0);    /* 初始化 AF_INET 协议族的流式套接字 */
if(sockfd=-1){                           /* 检查套接字描述符创建是否成功 */
perror("create socket error!");          /* 打印错误信息 */
exit(1);                                 /* 退出程序 */
}
```

2. 绑定一个网络端口函数 bind

当通过函数 socket 创建一个套接字后，为能够进行数据的接收和发送，需要将已经定义好的套接字绑定到本地端口和主机地址上。这个绑定过程可以通过函数 bind 实现，此过程是将名字赋予套接字，以指定本地半相关。其函数原型如表 10-15 所示。

表 10-15　bind 函数原型

头文件	#include<sys/types.h> #include<sys/socket.h>
原　型	int bind(int sockfd,struct sockaddr * seraddr,int addrlen);
参　数	sockfd：调用函数 socket 后的返回值，并且此前套接字描述符没有被连接过
	seraddr：用于保存本地套接字的端口号和 IP 地址信息，但是在进行绑定之前要先对 sockaddr 结构体中的成员进行赋值，事实上在编写程序时，先对 struct sockaddr_in 的成员进行赋值，然后再强制转换为 sockaddr 结构体类型
	addrlen：表明结构 sockaddr 的长度，通常使用 sizeof 求得，如 sizeof(struct sockaddr)
返回值	绑定成功返回 0；绑定失败返回－1，并将全局变量 errno 错误值设置为相应的类型

服务器和客户机都可以使用函数 bind 来绑定套接字地址，但一般服务器会调用该函数来绑定自己的公认端口号，函数 bind 实现绑定功能的常用代码如下所示：

```
#define MY_PORT 8080
int sockfd;                           /* 存放套接字描述符 */
struct sockaddr_in my_addr;           /* 存放以太网套接字地址结构 */
/* 初始化 AF_INET 协议族的流式套接字 */
```

```
sockfd=socket(AF_INET,SOCK_STREAM,0);
if(sockfd=-1)                          /*检查套接字描述符创建是否成功*/
{
    perror("create socket error!")     /*打印信息*/
    exit(1);                           /*退出程序*/
}
bzero(&my_addr,sizeof(my_addr));       /*将套接字地址清零*/
my_addr.sin_family=AF_INET;            /*设置地址结构使用的协议族*/
my_addr.sin_port=htons(MY_PORT);       /*设置地址结构的端口*/
my_addr.sin_addr.s_addr=htonl(INADDR_ANY);
/*判断绑定是否成功*/
if(bind(socdfd,(struct sockaddr *)&my_addr,sizeof(sockaddr))==-1)
{
    perror("bind failure!");           /*打印信息*/
    exit(1);                           /*退出程序*/
}
```

3. 监听网络端口函数 listen

套接字被绑定之后,需通过 listen 函数将服务器设置为等待连接状态,使得任何客户机都能连接到此前建立的服务器端口上。listen 函数用来初始化服务器可连接队列,对客户端的连接请求是按先后顺序进行处理的,并且同一时刻只能处理一个客户端的连接请求;当有多个客户端的连接请求同时到来时,服务器会将暂时不能被处理的客户端连接请求存放到等待队列中,队列中能存放的请求个数是由函数 listen 来决定的。listen 函数的原型如表 10-16 所示。

表 10-16　listen 函数原型

头文件	#include<sys/socket.h>
原　型	int listen(int sockfd,int backlog);
参　数	sockfd:调用函数 socket 后的返回值,并且此前套接字描述符没有被连接过
	backlog:连接等待队列中允许存放客户端连接请求的最大个数
返回值	执行成功返回 0;执行失败返回−1,并将全局变量 errno 错误值设置为相应的类型

listen 函数的功能可归结为以下两个方面:

(1) 通过函数 socket 创建的套接字是一个主动套接字,可以使用这样的套接字进行主动连接,却不能处理接收连接请求,但是服务器对套接字的要求是必须能够接收客户机的请求,这样就需要通过调用 listen 函数将一个主动套接字转换为被动套接字(监听套接字)。函数 listen 被执行之后,服务器的 TCP 状态由 CLOSED 状态转换成 LISTEN 状态。

(2) TCP 协议将到达的客户端连接请求进行排队,并在函数 listen 中指出队列的最大长度。

服务器要创建一个监听套接字,必须先调用 socket 函数创建一个主动套接字,然后调用 bind 函数将这个主动套接字与服务器套接字地址绑定在一起,最后通过调用 listen

函数将主动套接字转换为监听套接字。

使用 listen 函数实现监听的代码如下所示：

```
#define MY_PORT 8080
int sockfd;                                    /*存放套接字描述符*/
struct sockaddr_in my_addr;                    /*存放以太网套接字地址结构*/
/*初始化 AF_INET 协议族的流式套接字*/
sockfd=socket(AF_INET,SOCK_STREAM,0);
if(sockfd=-1)                                  /*检查套接字描述符创建是否成功*/
{
    perror("create socket error!")            /*打印信息*/
    exit(1);                                   /*退出程序*/
}
bzero(&my_addr,sizeof(my_addr));               /*将套接字地址清零*/
my_addr.sin_family=AF_INET;                    /*设置地址结构使用的协议族*/
my_addr.sin_port=htons(MY_PORT);               /*设置地址结构的端口*/
my_addr.sin_addr.s_addr=htonl(INADDR_ANY);
/*判断绑定是否成功*/
if(bind(socdfd,(struct sockaddr *)&my_addr,sizeof(sockaddr))==-1){
    perror("bind failure!");                   /*打印信息*/
    exit(1);                                   /*退出程序*/
}
if(listen(sockfd,5)==-1) {                     /*判断创建监听是否成功*/
    perror("listen failure!");                 /*打印信息*/
    exit(1);                                   /*退出程序*/
}
```

4. 接收网络请求函数 accept

accept 函数从监听套接字的完成连接队列中接收来自客户端的一个连接请求。其定义格式如表 10-17 所示。

表 10-17 accept 函数原型

头文件	#include<sys/types.h> #include<sys/socket.h>
原　型	int accept(int sockfd,struct sockaddr * addr,int * addrlen);
参　数	sockfd：调用函数 socket 后的返回值
	addr：保存发起连接请求的客户端主机的套接字地址,如果对客户机的地址不感兴趣,可以将其设置为 NULL
	addrlen：指向结构体 sockaddr 的大小,通常使用函数 sizeof 获得,如果对客户机长度不感兴趣,可以将其设置为 NULL
返回值	函数调用成功返回连接套接字描述符,服务器端与客户端之间进行数据的收发工作就是通过此套接字描述符实现的,而非 socket 函数定义的套接字描述符。 函数调用失败返回−1,并设置 errno 错误值为相应的值

现在服务器端就有两个套接字：一个是调用函数 accept 时使用的监听套接字，此套接字专门用来接收客户机的连接请求，完成 3 次握手操作，但是 TCP 协议不能使用此套接字描述符来标识一个连接；另一个是 TCP 协议专门用来标识一个要接收的连接而创建的套接字，此套接字是调用 accept 函数后产生的。服务器端与客户端之间的每一个发送和接收数据连接 TCP 协议都要创建一个新的连接套接字来标识这个连接，当服务器处理完一个客户机请求后，就会将对应的连接套接字关闭。

使用 accept 函数常用代码如下所示：

```
#define MY_PORT 8080
int sockfd;                                  /*存放套接字描述符*/
struct sockaddr_in my_addr;                  /*存放以太网套接字地址结构*/
sockfd=socket(AF_INET,SOCK_STREAM,0);        /*初始化 AF_INET 协议族的流式套接字*/
if(sockfd=-1){                               /*检查套接字描述符创建是否成功*/
    perror("create socket error!");          /*打印信息*/
    exit(1);                                 /*退出程序*/
}
else{
printf("create socket success!");
bzero(&my_addr,sizeof(my_addr));             /*将套接字地址清零*/
my_addr.sin_family=AF_INET;                  /*设置地址结构使用的协议族*/
my_addr.sin_port=htons(MY_PORT);             /*设置地址结构的端口*/
my_addr.sin_addr.s_addr=htonl(INADDR_ANY);
/*判断绑定是否成功*/
if(bind(socdfd,(struct sockaddr *)&my_addr,sizeof(sockaddr))==-1){
    perror("bind failure!");                 /*打印信息*/
    exit(1);                                 /*退出程序*/
}
else{
    printf("bind success!");
    if(listen(sockfd,5)==-1) {               /*判断创建监听是否成功*/
        perror("listen failure!");           /*打印信息*/
        exit(1);                             /*退出程序*/
    }
    else{
        printf("listen success!");
        if(accept(sockfd,NULL,NULL)==-1){
            perror("accept failure!"); /*打印信息*/
            exit(1);                         /*退出程序*/
        }
    }
}
}
```

5. 连接网络服务器函数 connect

connect 函数是客户端与服务器端建立连接的专用函数。connect 函数也可以建立无连接的套接字进程，但此时在进程之间没有实际的报文交换，只是程序员不必再为每一数据指定目的地址。connect 的函数原型定义如表 10-18 所示。

表 10-18　connect 函数原型

头文件	＃include＜sys/types. h＞ ＃include＜sys/socket. h＞
原　型	int connect(int sockfd,const struct sockaddr ＊ seraddr,int addrlen);
参　数	sockfd：调用函数 socket 后的返回值，并且此前套接字描述符没有被连接过
	seraddr：指向通信另一方的套接字地址(服务器的端口号和 IP 地址)
	addrlen：对方套接字地址长度，即 struct sockaddr 的长度
返回值	函数调用成功返回 0；函数调用失败返回−1，并设置 errno 错误值为相应的值

通过 connect 函数建立一个 TCP 连接的操作代码如下所示：

```
#define MY_PORT 8080
void main(int argc,char ＊ argv[]){
    int sockfd;                          /＊存放套接字描述符＊/
    struct sockaddr_in ser_addr;         /＊定义服务器套接字地址结构＊/
    /＊初始化 AF_INET 协议族的流式套接字＊/
    sockfd=socket(AF_INET,SOCK_STREAM,0);
    if(sockfd=-1) {                      /＊检查套接字描述符创建是否成功＊/
        perror("create socket error!");  /＊打印信息＊/
        exit(1);                         /＊退出程序＊/
    }
    bzero(&my_addr,sizeof(ser_addr));    /＊将套接字地址清零＊/
    ser_addr.sin_family=AF_INET;         /＊设置地址结构使用的协议族＊/
    ser_addr.sin_port=htons(MY_PORT);    /＊设置地址结构的端口＊/
    ser_addr.sin_addr.s_addr=inet_addr(agrv[1]);    /＊设置服务器 IP 地址＊/
    /＊连接服务器并判断是否连接成功＊/
    if(connect(sockfd,(struct sockaddr ＊ )&ser_addr,sizeof(struct
    sockaddr))==-1){
        perror("connect error!");        /＊打印信息＊/
        exit(1);                         /＊退出程序＊/
    }
}
```

6. 发送网络数据函数 send

当服务器端将套接字描述符和地址结构绑定完成，并且客户端与服务器端也已建立连接时,服务器端和客户端之间就可以进行数据的收发工作。

向网络写入数据的函数包括 write、send、writev、sendto 等。下面以 send 为例介绍用于服务器和客户机之间数据发送的函数,send 的函数原型定义如表 10-19 所示。

表 10-19　send 函数原型

头文件	#include<sys/types.h> #include<sys/socket.h>
原　型	int send(int sockfd,const char * buf,int len,int flags);
参　数	sockfd:调用函数 socket 后的返回值
	buf:指向存放发送数据的缓冲区
	len:指定发送缓冲区的大小
	flags:指定发送方式,一般设置为 0
返回值	函数调用成功返回发送的字节数,缓冲区中的数据不一定能被全部发送出去;函数调用失败返回-1,并设置 errno 错误值为相应的值

使用 send 函数发送数据的常用代码如下所示:

```
#define BUF_SIZE 1024                      /* 设置发送缓冲区的大小 */
#define MY_PORT 8080                       /* 定义服务器端端口号 */
void main(int argc,char * argv[])
{
    char send_buf[BUF_SIZE];               /* 分配发送缓冲区 */
    int sockfd;                            /* 存放套接字描述符 */
    struct sockaddr_in ser_addr;           /* 定义服务器套接字地址结构 */
    /* 初始化 AF_INET 协议族的流式套接字 */
    sockfd=socket(AF_INET,SOCK_STREAM,0);
    if(sockfd=-1) {                        /* 检查套接字描述符创建是否成功 */
        perror("create socket error!")     /* 打印信息 */
        exit(1);                           /* 退出程序 */
    }
    bzero(&my_addr,sizeof(ser_addr));      /* 将套接字地址清零 */
    ser_addr.sin_family=AF_INET;           /* 设置地址结构使用的协议族 */
    ser_addr.sin_port=htons(MY_PORT);      /* 设置地址结构的端口 */
    ser_addr.sin_addr.s_addr=inet_addr(agrv[1]);     /* 设置服务器 IP 地址 */
    /* 连接服务器并判断是否连接成功 */
    if (connect (sockfd, (struct sockaddr * ) &ser _ addr, sizeof (struct
    sockaddr))==-1){
        perror("connect error!")           /* 打印信息 */
        exit(1);                           /* 退出程序 */
    }
    if(sned(sockfd,send_buf,1024,0)==-1){
        perror("send error!");             /* 打印信息 */
        exit(1);                           /* 退出程序 */
    }
}
```

7. 接收网络数据函数 recv

从网络中读取数据的函数包括 read、recv、readv、recvfrom 等,下面以 recv 为例介绍接收网络数据的函数。函数 recv 用于将套接字描述符接收缓冲区中的数据复制到本地指定缓冲区中,recv 的函数原型定义如表 10-20 所示。

表 10-20 recv 函数原型

头文件	#include<sys/types.h> #include<sys/socket.h>
原　型	int recv(int sockfd,const char ＊ buf,int len,int flags);
参　数	sockfd:调用函数 socket 后的返回的值
	buf:指向接收数据的缓冲区
	len:指定接收缓冲区的大小
	flags:指定接收方式,一般设置为 0
返回值	函数调用成功,返回接收的字节数;连接被关闭,返回 0;函数调用失败,返回－1

使用 recv 函数接收网络数据段的常用代码如下:

```
#define BUF_SIZE 1024                        /＊设置接收缓冲区的大小＊/
#define MY_PORT 8080                         /＊定义服务器端端口号＊/
void main(int argc,char ＊ argv[])
{
    char recv_buf[BUF_SIZE];                 /＊分配接收缓冲区＊/
    int sockfd;                              /＊存放套接字描述符＊/
    struct sockaddr_in ser_addr;            /＊定义服务器套接字地址结构＊/
    /＊初始化 AF_INET 协议族的流式套接字＊/
    sockfd=socket(AF_INET,SOCK_STREAM,0);
    if(sockfd=-1) {                          /＊检查套接字描述符创建是否成功＊/
        perror("create socket error!")       /＊打印信息＊/
        exit(1);                             /＊退出程序＊/
    }
    bzero(&my_addr,sizeof(ser_addr));       /＊将套接字地址清零＊/
    ser_addr.sin_family=AF_INET;            /＊设置地址结构使用的协议族＊/
    ser_addr.sin_port=htons(MY_PORT);       /＊设置地址结构的端口＊/
    ser_addr.sin_addr.s_addr=inet_addr(agrv[1]);    /＊设置服务器 IP 地址＊/
    /＊连接服务器并判断是否连接成功＊/
    if (connect (sockfd, (struct sockaddr ＊ ) &ser_addr, sizeof (struct
sockaddr))==-1){
        perror("connect error!")            /＊打印信息＊/
        exit(1);                            /＊退出程序＊/
    }
```

```
    if(recv(sockfd,recv_buf,1024,0)==-1){
        perror("recv error!");            /*打印信息*/
        exit(1);                          /*退出程序*/
    }
}
```

8. 关闭套接字函数 close

函数 close 用来关闭已经打开的 socket 连接,并通过内核释放相关的资源。套接字一旦被 close 关闭,就无法再进行发送和接收操作。其函数原型如表 10-21 所示。

表 10-21 close 函数原型

头文件	#include<unistd.h>
原　型	int close(int sockfd);
参　数	sockfd:套接字描述符
返回值	执行成功返回 0;执行失败返回-1,错误代码存入 errno 中

值得注意的是,在 TCP 服务器端代码中,socket 和 accept 两个函数都会创建 socket 套接字,因而在服务器端代码的最后,需要调用两次 close 函数才能关闭已经打开的套接字。

10.4.2 TCP 网络编程流程

TCP 网络编程涉及服务器端的网络编程和客户端的网络编程两种模式。服务器端程序主要功能包括:创建一个服务程序,等待客户端用户的连接,接收客户端的连接请求,并对请求进行相应的处理;客户端程序主要功能包括:根据目的服务器的套接字地址与相应服务器连接,连接成功后,即可向服务器发送请求,并对服务器的响应进行处理。

1. TCP 服务器端编程模式

TCP 服务器端模式下编程主要分为以下流程:建立套接字 socket,绑定套接字与端口 bind,设置服务器的监听连接 listen,接收客户端连接 accept,接收和发送数据 read/write 和 recv/send 等,关闭套接字 close。具体流程如图 10-16 所示。

2. TCP 客户端编程模式

TCP 客户端模式流程与服务器端模式流程类似,两者不同之处是客户端在建立套接字之后无须进行地址绑定和监听,也无须创建连接套接字,而是直接利用 connect 函数与服务器端进行连接,连接完成后就可以与特定服务器程序进行通信。

TCP 客户端模式下编程主要分为以下流程:建立套接字 socket,连接服务器 connect,接收和发送数据 read/write 和 recv/send 等,关闭套接字 close。具体流程如图 10-17 所示。

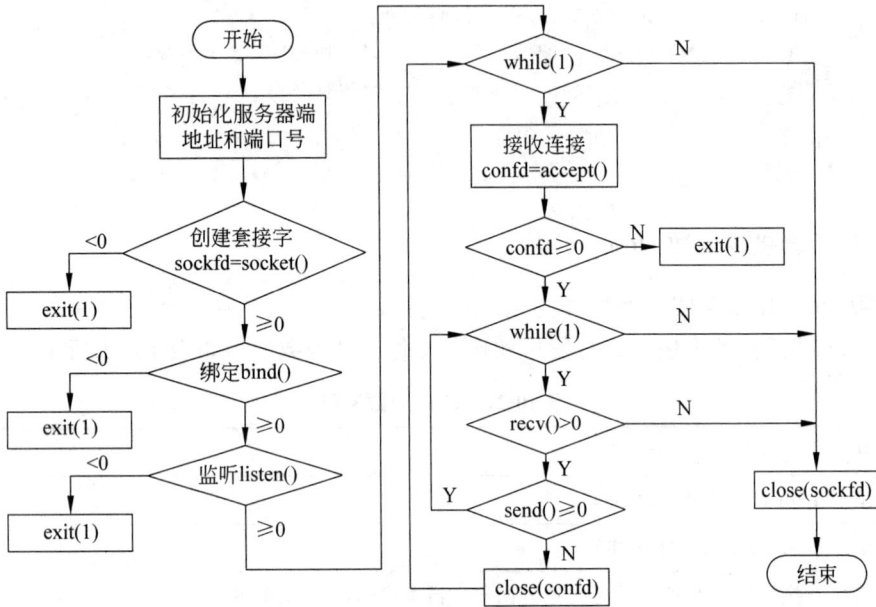

图 10-16　TCP 服务器端模式流程

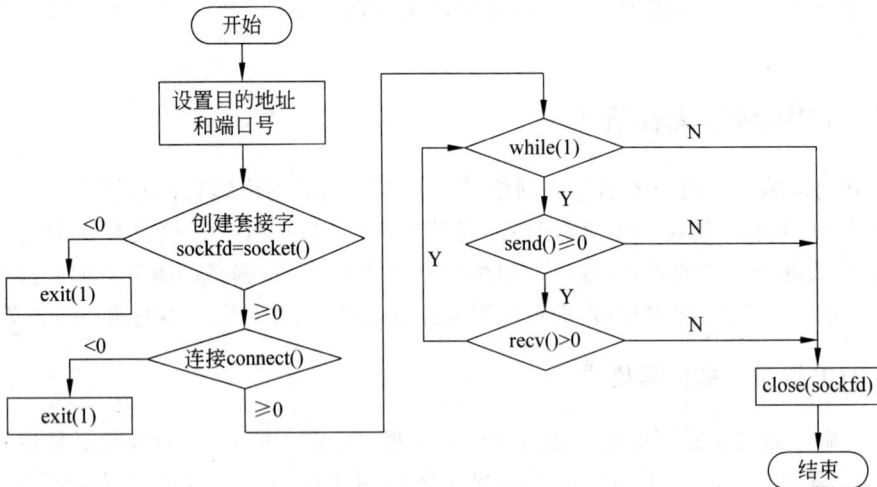

图 10-17　TCP 客户端模式流程图

3．TCP 服务器端与客户端通信过程

TCP 服务器端与客户端在进行数据交换之前，需要进行三次握手来完成 TCP 连接，TCP 连接完成之后才可以进行数据的交换，客户端数据读的过程对应服务器端数据写的过程，客户端数据写的过程对应服务器端数据读的过程。当服务器端与客户端之间完成了数据的读写后，就可以关闭套接字的连接，结束通信。该过程如图 10-18 所示。

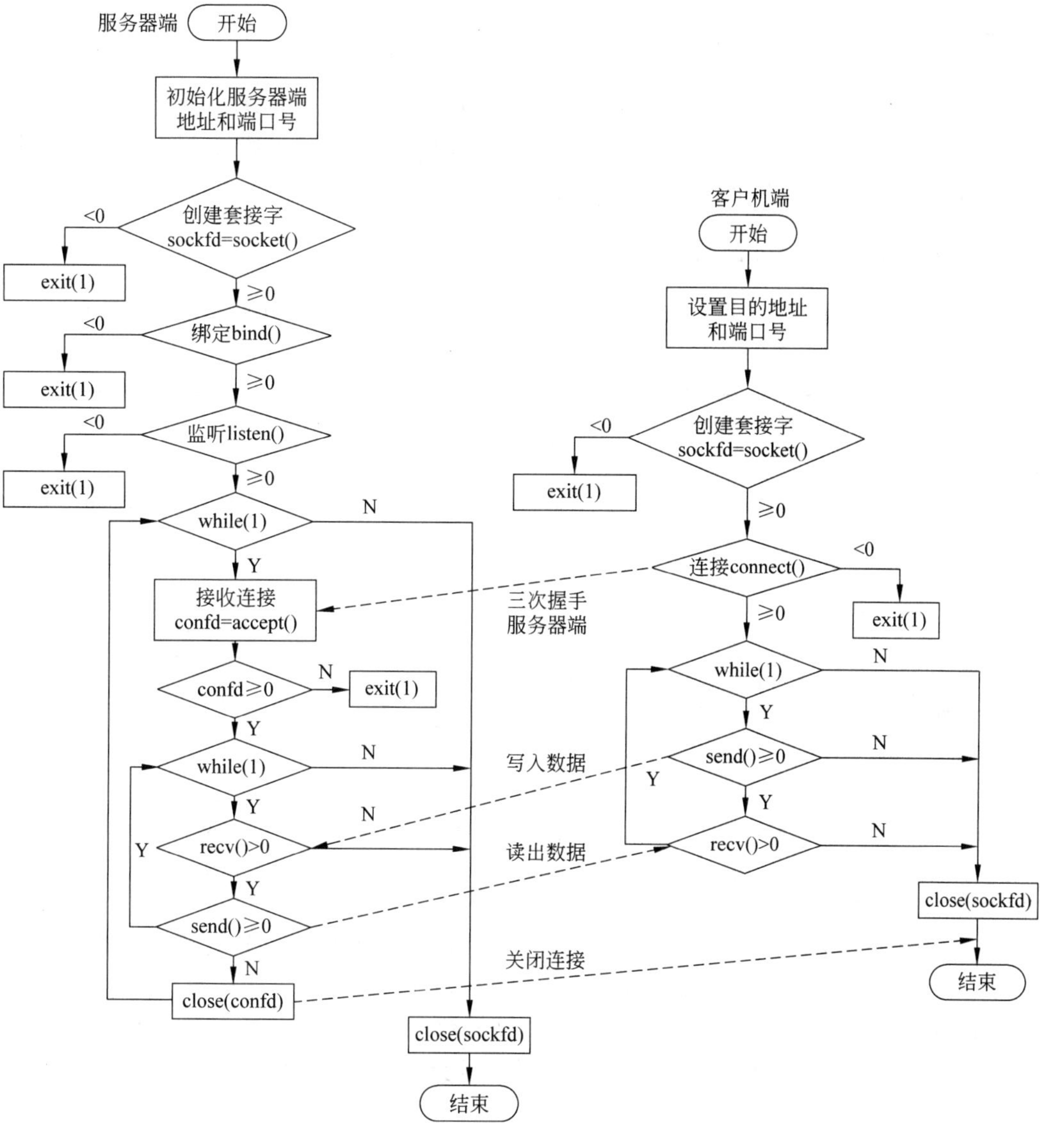

图 10-18 TCP 服务器端与客户端数据交互过程

10.5 UDP socket 编程

UDP 协议与 TCP 协议相同,属于 TCP/IP 协议栈中传输层的协议。UDP 协议作为一种非连接的、不可靠的数据报文协议,虽然存在许多不足,但由于其实时性高,目前仍应用在许多网络场合中。

为了让学习者掌握 UDP socket 编程,本节将对 UDP 协议使用的主要函数和编程流程进行详细介绍。

10.5.1 UDP socket 编程主要函数

通过 UDP 协议进行 socket 程序设计时,常用的函数有 socket、recv/recvfrom、bind、send/sendto、close 等,其中 socket、recv、bind、send 和 close 这些函数与 TCP 程序设计中函数的用法是一样的,因而在这里仅对函数 recvfrom 和 sendto 加以介绍。

1. 发送数据 sendto 函数

sendto 函数用来将数据由指定的套接字发送对方主机,其原型如表 10-22 所示。

表 10-22   sendto 函数原型

头文件	#include<sys/types.h> #include<sys/socket.h>
原　型	ssize_t send(int sockfd,const void * buf,size_t len,int flags,const struct sockadr * to, sock_len tolen);
参　数	sockfd:由 socket 函数获得用于监听端口的套接字文件描述符
	buf:指向发送数据缓冲区
	len:设置发送数据缓冲区的大小
	flags:代表控制选项,与 send 函数中 flags 参数的用法一致
	to:指向目的主机地址信息
	tolen:表示目的主机地址信息的长度,可以使用 sizeof(struct sockaddr_in)来获得
返回值	发送成功,返回发送的数据量;发送失败,返回−1,并设置 errno 错误值

UDP 协议没有为 UDP 套接字设置发送缓冲区,程序中为 UDP 套接字设置的缓冲区大小仅是用来限制 UDP 数据报的最大数据量,如果应用程序发送的数据量大于此值,sendto 函数将返回 EMSGSIZE 错误,因而只要函数 sendto 发送的数据量小于此值,发送数据总是能成功。应用程序调用 sendto 函数发送数据的常用代码如下所示:

```
#define BUF_SIZE 1024              /* 设置发送缓冲区的大小 */
#define PORT_ID 8080               /* 定义服务器端端口号 */
void main(int argc,char * argv[])
{
    char recv_buf[BUF_SIZE];
    int sockfd                     /* 创建套接字描述符 */
    struct sockaddr_int accept_addr;  /* 数据接收方地址信息 */
    sockfd=socket(AF_INET,SOCK_DGRAM,0);
                                   /* 初始化一个 AF_INET 族的数据包套接字 */
    if(sockfd=-1)                  /* 检查套接字描述符是否创建成功 */
    {
```

```
        perror("socket");
        exit(1);
    }
    bzero(&(accept_addr),sizeof(accept_addr));        /* 将 accept_addr 置零 */
    accept_addr.sin_family=AF_INET;                   /* 设置服务器地址结构的协议族 */
    accept_addr.sin_port=htons(PORT_ID)               /* 设置服务器地址结构的端口 */
    accept_addr.sin_addr.s_addr=inet_addr(agrv[1]);
                                                      /* 将数据发送到指定主机上 */
    if(sendto(sockfd,send_buf,1024,0,(struct sockaddr * )&to,
    sizeof(struct sockaddr_in))==-1)
    {
        perror("sendto error");                       /* 打印错误信息 */
        exit(1);                                       /* 退出程序 */
    }
}
```

2. 接收数据 recvfrom 函数

当服务器将本地地址与套接字文件描述符绑定成功后,可以使用函数 recvfrom 来接收到达此套接字描述符上的数据。recvfrom 函数原型如表 10-23 所示。

表 10-23   recvfrom 函数原型

头文件	#include<sys/types. h> #include<sys/socket. h>
原　型	ssize_t recvfrom(int sockfd,const void * buf,size_t len,int flags,struct sockaddr * from,socklen_t * fromlen);
参　数	sockfd:由 socket 函数获得的用于监听端口的套接字文件描述符
	buf:指向接收数据缓冲区
	len:指定接收数据缓冲区的大小
	flags:代表控制选项,用于设置接收数的方式,一般设置为 0,这个参数与 recv 函数相同
	from 是指向数据发送方的地址信息
	fromlen:表示参数 from 所指内容的长度,可以使用 sizeof(struct socka_in)来获得
返回值	接收成功,返回接收到的字节数或 0(空数据报); 接收失败,返回-1,并设置 errno 错误值

UDP 协议为每个 UDP 套接字设置一个接收缓冲区队列,当一个数据报到达时,UDP 协议根据该数据报的目的端口号,将其放入相应的 UDP 套接字接收缓冲区队列中。但是该接收缓冲区有最大限制,如果在接收缓冲区队列已满的情况下,有新的数据报到来,那么该数据报就会被丢弃,且不向发送者返回任何错误信息。应用程序可通过

调用 recvfrom 函数从接收缓冲区中接收一个数据报,如果接受缓冲区不为空,函数将返回队列中第一个数据报;否则,函数将阻塞且不返回。应用程序调用 recvfrom 函数接收网络数据的常用的代码如下所示:

```
#define BUF_SIZE 1024                    /*设置接收缓冲区的大小*/
#define PORT_ID 8080                     /*定义服务器端端口*/
char recvfrom_buf[BUF_SIZE];
int sockfd                               /*创建套接字描述符*/
struct sockaddr_in send_addr;            /*数据发送方地址信息*/
struct sockaddr_in accept_addr;          /*数据接收方本地地址信息*/
int from_len=sizeof(send_addr);          /*地址结构的长度*/
sockfd=socket(AF_INET,SOCK_DGRAM,0);   /*初始化一个 AF_INET 族的数据包套接字*/
if(sockfd=-1)                            /*检查套接字描述符是否创建成功*/
{
    perror("create socket failed!");
    exit(1);
}
bzero(&(accept_addr),sizeof(accept_addr));              /*将 accept_addr 置零*/
accept_addr.sin_family=AF_INET;          /*设置服务器地址结构的协议族*/
accept_addr.sin_port=htons(PORT_ID)      /*设置服务器地址结构的端口*/
accept_addr.sin_addr.s_addr=inet_addr(INADDR_ANY);        /*任意本地地址*/
if(bind(sockfd,(struct sockaddr *)&accept_addr,sizeof(sockaddr))==-1) {
    perror("bind");                      /*打印错误信息*/
    exit(EXIT_FAILURE);                  /*退出程序*/
}
if(recvfrom(sockfd,recvfrom_buf,1024,0,(struct sockaddr *)&from,
&from_len)==-1){
    perror("recvfrom");                  /*打印错误信息*/
    exit(EXIT_FAILURE);                  /*退出程序*/
}
```

10.5.2 UDP socket 编程流程

UDP socket 程序设计分为服务器端编程与客户端编程两部分。由于 UDP 协议具有无连接的特性,使得它与 TCP 编程相比少去了很多环节,如 connect、listen 和 accept 这些函数在 UDP Socket 编程中就不再需要,所以,UDP 服务器端程序仅需包含套接字的建立、套接字与地址结构的绑定、数据的收发及套接字的关闭这几个过程;客户端程序也仅包含套接字的建立、数据的收发及套接字的关闭这几个过程。UDP 服务器端与客户端通信模型如图 10-19 所示。

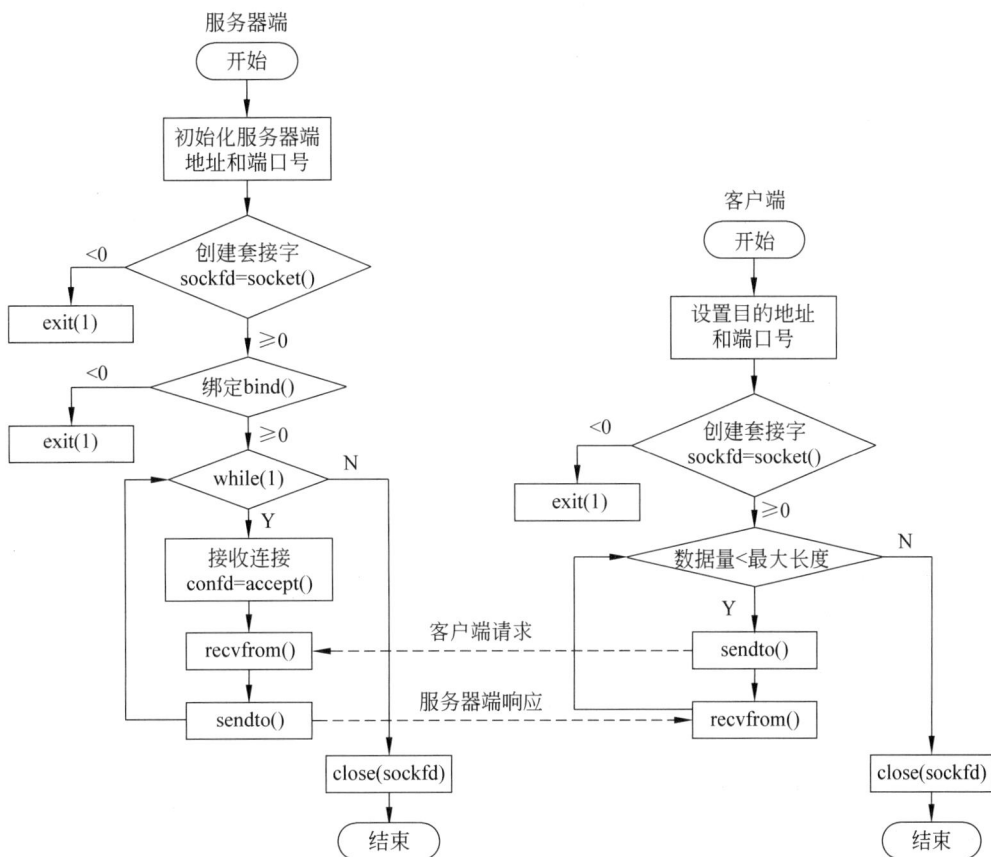

图 10-19　UDP 服务器端与客户端通信模型

10.6　农业信息采集控制系统数据上传的实现

TCP 协议是一种面向连接的、可靠的协议,但是为了保证其传输可靠性和面向连接性,需要很大的开销。UDP 协议是一种无连接的、不可靠的协议,但是其开销比较小,可保证传输的实时性。

对于要求实时性强且少量的丢包现象不会影响到整体采集结果呈现的数据,可以选择采用 UDP 协议进行传输。而对于必须考虑传输完整性和可靠性的数据,可以选择采用 TCP 协议进行传输。

10.6.1　基于 TCP 协议的农业信息采集控制系统数据上传

编写网络程序时,客户端和服务器端必须遵循预先定义好的协议进行通信,这样可以保证数据的可靠发送和接收。在通信协议中规定了客户机和服务器的通信过程,而本书系统的网络程序就是用来实现这个过程的代码。当然,不用的应用场合,通信协议的复杂程度也不尽相同。目前,时间协议是最简单的通信协议,客户机与服务器建立一个连接,服务器返回当前时间。我们通常所用的 Telnet 算是一个复杂的协议,该协议中需要定义传送的字符的内容、命令的格式、状态的切换以及选项的内容。本节主要实现数据上传,即服务器接收客户端发送过来的数据,并将其保存到数据库中。

由于农业信息采集控制系统向服务器所传输的数据均为固定长度,所以没有为每个数据增加头部信息。其通信过程如下:服务器端建立网络套接字后绑定并监听网络,等待客户端的连接。当有客户端访问服务器时,就开始接收客户端发送过来的数据,并将这些数据保存到数据库中,直到客户端与服务器端断开连接为止;如果没有客户端访问服务器,服务器将一直阻塞,等待客户端连接。

本节所介绍的服务器端代码和客户端代码将运行在不同的硬件系统中,服务器端代码将运行在 PC 上,而客户端代码将运行在嵌入式开发板上。下面就对服务器端和客户端代码进行介绍。

1. TCP 服务器端 socket 编程

1) 主程序部分

服务器的主程序完成以下功能。

(1) 创建监听套接字。

程序调用函数 socket 创建一个套接字,并获得套接字描述符 sockfd。然后通过函数 bind 将定义好的套接字绑定到服务器的公认端口 8080 上。最后调用函数 listen 将连接套接字转换成监听套接字。

(2) 等待客户机连接建立。

服务器调用函数 accept 接收来自客户端的一个连接请求,该函数返回一个连接套接字描述符 connectfd。

(3) 服务器通信函数调用。

成功连接一个客户机之后,调用函数 serv_accept 来接收客户机发送过来的数据。处理完当前客户机的请求之后,即可调用函数 close 关闭服务器与客户机连接套接字描述符 connectfd。

(4) 服务器终止服务。

服务器终止前将所有打开但尚未关闭的描述符关闭,其中包含监听套接字描述符。

服务器端主程序部分实现代码如下所示:

```
#include<stdlib.h>
#include<unistd.h>
#include<string.h>
#include<sys/socket.h>
#include<netinet/in.h>
#include<stdio.h>
#include<signal.h>
#include<errno.h>
#define MAX_BUF_SIZE 1024
```

```
#define SERVER_PORT 8080
#define BACKLOG 10

int main()
{
    int listenfd,connfd;
    struct sockaddr_in servaddr;
    listenfd=socket(AF_INET,SOCK_STREAM,0);
    if(listenfd<0){
        fprintf(stderr,"socket error\n");
        exit(1);
    }
    bzero(&servaddr,sizeof(servaddr));
    servaddr.sin_family=AF_INET;
    servaddr.sin_addr.s_addr=htonl(INADDR_ANY);
    servaddr.sin_port=htons(SERVER_PORT);
    if(bind(listenfd,(struct sockaddr * )&servaddr,sizeof(servaddr))<0){
        fprintf(stderr,"bind error\n");
        exit(1);
    }
    if(listen(listenfd,BACKLOG)<0){
        fprintf(stderr,"listen error\n");
        exit(1);
    }
    while(1){
        connfd=accept(listenfd,NULL,NULL);
        if(connfd<0){
            fprintf(stderr,"accept error\n");
            exit(1);
        }
        serv_accept(connfd);
        close(connfd);
    }
    close(listenfd);
}
```

2）通信程序部分

这部分程序包括以下几个方面的功能。

（1）处理接收数据。

服务器对接收到的数据的处理是通过函数 serv_accept 实现的,此函数是一个无限循环的过程,循环包括:首先调用函数 ser_read 读取客户机发送过来的数据,并把读取到的请求内容存储到缓存区 buf。其次对函数 ser_read 返回值进行判断,如果返回值为 0,表示客户机已将连接关闭,函数要立即返回;如果返回值小于 0,表示度操作出现错误,将错误类型输出后返回；如果返回值大于 0，表示读操作成功，且返回值即为数据的长度。最后把读取到的数据存储到服务器上指定的数据库中。

（2）读取客户机发送过来的数据。

服务器通过调用函数 ser_read 来读取客户机发送过来的数据。函数 ser_read 实现了当读操作被信号中断时自动继续读数据的功能。

服务器端通信部分的实现代码如下所示：

```c
#include<stdlib.h>
#include<unistd.h>
#include<string.h>
#include<sys/socket.h>
#include<netinet/in.h>
#include<stdio.h>
#include<signal.h>
#include<errno.h>
#define MAX_BUF_SIZE 100
#define SERVER_PORT 8080
#define BACKLOG 5
int read_all(int fd,void * buf,int n)
{
    int nleft;
    int nbytes;
    char * ptr;
    ptr=buf;
    nleft=n;
    nbytes=read(fd,ptr,nleft);
    ptr[nbytes]='\0';
    if(nbytes<0){
        if(errno=EINTR) nbytes=0;
        else return(-1);
    }
    return(nbytes);
}

void serv_accept(int sockfd){
    int nbytes;
    char buf[MAX_BUF_SIZE];
    while(1){
        nbytes=read_all(sockfd,buf,MAX_BUF_SIZE);
        if(nbytes==0) return;
        else if(nbytes<0){
            fprintf(stderr,"read error:%s\n",strerror(errno));
            return;
```

```
        } else
            /*也可以在此处实现把 buf 中的数据写入指定数据库中的功能*/
            printf("%s\n",buf);
    }
}
```

2. TCP 客户端 socket 编程

1）主程序部分

客户端主程序完成以下功能。

（1）创建套接字。

程序调用函数 socket 创建一个套接字，并获得套接字描述符 sockfd。

（2）连接服务器。

首先对结构体变量 ser_addr 成员进行赋值，其中需要通过函数 inet_aton 将命令行输入的点分十进制 IP 地址转换成网络字节顺序的二进制形式的地址。赋值之后调用函数 connect 与服务器建立连接。

（3）客户机调用通信函数。

客户机与服务器建立连接之后，客户机调用函数 cli_send()与服务器通信。

（4）客户机终止。

客户机调用函数 close 关闭连接套接字描述符。

客户端主程序部分实现代码如下所示：

```
#include<string.h>
#include<errno.h>
#include<stdlib.h>
#include<sys/socket.h>
#include<stdio.h>
#include<netinet/in.h>
#define SERVER_PORT 8080
void main(int argc,char * argv[])
{
    int sockfd;
    struct sockaddr_in ser_addr;
    if(argc<2){
        fprintf(stderr,"usage:client<IPaddress>\n");
        exit(1);
    }
    sockfd=socket(AF_INET,SOCK_STREAM,0);
    if(sockfd<0){
        fprintf(stderr,"socked error\n");
        exit(1);
    }
```

```
    bzero(&ser_addr,sizeof(ser_addr));
    ser_addr.sin_family=AF_INET;
    ser_addr.sin_port=htons(SERVER_PORT);
    if(inet_aton(argv[1],&ser_addr.sin_addr)==0){
        fprintf(stderr,"Inet_aton error\n");
        exit(1);
    }
    if(connect(sockfd,(struct sockaddr *)&ser_addr,sizeof(ser_addr))<0){
        fprintf(stderr,"connect error:%s\n",strerror(errno));
        exit(1);
    }
    cli_send(sockfd);
    close(sockfd);
}
```

2）通信程序部分

客户机请求是一个无限循环的过程：首先从数据采集设备上读取数据，然后将这个读取到的数据通过函数 ser_write 发送到服务器。其中函数 ser_write 在写操作被中断时能自动继续写操作。

客户端通信部分实现代码如下所示：

```
#include<string.h>
#include<errno.h>
#include<stdlib.h>
#include<sys/socket.h>
#include<stdio.h>
#include<netinet/in.h>
#define SERVER_PORT 8080
int ser_write(int confd,void * buf,int n)
{
    int nleft,nbytes;
    char * ptr;
    nleft=n;
    ptr=buf;
    for(;nleft>0;)
    {
        nbytes=write(confd,ptr,nleft);
        if(nbytes<=0)
        {
            if(errno==EINTR) nbytes=0;
            else return(-1);
        }
        nleft-=nbytes;
```

```
            ptr+=nbytes;
        }
    return(n);
}
void cli_send(int sockfd)
{
    char inbuf[MAX_BUF_SIZE];
    int n;
    int fifo_fd;
    int nread;
    /*判断命名管道是否已经存在,若未创建,则以相应的权限创建*/
    if(access(FIFO,F_OK)==-1)
    {
        if((mkfifo(FIFO,O_CREAT|O_EXCL)<0)&&(errno!=EEXIST))
        {
            printf("cannot create fifoserver\n");
            exit(-1);
        }
    }
    fifo_fd=open(FIFO,O_RDONLY,0);
    if(fifo_fd==-1)
    {
        perror("open FIFO error\n");
        exit(1);
    }
    while(1){
        memset(inbuf,'\0',sizeof(inbuf));              /*初始化缓冲区*/
        if((nread=read(fifo_fd,inbuf,100))==-1)        /*读取管道文件*/
        {
            if(errno==EAGAIN)
            {
                printf("no data yet\n");
                break;
            }
        }
        if(nread>0)          /*如果读取到的数据长度大于0*/
            ser_write(sockfd,inbuf,nread);
                                /*将缓冲区 inbuf 中的数据发送到服务器*/
        sleep(1);
    }
    pause();
    unlink(FIFO);//delete FIFO
}
```

10.6.2 基于 UDP 协议的农业信息采集控制系统数据上传

1. UDP 服务器端 socket 编程

1) UDP 服务器端主程序

UDP 服务器端主程序首先调用 socket 函数建立套接字描述符,并初始化套接字描述符,其次通过 bind 函数将套接字描述符与本地地址绑定在一起,最后调用函数 ser_accept 与客户端进行通信。具体实现代码如下所示:

```
#include<sys/types.h>
#include<sys/socket.h>
#include<netinet/in.h>
#include<stdio.h>
#include<stdlib.h>
#include<string.h>
#define SER_PORT 8080
#define MAX_SIZE 1024
int main()
{
    int sockfd;
    struct sockaddr_in ser_addr;
    sockfd=socket(AF_INET,SOCK_DGRAM,0);
    if(sockfd<0){
        fprintf(stderr,"socket error.\n");
        exit(1);
    }
    bzero(&ser_addr,sizeof(ser_addr));
    addr.sin_family=AF_INET;
    addr.sin_addr.s_addr=htonl(INADDR_ANY);
    addr.sin_port=htons(SER_PORT);
    if(bind(sockfd,(struct sockaddr * )&ser_addr,sizeof(struct sockaddr))
<0){
        fprintf(stderr,"bind error.\n");
        exit(1);
    }
    ser_accept(sockfd);
    close(sockfd);
}
```

2) UDP 服务器端通信程序

UDP 服务器端通信程序是一个无限循环程序。当没有客户端数据请求连接到服务器端时,服务器将一直阻塞在 recvfrom 函数处;当有客户端数据连接到服务器时,函数 recvfrom 就会检测到有数据到来,并从阻塞状态中跳转出来,接收来自客户端的数据。

最后服务器将接收到的数据存储到指定的数据库中。UDP 服务器端的代码如下所示：

```
#include<sys/types.h>
#include<sys/socket.h>
#include<netinet/in.h>
#include<stdio.h>
#include<stdlib.h>
#include<string.h>
#define SER_PORT 8080
#define MAX_SIZE 1024
void ser_accept(int sockfd){
    struct sockaddr_in addr;
    int addrlen,n;
    char buffer[MAX_SIZE];
    while(1){
        n = recvfrom(sockfd,buffer,MAX_SIZE,0,(struct sockaddr * ) &addr,
        &addrlen);
        printf("%s\n",buffer);
                    /* 也可以在此处实现把 buffer 中的数据写入指定数据库中的功能 */
    }
}
```

2. UDP 客户端 socket 编程

1）UDP 客户端主程序

UDP 客户端主程序也是先通过 socket 函数建立网络套接字，然后对服务器的地址进行设置，最后调用函数 clie_send 与服务器进行通信。UDP 客户端主程序代码如下所示：

```
#include<sys/types.h>
#include<sys/socket.h>
#include<netinet/in.h>
#include<stdio.h>
#include<stdlib.h>
#include<string.h>
#define SER_PORT 8080
#define MAX_MSG_SIZE 1024
    int main(int argc,char * argv[])
    {
    int sockfd;
    struct sockaddr_in ser_addr;
    if(argc!=3){
        fprintf(stderr,"usage:client ipaddr port\n");
```

```
        exit(1);
    }
    sockfd=socket(AF_INET,SOCK_DGRAM,0);
    if(sockfd<0){
        fprintf(stderr,"socket error.\n");
        exit(1);
    }
    bzero(&ser_addr,sizeof(ser_addr));
    ser_addr.sin_family=AF_INET;
    ser_addr.sin_port=htons(atoi(argv[2]));
    if(inet_aton(argv[1],&ser_addr.sin_addr)<0){
        fprintf(stderr,"inet_aton error.\n");
        exit(1);
    }
    clie_send(sockfd,(struct sockaddr *)&ser_addr,sizeof(struct
    sockaddr));
    close(sockfd);
}
```

2) UDP 客户端通信程序

客户机首先从采集设备中读取数据,然后调用函数将数据发送到服务器。

```
#include<sys/types.h>
#include<sys/socket.h>
#include<netinet/in.h>
#include<stdio.h>
#include<stdlib.h>
#include<string.h>
#define SER_PORT 8080
#define MAX_MSG_SIZE 1024
void cli_send(int sockfd,const struct sockaddr * ser_addr,int len)
{
    char buffer[MAX_MSG_SIZE];
    int n;
    int fifo_fd;
    int nread;
    /* 判断命名管道是否已经存在,若未创建,则以相应的权限创建 */
    if(access(FIFO,F_OK)==-1)
    {
        if((mkfifo(FIFO,O_CREAT|O_EXCL)<0)&&(errno!=EEXIST))
        {
            printf("cannot create fifoserver\n");
            exit(-1);
        }
    }
    fifo_fd=open(FIFO,O_RDONLY,0);
```

```
    if(fifo_fd==-1)
    {
        perror("open FIFO error\n");
        exit(1);
    }
    while(1){
        memset(inbuf,'\0',sizeof(inbuf));              /*初始化缓冲区*/
        if((nread=read(fifo_fd,inbuf,100))==-1)        /*读取管道文件*/
        {
            if(errno==EAGAIN)
            {
                printf("no data yet\n");
                break;
            }
        }
        if(nread>0)    /*如果读取到的数据长度大于 0,将数据发送到服务器*/
            sendto(sockfd,buffer,strlen(buffer),0,ser_addr,len);
            sleep(1);
    }
    pause();
    unlink(FIFO);   //删除命名管道
}
```

习　题　10

1. 简述 OSI 模型各层的主要功能。

2. 简述 TCP/IP 协议中各层的主要功能和主要协议。

3. 简述 TCP 和 UDP 的定义、优缺点和应用场合。

4. 简述 TCP/IP 协议中三次握手的过程。

5. 描述 TCP socket 编程的基本步骤。

6. 描述 UDP socket 编程的基本步骤。

7. 分别用 TCP socket 和 UDP socket 两种编程方式实现点到点的通信程序,具体要求如下:

(1) 基于套接字来实现。

(2) 服务器方工作的端口号为 2000。

(3) 客户方通过键盘输入服务器方的 IP 地址和要发送给服务器方的消息,然后把该消息发送到服务器方。

(4) 服务器方接收客户方的消息并显示,然后产生一条消息并发送给客户方,该消息的内容是客户方的 IP 地址和端口号。

(5) 客户方接收服务器方响应的消息并显示。

(6) 释放双方的套接字。

第 11 章

嵌入式 GUI 程序开发

11.1 项 目 目 标

本章通过图形界面的方式实现对农业信息采集控制系统采集到的温度、湿度、露点数及大气压强的显示,实现当前时间及日期的显示;实现对电机正转与反转的控制,实现对电机的打开与关闭操作。

本章知识点包括 Qt 对象模型、Qt 事件系统、Qt 开发环境的配置过程、Qt 的基本特征、Qt Designer 的使用方法、Qt 窗口部件的使用、对部件布局的方法等内容。

11.2 Qt 编程基础

Qt 是 TrollTech 公司的标志性产品,它是一个跨平台的 C++ 图形用户界面(GUI)工具包。Qt 为应用程序开发者提供了构建图形用户界面所需的所有功能。

Qt 是基于面向对象的 C++ 语言开发的,它提供了 signal(信号)和 slot(槽)的对象通信机制,具有可查询和可设计的属性以及强大的事件和事件过滤器。许多 Qt 特性是基于对基类 QObject 的继承,并通过标准 C++ 技术来实现。

11.2.1 Qt 对象模型

标准的 C++ 对象模型对运行时参数提供了非常有效的支持,但其静态特性在有些问题领域上却缺乏灵活性,然而,图形用户界面编程不仅要求运行的高效性,还要求高层次的灵活性。为此,Qt 在标准 C++ 对象模型的基础上增加了一些特性,形成其独有的对象模型。Qt 在 C++ 对象模型的基础上增加了以下特性:

- 非常强大、有效的对象通信机制——信号和槽。
- 可查询和可设计的对象属性系统(object property)。
- 有效的事件(event)及事件过滤器(event filter)。
- 为国际化提供了上下文式的字符串翻译机制(string translation for internationalization)。
- 完善的定时器(timer)驱动,实现在一个事件驱动的 GUI 中整合多个任务。

- 可查询的层次化的对象树(object tree),使用一种很自然的方式来组织对象拥有权(object ownership)。
- 保护指针(QPointer),在引用对象销毁时自动设置为 0,而正常的 C++ 指针在其对象销毁时变成危险指针。
- 动态的对象转换机制(dynamic cast)。

Qt 的这些特征都继承自 QObject 类,而且是遵循标准 C++ 技术实现的。下面对 Qt 增加的部分特性进行详细讲解。

1. 信号和槽

信号和槽提供了对象间的通信机制,它易于理解和使用,并完全被 Qt 图形设计器所支持,是 Qt 的核心特征,也是 Qt 区别于其他开发框架的最突出的特征。在 GUI 编程中,当改变一个部件时,总希望其他部件也能了解到该变化。例如,当用户通过鼠标对关闭按钮进行单击操作时,应用程序会执行窗口的 close 函数来关闭窗口。其实,这就是我们所希望的任何对象都可以和其他对象通信的机制。为了实现对象间的通信,一些工具包中使用了回调机制,也就是把一个按钮的动作和某段响应函数关联起来,然后把这个响应函数的地址指针传递给按钮,当该按钮按下时,这个响应函数就会被执行。使用这种回调机制时,因开发包不能确保回调函数被执行时所传递进来的函数参数就是正确的类型,容易造成进程崩溃;另外,这种回调方式与图形用户界面的功能元素紧紧地绑定,很难对开发进行独立的分类。然而,Qt 提供的信号和槽机制是不同的通信机制。当一个特殊的事件发生后就会激发一个信号,例如一个按钮被单击时会激发一个 clicked 信号。程序员通过编写函数建立一个槽,然后调用 connect 函数把这个槽和一个信号连接起来,这样就完成了一个事件和响应代码的连接。信号和槽机制是类型安全的,它以警告的方式报告类型错误,不会使系统产生崩溃。

1) 信号的声明

在类中,使用 signals 关键字来对信号进行声明。由于信号只能被定义为该信号的类及其子类发射,并且信号只能声明,不需要也不能对它进行定义实现,因而,在 signals 前面不能使用 public、private 和 protected 等标识符进行限定。信号声明代码如下:

```
signals:
void buttonclick();          //自定义的信号
```

因为只有 QObject 类及其子类派生的类才能使用信号和槽机制,所以,在 GUI 设计时,使用信号和槽还必须在类声明的开始处添加 Q_OBJECT 宏。

2) 槽的声明

在类中,使用 slots 关键字来对槽进行声明。槽与普通的类成员函数是一样的,一个槽可以是 private、public 或 protected 类型的,也可以声明为虚函数。槽可以像调用一个普通成员函数那样被调用。与普通函数相比,槽最大的特点就是可以和信号关联。槽的声明代码如下:

```
private slots:
void showmessage();
```

3) 信号与槽关联

一个信号可以关联到一个槽上,也可以关联到多个槽上,多个信号也可以关联到同一个槽上,当然,一个信号还可以关联到另一个信号上,如图 11-1 所示。如果存在多个槽与某个信号相关联,那么,当这个信号被发射时,其所关联的槽将会一个接一个地被执行,但执行的顺序是随机的。

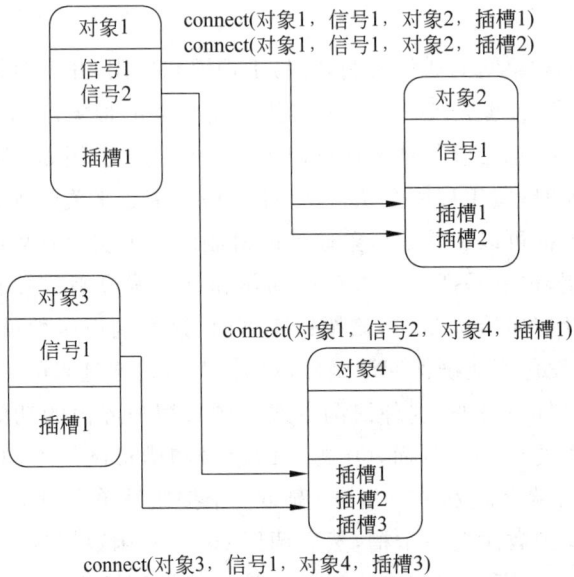

图 11-1　对象间信号和槽的关联图

信号和槽可以通过手动和自动两种方法进行关联,下面对这两种关联方法进行介绍。

(1) 信号和槽的手动关联。

在 Qt 中,信号和槽的关联是通过使用函数 connect 实现的,此方法称为手动关联。表 11-1 给出了 connect 的函数原型。

值得注意的是,调用 connect 函数时信号和槽的参数只能有类型,不能有变量,并且信号中参数的个数不能少于槽中参数的个数,信号中多余的参数将被忽略。

不再使用关联时,可以使用 disconnect 函数断开关联。

(2) 信号和槽的自动关联。

自动关联就是将关联函数整合到槽命名中,但此时使用的信号只能是 Qt 部件已经提供的信号。比如一个对象名为 pushbutton 的按钮,响应单击信号的槽可以定义为 on_pushbutton_clicked,这个名称由 on、部件的 objectName 和信号 3 个部分组成,中间用下划线隔开。名称为这种构成形式的槽就可以取代 connect 函数的功能,直接与信号进行关联。

比较这两种关联方式可知,对于自己写的信号与槽进行关联就只能使用手动方式,而对于 Qt 部件已经定义的信号,使用自动关联的方式会显得更为简便。

表 11-1　connect 函数原型

头文件	#include <QObject>
原　型	bool QObject::connect(const QObject * sender,const char * signal,const QObject * receiver,const char * member,Qt::ConnectionType type＝Qt::AutoConnection);
参　数	sender：表示发送信号的对象
	signal：表示要发送的信号,必须使用 SIGNAL 宏将该参数转化为 const char * 类型
	receiver：表示接收信号的对象,如果表示本部件,则用 this 表示,也可以省略这个参数
	member：表示要执行的槽,必须使用 SLOT 宏将该参数转化为 const char * 类型
	type：取值如下。 • Qt::AutoConnection：如果信号和槽在不同的线程中,同 Qt::QueuedConnection；如果信号和槽在同一个线程中,同 Qt::DirectConnection； • Qt::DirectConnection：发射完信号后立即执行槽,只有槽执行完成返回后,发射信号后面的代码才可以执行； • Qt::QueuedConnection：接收部件所在线程的事件循环返回后再执行槽,无论槽执行与否,发射信号后面的代码都会立即执行； • Qt::BlockingQueuedConnection：类似于 Qt::QueuedConnection,只能用在信号和槽在不同的线程的情况下； • Qt::UniqueConnection：类似于 Qt::AutoConnection,但是两个对象间相同的信号和槽只能唯一地关联； • Qt::AutoCompatConnection：类似于 Qt::AutoConnection,它是 Qt 3 中的默认类型
返回值	关联成功返回 true,关联失败返回 false

2. 属性系统

Qt 作为一个不依赖编译器和平台的库,提供了基于元对象系统的完善的属性系统,能够在运行 Qt 的平台上支持任意标准的 C++编译器。如需在 Qt 类中声明一个属性,那么此类必须派生于 Qobject 类,而为了让元对象系统知道该属性,必须使用 Q_PROPERTY 宏来声明属性。声明语法如表 11-2 所示。

表 11-2　Q_PROPERTY 宏声明

头文件	#include <QObject>
声　明	Q_PROPERTY(type name 　　　　READ getFunction 　　　　[WTITE setFunction] 　　　　[RESET resetFunction] 　　　　[NOTIFY notifySignal] 　　　　[DESIGNABLE bool] 　　　　[SCRIPTABLE bool] 　　　　[STORED bool] 　　　　[USER bool] 　　　　[CONSTANT] 　　　　[FINAL])

关键字	
	type：属性的类型，可以是 QVariant 支持的任何类型或用户自定义的枚举类型。如果使用了枚举类型，还需要使用 Q_ENUMS 宏在元对象系统中注册此枚举类型，这样才可以在程序中通过 setProperty 函数使用该属性
	name：表示属性的名称
	READ getFunction：读取该属性的一个常函数。函数返回值的类型是该属性的类型、指针或者引用。这个函数是必需的
	WTITE setFunction：设置属性值的函数。该函数有且仅有一个参数，返回值为 void
	RESET resetFunction：将属性设置到默认值。该函数不能有参数，返回值为 void
	NOTIFY notifySignal：表示当属性值发生改变时会发出一个指定信号
	DESIGNABLE bool：声明该属性能否被一个图形用户界面设计器修改，默认值为 true 即可
	SCRIPTABLE bool：声明该属性能否被脚本引擎访问，默认值为 true
	STORED bool：声明该属性的值是否必须作为一个存储的对象状态而被记得。STORED 只对可写的属性有意义。默认值为 true
	USER bool：声明该属性是否被设计为该类的面向用户或者用户可编辑的属性。通常，一个类中只能有一个 USER 属性，其默认值为 false
	CONSTANT：声明该属性值是一个常量
	FINAL：声明该属性不能被派生类重写

一个属性类似于一个类的数据成员，如例 11-1 所示。

【例 11-1】　Qt 属性用法示例。

```
/ * ex11-1.c Qt 属性用法 * /
class ProClass: public QObject
{
    Q_OBJECT
    Q_PROPERTY(QString propName READ getPropName WRITE setPropName
    NOTIFY propNameChanged);                //注册属性 propName
public:
    explicit ProClass(QObject * parent=0);
    //实现 READ(读)函数
    QString getPropName() const    {return m_propName;}
    //实现 WRITE(写)函数
    void setPropName(QString propName) {m_propName=propName;}
    private:
```

```
    QString m_propName;              //存放 propName 属性值
};
void main()
{
    ProClass * myProperty=new ProClass(this);
    myProperty->setPropName("newPro");                    //设置属性值
    qDebug()<<"propName:"<<myProperty->getPropName();     //输出属性值
    myProperty->setProperty("propName","linux");          //设置属性值
    qDebug()<<" propName:"<<myProperty->("propName").toString();
}
```

在类 ProClass 中,使用宏 Q_PROPERTY 向元对象系统注册了属性 propName,并定义了用于读写的函数 getPropName 和 setPropName。

在主函数 main 中,首先创建了 ProClass 类的实例,然后通过直接使用类成员函数(setPropName/getPropName)和 QObject 类的成员函数(setProperty/property)两种方式实现对属性 propName 值的写入与读取。

3. 对象树

Qt 使用对象树来对 QObject 类及其子类的对象进行组织和管理,可以保证对象树中的任何 QObject 对象被删除时,如果该对象有父对象,则自动将其从父对象的 children 列表中删除;如果该对象有子对象,则自动删除其每一个子对象。

QObject 对象树可通过由对象链表类 QObjectList 定义的静态对象 object_trees 查询到所有的 QObject 对象。QObject 对象是分层管理的,一般最上层链表链接的是无父对象的顶层部件,第二层链表链接的是作为顶层部件的子对象部件,以此类推,这种分层结构加快了查询速度。QObject 对象树的层次如图 11-2 所示。

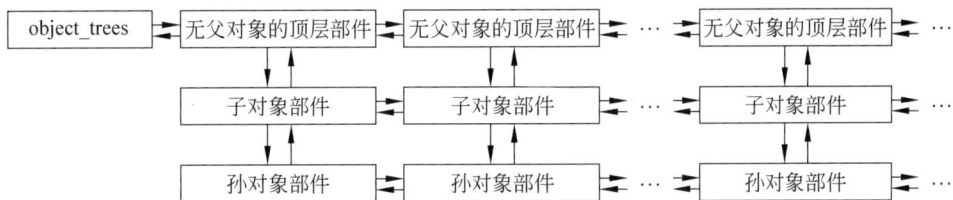

图 11-2　**QObject 对象的层次**

Qt 中可以通过 QObject 类的函数获得对象链表,例如:

- chiledren():获得孩子对象链表。
- objectTrees():获得对象树根的所有对象链表。
- queryList():可查询得到符合条件的对象链表。

【例 11-2】　使用函数 queryList()查询对象。

```
/* ex11-2.c 使用函数 queryList()查询对象 */
//查询得到 QButton 类所有对象
QObjectList * objectlist=topLevelWidget()->queryList("QButton");
QObjectListIt listit(* objectlist);
QObject * object;
while((object=listit.current())!=0) {          //遍历所有的 QButton 类对象
    ++listit;
    ((QButton * )object)->setEnabled(FALSE);    //将按钮设置为失效状态
}
delete QObjectListIt;          //删除链表 QObjectListIt,但没有删除对象 obj
```

本例通过查询得到了链接所有 QButton 类对象的链表,如果对象 object 是链表中的
QButton 类对象,则将该按钮设置为失效状态。

4. 元对象系统

Qt 中的元对象系统(meta-object system)提供了对象间信号和槽的通信机制、运行
时的类型信息和动态属性系统。元对象系统必须满足以下 3 个条件:

(1) 类:QObject 类是所有利用元对象系统对象的基类。

(2) 宏:在类的私有段中声明 Q_OBJECT 宏,为该类开启元对象的特征,如动态属
性、信号及槽。在一个以 QObject 类作为基类的派生类中,如果没有使用 Q_OBJECT
宏,那么此类中声明的信号、槽以及其他特性描述都不会被调用。

(3) 编译器:moc(meta-object compiler,元对象编译器)为 QObject 的子对象实现元
对象特性而自动生成必要的代码。

其中,moc 工具会读取一个 C++ 源文件,如果它发现 Q_OBJECT 宏在一个或者多个
类的声明中被包含,moc 便会新创建一个 C++ 源文件,为每个类生成包含元对象实现的
代码。这些通过编译生成的源文件或者被包含进类的源文件中,或者和类的实现同时进
行编译和链接。

元对象系统除了为对象间提供信号和槽的通信机制外,还提供了下述特性:

* QObject::metaObject 函数可以返回与该类相关联的 QMetaObject 类元对象。
* QMetaObject::className 函数在没有 C++ 编辑器原生的运行时类型信息
  (RTTI)的支持的情况下,可以在运行时以字符串的形式返回类名。但是,如果该
  类不包含元对象代码,此函数将返回该类最近的含有元对象代码的父类的名称。
* QObject::inherits 函数会返回一个信息:对象是否为 QObject 继承树上某个类
  的实例。
* QObject::tr 和 QObject::trUtf8 函数用于国际化中的字符串翻译。
* QObject::setProperty 和 QObject::property 函数根据名字动态设置或者获取对
  象的属性。
* QMetaQObject::newInstance 函数用来构造一个该类的新实例。

- QObject_cast 函数实现对 QObject 类进行动态类型转换,但它不需要 RTTI 的支持。

信号和槽机制是 Qt 的核心部分,而信号和槽机制又依赖于元对象系统,因此元对象系统在 Qt 中也占据很重要的地位。

11.2.2 事件系统

事件也就是通常说的"事件驱动"(event-driven)程序设计的基础概念。事件的出现,使得程序代码不会按照原始的线性顺序执行。

事件(event)是由系统或者 Qt 本身在不同时刻发出的。当用户点击鼠标、按下键盘或者窗口需要重新绘制的时候,都会发出一个相应的事件。一些事件在对用户操作做出响应时发出的,如键盘事件和鼠标事件等;另一些事件则是由系统自动发出的,如计时器事件。

在 Qt 中,事件是由 QEvent 类所派生出的子类定义的一个对象,常见的有键盘事件 QKeyEvent、鼠标事件 QMouseEvent 和定时器事件 QTimerEvent 等,与 QEvent 类的继承关系如图 11-3 所示。

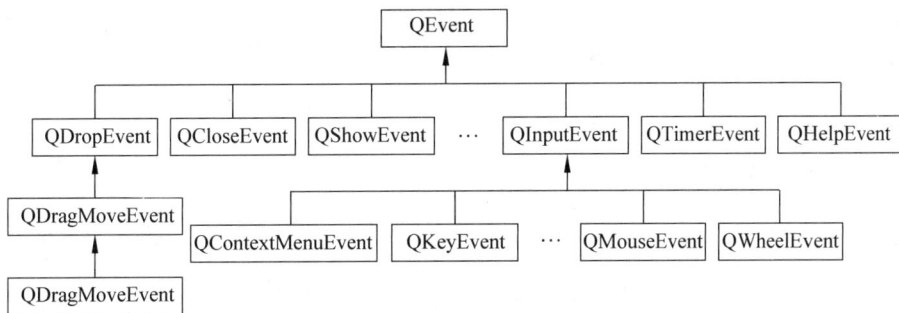

图 11-3 QEvent 类关系图

1. Qt 中的事件

在 Qt 中,事件的概念与信号或槽类似,但 Qt 中的事件与信号或槽是不可以相互替代的。信号由具体的对象发出,再交由 connect 函数所连接的槽进行处理。对于事件,Qt 则使用一个事件队列对所有发出的事件进行维护:当有新事件产生时,该事件会被追加到事件队列的末尾;当某一事件被执行完后,紧跟其后的事件会被取出处理。但有些时候,Qt 的事件会直接被处理,而不进入事件队列。信号一旦发出,对应的槽函数必定被执行。但是,事件则可以使用"事件过滤器"对接收到的事件进行检查,如果这个事件是接收者感兴趣的类型,则对其进行处理;否则继续转发。通常情况下,如果是对组件进行操作,则考虑使用信号和槽;如果是对自定义组件进行操作,则考虑使用事件,这样,就可以通过事件来改变组件的默认操作。例如,自定义一个能够响应鼠标事件的标签,这时就需要重写 QLabel 的鼠标事件来完成指定的操作。

2. 事件处理过程

在 Qt 中,一个事件是由继承自 QEvent 的对象来表示的。事件类型是由 QEvent 类的枚举类型 enum QEvent∷Type 来表示的,其枚举值可以在帮助文档中通过关键字 QEvent 查看。QObject∷event 函数可以将事件发送到其基类 QObject 的对象。绝大多数事件是针对 QWidget 和它的子类的,当然还有些事件是与图形无关的,如 QSocketNotifier 使用的套接字激活事件。

1) 创建用户事件

创建一个自定义类型的事件时,需要向基类 QEvent 提供 QEvent∷Type 类型的参数,作为该事件的类型值,该值不能使用系统保留值 0~999,只能取 QEvent∷User(值为 1000)和 QEvent∷MaxUser(值为 65 535)范围内的值。这样可以保证用户自定义事件不会覆盖系统事件,但是却不能保证自定义事件之间不会被覆盖,因此 Qt 提供了 registerEventType 函数来解决此问题。创建用户事件代码如例 11-3 所示。

【例 11-3】 创建用户事件。

```
/ * ex11-3.c 创建用户事件 * /
#include<QEvent>
class userEvent:public QEvent{
public:
    userEvent(Type e);
    static Type my_event;
};
QEvent::Type userEvent::my_event = static_cast < QEvent::Type > (QEvent::
registerEventType());
userEvent::userEvent(Type e):QEvent(e){
}
```

本例中定义了一个自定义事件 my_event,并使用 QEvent∷registerEventType 函数将该事件注册。

2) 事件发送

Qt 使用 QCoreApplication 类中的 sendEvent、postEvent 和 notify 函数来发送事件。这 3 个函数的函数原型如表 11-3 至表 11-5 所示。

表 11-3　sendEvent 函数原型

头文件	#include <QCoreApplication>
原　型	bool QCoreApplication∷sendEvent(QObject * receiver,QEvent * event)　［static］
参　数	receiver:事件接收对象
	event:发送的事件
返回值	事件处理函数的返回值

表 11-4   postEvent()函数原型

头文件	#include <QCoreApplication>
原　型	void QCoreApplication::postEvent(QObject * receiver,QEvent * event,int priority)= Qt::NormalEventPriority [static]
参　数	receiver：事件接收对象
	event：发送的事件
	priority：优先级
返回值	无

表 11-5   postEvent()函数原型

头文件	#include <QCoreApplication>
原　型	Bool QCoreApplication::notify(QObject * receiver,QEvent * event) [virtual]
参　数	receiver：事件接收对象
	event：发送的事件
返回值	从 receiver 的事件处理函数中返回的值

事件被 QCoreApplication 类的 notify 函数直接发送给 receiver 对象,使用这个函数必须要在栈上创建对象。当 sendEvent 函数返回时,对象已经处理过事件。对于很多事件类,可以通过调用 isAccepted 函数来判断该事件能否被接受。例如:

```
QMouseEvent event(QEvent::MouseButtonPress,pos,0,0,0);
QApplication::sendEvent(mainWindow,&event);
```

该函数实现向对象 receiver 的事件队列中添加事件 event,并立即返回。postEvent 函数在对象初始化期间常常被使用,这样在对象完成初始化后,消息就会被很快派发。

函数 notify 发送事件 event 到接收对象 receiver。对于某一类型的事件,如果接收者对该事件不感兴趣,事件将被传播到 receiver 的父类,如果父类也不感兴趣,就一直向上级传递,直到顶层的 object 类。

3）事件的处理

在 Qt 中,QEvent 的子类虽然可以表示一个事件,但是不能对该事件进行处理,在帮助文档 QCoreApplication 类的函数 notify 中给出 5 种事情处理方法:

方法 1：重新实现特定部件的 paintEvent、mousePressEvent 和 keyPressEvent 等事件处理函数。这是一种最常见、最简单和最有效的方法。例 11-4 列出一个典型的按键事件处理函数。

【例 11-4】　一个典型的按键事件处理函数示例。

```
/ * ex11-4.c 按键事件处理 * /
void myEditor::keyPressEvent(QKeyEvent * qkevent)
{
```

```
switch(qkevent->key()){
    case Key_Plus:
        zoomIn();
        break;
    case Key_Minus:
        zoomOut();
        break;
    case Key_Yes:
        ...
    default:
        QWidget::keyPressEvent(qkevent)
    }
}
```

方法 2：重新实现 notify 函数，这是一个功能非常强大、提供完全控制的函数，只是在同一时刻只能处理一个子类。

方法 3：在 QCoreApplication::instance 函数上安装事件过滤器。该事件过滤器能够处理所有部件的所有事件，并且与重新实现的 notify 函数具有同样强大的功能；此外，它可以拥有多个全局过滤器的应用。全局过滤器甚至能看到隐藏部件的鼠标事件。值得注意的是，应用事件过滤器只能被位于主线程的对象调用。

方法 4：重新实现 QObject::event 函数，通过重新实现 event 函数，可以在事件到达特定的事件处理器之前截获并处理它们。这种方法可以用来覆盖已定义事件的默认处理方式，也可以用来处理 Qt 中尚未定义特定事件处理器的事件。当重新实现 event 函数时，如果不进行事件处理，则需要调用基类的 event 函数。例 11-5 演示了如何重载 event 函数，改变 Tab 键的默认动作。

【例 11-5】 重载 event 函数来改变 Tab 键的默认动作。

```
/* ex11-5.c 重载 event 函数 */
bool myEditor::event(QEvent * qe){
    if(qe->type()==QEvent::KeyPress){
        QKeyEvent * keyEvent=(QKeyEvent * )qe;
        if(keyEvent->key()==Key_Tab){
            insertAtCurrentPosition('\t');
            return true;
        }
    }
    return QWidget::event(qe);
}
```

方法 5：在对象上安装事件过滤器。只要不改变部件的焦点，该事件过滤器就能够获得所有的事件，包括 Tab 和 Shift＋Tab 按键事件。安装事件过滤器(假设用 A 监视并过滤 B 的事件)有两个步骤：

（1）调用 B 的 installEventFilter 函数，并以 A 的指针作为参数，这样所有发往 B 的事件都将先由 A 的 eventFilter 函数处理。

（2）在 A 中重载 QObject∷eventFilter 函数，实现对事件的处理。

【例 11-6】　在对象上安装事件过滤器。

```
/*ex11-6.c 在对象上安装事件过滤器*/
MainWidget∷MainWidget(){
    myEditor * mye=myEditor(this,"my editor");
    myEditor->installEventFilter(this);
}
bool MainWidget∷eventFilter(QObject * qobject,QEvent * qevent){
    if(qobject==mye){
        if(qevent->type()==QEvent∷KeyPress){
            QKeyEvent * qke=(QKeyEvent * )qevent;
            if(qke->key()==Key_Tab){
                mye->insertAtCurrentPosition('\t');
                return true;
            }
        }
    }
    return false;
}
```

在实际编程中，最常用的是方法 1 和方法 5。方法 2 和方法 3 虽然功能非常强大，但由于方法 2 需要继承 QApplication 类，方法 3 需要使用全局事件过滤器，使得事件的传递变得缓慢，因而，这两个方法也就很少被用到。

3. 事件运行机制

当在应用程序的 main 函数中调用 QApplication∷exec 函数时，应用程序就会进入 Qt 的主事件循环，该循环会从事件队列中取出本窗口及系统事件，并将其转换为 QEvents，然后使用 notify 函数将转换后的事件发送给相应的对象。同时，该循环还能通过 QEventLoop∷processEvents(flags)函数处理终端设备的信号和 QWSServer 服务器的事件。

Qt 的主事件循环函数 QApplication∷exec 的调用层次如图 11-4 所示，该图显示了事件的分发处理流程。

4. 事件过滤器

Qt 提供的事件过滤器能够在一个部件中监控其他一个或多个部件的事件，包括接收所有发送到该部件上的事件的对象以及停止或转发到这个部件上的事件。事件过滤器其实是由 QObject 中的 eventFilter 和 installEventFilter 两个函数组成的一种操作，它不是一个类。下面先了解这两个函数的功能。

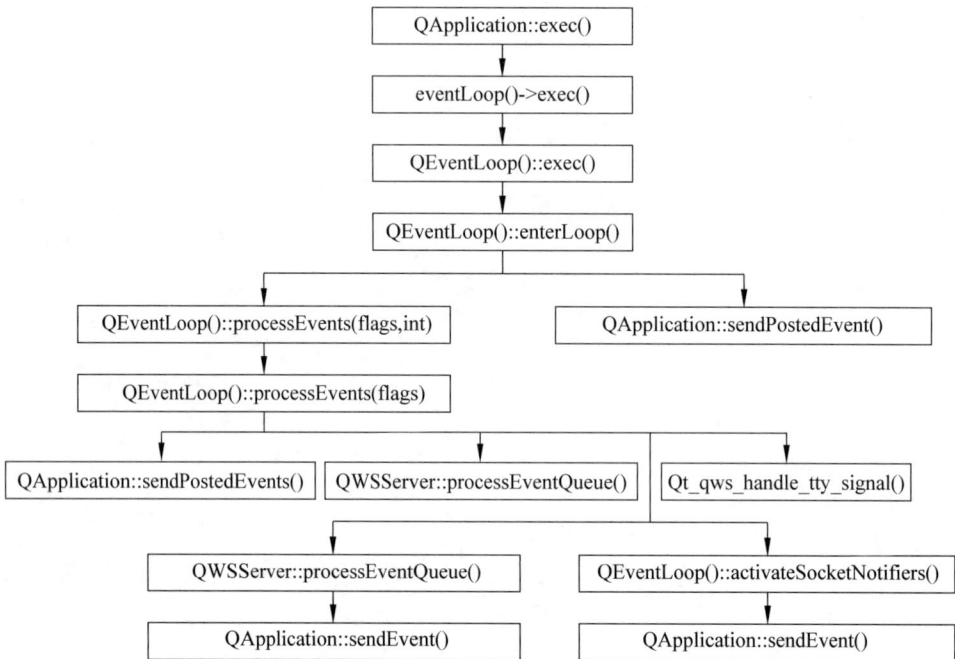

图 11-4　函数 QApplication∷exec( )的调用层次

1）建立事件过滤器函数 eventFilter

该函数的原型为

```
bool QObject∷eventFilter ( QObject * watched,QEvent * event ) [virtual]
```

如果一个部件上已安装了事件过滤器，该函数则用来过滤事件。如果使用这个函数
在重载的过程中过滤 event 事件，若使其停止不再被处理，那么返回 true，否则返回 false。

【例 11-7】　建立事件过滤函数 eventFilter 示例。

```
/ * ex11-7.c 建立事件过滤函数 eventFilter * /
class MainWindow : public QMainWindow
{
public:
    MainWindow();
protected:
    bool eventFilter(QObject * obj,QEvent * ev);
private:
    QTextEdit * textEdit;
};
MainWindow::MainWindow()
{
    textEdit=new QTextEdit;
    setCentralWidget(textEdit);
```

```
    textEdit->installEventFilter(this);
}
bool MainWindow::eventFilter(QObject * obj,QEvent * event)
{
    if(obj==textEdit){
        if(event->type()==QEvent::KeyPress){
            QKeyEvent * keyEvent=static_cast<QKeyEvent * >(event);
            qDebug()<<"Ate key press"<<keyEvent->key();
            return true;
        }else{
                return false;
        }
    }else{
        //将事件传递给父类
        return QMainWindow::eventFilter(obj,event);
    }
}
```

上述代码为 MainWindow 建立了一个事件过滤器,在事件过滤器中,首先对这个对象进行判断,判断其是否属于 textEdit 部件;其次对这个事件的类型进行判断,如果 textEdit 部件处理的是键盘事件,则过滤掉这个事件,直接返回 true,而对于其他事件则要继续处理,所以返回 false。对于没有被处理的事件,将它传递到基类的 eventFilter 函数中去处理,因为基类可能根据自身的需求已经对 eventFilter 函数重新进行了定义。

需要注意的是,如果在这个函数中将接收者对象删除,那么一定要返回 true,否则 Qt 将向前传递事件到已经删除的对象中,从而导致程序崩溃。

2) 安装事件过滤器函数 installEventFilter

该函数的原型为

```
void QObject::installEventFilter ( const QObject * filterObj )
```

该函数实现在对象 filterObj 上安装事件过滤器。

【例 11-8】 在两个部件上安装事件过滤器。

```
/ * ex11-8.c 在两个部件上安装事件过滤器 * /
KeyPressEater * keyPressEater=new KeyPressEater(this);
QPushButton * pushButton=new QPushButton(this);
QListView * listView=new QListView(this);
pushButton->installEventFilter(keyPressEater);
listView->installEventFilter(keyPressEater);
```

上述代码实现了在 pushButton 和 listView 部件上安装事件过滤器,其参数为 keyPressEater,表明要在部件 keyPressEater 中监视 pushButton 和 listView 的事件。如果一个部件安装了多个过滤器,则最后一个安装的将会最先被调用。

5. 定时器事件

在 Qt 中,定时器事件是用 QTimerEvent 类来描述的。对于一个 QObject 的子类, 可以使用函数 QObject::startTimer 来开启一个定时器。该函数原型如表 11-6 所示。

表 11-6　QObject::startTimer 函数原型

头文件	#include <QObject>
原　　型	int QObject::startTimer(int interval);
参　　数	interval:以毫秒为单位的整数,用来表明设定的时间
返回值	一个代表定时器的整型编号

当定时器溢出时,就可以通过 timerEvent 函数获取该定时器的编号,并进行相关操作。

在编程中,实现一个定时器使用更多的是 QTimer 类,该类提供了更高层次的编程接口,例如,可以使用信号和槽,也可以设置只运行一次的定时器。

【例 11-9】 定时器用法示例。

```
/*ex11-9.c 定时器用法*/
class Widget : public QWidget{
    Q_OBJECT
public:
    explicit Widget(QWidget * parent=0);
protected:
    void timerEvent(QTimerEvent * qtevent);
private:
    int timerid1,timerid2,timerid3;
};
Widget::Widget(QWidget * parent) :QWidget(parent){
    //开启一个 1s 定时器,返回其 ID
    timerid1=startTimer(1000);
    //开启一个 2s 定时器,返回其 ID
    timerid2=startTimer(2000);
    //开启一个 3s 定时器,返回其 ID
    timerid3=startTimer(3000);
}
void Widget::timerEvent(QTimerEvent * qtevent)
{
    //判断是哪个定时器
    if(qtevent->timerId()==id1){
        qDebug()<<"timerid1";
    }
    else if(qtevent->timerId()==id2){
```

```
        qDebug()<<"timerid2";
    }else{
        qDebug()<<"timerid3";
    }
}
```

程序中使用 QTimerEvent 类中的 timerId 函数来获取定时器编号,根据不同的定时器编号分别进行不同的操作。

11.2.3　一个完整的 Qt 程序

本节通过编写一个最简单的 Qt 应用程序来讲解 Qt 程序的创建、编译和运行过程。

1. 编写 Qt 程序

【例 11-10】　一个完整的 Qt 程序。

```
/*ex11-10.c 一个完整的 Qt 程序*/
1    #include<QApplication>
2    #include<QLabel>
3    int main(int argc,char *argv[])
4    {
5        QApplication app(argc,argv);
6        QLabel *label=new QLabel("Hello Qt!");
7        Label->show();
8        Return app.exec();
9    }
```

第 1 行和第 2 行包含了类 QApplication 和 QLabel 的定义。对于每个 Qt 类,都有一个与该类同名的头文件,在这个头文件中包含了对该类的定义。

第 3 行定义了一个 main 函数,作为程序的入口,该函数的参数列表保存了输入参数的信息,参数 argc 记录了输入参数的个数,argv[]是 argc 个参数,其中第 0 个参数是程序的全名,以后的参数为命令行后面用户输入的其他参数。

第 5 行创建了一个 QApplication 对象,用了管理整个应用程序所用到的资源,任何一个 Qt GUI 程序都要有一个 QApplication 对象。这个 QApplication 构造函数需要两个参数,为 main 函数参数列表中的两个参数 argc 和 argv,这是由于 Qt 支持它自己的一些命令行参数。

第 6 行创建了一个显示"Hello Qt!"的 QLabel 窗口部件(widget)。在 Qt 和 UNIX 的术语中,窗口部件就是用户界面中的一个可视化元素,包括按钮、菜单、滚动条和框架等。当然窗口部件也可以包含其他窗口部件。

第 7 行使 QLabel 标签可见。在创建窗口部件的时候,标签通常是隐藏的,这就允许用户可以先对其进行设置,然后再显示它们,这样可以避免窗口部件的闪烁现象。

第 8 行将应用程序的控制权传递给 Qt。此时,程序会进入事件循环等待用户动作(例如鼠标单击和按键等操作)的状态。

2. Linux 环境下编译程序

前面通过一个简单的应用描述了 Qt 程序所包含的内容,下面介绍在 Linux 环境下如何对 Qt 程序进行编译。

步骤 1,新建工程目录。在超级终端中使用 mkdir 命令创建一个名为 hello 的目录:

```
[root@localhost * *]#mkdir hello
```

步骤 2,新建源码文件。在 hello 目录下建立一个名为 hello.cpp 的 C++ 源文件,将上面的代码写入文件中:

```
[root@localhost * *]#cd hello
[root@localhost hello]#vi hello.cpp
```

此时可以使用 vim 编辑器编辑 hello.cpp 源文件。

步骤 3,编译 hello.cpp 程序。

编译 hello.cpp 时,Qt 程序要用到 QT-X11 环境安装目录下的一些工具,如 qmake 等,为准确起见,这里使用工具的绝对路径,当然用户可以通过修改 PATH 环境变量来设置工具目录。使用前确保 qmake 版本是某一版本的 QT-X11 库配套工具。可以使用 qmake -v 命令来查看编译器的版本。编译过程如下:

(1) 用 qmake -project 生成工程文件 hello.pro:

```
[root@localhost hello]#/usr/local/Trolltech/Qt-x11-4.6.2/bin/qmake
-project
[root@localhost hello]#ls
hello.cpp hello.pro
[root@localhost hello]#
```

(2) 用 qmake 命令生成用于编译的 Makefile 文件:

```
[root@localhost hello]#/usr/local/Trolltech/Qt-x11-4.6.2/bin/qmake
[root@localhost hello]#ls
Makefile hello.cpp hello.pro
[root@localhost hello]#
```

(3) 用 make 命令编译程序,此时当前目录下生成 hello 可执行程序:

```
[root@localhost hello]#make
g++ -c -pipe -O2 -Wall -W -D_REENTRANT -DQT_NO_DEBUG -DQT_GUI_LIB -_CORE_LIB
-DQT_SHARED -I/usr/local/Trolltech/Qt-x11-4.6.2/mkspecs/linux-g++ -I.
-I/usr/local/Trolltech/Qt-x11-4.6.2/include/QtCore
```

```
-I/usr/local/Trolltech/Qt-x11-4.6.2/include/QtCore
-I/usr/local/Trolltech/Qt-x11-4.6.2/include/QtGui
-I/usr/local/Trolltech/Qt-x11-4.6.2/include/QtGui
-I/usr/local/Trolltech/Qt-x11-4.6.2/include -I. -I. -I. -o hello.o
hello.cpp
g++-Wl,-rpath,/usr/local/Trolltech/Qt-x11-4.6.2/lib -o hello hello.o
-L/usr/local/Trolltech/Qt-x11-4.6.2/lib -lQtGui
-L/usr/local/Trolltech/Qt-x11-4.6.2/lib -L/usr/X11R6/lib -lpng -lSM -
lICE -lXi -lXrender
-lXrandr -lfreetype -lfontconfig -lXext -lX11 -lQtCore -lz -lm -lrt -ldl
-lpthread
[root@uptech hello]#ls
Makefile hello hello.cpp hello.o hello.pro
[root@localhost hello]#
```

步骤 4，运行程序：

```
[root@localhost hello]#./hello
```

结果如图 11-5 所示。

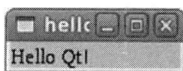

图 11-5　一个简单的 Qt 界面

11.3　Qt/Embedded 环境配置

Qt/Embedded 是 Qt 在嵌入式系统上面向应用的嵌入式 GUI 系统，Qt/Embedded 跳过了 Xlib 和 XSever，直接对帧缓冲 FrameBuffer 进行读和写的操作，相对于 Qt 在 X11 环境下运行的体系结构提高了程序运行的效率，Qt/Embedded 的结构层次如图 11-6 所示。

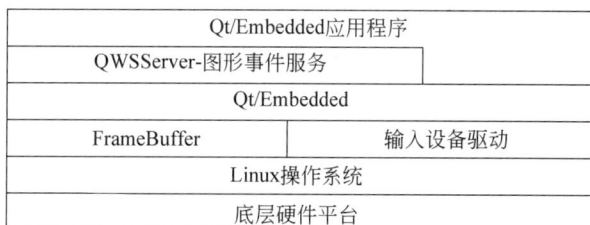

图 11-6　Qt/Embedded 实现层次

Qt/Embedded 的窗口系统由一个或者多个进程组成，其中一个进程作为服务器，主要负责产生键盘鼠标事件、管理客户端区域等。服务器对客户端有一定的管理权限，可以在启动程序时指明是否作为服务器运行。

11.3.1 获得源码

为了建立 Qt/Embedded 的开发环境,在终端 PC 上安装了 Fedora14 操作系统后,还需获得以下源码包进行编译、安装:

(1) Qt 源码包:qt-everywhere-opensource-src-4.6.2.tar.gz。

下载网址:ftp://ftp.trolltech.com/qt/source/。

版本:4.6.2。

(2) 触摸屏库源码包:tslib-1.4.tar.bz2。

版本:1.4。

获得源码后,需完成以下工作:

(3) 创建工作目录。

使用 mkdir 命令手动创建 /usr/Trolltech 工作目录,并在此路径下创建 Qt-embedded-4.6.2 和 Qt-x11-4.6.2 两个子目录,第一个是用于建立嵌入式系统的静态库或动态库的目录,第二个是 Qt 在 PC 上进行模拟仿真的目录。

(4) 复制源码到工作目录。

使用命令 cp 实现复制工作。

(5) 解压内核源码。

在这里需要解压两份分别到前面创建的两个目录 Qt-embedded-4.6.2 和 Qt-x11-4.6.2 中,解压到 Qt-embedded-4.6.2 目录中的内核源码用于编译 QTE,解压到 Qt-x11-4.6.2 目录中的内核源码用于编译 X11。当然,在这里还需要解压 tslib 源码包到 QTE 编译目录中。

11.3.2 编译 Qt-X11 环境

1. 安装 qvfb 所需库文件

qvfb 所需库:libXtst-devel。

安装命令:yum install libXtst-devel。

libXtst-devel 依赖库:libX11-devel、libXau-devel、libXext-devel、libXi-devel、libXcb-devel、xorg-X11-proto-devel、libX11、libX11-common。

说明:使用 yum install libXtst-devel 安装 libXtst-devel 时,会自动安装更新其依赖的库文件,如果没有自动更新,可分别下载安装。

安装库过程如下(需要输入 y 确定安装,见图 11-7):

```
[root@localhost src]#cd ../for_pc
[root@localhost src]#yum install libXtst-devel
```

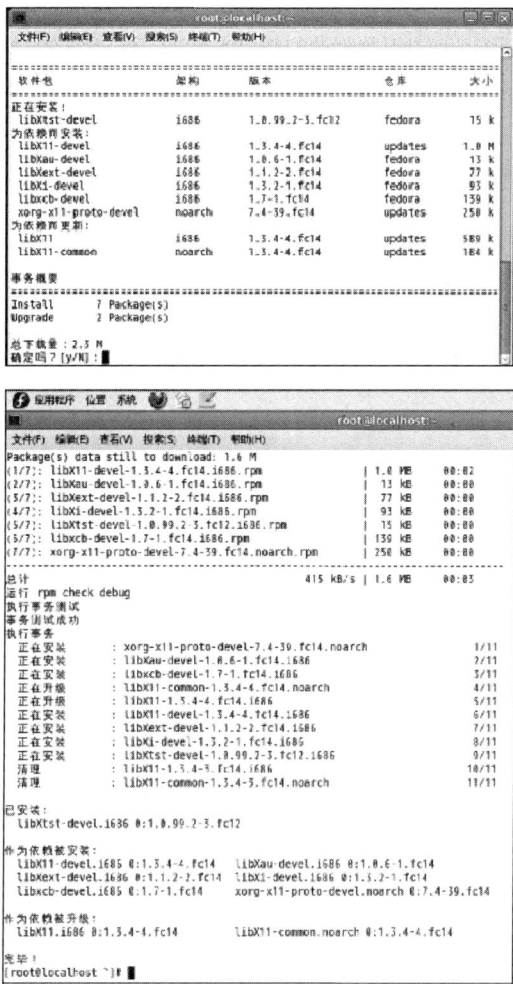

图 11-7　qvfb 安装过程

2. 安装 Qt-X11

进入/usr/Trolltech/Qt-x11-4.6.2目录,执行以下操作:

步骤1,执行 configure 进行配置。

步骤2,执行 gmake 进行编译。

步骤3,执行 gmake install 进行安装。

如果进入 qt-everywhere-opensource-src-4.6.2/bin 目录执行 designer 程序,会开启 designer 设计窗口,表示安装成功。

11.3.3　安装 Qt/Embedded 环境

进到 Qt/Embedded 编译环境工作目录/usr/Trolltech/Qt-embedded-4.6 中,完成以下工作。

1. 移植 tslib1.4 触摸屏库

步骤 1,进入 tslib1.4 目录,对其中的源文件 input-raw.c 进行修改,将函数 static int check_fd(struct tslib_input *i)中的设备检测代码注释掉。

步骤 2,编辑移植脚本,如下:

```
#/bin/sh
export CC=arm-linux-gcc
./autogen.sh
echo "ac_cv_func_malloc_0_nonnull=yes">arm-linux.cache
./configure --host=arm-linux --cache-file=arm-linux.cache
-prefix=$ PWD/../tslib1.4-install
make
make install
```

步骤 3,执行 build. sh 程序,开始编译安装。编译完成后会在/usr/Trolltech/Qt-embedded-4.6 目录出现移植好的触摸屏库目录 tslib1.4-install,如下所示:

```
[root@localhost for_arm]#ls
qt-everywhere-opensource-src-4.6.2  tslib-1.4  tslib1.4-install
```

步骤 4,修改编译好的触摸屏配置文件 ts.conf,将 # module_raw input 开头的 # 去掉,并将 module_raw input 向左顶格。

2. 编译 Qt/Embedded 库

步骤 1,创建 Qt/Embedded 库安装路径:/mnt/nfs/Trolltech/。

步骤 2,进到 Qt/Embedded 编译工作目录,编辑移植脚本 build. sh 如下:

```
./configure - embedded arm - xplatform qws/linux - arm - g + + - nomake demos
-nomake
examples -no-stl -no-qt3support -no-phonon -no-svg -no-webkit -no-
openssl -no-nis
-no-cups -no-iconv -no-pch -no-dbus -no-separate-debug-info -depths 8,
16,32 -fast
-little-endian -qt-mouse-linuxtp -qt-mouse-tslib -I$ PWD/../tslib1.4-
install/include
-L$ PWD/../tslib1.4-install/lib -prefix/mnt/nfs/Trolltech/Qt-embedded-
4.6.2-install
-D__ARM_ARCH_5TEJ__
make
make install
```

步骤 3,执行 build. sh 开始编译安装。

编译完成后会在/mnt/nfs/Trolltech/目录生成移植好的 Qt/Embedded 库目录,此目录可直接下载到开发板上使用。

3. 测试触摸屏

步骤 1,分别将触摸屏的库、配置文件及工具复制到 Qt/Embedded 的目录/mnt/nfs/Trolltech/Qt-embedded-4.6.2-install/bin/下。

步骤 2,设置 NFS 共享目录。挂载 NFS 共享目录到开发板/mnt/nfs 目录。

步骤 3,设置开发板环境变量。

进入 Qt/Embedded 的目录/mnt/nfs/Trolltech/Qt-embedded-4.6.2-install,执行下面的命令:

```
export QTDIR=$ PWD
export LD_LIBRARY_PATH=$ PWD/lib
export TSLIB_TSDEVICE=/dev/event0
export TSLIB_PLUGINDIR=$ PWD/lib/ts
export QT_QWS_FONTDIR=$ PWD/lib/fonts
export TSLIB_CONSOLEDEVICE=none
export TSLIB_CONFFILE=$ PWD/etc/ts.conf
export POINTERCAL_FILE=$ PWD/etc/ts-calib.conf
export QWS_MOUSE_PROTO=tslib:/dev/event0
export TSLIB_CALIBFILE=$ PWD/etc/ts-calib.conf
export LANG=zh_CN
export QT_PLUGIN_PATH=$ PWD/plugins/
```

步骤 4,进行触摸屏校准。执行/mnt/nfs/Trolltech/Qt-embedded-4.6.2-install/bin 目录下的 ts_calibrate 文件,会出现 5 点校屏,单击触摸屏校准即可。

至此,Qt/Embedded 环境已经搭建好。

11.4　Qt Designer 介绍

Qt 提供了非常强大的 GUI 编辑工具——Qt Designer,它的操作界面类似于 Windows 下的 Visual Studio,而且它还提供了相当多的部件资源。

Qt 允许程序员不通过任何设计工具,以纯粹的 C++ 代码来设计一个程序。但是大多数程序员更加习惯于在一个可视化的环境中设计程序,尤其是在界面设计的时候。这是因为这种设计方式更加符合人类的思考习惯,也比书写代码要快得多。因此 Qt 也提供了一个可视化的界面设计工具——Qt 设计器(Qt Designer),其开始界面如图 11-8 所示。

1. 创建用户界面

首先创建一个对话框。选择菜单"文件"→"新建"命令,在"新建窗体"对话框中选择

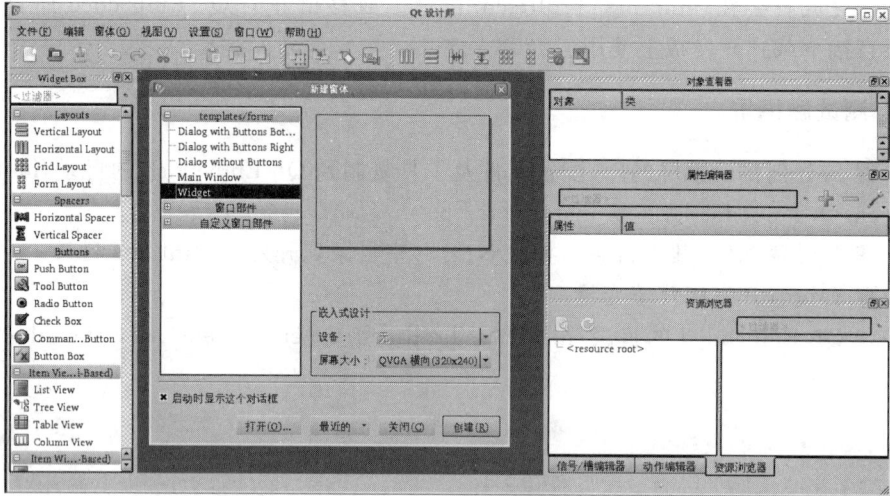

图 11-8　Qt Designer 界面

Dialog without Buttons，创建一个不带任何部件的对话框，如图 11-9 所示。

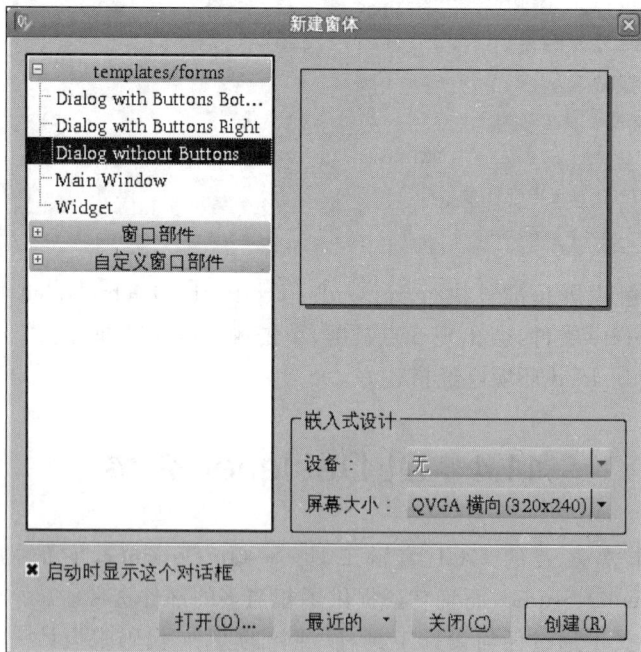

图 11-9　"新建部件"对话框

单击"创建"按钮，即可进入如图 11-10 所示的界面。

从左侧 Widget Box 中拖两个 Push Button 到对话框中，分别双击两个按钮，将按钮的文本改为"打开新对话框"和"退出"。如需修改部件的属性，可以通过右侧的属性窗口进行修改，例如，将对话框窗口、按钮"打开新对话框"和按钮"退出"的属性 objectName 分别设为 MyDialog、ShowNewDialog 和 exit。

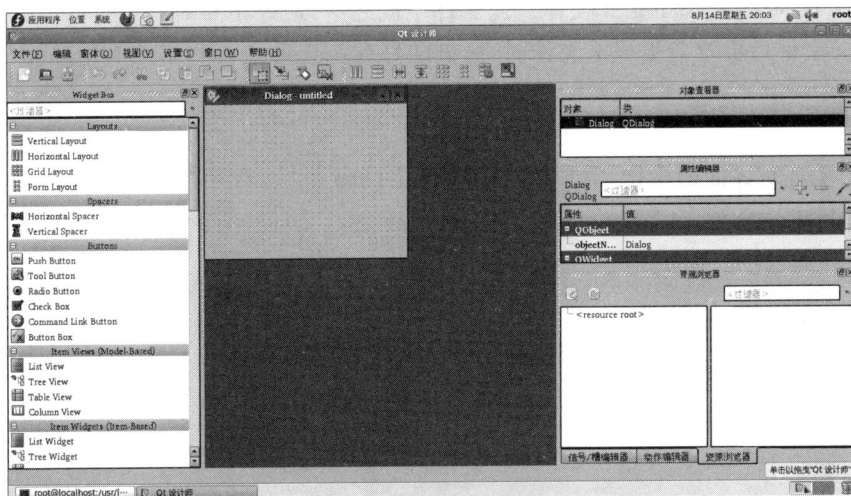

图 11-10　用户界面窗体设计

　　"退出"按钮可以使用已有的信号和槽,因而此时需对此按钮的信号和槽进行连接。按 F4 键进入信号/槽编辑模式,拖动"退出"按钮,使之与对话框窗体相连,弹出如图 11-11 所示的"配置连接"对话框,选中"显示从 QWidget 继承的信号和槽",然后在左边的 exit (QPushButton)栏中选择信号 clicked(),在右边的 MyDialog(QDialog)栏中选择对应的槽 close(),完成后单击"确定"按钮。

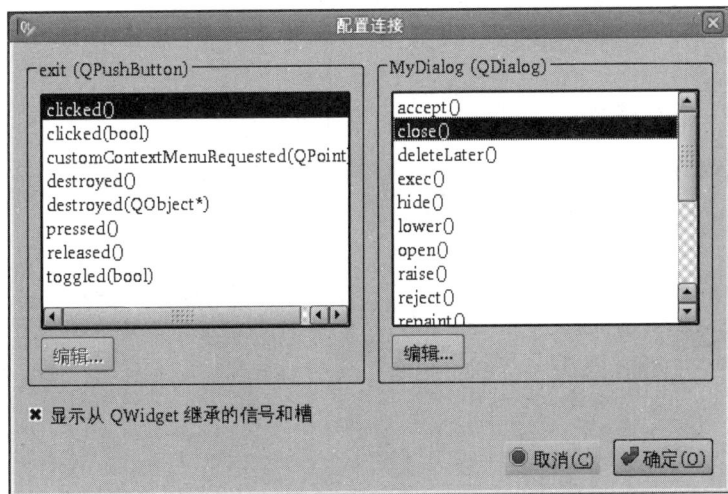

图 11-11　系统的信号和槽配置对话框

　　完成以上设置后,将文件保存为 mydialog. ui。

2. 生成头文件

　　uic 工具程序可以用 ui 文件自动生成. h 文件,以供其他程序对界面进行操作。在终端中,首先进入文件 mydialog. ui 所在的文件夹,输入 uic -o mydialog. h mydialog. ui 命令,即可生成一个 mydialog.h 文件。此文件生成之后,最好不要对其进行修改,因为每次修改了 ui 文件后再重新生成头文件时,所做的修改都会丢失。

3. 添加自定义代码

为了实现对界面的操作,需要添加一些自定代码。

(1) 新建一个头文件 MyDlg.h,内容如下:

```
#include<QDialog.h>
#include "mydialog.h"
class MyDlg : public QDialog
{
    Q_OBJECT
    public:
        MyDlg();
    private:
        Ui::Mydialog ui;
    public slots:
        void showChildDialog();
};
```

该文件首先包含了 mydialog.h,然后声明了一个类 MyDlg,并添加了一个私有成员对象 Ui::Mydialog ui,这样就可以通过对象 ui 控制界面上的所有部件了。文件的最后添加了一个槽 showChildDialog(),用来和"打开新对话框"按钮的 clicked()信号进行连接。

(2) 新建一个 C++ 文件 MyDlg.cpp,内容如下:

```
#include "MyDlg.h"
MyDlg::MyDlg()
{
    ui.setupUi(this);
    connect(ShowNewDialog,SIGNAL(clicked()),this,
    SLOT(showChildDialog()));
}
MyDlg:: showChildDialog()
{
    QDialog * dialog=new QDialog(this);
    dialog->show();
}
```

在类 MyDlg 的构造方法中首先调用 ui 的 setupUi()方法,对界面上的部件进行初始化,然后将 ShowNewDialog 的信号 click()和槽 showChildDialog()连接起来,当单击"打开新对话框"按钮时,即可弹出一个新的对话框。

11.5 农业信息采集控制系统设计

本节首先介绍数据采集终端所需各个功能部件的使用方法,其次完成系统各功能部件界面的设计,最后完成系统的显示与控制。

11.5.1 窗口部件

Qt Designer 中提供的默认基类有 QMainWindow、QWidget 和 QDialog 这 3 种。其中,QMainWindow 是带有菜单栏和工具栏的主窗口类,QDialog 是各种对话框的基类,而这两种类又继承自 QWidget 类。事实上,所有的窗口部件都继承自 QWidget。本节仅对与采集系统相关的部件进行介绍,其他类的使用方法可以参考相关书籍,或查看帮助内容。

1. 基础窗口部件 QWidget

Qwidget 类是所有用户界面对象的基类,被称为基础窗口部件。QWidget 继承自 QObject 类和 QPaintDevice 类,其中 QObject 类是所有支持 Qt 对象模型(Qt object model)的基类,QPaintDevice 类是所有可以绘制的对象的基类。

1) 窗口与子部件

先来看一个例子。新建 MyQWidget 目录,进入此目录,通过 vi 编辑器编写 C++ 源文件 main. cpp,代码如下:

```
#include<QtGui>
int main(int argc,char * argv[]){
    QApplication a(argc,argv);
    QTextCodec::setCodecForTr(QTextCodec::codecForLocale());
    QWidget * widget=new QWidget(0,Qt::Dialog);
    widget->setWindowTitle(QObject::tr("这是 widget 窗口"));
    QLabel * label1=new QLabel(0,Qt::WindowTitleHint);
    label1->setWindowTitle(QObject::tr("这是 label 窗口"));
    label1->setText(QObject::tr("这是 label"));
    label1->resize(200,50);
    QLabel * label2=new QLabel(widget);
    label2->setText(QObject::tr("这是 label,为 widget 窗口的子部件"));
    label2->resize(250,50);
    label1->show();
    widget->show();
    int ret=a.exec();
    delete label1;
    delete widget;
    return ret;
}
```

开发程序的原则是要包含尽可能少的头文件,在上面的程序中仅包含了头文件QtGui,QtGui 模块中包含了程序中用到的 QApplication、QWidget 及 QLabel 等类。程序中定义了一个 QWidget 类对象的指针 widget 和两个 QLabel 对象指针 label1 和label2,label1 的第一个参数为 0,表示其本身将作为父窗口,label2 的参数为 widget,所以label2 将作为 widget 的子部件放置于 widget 窗口中。细心的读者会注意到上面的程序有 3 个动态分配空间的 new,而只有两个删除动态空间的 delete,这是因为在 Qt 中销毁父对象的时候会自动销毁子对象,这里在 delete widget 时会自动销毁 widget 及其子对象 label1。上面程序运行的效果如图 11-12 所示。

图 11-12　窗口及子部件效果图

Qt 中把没有父部件的部件称为窗口,也称为顶级部件(top-level widget)。与其相对的是非窗口部件,也称为子部件(child widget)。Qt 中大部分部件都作为子部件嵌入到窗口中。

QWidget 提供了绘制窗口和处理用户输入事件的基本功能,是绝大多数 Qt 提供的界面元素的父类。设计自己的窗口部件,就可以继承 QWidget 类或其子类等。

2) 窗口类型

每个 QWidget 的构造函数可以接收一个或两个标准参数:

参数 1:QWidget * parent = 0 指出新部件的父部件。如果这个参数为 0,表示新创建的部件为窗口,否则新创建的部件将作为 parent 的子部件,并受父部件的约束。

参数 2:Qt::WindowFlags f = 0 设置窗口类型或标志。它的默认值表示使用了Qt::Widget这种类型的部件。如果要使用其他类型的窗口,需对此值进行设置,常用的有以下几种类型:

- Qt::FramelessWindowHint:没有边框的窗口。
- Qt::WindowStaysOnTopHint:总是最上面的窗口。
- Qt::CustomizeWindowHint:自定义窗口标题栏,以下标志必须与这个标志一起使用才有效,否则窗口将有默认的标题栏。
- Qt::WindowTitleHint:显示窗口标题栏。
- Qt::WindowSystemMenuHint:显示系统菜单。
- Qt::WindowMinimizeButtonHint:显示最小化按钮。
- Qt::WindowMaximizeButtonHint:显示最大化按钮。
- Qt::WindowMinMaxbuttonHint:显示最小化按钮和最大化按钮。
- Qt::WindowCloseButtonHint:显示关闭按钮。

3) 窗口几何布局

在 Qt 的帮助索引中查看 Window and Dialog Widgets 关键字,文档中显示了窗口的几何布局图,如图 11-13 所示。

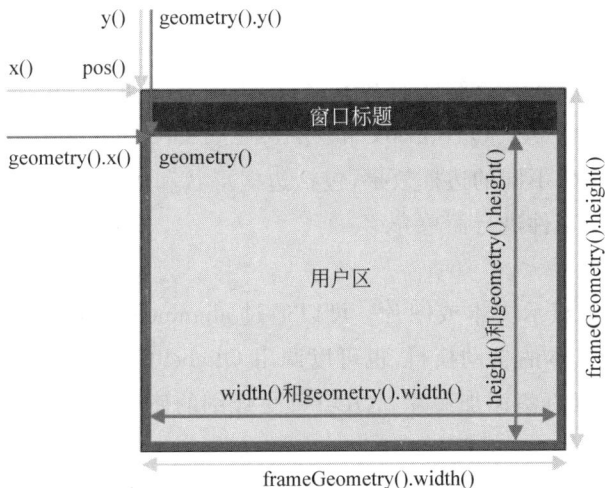

图 11-13　Widget 窗口几何布局

　　窗口的几何布局就是设置窗口的大小和运行时显示的位置,根据是否包含边框和标题,需使用不同的函数来获取。下面列出的是设置边框和窗体用到的函数:

　　① 设置边框:x( )、y( )、frameGeometry( )、frameSize( )、pos( )和 move( )等函数。

　　② 设置窗体:geometry( )、setGeometry( )、width( )、height( )、rect( )和 resize( )等函数。

2. 对话框部件 QDialog

　　QDialog 类通常是用来设计一个短小任务或与用户进行简单交互的顶层窗口。按照对话框在运行时是否能够和该程序的其他窗口进行交互,可以将对话分为模态对话框和非模态对话框两类。

　　模态对话框就是在当前对话框没有被关闭前,用户不能操作同一应用程序中的其他窗口,如打开文件时弹出的对话框,一般情况下可以通过调用 exec( )函数实现。非模态对话框正好与此相反,用户既可以与对话框交互,也可以与同一应用程序的其他窗口交互,如 Microsoft Office 中的拼写和语法、查找及替换对话框,通常会通过 new 先创建对话框,然后使用 show( )函数来显示。

　　Qt 提供了一些常用的对话框类型,它们全部继承 QDialog 类,并增加了自己的特色功能,如消息对话框、输入对话框和进度对话框等,如需要这些对话框,直接通过给定类定义即可。

3. 按钮部件

　　在 Qt 中,按钮部件的通用功能是由 QAbstractButton 抽象类提供的。它的子类包括标准按钮 QPushButton、复选框 QCheckBox、单选按钮 QRadioButton 以及工具按钮 QToolButton。一般情况下会把一组按钮放到 QGroupBox 中进行管理。

4. QFrame 类族

QFrame 类是带有边框的部件的基类,它的子类有常见的 QLabel、QLCDNumber、QSplitter、QStackedWidget、QToolBox 和 QAbstractScrollArea 类。QFrame 类的主要功能是用来实现各部件不同的边框效果,包括边框形状和边框阴影。下面对其中两个在采集系统中要用到的部件进行简单介绍。

1) QLabel

QLabel 部件用来显示文本或图片。可以通过 alignment 属性设置标签的对齐方式,wordWrap 属性实现文本的自动换行,也可以调用 QLabel 的子函数 setPixmap(qpixmap::fromimage(image))向标签添加照片。QLabel 更详细的使用方法可以查看帮助文档。

2) QLCDNumber

QLCDNumber 部件可以让数码显示与液晶数字一样的效果。属性 smallDecimallPoint 设置数字显示是否带小数点,digitCount 设置显示数字的个数,mod 设置数字显示的进制,segmentStyle 设置数码的显示样式,value 设置显示的值(也可在代码中使用 display()函数进行设置)。在 QLCDNumber 中可以显示的数码有 0/O、1、2、3、4、5/S、6、7、8、9/g、负号、小数点、A、B、C、D、E、F、H、L、P、U、Y、h、o、r、u、冒号、度符号和空格。

11.5.2 布局管理

前面介绍窗口部件时,部件都是随意地在界面上放置。而在开发一个完善的软件时,进行布局管理是非常有必要的,它不仅能使界面中的部件排列整齐,还能使界面适应窗口的大小变化。Qt 中主要提供了 QLayout 类及其子类用于布局管理,布局管理使用的各个类的关系如图 11-14 所示。

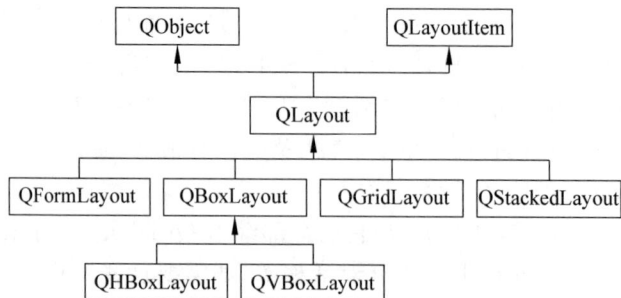

图 11-14　QLayout 类关系图

1. 布局管理系统

Qt 的布局管理系统为了有效地利用空间,提供了简单而强大的机制来自动排列一个窗口中的部件。Qt 包含了一组用来描述怎样在应用程序的用户界面中对部件进行布局的类,这里称其为布局管理器。任何置于 QWidget 类的子类对象中的子部件都可以进行布局管理。如果想在一个部件上应用布局管理器,可以通过 QWidget∷setLayout()函数实现。布局管理器可以完成以下几个任务:

(1) 对子部件定位。

(2) 感知窗口默认大小。

(3) 感知窗口最小大小。

(4) 改变大小处理。

(5) 当内容改变时自动完成以下更新:

- 字体大小,文本或子部件的其他内容随之改变。
- 隐藏或显示子部件。
- 移除一个子部件。

1) 布局管理器

从图 11-14 中可以看到,QLayout 类继承自 QObject 和 QLayoutItem 类,是布局管理器的基类。通常进行布局管理时,可以综合使用 QBoxLayout(基本布局管理器)、QGridLayout(栅格布局管理器)、QFormLayout(表单布局管理器)和 QStackedLayout(栈布局管理器)。而 QLayout 和 QLayoutItem 都是抽象类,只有在用户设计自己的布局管理器时才会用到。

(1) QBoxLayout。有 QHBoxLayout(水平布局管理器)和 QVBoxLayout(垂直布局管理器)两个子类,可以将空间分成一行或一列盒子,并将一个子部件放入一个盒子中,从而使子部件在水平方向或垂直方向排成一行或一列。

(2) QGridLayout。在网格中对部件进行布局,它将整个空间分隔成一些行和列,行和列的交叉处就形成了单元格,然后将部件放入一个确定的单元格中。

(3) QFormLayout。用来管理表格的输入部件及其相关的标签,将它的子部件分为两列,左边是一些标签,右边是一些输入部件,比如行编辑器或者列表框等。

(4) QStackedLayout。该类把子控件进行分组或者分页,一次只显示一组或者一页,隐藏其他组或者页上的控件。QStackedLayout 本身并不可见,对换页也不提供本质的支持。Qt Designer 为了方便起见,提供了使用 QStackedLayout 的 QStackedWidget 类。

2) 部件大小的设置

部件大小的设置在布局时起到很重要的作用,下面对几个常用的属性进行介绍。

(1) sizeHint(大小提示)。该属性保存了部件建议的大小,不同部件默认拥有不同的大小提示属性。在程序中可以通过 sizeHint()函数获得 sizeHint 的值。

(2) minimumSizeHint(最小大小提示)。该属性保存了部件建议的最小大小。使用 minimumSizeHint()函数来获取 minimumSizeHint 的值,如果通过函数 minimumSizeHint() 设置了部件的最小大小,那么 sizeHint 将会被忽略。

(3) sizePolicy(大小政策)。该属性保存了部件的默认布局行为,在水平和垂直两个方向分别起作用,控制部件在布局管理器中的大小的变化。

2. 设置 Tab 键顺序

对于一个应用程序,为了方便操作,总是希望通过 Tab 键来实现将焦点从一个部件移动到另一个部件。Qt Designer 设计器提供了设置 Tab 键的功能。程序员可以通过单击工具栏中的编辑 Tab 工具 ,进入 Tab 键顺序编辑模式,如图 11-15 所示,这时已经显示出了各个部件的 Tab 键顺序,只需要单击这些数字即可更改顺序。运行程序的初始焦点会在 Tab 键顺序为 1 的部件上。

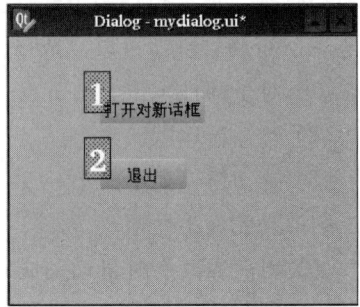

图 11-15　Tab 键顺序编辑模式

11.5.3　农业信息采集控制系统终端 GUI 设计

本节主要介绍通过 Qt Designer 设计农业信息采集控制系统界面的步骤。

1. 对话框界面设计

第 1 步,新建对话框。打开"文件"菜单,选择"新建"命令,弹出"新建窗体"对话框,选择 Dialog without Buttons 项,单击"创建"按钮即可创建一个默认的对话框窗体。

第 2 步,修改对话框窗体的属性。将 ObjectName 属性值设置为 CJDialog,geometry 属性值宽度设置为 320,高度设置为 240,WindowTitle 属性值设置为"农业信息采集控制系统",其他属性值使用默认值即可。

2. "状态单元"界面设计

第 1 步,拖入 GroupBox 部件,放置到对话框窗体的左侧,调整其大小,并将属性 title 设置为"状态单元",其他属性值使用默认值即可。

第 2 步,向 GroupBox 中拖入两个 Vertical Layout(垂直布局管理器),适当调整其大小,并使其摆放于一行。

第 3 步,分别向两个 Vertical Layout 中拖入 4 个 Label 标签,位于左侧的布局中 4 个标签的 text 属性分别设为"温度"、"湿度"、"露点数"和"压强";位于右侧布局中 4 个标签的 text 属性值均设为 0.0。

3. "控制单元"界面设计

第 1 步,拖入 GroupBox 部件,放置到对话框窗体的右侧,调整其大小,并将属性 title 设置为"控制单元"。

第 2 步,向 GroupBox 中拖入两个 Horizontal Layout(水平布局管理器),适当调整其大小,并使这两个部件摆放于一列。

第 3 步,分别向每个 Horizontal Layout 中拖入一个 Label 标签和一个 Vertical Layout,对标签的 QFrame 进行设置:将 frameShape 设置为 Box,frameShadow 设置为

Raised,为了以后可以被图片填充满,这里需选中 scaledContents 属性。

第 4 步,分别向 Horizontal Layout 管理器中的两个 Vertical Layout 中拖入两个 PushButton。

4. 系统时间显示设置

从部件栏中拖入一个 LCD Number 部件到对话框窗体中,调整其大小,并设置 frameShape 属性为 NoFrame。

5. Tab 键顺序设置

单击工具栏中的编辑 Tab 工具 ，进入 Tab 键顺序编辑模式,设计顺序如图 11-16 所示。

到此为止,通过 Qt Designer 对农业信息采集控制系统所做的界面设计已基本完成。关闭 Qt Designer,并且将该界面文件保存为 cDialog. ui。此时需在终端中通过 uic 工具将 cDialog. ui 文件生成为 cDialog. h 文件。界面的完善、系统日期时间及采集数据的显示和功能控制需向文件

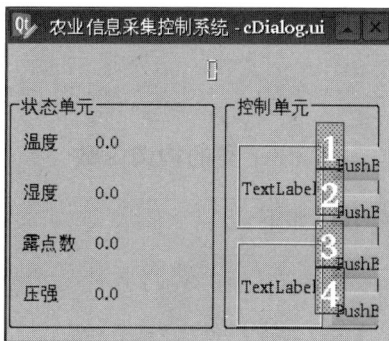

图 11-16　数据采集系统 Tab 键顺序

Gather. h、Gather. cpp 及 main. cpp 中添加代码来实现,这部分内容将在 11.5.4 节进行详细介绍。

11.5.4　农业信息采集控制系统 GUI 显示与控制的实现

在 11.5.3 节已经实现了对农业信息采集控制系统界面的设计,本节通过添加关键代码的方式实现对农业信息采集控制系统所采集数据(温度、湿度、露点数和大气压强)的显示及对部分设备(电机和继电器)的控制。

1. 定义用于操作窗口的子类 Gather

代码如下:

```
//Gather.h
class Gather:public QDialog
{
    Q_OBJECT
    public:
    Gather();
    void Insmod_moudles();                /*加载模块硬件驱动脚本*/
    private slots:
    void tim_slot();                      /*显示日期时间的槽函数*/
    void display_slot();                  /*显示采集数据的槽函数*/
```

```
void on_pushButton_1_clicked();        /*单击按钮 pushButton_1,电机的正转*/
void on_pushButton_2_clicked();        /*单击按钮 pushButton_2,电机的反转*/
void on_pushButton_3_clicked();        /*单击按钮 pushButton_3,打开继电器*/
void on_pushButton_4_clicked();        /*单击按钮 pushButton_4,关闭继电器*/
private:
Ui::Dialog ui;
int sht_fd;                            /*温湿度采集设备文件描述符*/
int bmp_fd;                            /*大气压强采集设备文件描述符*/
};
```

2. Gather 类的构造函数

代码如下:

```
//Gather.cpp
Gather::Gather()
{
    ui.setupUi(this);
    /*设置对话框可以显示中文*/
    QTextCodec::setCodecForTr(QTextCodec::codecForLocale());
    /*标签上加载图片*/
    ui.label_9->setPixmap(QPixmap("../motor.png"));
    ui.label_10->setPixmap(QPixmap("../buzzer.png"));
    /*按钮上加载图片及文字*/
    ui.pushButton_1->setIcon(QIcon("../corotation.png"));
    ui.pushButton_1->setText(tr("正转"));
    ui.pushButton_2->setIcon(QIcon("../rollback.png"));
    ui.pushButton_2->setText(tr("反转"));
    ui.pushButton_3->setIcon(QIcon("../on.png"));
    ui.pushButton_3->setText(tr("打开"));
    ui.pushButton_4->setIcon(QIcon("../off.png"));
    ui.pushButton_4->setText(tr("关闭"));
    QTimer * timer1=new QTimer(this);
    /*进行定时器信号连接*/
    connect(timer1,SIGNAL(timeout()),this,SLOT(tim_slot()));
    Insmod_moudles();
    connect(timer1,SIGNAL(timeout()),this,SLOT(display_slot()));
    timer1->start(1000);
    display_slot();            /*显示各模块初始状态*/
}
```

3. 显示系统当前时间的槽函数

代码如下：

```
//Gather.cpp
void Gather::tim_slot()
{
    ui.lcdNumber->setNumDigits(19);
    ui.lcdNumber->setSegmentStyle(QLCDNumber::Flat);
    ui.lcdNumber->display((new QDateTime)->
    currentDateTime().toString("yyyy-MM-dd hh:mm:ss"));
}
```

4. 加载模块硬件驱动并获取模块设备文件句柄

代码如下：

```
//Gather.cpp
void Gather::Insmod_moudles(){
    int res;
    sht_fd=::open("/dev/sht11",0);
    if(sht_fd<0)
        QMessageBox::warning(this,tr("warning"),
    tr("open/dev/sht11 error!"),QMessgeBox::Abort);
    bmp_fd=::open(I2C_DEV,O_RDWR);
    if(bmp_fd<0)
        QMessageBox::warning(this,tr("warning"),
            tr("i2c device open failed!"),QMessgeBox::Abort);
    else{
        res=ioctl(bmp_fd,I2C_TENBIT,0);
        res=ioctl(bmp_fd,I2C_SLAVE,CHIP_ADDR);          //[6:0]
        bmp085Init();              /* bmp085 芯片初始化 */
    }
}
```

5. 显示采集到的数据

代码如下：

```
//Gather.cpp
void Gather::display_slot()
{
    float fvalue_t,fvalue_h,dew_point,press;
```

```
    char c_fvalue_t[14],c_fvalue_h[14],c_dew_point[14],c_press[14];
    Show_sht11(&fvalue_t,&fvalue_h,&dew_point);
                                         /*获取温度、湿度和露点数值*/
    Show_press(&press);                  /*获取大气压强值*/
    sprintf(c_fvalue_t,"%f",fvalue_t);
    sprintf(c_fvalue_h,"%f",fvalue_h);
    sprintf(c_dew_point,"%f",dew_point);
    sprintf(c_press,"%f",press);
    ui.label_5->setText(QObject::tr(c_fvalue_t));
    ui.label_6->setText(QObject::tr(c_fvalue_h));
    ui.label_8->setText(QObject::tr(c_dew_point));
    ui.label_8->setText(QObject::tr(c_press));
}
```

6. 信号和槽的连接

1）直流电机正转槽函数

代码如下：

```
//Gather.cpp
void Gather::on_pushButton_1_clicked(){
    QProcess * process=new QProcess;
    process->start("/root/motor/motor_corotation.sh");
    process->waitForStarted();
}
```

2）直流电机反转槽函数

代码如下：

```
//Gather.cpp
void Gather::on_pushbutton_2_clicked()
{
    QProcess * process=new QProcess;
    process->start("/root/motor/motor_rollback.sh");
    process->waitForStarted();
}
```

3）继电器打开槽函数

代码如下：

```
//Gather.cpp
void Gather::on_pushButton3_clicked()
{
    QProcess * process=new QProcess;
```

```
process->start("/root/relay/relay_open.sh");
process->waitForStarted();
}
```

4）继电器关闭槽函数

代码如下：

```
//Gather.cpp
void Gather::on_pushButton4_clicked()
{
    QProcess * process=new QProcess;
    process->start("/root/relay/relay_close.sh");
    process->waitForStarted();
}
```

7. 定义 Gather 对象并显示

代码如下：

```
//main.cpp
#include<QApplication>
#include "gather.h"
int main(int argc,char * argv[])
{
    QApplication app(argc,argv);
    Gather * CJdlg=new Gather;
    return CJdlg->exec();
}
```

上述程序经过编译后，运行结果如图 11-17 所示。

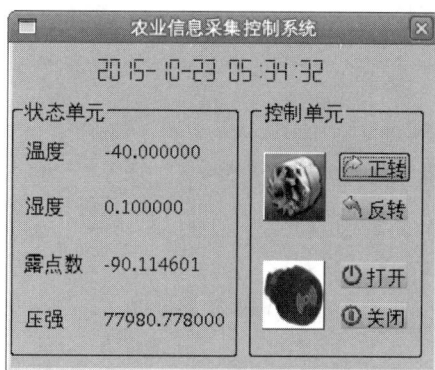

图 11-17 农业信息采集控制系统界面

习　题　11

1. 什么是 Qt? Qt 能做什么? 有哪些优点?
2. Qt 中信号和槽的作用是什么? 如何使用?
3. Qt 中事件是通过什么实现的?
4. 实现一个事件过滤包括几个步骤? 分别是什么?
5. 利用 Qt Designer 设计一个对话框主要包括哪些步骤?
6. QApplication 的主要作用是什么?
7. 使用 Qt 编码实现 Label 显示"hello world"的功能。
8. 使用系统槽函数,实现单击按钮时程序退出的功能,界面如下所示。

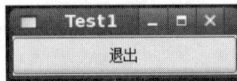

9. 如何编译运行 Qt 程序? 命令是什么?
10. 根据 Qt 事件处理机制,分析如下代码:

```cpp
class EventObject : public QObject{
    public:
        EventObject() {}
    protected:
        bool eventFilter(QObject * obj,QEvent * event);
};
bool EventObject::eventFilter(QObject * obj,QEvent * event){
    qDebug("eventFilter\n");
    return false;
}
class MyWidget : public QWidget{
    public:
        MyWidget(QWidget * parent=0) : QWidget (parent) {}
    protected:
        virtual bool event(QEvent * event);
        virtual void keyPressEvent(QKeyEvent * event);
};
bool MyWidget::event(QEvent * event){
    qDebug("event\n");
    return QWidget::event(event);
}
void MyWidget::keyPressEvent(QKeyEvent * event){
    qDebug("keyPressEvent\n");
    MyWidget:: keyPressEvent(event);
```

```
}
int main(int argc,char * * argv){
    QApplication a(argc,argv);
     * pEventObject=new EventObject;
    MyWidget * pWidget=new MyWidget;
    MyWidget->installEventFilter(pEventObject);
    MyWidget->show();
    return a.exec();
}
```

启动程序，当键盘事件（keyPressEvent）发生时，列出打印信息。

11. 简述 Qt/Embedded 环境的配置过程。

附录 A
农业信息采集控制系统源程序

```
/*
*------------------数据采集与显示系统------------------
*    (C)Copyright 2015 IMUT CSTD Labs
*
*    Written by: CSTD
*    Created on: 2015 年 09 月 28 日 星期一 00:08:58 PDT
*------------------------------------------------------
*/
#include<stdio.h>
#include<stdlib.h>
#include<unistd.h>
#include<math.h>
#include<sys/ioctl.h>
#include<signal.h>
#include<sys/types.h>
#include<sys/stat.h>
#include<errno.h>
#include<fcntl.h>
#include<string.h>
#include<pthread.h>
#include<time.h>
//管道文件名称
#define FIFO_SERVER "/tmp/datafifo"
#define MOTOR_FWD 1              //直流电机正转
#define MOTOR_REV 2              //直流电机反转
#define RELAY_ON   3            //继电器开
#define RELAY_OFF 4             //继电器关
//温湿度传感器相关定义
#define TEMP 0
#define HUMI 1
//大气压力传感器相关定义
```

```
#define I2C_SLAVE        0x0703                    //使用从地址
#define I2C_TENBIT       0x0704
#define CHIP_ADDR        0x77
#define PAGE_SIZE        20
#define I2C_DEV          "/dev/i2c-0"              //I2C设备名
#define OSS 0
    //Oversampling Setting (note: code is not set up to use other OSS values)
//继电器开关相关定义
#define IOCTL_RELAY_OFF    0                       //宏定义(在预处理中会将后者替换成前者)
#define IOCTL_RELAY_ON     1
    //直流电机相关定义
#define DCM_IOCTRL_SETPWM   (0x10)                 //宏定义(在预处理中会将后者替换成前者)
#define DCM_TCNTB0          (16384)
static int dcm_fd=-1;                              //直流电机设备文件操作句柄
char * DCM_DEV="/dev/magic_dc_motor0";  //直流电机设备文件名
//大气压力传感器相关定义
short ac1;
short ac2;
short ac3;
unsigned short ac4;
unsigned short ac5;
unsigned short ac6;
short b1;
short b2;
short mb;
short mc;
short md;
static int bmp_fd;
pthread_mutex_t mutex1,mutex2;        //线程锁定义
static int fdpipe;                    //管道文件操作句柄
static float w_buf[5];                //采集数据临时缓存,5个float型参数
static char send_buf[100];            //管道发送缓冲区


/*--------------------------直流电机控制程序-----------------*/
//延时函数
void dcm_delay(int t)
{
    int i;
    for(;t>0;t--)
        for(i=0;i<400;i++);
}
//直流电机控制程序。直流电机状态 arg:1为正转,0为反转
void * motor(void * arg)//
```

```
{
    int i=0;
    int res;
    int setpwm=0;                                    //直流电机的速率
    int factor=DCM_TCNTB0/1024;
    int status;
    status=(int)arg;
    res=pthread_mutex_lock(&mutex1);                 //加线程锁
    if (res)
    {
        printf("Thread lock failed\n");
        return;
    }
    if((dcm_fd=open(DCM_DEV,O_WRONLY))<0){  //打开设备文件失败
        printf("Error opening %s device\n",DCM_DEV);
        return;
    }
    if (status==1){
        printf("Motor forward...  ",setpwm);
        printf("setpwm : 0->512\n");
    }else{
        printf("Motor reverse...  ",setpwm);
        printf("setpwm : -512->0\n");
    }
    for (i=0; i<=512; i++) {
        if(status==1)
            setpwm=i;
        else
            setpwm=-i;
        //ioctl是对I/O通道进行管理的函数
        ioctl(dcm_fd,DCM_IOCTRL_SETPWM,(setpwm * factor));
        dcm_delay(500);                              //调用延时函数
        //printf("setpwm=%d \n",setpwm);
    }
    close(dcm_fd);                                   //关闭设备文件
    pthread_mutex_unlock(&mutex1);                   //解线程锁
    return;
}
/* ---------------------- 直流电机控制程序---------------------- */


/* ---------------------- 继电器开关控制程序------------------- */
void * relay(void * arg)          //继电器开关状态 arg：1为开,0为关
{
```

```
    unsigned int led;
    unsigned char elec_coupler;
    int fd=-1;
    int res;
    int relayonoff;
    relayonoff=(int)arg;
    res=pthread_mutex_lock(&mutex2);              //加线程锁
    if (res)
    {
        printf("Thread lock failed\n");
        return;
    }
    //打开设备文件函数,O_RDWR为读写打开,返回值为-1则打开失败
    fd=open("/dev/relay",0);
    if (fd<0)                                     //打开失败
    {
        printf("Cannot open/dev/relay\n");
        return;
    }

    if (relayonoff==1){
        //ioctl是对I/O通道进行管理的函数,fd为文件描述符
        //第二个参数为继电器状态,第三个为参数命令
        ioctl(fd,IOCTL_RELAY_ON,0x01);
        printf("Relay on\t");
    }else{
        //sleep(1);                               //停止1秒
        ioctl(fd,IOCTL_RELAY_OFF,0x01);
        printf("Relay off\t");
    }
    sleep(1);
    //读取文件函数,fd所指文件传送sizeof(elec_coupler)字节到所指内存中
    read(fd,&elec_coupler,sizeof(elec_coupler));
    printf("elec_coupler=0x%X\n",elec_coupler);    //输出显示
    if (!elec_coupler)
        printf("have vol!\n");
    close(fd);                                     //关闭设备文件
    pthread_mutex_unlock(&mutex2);                 //解线程锁
    return;
}
/*--------------------继电器开关控制程序--------------------*/

/*------------------大气压力传感器采集程序------------------*/
/*读取大气压力函数*/
```

```
static int read_BMP085(int fd,char buff[],int addr,int count)
{
    int res;
    if(write(fd,&addr,1)!=1){
        printf("write_BMP085 err\n");
        return -1;
    }
    res=read(fd,buff,count);
    return res;
}
/*写入大气压力函数*/
static int write_BMP085(int fd,char data,int addr,int count)
{
    int res;
    int i;
    char  sendbuffer[PAGE_SIZE+1];
    sendbuffer[1]=data;
    sendbuffer[0]=addr;
    res=write(fd,sendbuffer,count+1);
}
/*初始化感应器设备*/
void bmp085Init(void)
{
    unsigned char buf[PAGE_SIZE];
    read_BMP085(bmp_fd,buf,0xAA,2);
    ac1=buf[0]<<8 | buf[1];
    read_BMP085(bmp_fd,buf,0xAC,2);
    ac2=buf[0]<<8 | buf[1];
    read_BMP085(bmp_fd,buf,0xAE,2);
    ac3=buf[0]<<8 | buf[1];
    read_BMP085(bmp_fd,buf,0xB0,2);
    ac4=buf[0]<<8 | buf[1];
    read_BMP085(bmp_fd,buf,0xB2,2);
    ac5=buf[0]<<8 | buf[1];
    read_BMP085(bmp_fd,buf,0xB4,2);
    ac6=buf[0]<<8 | buf[1];
    read_BMP085(bmp_fd,buf,0xB6,2);
    b1=buf[0]<<8 | buf[1];
    read_BMP085(bmp_fd,buf,0xB8,2);
    b2=buf[0]<<8 | buf[1];
    read_BMP085(bmp_fd,buf,0xBA,2);
    mb=buf[0]<<8 | buf[1];
    read_BMP085(bmp_fd,buf,0xBC,2);
```

```
    mc=buf[0]<<8 | buf[1];
    read_BMP085(bmp_fd,buf,0xBE,2);
    md=buf[0]<<8 | buf[1];
}
/*读取设备信息*/
static long bmp085ReadTemp(void)
{
    unsigned char buf[2]="";

    write_BMP085(bmp_fd,0x2E,0xF4,1);
    usleep(10*1000);
    read_BMP085(bmp_fd,buf,0xF6,2);

    return (long)(buf[0]<<8 | buf[1]);
}
/*读取压强*/
static long bmp085ReadPressure(void)
{
    unsigned char buf[2]="";
    write_BMP085(bmp_fd,0x34,0xF4,1);
    usleep(10*1000);
    read_BMP085(bmp_fd,buf,0xF6,2);

    return (long)(buf[0]<<8 | buf[1]);
}
//大气压力传感器采集
int bmp_test(void)
{
    int res;
    long ut,up;
    long x1=0,x2=0,b5=0,b6=0,x3=0,b3=0,p=0;
    unsigned long b4=0,b7=0;
    long temp,press;
    unsigned char buf[PAGE_SIZE];
    bmp_fd=open(I2C_DEV,O_RDWR);
    if(bmp_fd<0){
        printf("####i2c test device open failed####\n");
        return (-1);
    }
    res=ioctl(bmp_fd,I2C_TENBIT,0);              //不是 10 位
    res=ioctl(bmp_fd,I2C_SLAVE,CHIP_ADDR);       //[6:0]
    bmp085Init();     //bmp085 芯片初始化
    //while(1){
```

```c
        ut=bmp085ReadTemp();
        ut=bmp085ReadTemp();
        up=bmp085ReadPressure();            //读取压强
        up=bmp085ReadPressure();
        /*温度计算*/
        x1=((long)ut-ac6) * ac5>>15;
        x2=((long)mc<<11)/(x1+md);
        b5=x1+x2;
        temp=(b5+8)>>4;
        /*气压计算*/
        b6=b5-4000;
        x1=(b2 * (b6 * b6>>12))>>11;
        x2=ac2 * b6>>11;
        x3=x1+x2;
        b3=(((long)ac1 * 4+x3)+2)/4;
        x1=ac3 * b6>>13;
        x2=(b1 * (b6 * b6>>12))>>16;
        x3=((x1+x2)+2)>>2;
        b4=(ac4 * (unsigned long)(x3+32768))>>15;
        b7=((unsigned long) up-b3) * (50000>>OSS);
        if( b7<0x80000000)
            p=(b7 * 2)/b4;
        else
            p=(b7/b4) * 2;
        x1=(p>>8) * (p>>8);
        x1=(x1 * 3038)>>16;
        x2=(-7357 * p)>>16;
        press=p+((x1+x2+3791)>>4);
        printf("temp=%5.2fC\t press=%5.2fKpa\n",(float)temp/10,(float)
        press/1000);
        //将采集参数写入管道临时缓冲区
        w_buf[3]=(float)temp/10;
        w_buf[4]=(float)press/1000;
        usleep(100 * 1000);
        fflush(stdout);
    //}
    close(bmp_fd);                          //关闭设备文件
    return(0);
}
/*---------------------大气压力传感器采集程序----------------*/

/*---------------------温湿度传感器采集程序----------------*/
void calc_sht11(float * p_humidity,float * p_temprature)
```

```
{
    const float C1=-0.40;                            //针对于 12 位测量精度
    const float C2=0.0405;
    const float C3=-0.0000028;
    const float T1=0.01;                             //相对湿度的温度补偿
    const float T2=0.00008;
    float rh= * p_humidity;
    float t= * p_temprature;
    float rh_lin;
    float rh_true;
    float t_C;
    t_C=t * 0.01-40;                                 //温度值 (14 位测量数据精度时)
    rh_lin=C3 * rh * rh+C2 * rh+C1;                  //临时湿度值
    rh_true=(t_C-25) * (T1+T2 * rh)+rh_lin;          //修正后的湿度值
    if(rh_true>100)rh_true=100;
    if(rh_true<0.1)rh_true=0.1;
    * p_temprature=t_C;
    * p_humidity=rh_true;
}
float calc_dewpoint(float h,float t)                 //空气的露点值
{
    float k,dew_point;
    k=(log10(h)-2)/0.4343+(17.62 * t)/(243.12+t);
    dew_point=243.12 * k/(17.62-k);
    return dew_point;
}
int sht11_test(void)
{
    int fd,ret,i;
    unsigned int value_t=0;
    unsigned int value_h=0;
    float fvalue_t,fvalue_h;
    float dew_point;
    fd=open("/dev/sht11",0);

    if(fd<0)
    {
        printf("open/dev/sht11 error!\n");
        return -1;
    }
    //for(;;)
    //{
        fvalue_t=0.0,fvalue_h=0.0;value_t=0;value_h=0;
```

```
            ioctl(fd,0);
            ret=read(fd,&value_t,sizeof(value_t));
            if(ret<0)
            {
                printf("read err!\n");
                return -1;
                //continue;
            }
            sleep(1);
            value_t=value_t&0x3fff;                    //温度：14 位测量数据
            //printf("value_t=%d\n",value_t);
            fvalue_t=(float)value_t;
            ioctl(fd,1);
            ret=read(fd,&value_h,sizeof(value_h));
            //printf("value_h=%d\n",value_h);
            sleep(1);
            if(ret<0)
            {
                printf("read err!\n");
                return -1;
                //continue;
            }
            value_h=value_h&0xfff;                     //湿度：12 位测量数据
            fvalue_h=(float)value_h;
            calc_sht11(&fvalue_h,&fvalue_t);           //将输出转换为物理量
            dew_point=calc_dewpoint(fvalue_h,fvalue_t); //空气的露点值
            printf("temp=%fC\t humi=%f\t dew point=%fC\n",fvalue_t,fvalue_h,
            dew_point);
            //将采集参数写入管道临时缓冲区
            w_buf[0]=fvalue_t;
            w_buf[1]=fvalue_h;
            w_buf[2]=dew_point;
            //sleep(1);
    //}
    close(fd);  //关闭设备文件
    return(0);
}
/* --------------------温湿度传感器采集程序-------------------- */

//定时调用采集程序函数
void SignHandler(int iSignNo)
{
    time_t t;
```

```
    struct tm * local;
    sht11_test();                       //采集温度、湿度
    bmp_test();                         //采集大气压强
    t=time(NULL);
    local=localtime(&t);                //send_buf
    sprintf(send_buf,"%d#%d#%d#%d#%d#%d#%f#%f#%f#%5.2f#%5.2f#",local->tm_
    year+1900,local->tm_mon+1,local->tm_mday,local->tm_hour,local->tm_
    min,local->tm_sec,w_buf[0],w_buf[1],w_buf[2],w_buf[3],w_buf[4]);
    //printf("#%s\n",send_buf);
    write(fdpipe,send_buf,100);         //将采集参数写入管道
    alarm(5);                           //启动定时器,5s
}
//设备控制线程调用
void pthreadhandler(int handler)
{
    int res;
    pthread_t id;
    pthread_attr_t attr;
    res=pthread_attr_init(&attr);
    if (res !=0)
    {
        printf("Create attribute failed\n");
        return;
    }
    res=pthread_attr_setscope(&attr,PTHREAD_SCOPE_SYSTEM);
    res+=pthread_attr_setdetachstate(&attr,PTHREAD_CREATE_DETACHED);
    if (res !=0)
    {
        printf("Setting attribute failed\n");
        return;
    }
    if (handler==MOTOR_FWD)
        res=pthread_create(&id,&attr,motor,(void * )1);
    else if (handler==MOTOR_REV)
        res=pthread_create(&id,&attr,motor,(void * )0);
    else if (handler==RELAY_ON)
        res=pthread_create(&id,&attr,relay,(void * )1);
    else if (handler==RELAY_OFF)
        res=pthread_create(&id,&attr,relay,(void * )0);
    if (res !=0)
    {
        printf("Create thread failed\n");
        return;
```

```
    }
    pthread_attr_destroy(&attr);
    return;
}
//主程序
int main(void)
{
    int fd=-1;
    int ret,i,res1,res2,res3,res4;
    pid_t pid;
    pthread_t id1,id2,id3,id4;
    pthread_attr_t attr1,attr2,attr3,attr4;
    unsigned int keys_value=0;
    time_t t;
    struct tm * local;
    t=time(NULL);
    local=localtime(&t);
    printf("Local time: %d-%d-%d %d:%d:%d\n",local->tm_year+1900,local->
    tm_mon+1,local->tm_mday,local->tm_hour,local->tm_min,local->tm_
    sec);
    pid=fork();                    //创建采集子进程
    if(pid<0){
        printf("Fork error!\n");
        exit(0);
    }else if(pid==0){              //如果是采集子进程
        //打开管道文件
        fdpipe=open(FIFO_SERVER,O_WRONLY|O_NONBLOCK,0);
        //每隔5s定时采集数据
        signal(SIGALRM,SignHandler);
        alarm(5);
        printf("\nTimer start\n");
        while(1);
    }else{
        //初始化线程锁
        pthread_mutex_init(&mutex1,NULL);
        pthread_mutex_init(&mutex2,NULL);
        fd=open("/dev/keys",0);    //打开一个文件并判断返回值
        if(fd<0)
        {
            printf("open/dev/KEYS error!\n");
            return -1;
        }
        for(;;)                    //无限循环
```

```
{ //读取文件函数,fd所指文件传送 sizeof(keys_value)字节到 &keys_value
所指内存中
    ret=read(fd,&keys_value,sizeof(keys_value));
    if(ret<0)
    {
        printf("read err!\n");
        continue;
    }
    if(ret==0)
        continue;
    //printf("keys_value=%d\n",keys_value);
    switch(keys_value)           //判断按键
    {
        case 0xEE:
        printf("S1 pressed!\n");
        //调用函数创建线程,控制直流电机
        pthreadhandler(MOTOR_FWD);
        break;
        case 0xDE:
        printf("S2 pressed!\n");
        //调用函数创建线程,控制直流电机
        pthreadhandler(MOTOR_REV);
        break;
        case 0xBE:
        printf("S3 pressed!\n");
        //调用函数创建线程,控制继电器开关
        pthreadhandler(RELAY_ON);
        break;
        case 0x7E:
        printf("S4 pressed!\n");
        //调用函数创建线程,控制继电器开关
        pthreadhandler(RELAY_OFF);
        break;
        case 0xED:printf("S5 pressed!\n");break;
        case 0xDD:printf("S6 pressed!\n");break;
        case 0xBD:printf("S7 pressed!\n");break;
        case 0x7D:printf("S8 pressed!\n");break;
        case 0xEB:printf("S9 pressed!\n");break;
        case 0xDB:printf("S10 pressed!\n");break;
        case 0xBB:printf("S11 pressed!\n");break;
        case 0x7B:printf("S12 pressed!\n");break;
        case 0xE7:printf("S13 pressed!\n");break;
        case 0xD7:printf("S14 pressed!\n");break;
```

```
case 0xB7:
printf("S15 pressed!\n");
//杀死管道读取端进程,调试用
if ((ret=system("killall socket_fifo_read"))==0)
{
    printf("FIFO read kill %d\n",pid);
}
else
{
    printf("FIFO read  kill error\n");
}
break;
case 0x77:
printf("S16 pressed!\n");
//杀死采集子进程
if ((ret=kill(pid,SIGKILL))==0)
{
    printf("Parent kill %d\n",pid);
}
else
{
    printf("Parent kill error\n");
}
//等待子进程结束
waitpid(pid,NULL,0);
//释放线程锁
pthread_mutex_destroy(&mutex1);
pthread_mutex_destroy(&mutex2);
return 0;
break;
    }
    keys_value=0;
}
}
}
```

参 考 文 献

[1] 李廷功. 节水灌溉是农业现代化的技术支撑[J]. 农林科技,2011(5):64~65.

[2] 刘顺国. 我国水资源现状与节水农业发展探讨[J]. 农业科技与装备,2013(4):45~46.

[3] 杜春雷. ARM 体系结构与编程[M]. 北京:清华大学出版社,2003.

[4] 田泽. 嵌入式系统开发与应用[M]. 北京:北京航空航天大学出版社,2005.

[5] 田泽. 嵌入式系统开发与应用实验教程[M]. 北京:北京航空航天大学出版社,2004.

[6] Jessica McKellar,Alessandro Rubini,Jonathan Corbet,et al. Linux Device Drivers[M]. O'Reilly Media Inc,2013.

[7] Robert Love. Linux Kernel Development[M]. 北京:机械工业出版社,2011.

[8] Christopher Hallinan. 嵌入式 Linux 基础教程. 2 版. 周鹏,译. 北京:人民邮电出版社,2012.

[9] Doug Abbott. Linux 嵌入式实时应用开发实战. 3 版. 周艳,译. 北京:机械工业出版社,2015.

[10] 王宜怀,朱仕浪,郭芸. 嵌入式技术基础与实践——ARM Cortex-M0+Kinetis L 系列微控制器 [M]. 3 版. 北京:清华大学出版社,2013.

[11] Evi Nemeth. UNIX/Linux 系统管理技术手册[M]. 4 版. 张辉,译. 北京:人民邮电出版社,2012.

[12] 刘刚,赵剑川. Linux 系统移植[M]. 2 版. 北京:清华大学出版社,2014.

[13] 李现勇. Visual C++串口通信技术与工程实践[M]. 北京:人民邮电出版社,2004.

[14] 邹思铁. 嵌入式 Linux 设计与应用[M]. 北京:清华大学出版社,2002.

[15] Neil Matthew,Richard Stones. Linux 程序设计[M]. 3 版. 陈健,宋健建,译. 北京:人民邮电出版社,2007.

[16] W. Richard Stevens,Stephen A. Rago. UNIX 环境高级编程[M]. 2 版. 尤晋元,张亚英,戚正伟,译. 北京:人民邮电出版社,2006.

[17] W. Richard Stevens. UNIX 网络编程:第 2 卷,进程间通信[M]. 2 版. 北京:人民邮电出版社,2010.

[18] Qt 在线参考文档. http://www.kuqin.com/qtdocument/.

[19] 俞辉. 嵌入式 Linux 程序设计案例与实验教程[M]. 北京:机械工业出版社,2009.

[20] Jasmin Blanchette,Mark Sunnerfield. C++ GUI Qt4 编程[M]. 2 版. 北京:电子工业出版社,2008.

[21] 吴迪. 零基础学 Qt4 编程[M]. 北京:北京航空航天大学出版社,2010.